高等学校“十二五”实验实训规划教材

无机材料专业实验

宋晓岚　金胜明　卢清华　编著

北　京

冶 金 工 业 出 版 社

2013

内 容 提 要

本书系统地介绍了无机材料的制备、性能测试与分析等研究方法和实验技术，是无机材料专业的实验教材。全书共分10章，主要包括无机材料专业实验概述、实验方案设计及数据处理、结晶学与晶体化学实验、硅酸盐岩相分析、无机材料物理化学实验、粉体加工实验、无机材料制备及工艺性能测试实验、无机材料使用性能测试实验、无机材料现代测试与分析实验、实验报告的编写方法。

本书可作为高等学校材料科学与工程、矿物材料、建筑材料、无机非金属材料等相关专业的教材或教学参考书，也可供从事与无机材料有关的科研、设计、生产、施工、管理、监理、检测等工作的各类工程技术人员参考。

图书在版编目（CIP）数据

无机材料专业实验／宋晓岚，金胜明，卢清华编著.
—北京：冶金工业出版社，2013.1
高等学校“十二五”实验实训规划教材
ISBN 978-7-5024-5656-6

Ⅰ.①无…　Ⅱ.①宋…　②金…　③卢…　Ⅲ.①无机材料—实验—高等学校—教材　Ⅳ.①TB321－33

中国版本图书馆CIP数据核字（2012）第307363号

出版人　谭学余
地　　址　北京北河沿大街嵩祝院北巷39号，邮编100009
电　　话　（010）64027926　电子信箱　yjcbs@cnmip.com.cn
责任编辑　李　梅　李　臻　美术编辑　李　新　版式设计　葛新霞
责任校对　王贺兰　责任印制　李玉山
ISBN 978-7-5024-5656-6
冶金工业出版社出版发行；各地新华书店经销；北京百善印刷厂印刷
2013年1月第1版，2013年1月第1次印刷
787mm×1092mm　1/16；22印张；534千字；330页
45.00元

冶金工业出版社投稿电话：（010）64027932　投稿信箱：tougao@cnmip.com.cn
冶金工业出版社发行部　电话：（010）64044283　传真：（010）64027893
冶金书店　地址：北京东四西大街46号（100010）　电话：（010）65289081（兼传真）

前　言

材料、能源和信息被认为是现代国民经济的三大支柱，而能源和信息的发展在很大程度上却是依赖于材料的进步。正是对材料的认识不断深入，才导致人类社会从石器时代、铜器时代走向铁器时代。无机非金属材料（简称无机材料）是材料科学的一个重要分支。科学技术的飞速发展，对无机材料不断提出新的要求，使得无机材料学科得到了空前发展。进入21世纪，随着新型无机材料的不断开发和应用，无机材料在越来越多的领域内逐渐替代金属材料，并显示出比金属材料更好的性能，社会急需无机材料专业高级专门人才。现在国内已有91所高校开办和设置了无机材料专业。按各学校无机材料专业每年招收60人的最保守估计，我国每年招收无机材料专业学生至少5400人以上。在各高校无机材料专业培养方案制定和课程设置中，无机材料专业实验都是必修的实验环节，在无机材料实用型创新人才培养中有着重要作用。

实验是科学研究的一种基本方法，成为科学发展的重要基础。科学史上许多重大的发现都是依靠科学实验而得到的，许多理论的建立也要靠实验来验证。无机材料的科学技术与实验科学密切相关，材料的各项性能指标现阶段仍然依靠实验测试获得。从某种意义上来说，可以认为无机材料科学是一门实验科学。无机材料科技人员离开了实验将一事无成，因为任何一种新材料的诞生都离不开实验研究，任何一种新技术、新工艺的开发也离不开实验研究。作为无机材料科学技术工作者，必须具备一定的实验设计知识，掌握相关实验技术，熟悉实验原理和操作技能，具有处理实验数据、分析实验结果和编写实验报告的能力。因此，实验教学是无机材料专业最重要的教学环节之一。通过这一环节，可以使学生学到实验的基本知识、基本技能和基本方法，初步掌握材料性能测试的现行国家规范，这对于培养学生的动手能力，互相尊重的集体精神，实事求是的科学态度和严肃认真的工作作风，以及对于培养学生的实际工作能力具有极其重要的作用和深远的意义。

但是，目前无机材料专业实验教材并不多，难以满足无机材料人才培养的需要。在教学中，笔者深感需要较全面的有关无机材料研究方法和实验技术的教材及教学参考书。在这种形势下，为了更好地面向21世纪的实验教学，适应时代发展的需要，与时俱进，培养具有扎实的专业基础和较强的知识能力的无机材料科学技术人员，我们基于多年的教学经验和科研经历，根据无机材料学科的发展和无机材料专门人才培养的需要制订编写大纲，在原有无机材料专业基础和专业课程实验讲义的基础上，编写面向21世纪的《无机材料专业实验》教材。

“无机材料专业实验”课是中南大学无机非金属材料工程专业的一门独立设置的重要专业课程，它以数学、物理、化学、无机材料学科基础和专业课程为基础，与“结晶学与岩相学”、“无机材料科学基础”、“无机材料物理性能”、“无机材料研究方法”、“无机材料测试技术”、“粉体工程”、“无机材料工艺学”、“矿物材料加工学”、“材料合成化学”、“纳米材料”和“二次资源利用”等学科基础和专业课程相结合，构成了无机非金属材料工程专业完整的课程体系。

按照无机非金属材料工程专业人才培养方案和中南大学无机非金属材料工程专业特点的要求，“无机材料专业实验”由“结晶学与岩相学实验”、“无机材料科学基础实验”、“无机材料物理性能实验”、“无机材料研究方法实验”、“无机材料测试技术实验”、“粉体工程实验”、“无机材料工艺实验”、“矿物材料加工实验”、“无机材料合成实验”和“纳米材料实验”、“二次资源利用实验”组成专业实验体系，实验设置粉体、矿物、陶瓷、玻璃、水泥等传统无机材料和无机功能及纳米材料多个研究方向，同时结合科研课题开设研究性、综合性和设计性实验，供学生选做。通过这门课程的学习，使学生进一步巩固和应用学到的材料科学与工程方面的基本理论，掌握材料制备与材料性能测试的基本知识和基本技能，培养和提高学生的自学、动手、创新能力，为研究开发新材料、检测新材料和生产材料及合理应用材料打好基础，达到培养学生科学研究能力的目的。

在《无机材料专业实验》教材大纲制订中，力图将多门学科基础课程和专业课程实验融合为一体，并避免交叉重复，形成更为合理的无机非金属材料工程专业实验教学体系，以便于教学研究和教学管理。其宗旨是改革按课程开设实验的传统方式，融合专业基础课实验和专业课实验，根据材料四大要素之间的关系和规律，按照“原料加工与特性 → 材料合成与制备 → 材料性能检测 → 材料组织与结构分析”的主线设计，同时设置“研究性、设计性、创新性、综合性”实验，让学生自己制定实验方案，完成对某种成熟材料由实验设计、原料加工、制备、成型、高温热处理、性能与结构测试到数据分析的全过程共80项实验，着力于学生实践能力和创新能力的培养。本教材知识量大，专业面广，充分反映了中南大学在该学科领域中的特色、专长和优势。

《无机材料专业实验》共分10章，包括：无机材料专业实验概述、实验方案设计及数据处理、结晶学与晶体化学实验、硅酸盐岩相分析、无机材料物理化学实验、粉体加工实验、无机材料制备及工艺性能测试实验、无机材料使用性能测试实验、无机材料现代测试与分析实验、实验报告的编写方法。本书编写过程中，广泛吸取了本学科国内外的新成就和我国有关的新标准、新规范的内容，并考虑了我国标准向国际标准靠拢接轨的趋势，采纳了来自教学、科研、生产第一线的专家、学者和工程技术人员的意见，对实验内容除按最新的相关标准和规范进行了修订外，还进行了大幅度的调整和充实，使之更适合现代社会的知识需求和无机材料宽口径专业的教学要求。本教材的编著和出版，对于弥补国内在此方面的不足，进一步丰富无机材料科学与工程学科研究方法和实验技术方面的教科书和指导书，拓宽材料学科相关专业参考书以及强化无机材料学科建设和教学改革等都具有非常重要的意义。本书可作为高等学校本科和专科材料科学与工程、矿物材料、建筑材料、无机非金属材料专业或专业方向师生的教材或教学参考书，各专业师生可以根据教学需要选用其中的部分内容；同时还可供从事与无机材料有关的科研、设计、生产、施工、管理、监理、检测等工作的各类工程技术人员参考。

本教材由中南大学宋晓岚主编，全书由中南大学宋晓岚、金胜明和卢清华共同编著。宋晓岚拟定教材大纲和编写框架，并编写第1章、第2章、第5章和第10章；金胜明编写第6章、第8章和第9章；卢清华编写第3章、第4章和第7章。全书由宋晓岚负责统稿。

中南大学姜涛教授和北京化工大学屈一新教授审阅了本书书稿，并提出了许多宝贵的意见。本书的出版得到了冶金工业出版社的大力支持与协作，作者在此一并表示衷心的感谢！同时对书中所引用文献资料的中外作者致以诚挚的谢意！

鉴于作者水平所限，书中不妥之处在所难免，恳请广大读者批评指正。

作　者

2012年9月于长沙岳麓山下

目　录

1 无机材料专业实验概述

内容提要：

材料、能源和信息一起组成了客观世界的三大要素，正是由于人类对材料认识的不断深入，导致了从石器时代、铜器时代走向铁器时代。无机非金属材料（简称无机材料）是材料科学的一个重要分支。科学技术的飞速发展，对无机材料不断提出新的要求。

实验是进行科学研究的一种重要方法，科学史上许多重大的发现就是依靠科学实验而得到的，许多理论的建立也要靠实验来验证。实验是无机材料科学发展的重要基础，是无机材料科学研究的一种基本方法。从某种意义上说，可以认为无机材料科学是一门实验科学。因此，实验教学是无机材料专业最重要的教学环节之一。通过这一环节，可以使学生学到无机材料专业实验的基本知识、基本技能和基本方法，掌握验证材料性能测试的现行国家规范。这对于培养学生的动手能力、互相尊重的集体精神、实事求是的科学态度和严肃认真的工作作风，对于培养学生在社会主义现代化建设中的实际工作能力具有重要的意义。

在无机材料实验室中，经常要与有毒性、有腐蚀性、易燃烧和具有爆炸性的化学药品直接接触，常常使用易碎的玻璃和瓷质器皿以及在气、水、电等高温电热设备的环境下进行着紧张而细致的工作，因此，必须十分重视实验室安全工作。

本章主要介绍了无机材料专业实验特点、实验教学目的和任务、实验课程学习方法以及无机材料实验室安全知识。

1.1 无机材料专业实验特点和任务

材料是可以直接用来制造有用成品的物质，是人类生存和发展、利用自然和改造自然的物质基础。材料的使用与发展是人类不断进步和文明的标志。从科学技术发展史中可以看到，每当发现一种新材料，就将带动科学的发展和技术的革命。材料是一切科学技术的物质基础，是当代科学研究的前沿。现在，材料与能源，信息技术是现代文明的三大支柱已经得到国际的公认。世界上现有的传统材料约有几十万种，新材料还在以每年约5%的速度不断增长。在21世纪中，科学技术将有更大的发展，材料的研究与制造更显重要。

从古到今，无机材料在材料中都占有较大的比重。但在不同的历史阶段，无机材料的定义有一定的差别。在20世纪40年代以前，无机材料仅被认为是由自然产出的石头加工而成的制品；用天然黏土为主要原料制作而成的黏土制品；用多种非金属矿物原料生产出的水泥、玻璃、陶瓷、耐火材料；用成分比较纯的非金属矿物原料生产出的人工晶体等。40年代以后，随着航空航天工业、电子信息工业、机械工业、生物材料工业等的发展，人们开发出了一系列的新型材料，极大地增加了无机材料的品种和名目。现代无机材料的定义已经扩展，品种包括除金属材料、有机高分子材料以外的几乎所有的材料，种类繁多，用途广泛。其中的结构材料、耐磨材料、电子材料、声光材料、敏感材料、生物材料等，是现代社会不可缺少的支柱材料，在21世纪中将发挥重要的作用。

1.1.1 实验的概念

学习、生产和科研中都离不开“实验”、“试验”、“测试”、“检验”等活动。其中，“实验”是指科学上为了阐明某一现象而创造的条件，以使观察它的变化和结果的过程，或者为了检验某种科学理论或假设而进行的某种操作及所从事的某种活动。“实验”的这些定义似乎带有验证的意思。“试验”指的是为了察看某事的结果或某物的性能而从事的某种活动，侧重于表达研究的意思。“测试”的含义偏重于对某物性能的数值测量。因此在科学研究或生产中，当需要定量确定材料的某些（个）性能时，一般习惯于说做“测试”。“检验”则是指用工具、仪器或其他（物理或化学的）分析方法检查事物是否符合规格的过程。所以，在工厂对产品的质量进行鉴别和评定时，一般说进行产品“检验”；同样，在商品流通过程中对商品的质量进行鉴别和评定时，一般也是说进行商品“检验”。

由此可见，“实验”一词的含义与“试验”、“测试”、“检验”等词的含义是不同的。为论述方便，本书将“试验”、“测试”、“检验”等词的含义都合并到“实验”之中，所说的“实验”包含这些扩充的含义。

1.1.2 无机材料实验的特点

无机材料实验是研究材料制取方法和材料性能测量方法的科学。在不同的历史阶段，无机材料实验具有不同的研究内容和特点。在现代，无机材料的定义已经扩展。品种包括除金属材料、有机高分子材料以外的几乎所有的材料，所以其研究内容十分广泛，具有新的特点。

（1）与科学研究和生产实践紧密结合。随着科学技术的不断发展，各行各业需要各种传统材料的同时，还需要性能特殊的新材料，这促进了无机材料的研究、开发与生产。在材料的研究与开发中，人们对新材料进行设计，然后还通过实验获得新材料，通过测试获得新材料的性能数据，并根据测量数据判断其是否满足应用的需要。如果没有满足需要，则继续进行设计与实验。有时，为了改进材料的种类或性能的测量方法，人们还要研究新的实验方法和测量手段。如果获得的材料已满足使用的要求，则组织规模化生产，向社会提供商品。所以，无机材料实验与科学研究和生产实践紧密相连、互相促进、共同发展。

（2）与物理、化学、物理化学等多学科相结合。在现代，随着人民生活水平的提高，人们对新材料品种和功能的要求越来越多，对传统材料的使用也提出了新的问题。例如，石材从古到今地使用，没有注意有什么问题，可近年来，对花岗岩、大理石的放射性就引起人们的警惕。一些用“三废”研制的（新）材料是否有放射性或毒性，目前也使人们不放心。此外，材料在自然或人工环境长期作用下的变质问题也越来越引起人们的重视。要解决这些众多的问题，需要物理、化学、物理化学等多门学科的理论知识和实验方法。因此，无机材料实验是综合多门学科的科学。

（3）传统实验方法与现代实验方法相结合。无机材料的制备方法有多种。从温度范围来分，有高温和低温制备方法。从物质形态来分，有固相、液相和气相制备方法。其中，有的是传统方法，有的是现代方法。在无机材料成分、结构、性能的测试方法中，有许多是传统的测试方法，也有不少是现代测试方法。因此，无机材料实验是传统实验方法与现代实验方法相结合的实验。

1.1.3 无机材料实验的任务

无机材料实验的任务，应从社会和科学技术的发展对无机材料的需要、材料的研究与生产的特点来考虑。

当前，社会还需要大量的传统的无机材料，这些材料的传统研究方法是以经验、技艺为基础，依靠配方筛选和性能测试与分析的方式来进行的。因此，通过对原料的特性、界面性质、工艺性能与材料（制品）性能之间规律性的研究，可以表征材料的本质，形成和完善材料生产、应用的质量控制体系，为无机材料的发展提供理论和实践的根据。

随着社会和科学技术的发展，各行各业将需要大量的新型材料。然而，沿用传统的方法是不大可能研制出具有独特性能的新型材料的，因为通过传统的宏观现象研究只能对材料的宏观性能提供某种定性的解释，而不能准确地预示材料的性能，不能准确地指明新材料开发的方向。从现有新材料的发展来看，几乎所有新型功能材料的研究中都体现出化学与物理相结合、微观与宏观研究相结合、理论与技术相结合的特点。因此要通过综合各门学科的知识来研究传统材料的改进和新材料的设计，通过各种先进技术来探索新材料的生产方法。

要从事无机材料的研究和生产就得有人才。因此，无机材料实验还有一个任务，即通过科学实验和生产实验工作培养出能理论联系实际、有分析和解决问题的能力、有严谨态度和实事求是的工作作风的科学家和工程师。

1.2 无机材料专业实验教学目的和任务

无机材料专业实验与实验课的任务是有区别的，后者的侧重点在于对在校学生的教育与培养。

1.2.1 实验课的目的

开设无机材料实验课，其宗旨是使学生受到科学家和工程师素质的基本训练。现在，传统无机材料不少，新型无机材料不断增多，这确定了无机材料实验课的两个特点：(1) 许多传统实验要继续开，学生对这些实验技能要掌握；(2) 新实验的原理、方法陆续出现，并处于不断完善和不断进步之中，学生对其中的一些实验要掌握，一些实验要了解。

长期以来，传统观点认为学生上实验室做实验是验证所学的书本知识，加深对知识的理解和记忆，“实验”这个词的验证含义已经深深地植入人们的大脑之中。当然，由于理论教学的需要，适当做些验证性的实验是必要的，但只做验证性的实验是远远不够的。改革开放的形势要求大学毕业生要具有较强的动脑和动手能力，传统的教育观念必须改变。学生不仅要做验证性的实验，还要做测试性、研究性、综合性和设计性的实验。

在实际工作中，无论是一个科研项目的探索性实验，还是一种材料的性能实验，一般都由一系列的单项实验组成，都得按计划一个一个地做，然后根据各项实验现象或数据分析判断，得出最终实验结果（结论）。无机材料实验课也是这样，从实验类型来看，可以分为验证型实验、综合型实验或设计型实验等，可以按教学要求或实验室的条件选择一种类型进行实验教学。但无论选择做何种类型的实验，都是由一系列的单项实验组成的，每个单项实验都为实验设计的总目标服务，得按计划一个一个地做。为此，在做每个实验时要有整体实验的概念，要考虑每个实验之间的联系、每个实验可能对最终实验结果产生的影响。

现代无机材料的种类很多，研究方法、生产方法和质量检验方法也有区别。由于教学时间和实验条件的限制，要全面涉足是不可能的，突出重点、兼顾其他是目前唯一的选择。另外，从思维方式和技术方法这两个角度来看，各种无机材料的科研、生产和质量检验也有许多相同之处，因此在教学上以点带面是可能的。学生通过认真做一些经过精选，具有代表意义的实验，再经过举一反三，融会贯通，就会具备适应将来工作岗位的基础和能力。

1.2.2　实验课的任务

无机材料实验课的任务可以概括为对学生进行实验思路、实验设计技术和方法的培养；对学生进行工程、创新能力的培养；对学生进行理论联系实际和主动精神的培养。

1.2.2.1　完善本专业的知识结构

在高等教育中，理论教学和实验教学是大学教育的两个主项，两者相辅相成，并由此构成完整的教学体系。

对材料类专业的学生来说，在大学期间主要是学习材料科学与工程方面的基本理论，材料制备与材料性能测试的基本知识和基本技能，掌握材料性能的变化规律，为正确设计材料、生产材料和合理应用材料打好基础。

无机材料实验课是“无机材料工学”课程的后续课程。从某种意义上说，实验也是材料工学知识的具体应用与深化。通过实验教学环节，使学生巩固在理论课中所学的材料制备、各种基本物理化学性能及测量这些性能的理论知识，加深本专业的认识和理解，完善本专业的知识结构，从而达到专业应有的水平。这对于学生今后在材料科学与工程领域从事有关实际工作具有重要意义。

1.2.2.2　培养和提高能力

无机材料实验课程的主要任务是通过基础知识的学习和实际操作训练，使学生初步掌握无机材料实验的主要方法和操作要点，培养学生理论联系实际、分析和解决问题的能力。这些能力主要包括以下几点：

（1）自学能力。能够自行阅读实验教材，按实验要求做好实验前的准备，尽量避免“跟着老师做实验，老师离开就停转”的现象。

（2）动手能力。能借助教材和仪器说明书，正确使用仪器设备；能够利用工学理论对实验现象进行初步分析判断；能够正确记录和处理实验数据、绘制曲线、说明实验结果、撰写合格的实验报告等。

（3）创新能力。能够利用所学的工学知识，或根据小型科研或部分实际生产环节的需求，完成简单的设计性实验。

1.2.2.3 培养和提高素质

素质的教育与培养是大学教育的重要一环。实验教学不仅是让学生理论联系实际，学习科研方法，进而提高科研能力，还要使学生具有较高的科研素质。科研素质主要包括以下几个方面：

（1）探索精神。通过对实验现象的观察、分析和对材料物理化学性能测量数据的处理，探索其中的奥妙，总结其中的经验，提出新的见解，创立新的理论等。

（2）团队精神。在实验教学环节中，有许多实验是单个人无法独立完成的，有的实验要花上十几个小时甚至几天才能完成，实验中必须多人分工合作才能进行，要尽量发挥集体的力量才能使实验成功。要通过做这类实验提高实验组团员的凝聚力，使学生之间的关系更加融洽；要通过做这类实验使学生认识到团队协作精神在材料这个行业中的重要性，增强责任感和事业心，培养团队协作精神和能力，为将来的工作打好基础。

（3）工作态度。做实验有时是枯燥无味和艰苦的。但是，纵观做出较大贡献的科学家或工程师，几乎都是在实验室里刻苦工作干出来的。因此，在实验教学中要教育学生，要求学生刻苦钻研、严谨求实、一丝不苟地做实验，要督促他们在实验室里进行磨炼，认真把实验做好。要使之明白“先苦后甜”的道理，只有在大学的学习中学会对工作、对生活的正确态度，才能胜任将来材料研究或生产的工作，才能为祖国和人民做出贡献。

（4）人文素质。人文素质通常指人文科学知识和素养。材料类专业的学生在大学期间这方面的课程学得不多，因而有的学生人文素质极差，写作水平低下。在实验教学中要求学生通过写较高质量的实验预习报告、设计实验开题报告、实验课题总结报告等形式，提高学生的人文科学知识和素养。

（5）优良品德。21世纪对人们道德的评价，是以社会公认的人的公民素质为主来评判的。其标准是具有高度的公民觉悟和公民意识，即具有整体意识、高尚的情操、健全的良好的人格；具有奉献精神、自尊自爱、尊重他人、关心他人、先人后己；具有热情、文明行为，诚实守信，会合作，有良好的人际关系；有个性、有主见、有较强的控制力、坚定的信念、良好的情绪，不因为时势所动；有敬业精神、开拓精神、创新观念、开阔视野、生存能力等。只有具备高尚品质的人，才能受人尊重并在自己工作中做出突出成绩。

在实验教学的过程中，教师要对学生进行引导，使学生克服不良的习惯，提高道德品质，为大学生综合素质的提高做贡献。

1.3 无机材料专业实验课程学习方法

传统的实验教学方法是灌输式，学生围着老师转，有许多缺点。可是，传统教育也培养出许多优秀的学生，他们会思考，动手能力强，在工作中做出了不少成绩，或为人类做出了较大的贡献。在相同的条件下培养出了不同质量的学生，答案只有一个，那就是学生个体的特性在起作用，而学习方法不同无疑是主要的影响因素之一。当然，实验教学改革的目的和重点是要让学生从被动转为主动，但对学生来说，无论教师采取什么方式教学，自己发挥主观能动性，自己把被动转为主动，就能把学习搞好，就能成为具有真才实学的人。

古人云“授之以鱼，只供一顿之需；教人以渔，则终生受用无穷”。实验课程特别注重的是学生能力的培养。学生通过实验课程不仅要学习实验技术，掌握基本实验手段，更重要的是要具备应用这些手段从事科学研究的独立工作能力，使其在知识和能力方面得到全面发展。实验教学是培养学生能力的重要途径。能力是一把开启知识之门的钥匙，有了这把钥匙才能使学生在知识的海洋里泛舟冲浪。

为了达到期望的实验教学效果，本书提出以下建议供读者参考。

1.3.1 重视实验

随着改革开放的不断深入及社会市场经济体制的建立和运行，社会需要的是综合性复合型的人才。专业人士不能独树一帜，必须博学多才，身怀多种绝技。为了将来能适应改革开放的环境，在校大学生不能满足课堂上所学的理论知识，而是要千方百计地拓宽知识面、扩大视野以增强自己的竞争实力，尤其是实验方面的实力。

实验室是人才的诞生地，英国剑桥大学是“科学家的摇篮”，其中的卡文迪什实验室，就出了25人次的诺贝尔奖。实验是一种实践活动，是基本技能训练、动手能力培养的重要环节。现代的理工科大学生要成材，就要足够重视实验，在实验室里努力学习，经受训练。在大学学习期间全身心地投入实验将会受益终身。

1.3.2 实验前预习

为了使实验有良好的效果，实验前必须进行预习，对即将要做的实验做到心中有数。通常，预习应达到下列要求：

（1）浏览实验教材，知道计划要做的实验项目的总体框架；

（2）了解实验目的、实验原理、实验重点和关键之处；

（3）了解仪器设备的工作原理、性能、正确操作步骤；

（4）定量实验必须记录测量数据，因此在预习实验项目时，应画好记录数据的表格，设计表格是一项重要的基本功，应当尽力把表格设计好；

（5）实验教材中的思考题或作业题，是加深实验内容或对关键问题的理解、开发学生视野的一些问题；在实验前应把这些问题看一遍或进行一番琢磨，可提高实验的质量；

（6）对不理解的问题，及时查阅有关教科书，或列出清单请老师解答。

1.3.3 认真实验

一般地说，在大学学习期间要做的实验与有成就的科学家们所做的实验是有区别的。这些科学家们所做的实验尽管有的现在看起来比较简单，但做这些实验是为了达到某种科研目的而自行设计的。而学生在实验室所做的课程实验，一般是根据实验教科书上所规定的实验方法、步骤来进行操作的，因此，要达到教学的要求需注意以下几点：

（1）认真操作、细心观察，并把观察到的现象，如实详细地记录在实验报告中；

（2）如果发现实验现象与实验理论不符合，或者测试结果出现异常，就应该认真检查原因，并细心重做实验；

（3）实验中遇到疑难问题而自己难以解释时，应及时提出并请教师解答；

（4）在实验过程中应保持安静，严格遵守实验室工作规则，防止出现各种意外事故；

（5）要在实验教学安排的有限时间里，保质保量地完成实验。

1.3.4 编写实验报告

实验成功只是实验教学要求的一部分。学生做完实验之后，必须写实验报告，这是实践训练的重要环节之一，是整个无机材料专业实验中一项重要的工作。要求写实验报告过程中开动脑筋、钻研问题、耐心计算、仔细写作。要按时完成实验报告，提交符合要求的实验报告供指导教师评阅。

评阅实验报告是教师检查学生学习情况和教学效果的一种重要方法，实验报告的优劣是教师给予实验成绩的根据之一。当然，实验分数的高低不应是我们所关心的主题，重要的是要看教师评阅后发还的实验报告，要明白哪些做对了，哪些做错了。

1.4 无机材料实验室安全知识

关于实验室安全问题，除化学实验室安全手册外，化学实验用书亦常有所介绍。在此，只对其与无机材料实验室关系较密切的一般问题做简要叙述。实验室安全保障，首先应防患于未然，故实验室工作者和实验人员须知晓起码的实验室安全防护知识，并养成良好习惯，而遵守实验室规章制度更为必要。

1.4.1 安全用电常识

1.4.1.1 关于触电

人体通过50Hz的交流电1mA就有感觉；10mA以上肌肉强烈收缩；25mA以上则呼吸困难，甚至停止呼吸；100mA以上则心脏的心室产生纤维性颤动，以致无法救活。直流电在通过同样电流的情况下，对人体也有相似的危害。

防止触电需应特别注意以下几个方面：

（1）操作电器时手必须干燥。因为手潮湿时，电阻显著减少，容易引起触电。不得直接接触绝缘不好的通电设备。

（2）一切电源裸露部分都应有绝缘装置（电开关时有绝缘匣，电线接头裹以胶布、胶管），所有电器设备的金属外壳应接上地线。

（3）已损坏的接头或绝缘不良的电线应及时更换。

（4）修理或安装电器设备时必须先切断电源。

（5）不能用试电笔去试高压电。

（6）如果遇有人触电，应首先切断电源，然后进行抢救。因此，应该清楚了解电源的总闸在什么地方。

1.4.1.2 负荷及短路

无机材料实验室总闸一般允许最大电流为30～50A，超过时就会使空气开关自动跳闸保护。一般墙壁电或实验台上分闸的最大允许电流为15A。使用功率很大的仪器，应该事先计算电流量。应严格按照规定的安培数使用电器，长期使用超过规定负荷的电流时，容易引起火灾或其他严重事故。为防止短路，避免导线间的摩擦，尽可能不使电线、电器受到水淋或浸在导电的液体中。例如，实验室中常用的加热器如电热刀或电灯泡的接口不能浸在水中。

若室内有大量的氢气、煤气等易燃易爆气体时应防止产生火花，否则会引起火灾或爆炸。电火花经常在电器接触点（如插销）接触不良、继电器工作时以及开关电闸时发生，因此要注意室内通风；电线接头要接触良好，包扎牢固以消防电火花等。万一着火应首先拉开电闸，切断电源，再用一般方法灭火。如无法拉开电闸，则可用砂土、干粉灭火器、CCl_4 灭火器来灭火，绝不能用水或泡沫灭火器来灭电火，因为它们导电。

1.4.1.3　使用电器仪表

注意事项如下：

（1）注意仪器设备所要求的电源是交流电还是直流电，是三相电还是单相电，电压的大小（380V、220V、110V、6V 等）、功率以及正负接头的位置是否合适等。

（2）注意仪表的量程。待测量程必须与仪器的量程相适应，若待测量大小不清楚时，必须先从仪器的最大量程开始。

（3）线路安装完毕应检查无误。正式实验前不论对安装是否有把握（包括仪器量程是否合适），总是先使线路接通一瞬间，根据仪表指针摆动速度及方向加以判断，当确定无误后，才能正式进行实验。

不进行测量时应断开线路或关闭电源，做到既省电又延长仪器寿命。

1.4.2　使用化学药品的安全防护

化学药品等物质导致的事故有下列几类，如对人体的伤害、产生爆炸和燃烧以及损坏设备、建筑物等。使用化学药品应注意防毒、防火、防灼伤、防水。

1.4.2.1　防毒

大多数化学药品都具有不同程度的毒性。毒物可以通过呼吸道、消化道和皮肤进入人体内。因此，防毒的关键是要尽量地杜绝和减少毒物进入人体的途径。

（1）实验前应了解所有化学药品的毒性、性能和防护措施。

（2）操作有毒气体（如 H_2、Cl_2、Br_2、NO_2、浓盐酸、氢氨酸等）应在通风橱中进行。

（3）防止煤气管、煤油灯漏气，使用完煤气后一定要把煤气阀门关好。

（4）苯、四氯化碳、乙醚、硝基苯等的蒸气会引起中毒，虽然它们都有特殊气味，但经常接触或久吸后会使嗅觉减弱，必须高度警惕。

（5）用移液管移取有毒、有腐蚀性液体时（如苯、洗液等）严禁用嘴吸。

（6）有些药品（如苯、有机溶剂、汞）能穿过皮肤进入人体内，应避免直接与皮肤接触。

（7）高汞盐（$HgCl_2$、$Hg(NO)_3$ 等）、可溶性钡盐（$BaCO_3$、$BaCl_2$）、重金属盐（镉盐、铅盐）以及氰化物、三氧化二砷等剧毒物，应妥善保管。

（8）不得在实验室内喝水、抽烟、吃东西。饮食用具不得带进实验室内，以防止毒物沾染。离开实验室要洗净双手。

某些有毒气体的最高容许浓度如表 1-1 所示。

1.4.2.2　防爆

对于可燃性的气体和空气的混合物，当两者的比例处于爆炸极限时，只要有一个适当的热源（如电火花）诱发，将引起爆炸。

表 1-1 有毒气体最高容许浓度

物 质	最高容许的浓度/$mg \cdot m^{-3}$	备 注
氧化氮（NO_2 计）	5	2×10^{-1}①
氰化氢（HCN）	—	1.1×10^{-3}①
氟化氢（HF）	1	能腐蚀玻璃
氯气（Cl_2）	1	1.46×10^{-2}①
升汞（$HgCl_2$）	0.1	汞盐中毒性最大者
磷化氢（PH_3）	—	4×10^{-1}①
五氧化二磷（P_2O_5）	1	
砷化氢（AsH_3）	0.3	剧毒
三氧化二砷（As_2O_3）	0.3	
五氧化二砷（As_2O_5）	0.3	
硫化铝（AlS）	0.5	
二氧化硒（SeO_2）	0.1	
五氧化二钒（V_2O_5）	0.1～0.5	尘烟有毒
金属铅（Pb 尘）	0.03～0.05	铅盐有毒，四乙铅最大
金属汞（Hg 蒸气）	0.01	汞盐多有毒
铬酸盐、重铬酸盐	0.05	全部换成 Cr_2O_3
一氧化碳（CO）	30	无色、无臭、无味，更危险

① 能察觉到的该毒气在空气中的含量。

某些气体的爆炸极限如表 1-2 所示。

表 1-2 与空气相混合的某些气体的爆炸极限
（以 20℃压力为 0.1MPa 时的体积分数计算）

气体名称	爆炸高限/%	爆炸低限/%	气体名称	爆炸高限/%	爆炸低限/%	气体名称	爆炸高限/%	爆炸低限/%
乙炔	80.0	2.5	丙烯	11.1	2.0	乙醚①	57.0	4.0
环氧乙烷	80.3	3.0	乙烯	28.6	2.8	甲烷	15.0	5.0
氮	74.2	4.0	丙酮①	12.8	2.6	硫化氢	45.5	4.3
乙醛①	36.5	1.9	乙烷	12.5	3.2	甲醇	36.5	6.7
苯①	6.8	1.4	乙醇①	19.0	3.2	一氧化碳	74.2	12.5

①在室温下为液体。

因此，应尽量防止可燃性气体散失到室内空气中。同时保持室内通风良好，不使它们形成爆炸的混合气。在操作大量可燃性气体时，应严禁使用明火，严禁用可能产生电火花的电器以及防止铁器撞击产生的火花等。

另外有些化学药品如叠氮铅、乙炔银、乙炔铜、高氯酸盐、过氧化物等受到振动或受热容易引起爆炸。特别应防止强氧化剂与强还原剂存放在一起。久藏的乙醚使用前需设法除去其中可能产生的过氧化物。在操作可能发生爆炸的实验时，应有防爆措施。

1.4.2.3　防火

物质燃烧需具有3个条件：可燃物质、氧气或氧化剂以及一定的温度。

许多有机溶剂，像乙醚、丙酮、乙醇、苯、二硫化碳等很容易引起燃烧。使用这类有机溶剂时室内不应有明火（包括电火花、静电放电等）。这类药品在实验室不可存放过多，用后要及时回收处理，不要倒入下水道，以免积聚引起火灾等。还有些物质能自燃，如黄磷在空气中就能因氧化发生自行升温燃烧起来。一些金属如铁、锌、铝等的粉末由于比表面很大，能激烈地进行氧化，自行燃烧。金属钠、钾、电石以及金属的氢化物、烷基化合物也应注意存放和使用。

万一着火应冷静判断情况采取措施。可以采取隔绝氧的供应、降低燃烧物质的温度、将可燃物质与火焰隔离等办法。常用来灭火的有水、砂以及二氧化碳灭火器、CCl_4灭火器、泡沫灭火器、干粉灭火器等。可根据着火原因、场所情况选用。

水是常用的灭火物质，可以降低燃烧物质的温度，并且形成“水蒸气幕”，能在相当长时间内阻止空气接近燃烧物质。但是，应注意起火地点的具体情况，例如：

（1）在金属钠、钾、镁、铝粉、电石、过氧化钠等燃烧时应采用干砂灭火。

（2）对易燃液体（密度比水小）如汽油、苯、丙酮等着火采用泡沫灭火器更有效，因为泡沫比易燃体轻，覆盖在上面可以隔绝空气。

（3）有金属灼烧或熔融物的地方着火，应采用干砂或固体粉末灭火器（一般是在碳酸氢钠中加入相当于碳酸氢钠质量45%～90%的细砂、硅藻土或滑石粉，也有其他配方）来灭火。

（4）电气设备或带电系统着火，用二氧化碳或四氯化碳灭火器较合适。

上述四种情况均不能用水，因为有的情况下可以生成氢气等使火势加大，甚至引起爆炸；有的会发生触电等。同时也不能用四氯化碳来灭碱土金属的火。另外，四氯化碳有毒，在室内救火时最好不用。灭火时不能慌乱，应防止在灭火过程中打碎可燃物的容器。平时应知道各种灭火器材的使用方法和存放地点。

1.4.2.4　防灼伤

强酸、强碱、强氧化剂、溴、磷、钠、钾、苯酚、冰醋酸等都会腐蚀皮肤，万一受伤要及时治疗。

1.4.2.5　防水

有时因故停水而水门没有关闭，当来水后若实验室没有人时，又遇排水不畅，则会发生事故，淋湿甚至浸泡实验设备；有些试剂如金属钠、钾、金属化合物、电石等遇水还会发生燃烧、爆炸等。因此，离开实验室前应检查水、电、煤气开关是否关好。

1.4.3　汞的安全使用和汞的纯化

在常温下汞逸出蒸气，吸入人体内会使人受到严重的毒害。一般汞中毒可分为急性和慢性两种。急性中毒多由高汞盐入口引起（如吞入$HgCl_2$），普通情况下0.1～0.3g即可致死；由汞蒸气而引起的慢性中毒，其症状为食欲不振、恶心、大便秘结、贫血、骨骼和关节疼痛、神经系统衰弱。引起以上症状的原因，可能是由于汞离子与蛋白质作用，生成不溶物而妨碍生理机能。

汞蒸气的最大安全浓度为 0.1mg/m³。而在 20℃时，汞的饱和蒸气压为 0.0012mmHg（1mmHg = 133.322Pa），比安全浓度大 100 多倍。若在一个不通气的房间内，而又有汞直接暴露于空气时，就有可能使空气中汞蒸气超过安全浓度。所以，必须严格遵守下列安全用汞的操作规定。

1.4.3.1　安全用汞的操作规定

具体如下：

（1）汞不能直接暴露于空气之中，在装有汞的容器中应在汞面上加水或其他液体覆盖。

（2）一切倒汞操作，不论多少一律在浅瓷盘里操作（盘中装水）。在倒去汞上的水时，应在瓷盘上把水倒入烧杯，而后再把水由烧杯倒入水槽。

（3）装汞的仪器下面一律放浅瓷盘，使得在操作中撇出的汞滴不致散落桌面或地面。

（4）实验操作前应检查仪器安放处或仪器连接处是否牢固，橡皮管或塑料管的连接处必须用铅线缚牢，以免在实验时脱落使汞流出。

（5）倾倒汞时动作一定要缓慢，不要用超过 250mL 的大烧杯盛汞以免倾倒时溅出。

（6）储存汞的容器必须是结实的厚壁玻璃器皿或瓷器，以免由于汞本身的质量使容器破裂。如用烧杯盛汞不得超过 30mL。

（7）若万一有汞掉在地上、桌上或水槽等地方，应尽可能地用吸汞管将汞收集起来，再用能盛汞齐的金属片（如 Zn、Cu）在汞溅落处多次扫过。最后用硫磺粉覆盖在有汞溅落的地方，并摩擦之，使汞变为 HgS，亦可用 $KMnO_4$ 溶液使汞氧化。

（8）擦过汞齐或汞滤纸或布块必须放在有水的瓷缸内。

（9）备有汞的实验室应有良好通风设备（特别要有通风口在地面附近的下排风口），最好与其他实验室分开并经常通风排气。

（10）手有伤口，切勿触及汞。

1.4.3.2　汞的纯化

汞中的杂质有两类：一类是外部沾污，如附有盐类或某些悬浮脏物，可多次水洗或用滤纸刺一小孔过滤分开；另一类杂质是汞和其他金属形成合金，对于汞中溶有贵金属（如 Cu、Pb 等）不能用 HNO_3 溶液洗去时，可利用商品汞蒸馏器蒸馏提纯。在蒸馏时要严格防止汞蒸气外逸，应在严密的通风橱中进行。

汞在稀硫酸溶液中阳极电解，也可有效地除去贱金属。电解时贱金属溶解到硫酸溶液中，当贱金属快溶解完时，汞发生溶解，则溶液发生混浊。此法对除去汞中含有大量贱金属特别有效。

1.4.4　受压容器的安全使用

受压玻璃仪器包括供高压或真空实验用的玻璃仪器，装载水银的容器、压力计以及各种保温容器等，使用这类仪器时必须注意：

（1）受压玻璃仪器的器壁应足够坚固，不能用薄壁材料或平底烧瓶之类的器皿。

（2）供气流稳压的玻璃稳压瓶，其外壳应裹以布套或细网套。

（3）实验中常用液氮作为获得低温的手段，在将液氮注入真空容器时要注意真空容器可能发生破裂，不要把脸靠近容器的正上方。

（4）装载水银的U形压力计或容器，要注意使用时玻璃容器易破裂，造成水银散溅到桌上或地上。因此装水银的玻璃容器下部应放置搪瓷盘或适当的容器。使用U形水银压力计时，应防止系统压力变动过于剧烈而使压力计中的水银散溅到系统外。

（5）使用真空玻璃系统时，要注意任何一个活塞的开闭均会影响系统的其他部分，因此操作时应特别小心，防止在系统内形成高温爆鸣气混合物或让爆鸣气混合物进入高温区。在开启或关闭活塞时，应两手操作，一手握活塞套，一手缓缓旋转内塞，务必使玻璃系统各部分不产生力矩，以免扭裂。在用真空系统进行低温吸附实验时，当吸附剂吸附大量吸附质气体后，不能先将装有液氮的保温瓶从盛放吸附剂的样品管处移去，而应先启动机械泵对系统进行抽空，然后移去保温瓶。因为一旦移去低温的保温瓶，又不及时对系统抽真空，则被吸附的吸附质气体，由于吸附剂温度升高，会大量脱附出来，导致系统压力过大，使U形压力计中的水银冲出或引起封闭玻璃系统爆裂。

高压钢瓶使用注意事项：气体钢瓶是由无缝碳素钢或合金钢制成，适合于装介质压力在150atm（1atm=100kPa）以下的气体。标准气瓶类型如表1-3所示。

表1-3　标准气瓶类型

气瓶类型	用　　途	工作压力/kgf · cm^{-2}	实验压力/kgf · cm^{-2}	
			水压实验	气压实验
甲	装O_2、H_2、N_2、CH_4、压缩空气和惰性气体等	150	225	150
乙	装纯净水、煤气及CO_2等	125	190	125
丙	装NH_3、Cl_2、光气、异丁烯等	30	60	30
丁	装SO_2等	6	12	6

注：1kgf/cm^2 = 100kPa。

使用气瓶的主要危险是气瓶可能爆炸和漏气（这对可燃性气体钢瓶就更危险，应尽可能避免氧气瓶和其他可燃性气体钢瓶放在同一房间内使用。否则，也易引起爆炸）。已充气的气体钢瓶爆炸的主要因素是气瓶受热而使内部气体膨胀，压力超过气瓶的最大负荷而爆炸；或瓶颈螺纹损坏，当内部压力升高时，冲脱瓶颈。在这种情况下，气瓶按火箭作用原理向放出气体的相反方向高速飞行。因此，均可造成很大的破坏和伤亡。另外，如果气瓶金属材料不佳或受到腐蚀时，一旦气瓶撞击坚硬物体时就会发生爆炸。因此，钢瓶（或其他受压容器）是存在着危险的，使用时须注意：

（1）钢瓶应放在阴凉、干燥、远离热源（如阳光、暖气、炉火等）的地方。

（2）搬运气瓶时要轻稳，要把瓶帽旋上，放置使用时必须牢靠、固定好。

（3）使用时要用气表（CO_2、NH_3可例外），一般可燃性气体的钢瓶气门螺纹是反扣的（如H_2、C_2H_2）。不燃性或助燃性气体的钢瓶是正扣的（如N_2、O_2）。各种气压表一般不得混用。

（4）绝不可使油或其他易燃性有机物沾染在气瓶上（特别是出口和气压表）；也不可用麻、棉等物堵漏，以防燃烧引起事故。

（5）开启气门时应站在气压表的另一侧，绝不许把头或身体对准气瓶总阀门，以防万一阀门或气压表冲出伤人。

（6）不可把气瓶内气体用尽，以防重新灌气时发生危险。

（7）使用时注意各气瓶上漆的颜色及标字，避免混淆，表1-4为我国气瓶常用标记。此色标为我国劳动部1966年规定。

（8）使用期间的气瓶每隔3年至少进行一次检验，用来装腐蚀气体的气瓶至少每2年要检验一次。不合格的气瓶应报废或降级使用。

（9）氢气瓶最好放在远离实验室的小屋内，用导管引入（千万要防止漏气），并应加防止回火的装置。

表1-4 压缩气瓶的识别和性能

<table>
<tr><th>气体名称</th><th>瓶身颜色</th><th>标字颜色</th><th>横条颜色</th><th>应承受工作压力/bar</th><th colspan="2">备 注 或 说 明</th></tr>
<tr><td>氧气</td><td>天蓝</td><td>黑</td><td></td><td>150</td><td rowspan="2">氧化性气体的瓶口及所连的压力表,应防止易燃物及油腻等沾污</td><td rowspan="7">应承受150bar压力的气瓶，水压试验的压力应大于50%，至少3年检查1次。压力表及减压表一般可通用</td></tr>
<tr><td>压缩空气</td><td>黑</td><td>白</td><td></td><td>150</td></tr>
<tr><td>粗氩气</td><td>黑</td><td>白</td><td>白</td><td>150</td><td>广泛用做保护性气氛气体</td></tr>
<tr><td>纯氩气</td><td>灰</td><td>绿</td><td></td><td>150</td><td></td></tr>
<tr><td>氦气</td><td>棕</td><td>白</td><td></td><td>150</td><td></td></tr>
<tr><td>氮气</td><td>黑</td><td>黄</td><td>棕</td><td>150</td><td></td></tr>
<tr><td>氢气</td><td>深绿</td><td>红</td><td>红</td><td>150</td><td>可燃性气体气门螺纹式反扣的</td></tr>
<tr><td>二氧化碳气</td><td>黑</td><td>黄</td><td></td><td>125</td><td colspan="2">临界温度为31.1℃，临界点，蒸气压达72.95bar</td></tr>
<tr><td>氨气</td><td>黄</td><td>蓝</td><td></td><td>30</td><td>20℃时蒸气压为8.24bar，30℃时为11.5bar</td><td rowspan="6">应承受30bar以下的易液化气体气瓶，水压实验的压力应大1倍；腐蚀性气体至少2年检查1次，压力表及减压表一般不通用</td></tr>
<tr><td>氯气</td><td>草绿</td><td>白</td><td></td><td>30</td><td>临界点为146℃，蒸气压为93.5bar，20℃时蒸气压为6.62bar</td></tr>
<tr><td>二硫化碳气</td><td>黑</td><td>白</td><td>黄</td><td>6</td><td>临界点为457.2℃，蒸气压为77.7bar，20℃时蒸气压为3.23bar</td></tr>
<tr><td>乙炔</td><td>白</td><td>红</td><td></td><td></td><td>多用于乙炔焊</td></tr>
<tr><td>石油气</td><td>灰</td><td>红</td><td></td><td></td><td>广泛用于家庭燃料和加热用燃料，数量最大</td></tr>
<tr><td>氟氯烷气</td><td>铝白</td><td>黑</td><td></td><td></td><td>一般用于冷冻机充液</td></tr>
</table>

注：1bar = 100kPa。

1.4.5 使用辐射的安全防护

材料化学实验室的辐射源，主要指产生X射线、γ射线、中子流、带电离子束的电离辐射和产生频率为10～1000000MHz的电磁波辐射。电离辐射和电磁波辐射作用于人体，都会造成人体组织的损伤，引起一系列复杂的组织机能的变化，因此必须重视使用辐射源的安全防护。

1.4.5.1 电离辐射的安全防护

电离辐射的最大容许剂量，我国目前规定从事放射性工作的专业人员，每日不得超过

0.05R（伦琴），非放射工作人员每日不得超过0.005R。

同位素源放射的γ射线和X射线对机体的作用是相似的，所以防护措施也是一致的，主要采取屏蔽防护、缩短使用时间和远离辐射源等措施。前者是在辐射源与人体之间添加适当的物质作为屏蔽，以减弱射线的强度。作为屏蔽物质，主要有铅、铅玻璃等。后者是根据受照射的时间越短，人体所接受的剂量越少，以及射线的强度随机体与辐射源的距离平方而衰减的原理，尽量缩短工作时间和加大机体与辐射源的距离，从而达到安全防护的目的。在实验时由于X射线和γ射线有一定的出射方向，因此实验者应注意不要正对出射方向站立，而应在侧边进行操作。对于暂时不用或多余的同位素放射源，应及时采取有限的屏蔽措施，储存在适当的地方。

防止放射性物质进入人体是电离辐射安全防护的重要前提。一旦放射性物质进入人体，则上述的屏蔽防护和加强措施就失去意义。放射性物质要尽量在密闭容器内操作，操作时必须戴防护手套和口罩，严防放射性物质飞溅而污染空气，加强室内通风换气，操作结束后应全身淋浴，切实地防止放射性物质从呼吸道进入人体内。

1.4.5.2 电磁波辐射的安全防护

高频电磁波辐射源作为特殊情况下的加热热源，目前已在光谱用光源和高真空技术中得到越来越多的应用。电磁波辐射能对金属、非金属介质以感应力加热，因此也会对人体组织，如皮肤、肌肉、眼睛的晶状体以及血液循环、内分泌、神经系统造成损害。

防护电磁波辐射的根本有效措施是减少辐射的泄漏，使辐射局限在限定的范围内。当设备本身不能有效地防止高频辐射的泄漏时，可利用能反射或吸收电磁波的材料，如金属、多孔性生胶和炭黑等面罩、网，以屏蔽辐射源。操作电磁波辐射的实验者应穿特制防护服和戴防护眼镜，镜片上涂一层导电的二氧化锡，金属铬的透明或半透明的膜。同样，应加大工作处与辐射源之间的距离。

考虑到某些工作不可避免地经受一定强度的电磁波辐射，应按辐射时间长短不同，制定辐射强度的分级安全标准：每天辐射时间15min时，辐射强度小于$1mW/cm^2$；小于2h的情况下，辐射强度小于$0.1mW/cm^2$；在整个工作日内经常受辐射时，辐射强度小于$10mW/cm^2$。

除上述电离辐射和电磁波辐射外，在无机材料实验中还应注意紫外线、红外线和激光对人体，特别是对眼睛的伤害。紫外线的短波部分（300~200nm）能引起结膜炎。红外线的短波部分（1600~760nm）可透过眼球到达视网膜，引起视网膜灼伤症。激光对眼睛的损伤是严重的，会引起角膜、虹膜和视网膜的烧伤，影响视力，甚至因晶状体浑浊发展为白内障。防紫外线、红外线以及激光的有效办法是带防护眼镜，但应注意不同光源、不同强度时需选用不同的防护镜片，而且要切记不应该使眼睛直接对准光束进行观察。对于大功率的二氧化碳气体激光，尽量避免照射中枢神经引起伤害，此时实验者还需戴上防护头盔。

本章小结

无机材料专业实验课是继无机化学实验、分析化学实验、有机化学实验、物理化学实验、化工原理实验之后的一门专业实验课，它综合了无机材料科学领域中所需要的基本研究工具和方法。无机材料专业实验课的主要目的是：使学生能掌握无机材料专业基础实验、综合性实验的基本方法和技能，从而能够根据所学原理设计实验、选择和使用仪器，锻炼学生观察现象、正确记录数据和处理数据、分析实验结果的能力；培养严肃认真、实事求是的科学态度和作风；验证所学的原理，巩固、加深对无机材料科学原理的理解，提高学生对无机材料基础知识灵活运用的能力。

思 考 题

1-1 原料、材料、原材料的含义有何差别？

1-2 验证型实验、测试型实验、设计型实验、综合型实验的特点是什么？

1-3 你认为本书所列的实验项目中，哪些实验是验证型，哪些实验是测试型，有没有设计型？

1-4 你认为本书所列的实验项目中，哪些实验是原料（燃料）性质的测试研究，哪些实验是材料形成规律的实验研究，哪些实验是材料性质的测定分析？

1-5 你认为在做实验的整个过程中，误差分析和数据处理的基础知识有没有用，为什么？

1-6 你是否喜欢到实验室做实验，为什么？

2 实验方案设计及数据处理

内容提要：

在科学研究和工农业生产中，经常需要通过实验来寻找所研究对象的变化规律，并通过对规律的研究达到各种实用的目的，如提高产量、降低消耗、提高产品性能或质量等，特别是新产品实验，未知的东西很多，要通过大量的实验来摸索工艺条件或配方。自然科学和工程技术中所进行的实验，是一种有计划的实践，只有科学的实验设计，才能用较少的实验次数，在较短的时间内达到预期的实验目标；反之，往往会浪费大量的人力、物力和财力，甚至劳而无功。另外，随着实验进行，必然会得到大量的实验数据，只有对实验数据进行合理的分析和处理，才能获得研究对象的变化规律，达到指导生产和科研的目的。可见，最优实验方案的获得，必须兼顾实验设计（experiment design）和数据处理（data processing）两方面，两者是相辅相成、互相依赖、缺一不可的。

实验设计与数据处理虽然归于数理统计的范畴，但它也属于应用技术学科，具有很强的适用性。一般意义上的数理统计的方法主要用于分析已经获得的数据，对所关心的问题做出尽可能精确的判断，而对如何安排实验方案的设计没有过多的要求。实验设计与数据处理则是研究如何合理地安排实验，有效地获得实验数据，然后对实验数据进行综合的科学分析，以求尽快达到优化实验的目的。所以完整意义上的实验设计实质上是实验的最优化设计。

无机非金属材料专业的学生经常要做实验，在很多情况下，要想将实验做好仅靠专业知识是不够的，还需要事先设计实验、分析实验数据。本章简要介绍实验设计和数据处理方面的一些基本内容和相关概念。

2.1 实验方案设计

在无机材料的生产和科研中，对材料工艺参数及制品性能方面要做许多实验。实验方案设计得好，就能以较少的实验次数得到满意的结果，如果实验方案设计得不好，不仅实验次数多，而且结果还不一定满意。因为实验次数多，必然浪费大量的人力、物力，有时由于实验时间拖长，实验条件的改变也会使实验失败。因此，如何合理地设计实验方案是很值得研究的一个问题。

20 世纪 20 年代，英国生物统计学家及数学家费希尔（R. A. Fisher）首先提出了方差分析方法，并将其应用于农业、生物学、遗传学等方面，取得了巨大的成功，在实验设计和统计分析方面做出了一系列先驱工作，开创了一门新的应用技术学科，从此实验设计成为统计科学的一个分支。20 世纪 50 年代，日本统计学家田口玄一将实验设计中应用最广的正交设计表格化，在方法解说方面深入浅出，为实验设计的更广泛使用做出了巨大的贡献。

我国从20世纪50年代开始研究这门学科，并在正交实验设计的观点、理论和方法上都有创新，编制了一套适用的正交表，简化了实验程序和实验结果的分析方法，创立了简单易学、行之有效的正交实验设计法。同时，著名数学家华罗庚教授也在国内积极倡导和普及“优选法”，从而使实验设计的概念得到普及。随着科学技术工作的深入发展，我国数学家王元和方开泰于1978年首先提出了均匀设计，该设计考虑如何将设计点均匀地散布在实验范围内，使得能用较少的实验点获得最多的信息。随着计算机技术的发展和进步，出现了各种针对实验设计和实验数据处理的软件，使实验数据的分析计算不再繁杂，极大地促进了本学科的快速发展和普及。

2.1.1 实验设计概述

2.1.1.1 实验设计的定义

在进行具体的实验之前，要对实验的有关影响因素和环节做出全面的研究和安排，从而制订出行之有效的实验方案。实验设计（design of experiments，DOE）就是对实验进行科学合理的安排，以达到最好的实验效果。实验设计是实验过程的依据，是实验数据处理的前提，也是提高科研成果质量的一个重要保证。一个科学而完善的实验设计，能够合理地安排各种实验因素，严格地控制实验误差，并且能够有效地分析实验数据，从而用较少的人力、物力和时间，最大限度地获得丰富而可靠的资料。反之，如果实验设计存在缺陷，就必然造成浪费，减损研究结果的价值。

实验者在开始实验设计时，首先应对所研究的问题有一个深入的认识，如实验目的、影响实验结果的因素、每个因素的变化范围等，然后才能选择合理的实验设计方法，达到科学安排实验的目的。在科学实验中，实验设计一方面可以减少实验过程的盲目性，使实验过程更有计划；另一方面还可以从众多的实验方案中，按一定规律挑选出少数实验。

2.1.1.2 实验设计的类型

根据实验设计内容的不同，可以分为专业设计与统计设计。实验的统计设计使得实验数据具有良好的统计性质（例如随机性、正交性、均匀性等），由此可以对实验数据做所需要的统计分析。实验的设计和实验结果的统计分析是密切相关的，只有按照科学的统计设计方法得到的实验数据才能进行科学的统计分析，得到客观有效的分析结论。反之，一大堆不符合统计学原理的数据可能是毫无作用的，统计学家也会对它束手无策。因此对实验工作者而言，关键是用科学的方法设计好实验，获得符合统计学原理的科学有效的数据。至于对实验结果的统计分析，很多方法都可以借助统计软件由实验人员自己完成，必要时还可以请统计专业人员帮助完成。本书重点讲述实验的统计设计。

根据不同的实验目的，实验设计可以划分为五种类型。

（1）演示实验。实验目的是演示一种科学现象，中小学的各种物理、化学、生物实验课所做的实验都是这种类型的实验。只要按照正确的实验条件和实验程序操作，实验的结果就必然是事先预定的结果。对演示实验的设计主要是专业设计，其目的是为了使实验的操作更简便易行，实验的结果更直观清晰。

（2）验证实验。实验目的是验证一种科学推断的正确性，可以作为其他实验方法的补充实验。本书中讲述的很多实验设计方法都是对实验数据做统计分析的，通过统计方法推断出最优实验条件，然后对这些推断出来的最优实验条件做补充的验证实验给予验证。

验证实验也可以是对已提出的科学现象的重复验证，检验已有实验结果的正确性。

（3）比较实验。比较实验（comparaive experiments）的实验目的是检验一种或几种处理的效果，例如对生产工艺改进效果的检验，对一种新药物疗效的检验，其实验的设计需要结合专业设计和统计设计两方面的知识，对实验结果的数据分析属于统计学中的假设检验问题。

（4）优化实验。优化实验（optimization experiments）的实验目的是高效率地找出实验问题的最优实验条件，这种优化实验是一项尝试性的工作，有可能获得成功，也有可能不成功，所以常把优化实验称为实验（test），以优化为目的的实验设计则称为优化实验设计。例如，目前流行的正交设计和均匀设计的全称分别是正交实验设计和均匀实验设计。

优化实验是一个十分广阔的领域，几乎无所不在。在科研、开发和生产中，可以达到提高质量、增加产量、降低成本以及保护环境的目的。随着科学技术的迅猛发展，市场竞争的日益激烈，优化实验将会越发显示其巨大的威力。

优化实验的内容十分丰富，是本书主要讲述的内容，可以划分为以下的几种类型：

1）按实验因素的数目不同可以划分为单因素优化实验和多因素优化实验。

2）按实验目的的不同可以划分为指标水平优化和稳健性优化。指标水平优化的目的是优化实验指标的平均水平，例如增加化工产品的回收率、延长产品的使用寿命、降低产品的能耗。稳健性优化是减小产品指标的波动（标准差），使产品的性能更稳定，用廉价的低等级的元件组装出性能稳定高质量的产品。

3）按实验的形式不同可以分为实物实验和计算实验（computer experiments）。实物实验包括现场实验和实验室实验两种，都是主要的实验方式。计算实验是根据数学模型计算出实验指标，在物理学中有大量的应用。

现代的计算机运行速度很高，人们往往认为对已知数学模型的情况不必再做实验设计，只需要对所有可能情况全面计算，找出最优条件就可以了。实际上这种观点是一个误解，在因素和水平数目较多时，即使高速运行的大型计算机也无力承担所需的运行时间。例如，为了研究 Si(100)2×1 半导体表面的原子结构，美国的 Bell 实验室和 IBM 实验室等几家最大的研究机构都投入了巨大的人力和物力进行了多年的研究工作，但是始终没有获得有效的进展。Si(100)2×1 的一个原胞中有 5 层共 10 个原子，每个原子的位置用三维坐标来描述，每个坐标取 3 个水平，全面计算需要 3^{30} 次，而每次计算都包括众多复杂的步骤和公式，需要几个小时才能完成，因此对这个问题的全面计算是不可能实现的。后来我国学者建议采用正交实验设计方法，并与美国学者合作，经过两轮 $L_{27}(3^{13})$ 与几轮 $L_9(3^4)$ 正交实验，仅做了几十次实验就找到 Si(100)2×1 表面原子结构模型的最优结果。原子位置准确到原子距的 2%，达到了当今这一课题所能达到的最高精度，得到了世界的公认。

4）按实验的过程不同可以分为序贯实验设计和整体实验设计。序贯实验是从一个起点出发，根据前面实验的结果决定后面实验的位置，使实验指标不断优化，形象地称为“爬山法”。0.618 法、分数法、因素轮换法都属于爬山法。整体实验是在实验前就把所要做的实验的位置确定好，要求设计这些实验点能够均匀地分布在全部可能的实验点之中，然后根据实验结果选择最优的实验条件。正交设计和均匀设计都属于整体实验设计。

（5）探索实验。对未知事物的探索性科学研究实验称为探索实验，具体来说包括探究对象的未知性质，了解它具有怎样的组成，有哪些属性和特征以及与其对象或现象的联系等的实验。目前，高校和中小学都会安排一些探索性实验课，培养学生像科学家一样思考问题和解决问题，包括实验的选题、实验条件的确定、实验的设计、实验数据的记录以及实验结果的分析等。

探索实验在工程技术中属于开发设计，其设计工作既要依靠专业技术知识，也需要结合使用比较实验和优化实验的方法。前面提到的研究 Si(100)2×1 半导体表面原子结构的问题就属于探索性实验，在这些实验中使用优化设计技术可以大幅度地减少实验次数。

2.1.1.3 实验设计的要素与原则

一个完善的实验设计方案应该考虑到如下问题：人力、物力和时间满足要求；重要的观测因素和实验指标没有遗漏，并做了合理安排；重要的非实验因素都得到了有效的控制；实验中可能出现的各种意外情况都已考虑在内并有相应的对策；对实验的操作方法、实验数据的收集、整理、分析方式都已确定了科学合理的方法。从设计的统计要求来看，一个完善的实验设计方案应该符合三要素与四原则。在讲述实验设计的要素与原则之前，首先明确实验设计的几个基本概念。

（1）实验设计的基本概念。

1）实验指标。在实验设计中把用来判断实验结果好坏采用的标准称为指标，也称为响应变量（response variable）。指标的选取和实验目的有关。例如，实验目的是为了判断不同树种的生长情况，则可以采用单位面积上的蓄积作为实验指标；如果实验目的是为了判断杀虫剂的杀虫效果时，则可用昆虫的死亡率作为实验指标。

2）实验因素。影响指标的条件称为因素或因子（factor），是实验设计者希望考察的实验条件。例如反应温度、反应时间对化学合成有重要影响；施肥量、栽植密度是影响苗木生长量这一指标的条件，药剂种类是影响昆虫死亡率这一指标的条件，它们在相应的实验中都称为因素。因素通常可分为两类：一种是在实验中人们可以控制的；另一类是在实验中人们无法控制的。前者称为可控因素，后者称为随机因素。

3）实验水平。因素的具体取值称为水平（level）。实验的目的通常是要找出可控因素控制在什么条件下对实验结果或生产实际最为有利，为此常把可控因素人为地分成几个等级，每个等级称为该因素的水平。例如，栽植密度是苗木生长量的可控因素，为了确定密度为多少时对苗木生长更有利，我们可把栽植密度分成几个等级，如分成 2500 株/hm^2、3300 株/hm^2、4400 株/hm^2 三个等级，则每一等级都称为栽植密度的一个水平，而栽植密度这一因素分成三个水平。

4）实验处理。按照因素的给定水平对实验对象所做的操作称为处理（treatment）。每一可控因素都取定一个水平进行搭配实验，这种搭配就是一个处理。例如，实验只有一个可控因素 A，若该因素分为 A_1、A_2、A_3 三个水平时，则该因素每一水平都是一个处理；如还有一个可控因素 B，B 分成两个水平 B_1、B_2，则这时实验共有 6 个处理（A_1B_1）、（A_1B_2）、（A_2B_1）、（A_2B_2）、（A_3B_1）、（A_3B_2）。接受处理的实验对象称为实验单元。

（2）实验设计的三要素。从专业设计的角度看，实验设计的三个要素就是实验因素、实验单元和实验效应，其中实验效应可用实验指标反映。

1）实验因素。实验设计的一项重要工作就是确定可能影响实验指标的实验因素，并根据专业知识初步确定因素水平的范围。若在整个实验过程中影响实验指标的因素很多，就必须结合专业知识，对众多的因素做全面分析，区分哪些是重要的实验因素，哪些是非重要的实验因素，以便选用合适的实验设计方法妥善安排这些因素。因素水平选取得过于密集，实验次数就会增多，许多相邻的水平对结果的影响十分接近，将会浪费人力、物力和时间，降低实验的效率；反之，因素水平选取得过于稀少，因素的不同水平对实验指标的影响规律就不能真实地反映出来，就不能得到有用的结论。在缺乏经验的前提下，可以先做筛选实验，选取较为合适的因素和水平数目。

实验的因素应该尽量选择为数量因素，少用或不用品质因素。数量因素就是对其水平值能够用数值大小精确衡量的因素，例如温度、容积等；品质因素水平的取值是定性的，如药物的种类、设备的型号等。数量因素有利于对实验结果做深入的统计分析，例如回归分析等。

在确定实验因素和因素水平时要注意实验的安全性，某些因素水平组合的处理可能会损坏实验设备（例如高温、高压）、产生有害物质，甚至发生爆炸。这需要参加实验设计的专业人员能够事先预见，排除这种危险性，处理或者做好预防工作。

2）实验单元。接受实验处理的对象或产品就是实验单元。在工程实验中，实验对象是材料和产品，只需要根据专业知识和统计学原理选用实验对象。在医学和生物实验中，实验单元也称为受试对象，选择受试对象不仅要依照统计学原理，还要考虑到生理和伦理等问题。仅从统计学的角度看需要考虑以下问题：

① 在选择动物为受试对象时，要考虑动物的种属品系、窝别、性别、年龄、体重、健康状况等差异。

② 在以人作为受试对象时，除了考虑人的种族、性别、年龄状况等一般条件外，还要考虑一些社会背景，包括职业、爱好、生活习惯、居住条件、经济状况、家庭条件和心理状况等。

这些差异都会对实验结果产生影响，这些影响是不能完全被消除的，通过采用随机化设计和区组设计而降低其影响程度。

3）实验效应。实验效应是反映实验处理效果的标志，它通过具体的实验指标来体现。与对实验因素的要求一样，要尽量选用数量的实验指标、不用定性的实验指标。另外要尽可能选用客观性强的指标，少用主观指标。

（3）实验设计的四原则。费希尔在实验设计的研究中提出了实验设计的三个原则，即随机化原则、重复原则和局部控制原则。半个多世纪以来，实验设计得到迅速的发展和完善，这三个原则仍然是指导实验设计的基本原则。同时，人们通过理论研究和实践经验对这三个原则也给予进一步的发展和完善，把局部控制原则分解为对照原则和区组原则，提出了实验设计的四个基本原则：随机化原则（randomization）、重复原则（replication）、对照原则（contrast）和区组原则（block）。目前，这四大实验设计原则已经是被人们普遍接受的保证实验结果正确性的必要条件。同时，随着科学技术的发展，这四大原则也在不断发展完善之中。

1）随机化原则。随机化是指每个处理以概率均等的原则，随机地选择实验单元。

例如，有 A、B 两种处理方式，将 30 只动物分为两组，A 组 10 只。在实际分组时可以采用抽签的方式，把 30 只动物按任意的顺序排 30 号，用外形相同的纸条写出 1 ~ 30 个号码，从中随机抽取10个号码，对应的10只动物分给A组，剩余的20只动物分给B组。

实验设计随机化原则的另外一个作用是有利于应用各种统计分析方法，因为统计学中的很多方法都是建立在独立样本的基础上的，用随机化原则设计和实施的实验就可以保证实验数据的独立性。那些事先加入主观因素，以致不同程度失真的资料，统计方法是不能弥补其先天不足的，往往是事倍而功半。

2）重复原则。由于实验的个体差异、操作差异以及其他影响因素的存在，同一处理对不同的实验单元所产生的效果也是有差异的。通过一定数量的重复实验，该处理的真实效应就会比较确定地显现出来，可以从统计学上对处理的效应给以肯定或予以否定。

从统计学的观点看，重复例数越多（样本量越大），实验结果的可信度就越高，但是这就需要花费更多的人力和物力。实验设计的核心内容就是用最少的样本例数保证实验结果具有一定的可信度，以节约人力、经费和时间。

在实验设计中，“重复”一词有以下两种不同的含义：

① 独立重复实验。在相同的处理条件下对不同的实验单元做多次实验，这是人们通常意义下所指的重复实验，其目的是为了降低由样品差异而产生的实验误差，并正确估计这个实验误差。

② 重复测量。在相同的处理条件下对同一个样品做多次重复实验，以排除操作方法产生的误差。遗憾的是，这种重复在很多场合是不可实现的。如果实验的样品是流体（包括气体、液体、粉末），可以把一份样品分成多份，对每份样品分别做实验，以排除操作方法产生的误差。

3）对照原则。俗话说有比较才有鉴别，对照是比较的基础，对照原则是实验的一个主要原则。除了因素的不同处理外，实验组与对照组中的其他条件应尽量相同。只有高度的可比性，才能对实验观察的项目做出科学结论。对照的种类有很多，可根据研究目的和内容加以选择。

4）区组原则。人为划分的时间、空间、设备等实验条件成为区组（block）。区组因素也是影响实验指标的因素，但并不是实验者所要考察的因素，也称为非处理因素。任何实验都是在一定的时间、空间范围内并使用一定的设备进行的，把这些实验条件都保持一致是最理想的，但是这在很多场合是办不到的。解决的办法是把这些区组因素也纳入实验中，在对实验做设计和数据分析中也都作为实验因素。

2.1.2 单因素优化实验设计

2.1.2.1 单因素实验的定义及其应用场合

单因素优选法是指在安排实验时，影响实验指标的因素只有一个。实验的任务是在一个可能包含最优点的实验范围 $[a, b]$ 内寻求这个因素最优的取值，以得到优化的实验目标值。在多数情况下，影响实验指标的因素不止一个，称为多因素实验设计。有时虽然影响实验指标的因素有多个，但是只考虑一个影响程度最大的因素，其余因素都固定在理论或经验上的最优水平保持不变，这种情况也属于单因素实验设计问题。

在实验研究、开发设计中经常遇到优选问题。例如，在现有设备和原材料条件下，如何安排生产工艺，使产量最高、质量最好，或者在保证产品质量的前提下使产量高而成本低。为了实现这样的目标就要做实验，优化实验设计就是关于如何科学安排实验并分析实验结果，从而得到最佳工艺条件的方法。

单因素优化实验设计包括均分法、对分法、斐波那契（Fibonacci）数法、黄金分割法等多种方法，统称为优选法。这些方法都是在生产过程中产生和发展起来的，从20世纪60年代起，我国著名数学家华罗庚教授在全国大力推广优选法，取得了巨大的成效。

单因素优化实验设计有多种方法，对一个实验应该使用哪一种方法与实验的目标、实验指标的函数形状、实验的成本费用有关。在单因素实验中，实验指标函数 $f(x)$ 是一元函数，它的几种常见形式如图2-1所示。这几种函数形式也不是截然分开的，在一定条件下可以相互转换。如图2-1d所示的多峰函数，如果把实验范围缩小一些就成为单峰函数。另外有些方法并不要求实验指标是定量的连续函数。

有时不直接使用实验指标，而是构造一个与实验指标有关的目标函数，以满足实验方法所需要的目标函数形式，具体方法见图2-1。

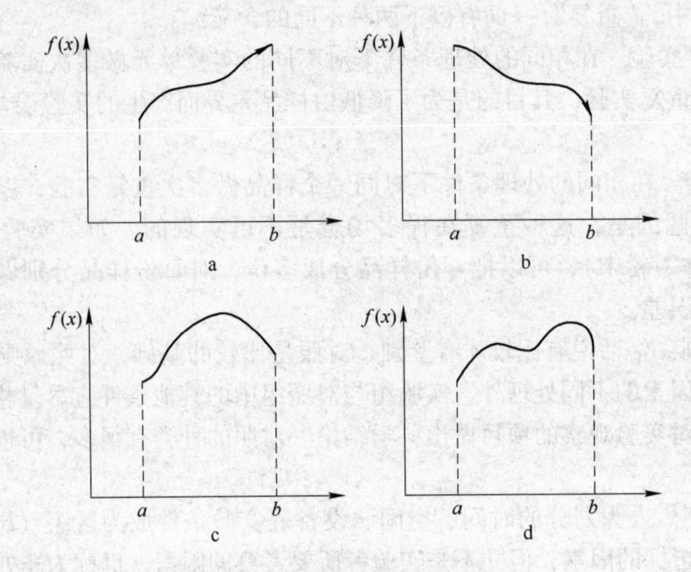

图2-1　实验指标函数形状

a—单调上升函数；b—单调下降函数；c—单峰函数；d—多峰函数

2.1.2.2　均分法

均分法是单因素实验设计方法，它是在因素水平的实验范围 $[a, b]$ 内按等间隔安排实验点。在对目标函数没有先验认识的场合下，均分法可以作为了解目标函数的前期工作，同时可以确定有效的实验范围 $[a, b]$。

【例2-1】 在大豆增产实验中，考察氮肥（尿素）施加量对单产的影响。仅从实验指标单产看，在一定范围内施肥量越高单产也越大，单产是施肥量的单调增加函数，不符合均分法单峰函数的要求。这时取目标函数为施肥后每亩地的增加利润，它是施肥量的单峰函数。该地区氮肥的价格是1.6元/kg，大豆的销售价格是3.5元/kg，氮肥的实验范围定为 [0, 18]kg/亩。实验数据见表2-1，其中：

$$\text{增加利润} = (\text{单产} - 100.6) \times 3.5 - \text{施肥量} \times 1.6$$

例如施肥量为1kg/亩时，增加利润为：

$$(107.2 - 100.6) \times 3.5 - 1 \times 1.6 = 21.5\ \text{元/亩}$$

解： 从表 2-1 看到，单产是施肥量的单调增加函数，先是随着施肥量的增加而迅速增加，但是当施肥量超过 10kg/亩后，单产的增加幅度变得缓慢。而每亩地的增加利润则是施肥量的单峰函数，在施肥量为 10kg/亩时达到最大值 76.05 元/亩。

这个例题的实验设计是一个整体设计，19 种处理可以同时进行，并且每个处理的费用不高，这种情况适合于使用均分法安排实验。

表 2-1 大豆单产数据

施肥量/kg · 亩$^{-1}$	单产/kg · 亩$^{-1}$	增加利润/元 · 亩$^{-1}$	施肥量/kg · 亩$^{-1}$	单产/kg · 亩$^{-1}$	增加利润/元 · 亩$^{-1}$
0	100.6	0	10	126.9	76.05
1	107.2	21.5	11	127.1	75.15
2	110.5	31.45	12	127.3	74.25
3	113.9	41.75	13	127.9	74.75
4	116.3	48.55	14	128.3	74.55
5	118.3	53.95	15	128.9	75.05
6	120.1	58.65	16	128.8	73.10
7	122.7	66.15	17	129.2	72.90
8	123.6	67.70	18	129.1	70.95
9	125.3	72.05			

2.1.2.3 对分法

对分法也称为等分法、平分法，是一种有广泛应用的方法，如查找地下输电线路的故障，排水管道的堵塞位置以及确定生产中某种物质的添加量问题。

例如，一段长度为 1000m 的地下电线出现断路故障，首先在 500m 处的中点检测，如果线路是连通的就可以断定故障发生在后面的 500m 内；如果线路不连通就可以断定故障发生在前面的 500m 内。

重复以上过程，每次实验就可以把查找的目标范围再减小一半，通过 n 次实验就可以把目标范围锁定在长度为 $(b-a)/2n$ 的范围内。例如，7 次实验就可以把目标范围锁定在实验范围的 1% 之内；10 次实验就可以把目标范围锁定在实验范围的 1‰之内。由此可见，对分法是一种高效的单因素实验设计方法，只是需要目标函数具有单调性的条件。它不是整体设计，需要在每一次实验后再确定下一次实验位置，属于序贯实验。

只要适当选取实验范围，很多情况下实验指标和影响因素的关系都是单调的。例如，钢的硬度和含碳量有关，含碳量越高钢的硬度也越高，但是含碳量过高时会降低钢材的其他质量指标，所以规定一个钢材硬度的最低值，这时用等分法可以很快找到合乎要求的碳含量值。

【例 2-2】 用电光分析天平准确称量物品的质量时，称量速度慢是一个令人很伤脑筋的问题。例如，用准确度为万分之一克的电光分析天平称量，能够在 5min 内称好一个样品已算快的了。使用对分法完全可以在 1min 内得出准确的结果。现称量某化学物品的准确质量。

解：（1）首先在托盘天平上称量出其质量为 32.5g，根据托盘天平的准确度，估计该化学物品的质量在 32.45 ~ 32.55g 之间，然后在电光分析天平上继续称量。

（2）按对分法，第一次加的砝码是（3.45 + 32.55）/2 = 32.50g，旋动天平下的旋钮，放下天平的托架，观察天平的平衡情况，右盘下沉，表示加的砝码多了，于是 32.50 ~ 32.55g 都大于此物品的质量，全部舍去，不再实验这部分。经过第一次称量，物品的质量确定在 32.45 ~ 32.50g 之间。

（3）再按对分法，称量点选在（3.45 + 32.50）/2 = 32.475g，所以应该加 32.47g 砝码（10μg 以下直接在投影屏上读数，不需要加 μg 级的砝码），以下操作同本例上述（2），结果发现右盘下沉，故 32.47 ~ 32.50g 都加多了，物品的质量应在 32.45 ~ 32.47g 之间。

（4）第三次称量点选在（32.45 + 32.47）/2 = 32.46g，在右盘加 32.46s 砝码称量，由于该化学物品的质量与 32.46g 相差 10μg，这时就可以读出物品的质量为 32.4685g。

可见，用对分法在电光分析天平上称量一个样品质量，一般只进行 3 ~ 4 次操作就可以了，比用常规称量速度快几倍。

对分法的实验目的是寻找一个目标点，每次实验结果分为三种情况：

（1）恰是目标点；

（2）断定目标点在实验点左侧；

（3）断定目标点在实验点右侧。

实验指标不需要是连续的定量指标，可以把目标函数看作是单调函数。

2.1.2.4　*黄金分割法*

黄金分割法也称为 0.618 法，从 20 世纪 60 年代起，由我国数学家华罗庚教授在全国大力推广的优选法就是这个方法。它适用于在实验范围内目标值为单峰的情况，是一个应用范围广泛的方法。

0.618 法的思想是每次在实验范围内选取两个对称点做实验，这两个对称点的位置直接决定实验的效率。理论证明这两个点分别位于实验范围［a，6］的 0.382 和 0.618 的位置是最优的选取方法。这两个点分别记为 x_1 和 x_2，则：

$$x_1 = a + 0.382(b - a)$$

$$x_2 = a + 0.618(b - a)$$

对应的实验指标值记为 y_1 和 y_2。如果 y_1 比 y_2 好则 x_1 是好点，把实验范围［x_2，b］划去，保留的新的实验范围是［a，x_2］；如果 y 比 y_1 好则 x_2 是好点，把实验范围［a，x_1］划去，保留的新的实验范围是［x_1，b］。不论保留的实验范围是［a，x_2］，还是［x_1，b］，不妨统一记为［a_1，b_1］。对这新的实验范围［a_1，b_1］重新使用以上黄金分割过程，得到新的实验范围［a_1，b_2］，［a_1，b_3］，…逐步做下去，直到找到满意的、符合要求的实验结果。

通俗地说 0.618 法就是一种来回调试法，这是我们在日常生活和工作中经常用的方法。0.618 法可以用下面的一个简单的演示加以说明。

假设某工艺中温度的最佳点在 0 ~ 1000℃之间，并且实验指标是温度的单峰函数，越大越好。如果采用均分法每隔 1℃做一个实验共需要做 1001 次实验。现在使用 0.618 法寻找温度的最佳点，步骤如下：

（1）首先准备一张 1m 长的白纸，在纸上任意画出一条单峰曲线。

（2）用直尺找到0.618m，记为x_1。

（3）将纸对折，找到x_1的对称点（也就是0.382m），记为x_2，如图2-2a所示。

（4）比较x_1和x_2两点曲线的高度，如果曲线在x_2处高，则x_2是好点，把白纸从x_1的右侧剪下，如图2-2b所示（如果曲线在x_1处高，则x_1是好点，把白纸从x_2的左侧剪下）。

（5）在剩余的白纸上只有一个实验点x_2，找出其对称点x_3，如图2-2c所示。

（6）若x_3是好点，则将白纸从x_2的右侧剪下，如图2-2d所示。

（7）重复以上第（5）、（6）两步，如图2-2c、d所示，直到白纸只剩下1mm宽为止，这就是实验所要找的最佳点。

用0.618法做实验时，第一步需要做两个实验，以后每步只需要再做一个实验。如果在某一步实验中，两个实验点x_1和x_2处的实验指标值y_1和y_2相等，这时可以只保留x_1和x_2之间的部分作为新的实验范围。

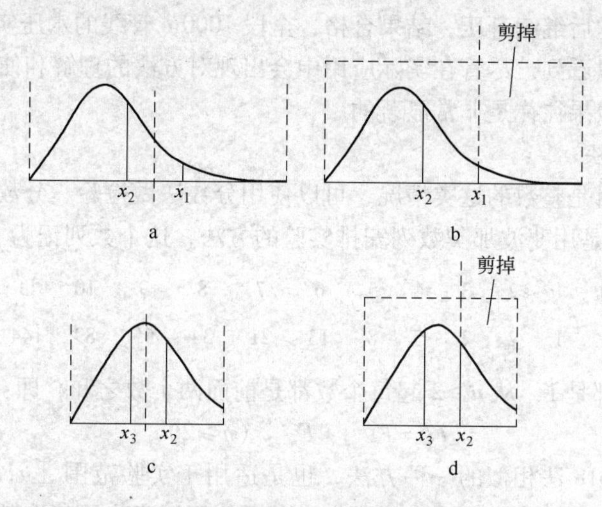

图2-2 黄金分割法示意图

0.618法是一种简易高效的方法，每步实验划去实验范围的0.382倍，保留0.618倍。对上述两个实验点x_1和x_2处的实验指标值y_1和y相等的情况，则划去实验范围的0.618倍，保留0.382倍。经过n步实验后保留的实验范围至多是最初的0.618^n倍，其具体数值见表2-2。例如，当$n=10$时，不足最初实验范围的1%。但是其使用效率受到测量系统精度的影响。如果测量系统的精度较低，以上过程重复进行几次以后就无法再继续进行下去了。

表2-2 *n*次实验后0.618法保留区间的长度

实验步数	1	2	3	4	5	6	7	8
保留长度/m	0.618	0.382	0.236	0.146	0.090	0.056	0.034	0.021
实验步数	9	10	11	12	13	14	15	16
保留长度/m	0.013	0.008	0.005	0.003	0.002	0.001	0.001	0.000

注：最初长度为1m。

【例 2-3】 某城市大口径给水管地处城郊结合部，由于某种原因，已完成的全长 1000m 的铸铁管未试压就进行了全线回填并恢复了原地貌，但在随后的试压中发现管线有泄漏。经过分析，问题发生在接口泄漏，这段管道共有 141 个接口，其在井室内的 15 个接口无一泄漏，采用黄金分割法检验泄漏处。在桩号 0 + 700(m) 处有一阀门，在此处将 1000m 管段分成南北两段进行压力实验。压力实验表明北段的 700m 管线接口合格，南段的 300m 管线中存在着严重的泄漏点。查施工记录得知南段 300m 管线共有 36 个接口，其中 2 个是钢管焊接接口并经过无损检测，所以不可能泄漏。另外井室内有 7 个接口，剩下埋地接口 27 个。对这 27 个埋地接口编号后再用优选法找漏。将 27 乘以 0.618 得出 16.686，于是，先挖出第 16 号接口处的工作坑，没有发现泄漏，检查与回填同步进行。继续检查 15 号坑，……，依次检查下去，当挖到第 10 号坑检查时发现有泄漏现象，经业主与监理同意，将泄漏接口处理后继续试压，仍有泄漏，继续挖接口工作坑检查，又发现 8 号坑和 7 号坑有泄漏现象，经检查记录发现这三处泄漏点均在气候环境不好的情况下施工，处理好渗漏问题后继续升压，结果合格，全段 1000m 管线的水压实验顺利完成。

从这个实例可以看到，尽管在实际应用中会出现对方法的理解和使用并不完全正确的现象，但是使用的效果往往是非常显著的。

2.1.2.5 分数法

对于接口的数目是整数的这类情况，可以使用分数法做检验。分数法也称为斐波那契(Fibonacci) 数法，是用斐波那契数列安排实验的方法，这个数列记为 F_n，其数值是：

n	0	1	2	3	4	5	6	7	8	9	10	11	…
F_n	1	1	2	3	5	8	13	21	34	55	89	144	…

起始的两个数都是 1，从 $n \geqslant 2$ 起每个数都是前面两个数之和，即：

$$F_n = F_{n-1} + F_{n-2} \quad (n \geqslant 2)$$

分数法是和 0.618 法相似的一种方法，也是适用于实验范围 $[a, b]$ 内目标函数为单峰的情况，但是需要预先给出实验次数，尤其适用于因素水平仅取整数值或有限个值的情况。一些因素虽然理论上说是可以连续计量的，但是在实际使用时往往可以认为只取整数值，例如温度、时间等。这时全部可能的实验次数就是因素水平的数目，在这种情况下斐波那契数法是比 0.618 法更为直观简便的方法。

记因素水平的数目为 m，在使用斐波那契数法设计实验时，需要因素的一个虚拟的零水平，这是为了使实验具有对称性。具体分为下面两种情况：

(1) 因素水平的数目 m 恰是某个斐波那契数 F_n。这时含虚拟零水平的数目是 $m+1 = F_{n+1}$，最初两个实验点放在因素的 F_{n-2} 和 F_{n-1} 两个水平上。这时 F_{n-1} 右边共有 $F_n - F_{n-1} = F_{n-2}$ 个实验点，F_{n-2} 左边含虚拟零水平的实验点个数也是 F_{n-2} 个，所以 F_{n-2} 和 F_{n-1} 这两个实验点的位置是对称的。比较这两个实验的结果，如果 F_{n-2} 点好则划去 F_{n-1} 上的实验范围，只保留从 0 到 F_{n-1} 这 $F_{n-1}+1$ 个水平（含虚拟零水平），对这 $F_{n-1}+1$ 个水平继续使用斐波那契数法；如果 F_{n-1} 点好则划去 F_{n-2} 以下的实验范围，只保留从 F_{n-2} 到 F_n 这 $F_{n-1}+1$ 个因素水平，对这 $F_{n-1}+1$ 个水平继续使用斐波那契数法。

(2) 如果因素水平的数目 m 不是斐波那契数，记这个数目在 F_{n-1} 和 F_n 之间，这时需要采用虚拟水平方法，在实际因素水平的两端增加虚拟的水平，把因素水平的数目增加为

F_n 个，然后再按上述的方法安排实验。虚拟水平处的实验按两端的实际水平安排。

可以证明，当 n 较大时，$F_{n-1}/F_0 \approx 0.618$，$F_{n-2}/F_0 \approx 0.382$，例如 $n=11$ 时，$89/144=0.618056$，$55/144=0.381944$，与黄金分割数非常接近。

如果因素水平是连续的数量值，也可以按照 F_{n-2}/F_n 和 F_{n-1}/F_n 的比例安排实验点，不过这时不如使用0.618法更为直接。

【例2-4】 一个集成电路的制造工艺需要印制出宽度为3.00μm的微晶粒线，决定微晶粒线宽的主要影响因素是曝光时间，曝光时间越长微晶粒线就越宽。所用设备的曝光时间分为30挡，现在希望用最少的实验次数找出最好的实验条件。

解： 这个问题中线宽 y 是曝光时间 t 的单调函数，取 $|y-3.00|$ 为实验的目标函数，这个目标函数是因素水平的单峰函数。现在的目标是寻找目标函数 $|y-3.00|$ 的最小值。设备的曝光时间分为30挡的不是斐波那契数，大于30挡的最小斐波那契数是 $F_8=34$，这样需要增加4个虚拟水平，不妨虚拟为31~34挡，这4个虚拟挡的曝光时间都按照设备的第30挡实施。另外再增加一个虚拟的0挡，总的实验范围是0~34挡，因素水平数是34+1，其中+1表示零水平。实验的设计和实验结果列在表2-3中。

表2-3　斐波那契数法实验设计与实验结果

实验号	水平数目	实验范围	斐波那契数	实验点（挡次）	线宽 Y	目标函数 $\|y-3.00\|$
1	34+1	0	13	13	1.26	1.74
		34	21	21	2.35	0.65①
2	21+1	13	8	(21)	2.35	0.65
		34	13	26	3.05	0.05①
3	13+1	21	5	(26)	3.05	0.05
		34	8	29	3.26	0.26
4	8+1	21	3	(24)	3.05	0.05
		29	5	26	2.95	0.05①
5	2+1	24	1	25	3.01	0.01①
		26	1	(26)	2.95	0.05

①为最好的实验结果。

（1）第1次实验需要做两个实验，斐波那契数是13和21，实验点也是13挡和21挡。实验结果表示实验点21挡是好点，划去13左面的0~12这13个实验点，剩余的实验范围是13~34共21+1个实验点。

（2）第2次实验的斐波那契数是8和13，对应的实验点挡次是13+8=21和13+13=26。其中实验点21挡是在上一次已经做过的实验，在表中加上括号，所以第2次实验实际只需要做一个实验。实验结果表示实验点26挡是好点，划去21左面的13~20这8个实验点，剩余的实验范围是21~34共13+1个实验点。

（3）第3次实验的设计和分析与上面相似，剩余的实验范围是21~29共8+1个实验点。

（4）第4次实验两个实验点的线宽结果相同，这时可以把两个实验点的前后两部分同时去掉，只保留两个实验点中间的部分，剩余的实验范围是24~26。

（5）第 5 次实验的实验范围是 24、25、26 这 3 个实验点，其中第 24、26 两点的实验已经做过，对第 25 个实验点的实验结果表明这是最佳实验点，其线宽为 3. 01，与目标值 3. 00 最接近。

2.1.3　多因素优化实验设计

多因素实验设计在实验设计方法中占主导地位，具有丰富的内容。本节主要介绍多因素实验设计中的正交设计和均匀设计法。

2.1.3.1　多因素优化实验概述

在生产过程中影响实验指标的因素通常是很多的，首先需要从众多的影响因素中挑选出少数几个主要的影响因素，实现这个目标的途径有两个：第一是依靠专业知识，由专家决定因素的取舍；第二是做筛选实验，从众多的可能影响因素中找到真正的影响因素。

目前，多因素优化实验设计在很多领域都有广泛应用，取得了巨大的效益。在 20 世纪 60 年代，日本推广田口方法（即正交设计）应用正交表超过 100 万次，对于日本的工业发展起到了巨大的推进作用。实验设计技术已成为日本工程技术人员和企业管理人员必须掌握的技术，是工程师的共同语言。日本的数百家大公司每年运用正交设计完成数万个项目。丰田汽车公司对田口方法的评价是：在为公司产品质量改进做出贡献的各种方法中，田口方法的贡献占 50%。

选择实验因素的原则如下：

（1）实验因素的数目要适中。

1）实验因素不宜选得太多。如果实验因素选得太多（例如超过 10 个），这样不仅需要做较多的实验，而且会造成主次不分，丢了西瓜，捡了芝麻。如果仅从专业知识不能确定少数几个影响因素，就要借助筛选实验来完成这项工作。

2）实验因素也不宜选得太少。若实验因素选得太少（例如只选定一两个因素），可能会遗漏重要的因素，使实验的结果达不到预期的目的。虽然单因素优化实验设计也是非常有效的方法，但是其适用的场合是有限的，有时是通过多因素实验确定出一个最主要的影响因素后，再用单因素实验设计方法优选这个因素的水平。

在多因素实验设计中，有时增加实验的因素并不需要增加实验次数，这时要尽可能多安排实验因素。某项实验方案中原计划只有三个因素，而利用实验设计的方法，可以在不增加实验次数的前提下，再增加一个因素，实验结果发现最后添加的这个因素是最重要的，从而发现了历史上最好的工艺条件。

（2）实验因素的水平范围应该尽可能大。

1）实验因素的水平范围应当尽可能大一些。如果实验在实验室中进行，实验范围尽可能大的要求比较容易实现；如果实验直接在现场进行，则实验范围不宜太大，以防产生过多次品，或发生危险。实验范围太小的缺点是不易获得比已有条件有显著改善的结果，并且也会把对实验指标有显著影响的因素误认为没有显著影响。历史上有些重大的发明和发现，是由于“事故”而获得的，在这些事故中，实验因素的水平范围大大不同于已有经验的范围。

2）因素的水平数要尽量多一些。如果实验范围允许大一些，则每一个因素的水平数要尽量多一些。水平数取得多会增加实验次数，如果实验因素和指标都是可以计量的，就可以使用均匀设计方法。用均匀设计安排实验，其实验次数就是因素的水平数，或者是水平数的2倍，最适合安排水平数较多的实验。

为了片面追求水平数多而使水平的间隔过小也是不可取的。水平的间隔大小和生产控制精度与测量精度是密切相关的。例如一项生产中对温度因素的控制只能做到±3℃，当我们设定温度控制在85℃时，实际生产过程中温度将会在（85±3）℃，即在82～88℃的范围内波动。假设根据专业知识，温度的实验范围应该在60～90℃之间，如果为了追求尽量多的水平而设定温度取7个水平，分别为60℃、65℃、70℃、75℃、80℃、85℃和90℃，就太接近了，应当少设几个水平而加大间隔。例如只取61℃、68℃、75℃、82℃和89℃这5个水平。如果温度控制的精度可达±1℃，则按照前面的方法设定7个水平就是合理的。

（3）实验指标要量化。在实验设计中实验指标要使用计量的测度，不要使用合格或不合格这样的属性测度，更不要把计量的测度转化为不合格品率，这样会丧失数据中的有用信息，甚至对实验产生误导，以下用一个例子说明这个问题。

【例2-5】 在集成电路制造中有一个要印出一定线宽的微影技术过程，微晶粒线宽在2.75～3.25μm之间是合格品。影响微晶粒线宽的两个主要因素是曝光时间（记为A）和显影时间（记为B），两个因素的起始水平分别记为A_1和B_1。由实验得到在起始水平下微晶粒线宽的不合格品率是60%，当曝光时间A单独调整到高水平A_2时不合格品率降低到25%；当显影时间B单独调整到高水平B_2时不合格品率也降低到25%；因此我们期望：如果两个因素A和B同时调整到高水平时不合格品率会低于25%，但是实际情况是不合格品率反而增加到70%。问题出在了什么地方？是否说明A和B两个因素之间存在负交互作用？

现在直接把微晶粒的线宽作为实验的指标，考察两个因素在4种水平搭配下线宽的实际分布状况，如图2-3所示。从图2-3看出，当A、B两因素分别增加线宽是增加的，当A、B两因素同时增加时线宽仍然是增加的，只是增加的幅度过大，超过了公差上限，造成不合格品率的增加。

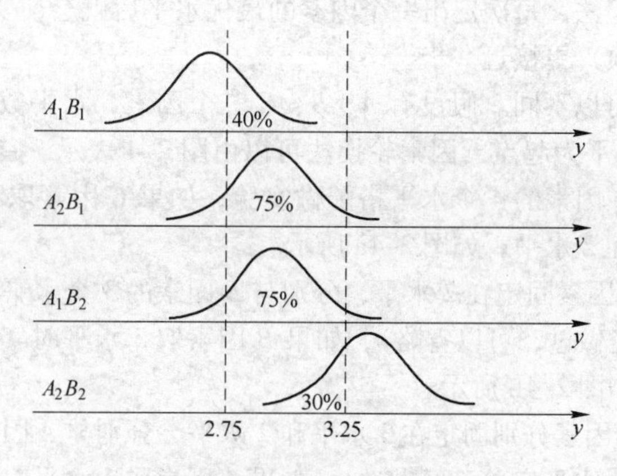

图2-3　因素水平变动对线宽分布影响

在这个例子中，不合格品分为没有达到线宽（低于2.75μm）和超过线宽（高于3.25μm）两种情况，这是两种不同性质的不合格，把它们合并成一类就会产生虚假的信息，误认为 A 和 B 两个因素之间存在负交互作用。如果能够把没有达到线宽和超过线宽这两种不合格分开统计，这对实验结果也是有利的。所以在实验设计中首先要尽量使用数量的测度指标，如果只能使用不合格率做实验指标时，要尽量把不合格的类型分得详细。例如，显示器有色彩不正、模糊、有亮斑以及闪动等多种缺陷，不要只统计出一个总的不合格品率，而要分别将各种缺陷的不合格品率统计出来，这样有利于正确地分析实验结果。

使用不合格品率做实验指标的另外一个缺陷是对每一个处理需要大量的重复实验，以获得不合格品率的数据，这就必然费时费力，在很多场合是不可行的。

2.1.3.2　*因素轮换法*

因素轮换法也称为单因素轮换法，是解决多因素实验问题的一种非全面实验方法，是在实际工作中被工程技术人员所普遍采用的一种方法。这种方法的想法是：每次实验中只变化一个因素的水平，其他因素的水平保持固定不变，希望逐一地把每个因素对实验指标的影响摸清，分别找到每个因素的最优水平，最终找到全部因素的最优实验方案。

实际上这个想法是有缺陷的，它只适合于因素间没有交互作用的情况。当因素间存在交互作用时，每次变动一个因素的做法不能反映因素间交互作用的效果，实验的结果受起始点影响。如果起始点选得不好，就可能得不到好的实验结果，对这样的实验数据也难以做深入的统计分析，是一种低效的实验设计方法。

尽管因素轮换法有以上缺陷，但是由于其方法简单，并且也具有以下一些优点，因此目前仍然被实验人员广泛使用。

（1）从实验次数看因素轮换法是可取的，其总实验次数最多是各因素水平数之和。例如 5 个 3 水平的因素用因素轮换法做实验，其最多的实验次数是 15 次。而全面实验的次数是 35 ~ 243 次。如果因素水平数较多，可以用上节中介绍的单因素优化设计方法寻找该因素的最优实验条件。

（2）在实验指标不能量化时也可以使用。例如比较饮料的味觉，只需要在每两次相邻实验的饮料中选出一种更可口的。

（3）属于爬山实验法，每次定出一个因素的最优水平后就会使实验指标更提高一步，离最优实验目标（山顶）更接近一步。

（4）因素水平数可以不同。假设有 A、B、C 三个因素，水平数分别为 3、3、4，选择 A、B 两因素的 2 水平为起点，因素轮换法可以由图 2-4 表示。首先把 A、B 两因素固定在 2 水平，分别与 C 因素的 4 个水平搭配做实验，如果 C 因素取 2 水平时实验效果最好，就把 C 因素固定在 2 水平，如图 2-4a 所示。

然后再把 A、C 两因素固定在 2 水平，分别与 B 因素的 3 个水平搭配做实验（其中 B 因素的 2 水平实验已经做过，可以省略），如果 B 因素取 3 水平时实验效果最好，就把 B 因素固定在 3 水平，如图 2-4b 所示。

最后再把 B、C 两因素分别固定在 3 水平和 2 水平，分别与 A 因素的 3 个水平搭配做实验（其中 A 因素的 2 水平实验已经做过），如果 A 因素取 1 水平时实验效果最好，就得到最优实验条件是 $A_1B_3C_2$，如图 2-4c 所示。

【例 2-6】　对某产品液压装置中单向阀的直径、长度、复位弹簧力进行优选，希望达到最好的开闭效果。根据结构要求和实际经验初步确定各因素的水平范围是：

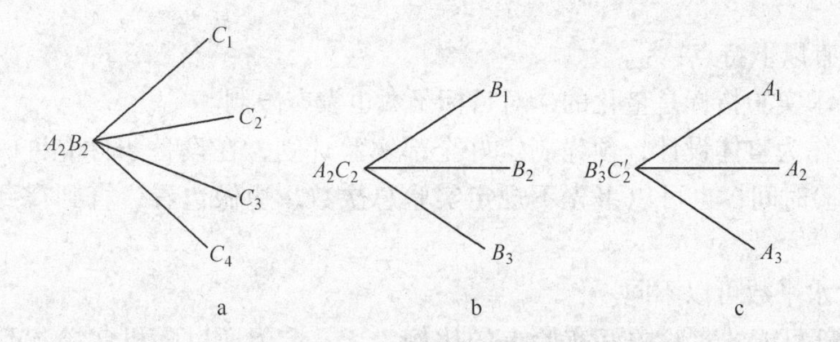

图2-4 因素轮换法示意图

a—C_2 是好条件；b—B_3 是好条件；c—A_1 是好条件

单向阀直径（A）：25～40mm；

单向阀长度（B）：30～60mm；

复位弹簧力（C）：0.5～5N。

使用因素轮换法寻找最优搭配，按下列步骤进行实验：

（1）固定复位弹簧力为1N，单向阀长度为40mm，寻找单向阀直径的最优水平值，这相当于单因素优化问题。单向阀直径的取值范围是25～40mm，理论上是取连续值的变量，实际上不妨认为只取整数值，这时可以用斐波那契数法求最优值。通过实验得单向阀直径最优值是36mm。

（2）固定单向阀直径为36mm，复位弹簧力为1N，用斐波那契数法优选单向阀长度，同样认为单向阀长度只取整数值，得最优取值为45mm。

（3）固定单向阀直径为36mm，单向阀长度为45mm，用斐波那契数法优选复位弹簧力，得最优值是1.5N。

实验所得的最优组合是单向阀直径为36mm，单向阀长度为45mm，复位弹簧力为1.5N。

2.1.3.3 随机实验

随机实验就是按照随机化的原则选择实验点或者实验因素水平。随机化是实验设计的一个基本原则，前面已经作了介绍，它有以下几个方面的含义：

（1）实验单元随机化。这是随机化的基本含义，在比较实验中，对每个处理要求按随机化原则选取实验单元。当实验中包含区组因素时，每一个区组内的实验单元按照随机化的原则分配（即随机化区组设计）。

（2）实验顺序随机化。这是随机化的延伸含义，目的是消除非实验因素（操作人员、设备、时间等）对实验的影响。

（3）实验点随机选取。用于一些特殊情况，例如用气象气球收集气象数据，气球的位置不能完全人为确定，实验点是随机的。很多野外探测也都属于随机选取实验点。这种随机选取实验点的实验效率很低，在条件允许时应该采用均匀采点。

（4）实验因素水平随机选取，也称为随机布点。前述的因素轮换法是一种选择因素水平的实验方法，后面将介绍的正交设计、均匀设计、析因设计等都是合理选择实验因素水平的方法，但是在一些特殊情况下这些人为精心设计的实验条件难以实现，就可以采用随机实验法。一种情况是实验水平只能观测，而不能严格控制；另一种情况是实验水平间有约束关系。

随机实验有以下特点：

（1）不要求实验指标是量化的，对目标函数也没有限制。

（2）可以作为整体设计，预先制定好全部实验计划，在设备条件允许时可以做同时实验，节约实验时间；也可以事先不规定实验总次数，边做边看，直到得到满意的实验结果。

（3）因素水平数可以不同。

如果在全部可能的实验中好实验点的比例为 P，希望通过随机实验找到一个好实验点，那么在连续的行次实验中至少遇到一个好点的概率为：

$$P = 1 - (1 - p)^n$$

对部分 n 和 p 的取值，计算出的概率值见表 2-4。从表中看到，当好实验点的比例 P 较小时，随机实验法的使用效率很低。例如在好实验点的比例为 $P = 0.01 = 1\%$ 时，做 50 次实验遇到一个好点的概率仅为 40%。当好实验点的比例 P 较大时，随机实验法的使用效率较高。例如在实验的好点比例为 $P = 0.1 = 10\%$ 时，做 30 次随机实验至少遇到一个好点的概率是 95.8%。

表 2-4　实验次数与好点比例的关系

实验次数 n	实验的好点比例 P			
	0.01	0.05	0.1	0.2
10	0.096	0.401	0.651	0.893
20	0.182	0.642	0.878	0.988
30	0.206	0.785	0.958	0.999
40	0.331	0.871	0.985	1.000
50	0.395	0.923	0.995	1.000

如果实验的好点比例为 $P = 10\%$ 时，平均来说做 10 次实验就能遇到一个好点，则自然希望仅做 10 次实验就能遇到一个好点。

随机化实验的优点是适用范围广，缺点是使用效率低，主要用于实验的条件很复杂，难以使用其他的实验设计方法的情况。如果实验指标和因素水平都是量化的，可以对实验结果建立回归模型，利用回归模型推断最优实验条件，这样就可以较大地提高实验效率。

2.1.3.4　正交设计

正交设计（orthogonal design）是多因素优化实验设计中广泛应用的方法，也称为正交实验设计。正交设计是用正交表安排实验方案，它从全面实验的样本点中挑选出部分有代表性的样本点做实验，这些代表点具有正交性，其作用是只用较少的实验次数就可以找出因素水平间的最优搭配或由实验结果通过计算推断出最优搭配。自 1945 年 Finney 提出分式设计后，许多学者潜心研究，提出了供分式设计用的正交表。20 世纪 40 年代后期，日本田口玄一首次把正交法应用到日本的电话机实验上，随后在日本各行业广泛应用，获得丰硕的经济效益。某学派认为，日本生产率的增长在世界上领先，使用正交表进行实验设计是一个主要因素。正交实验设计成为日本企业界管理人员、工程人员及研究人员必备的技术。正交实验设计在我国普及使用始于20世纪60年代末，70年代达到高潮，并在实践应用中发展了“小表多排因子、分批走着瞧”的实用设计表，随后也在各行业逐步展开应用。正交实验设计由于能用少量实验，提取关键信息，并且简单易行，已成为我国多因子最优化的主要方向。随着正交设计的应用，促进了实验设计的发展，并形成了一些新的领域，如稳健设计、回归设计、配方设计等。

A 正交表

正交设计根据因子设计的分式原理，采用由组合理论推导而成的正交表来安排设计实验，并对结果进行统计分析，是多因子实验中最重要的一种设计方法。

在数学上，两向量 a_1、a_2、a_3、…、a_n 和 b_1、b_2、b_3、…、b_n 的内积之和为零，即 $a_1b_1+a_2b_2+\cdots+a_nb_n=0$ 则称这两个向量间正交，即它们在空间中交角为90°。正交设计法的“正交”这个名词，就是从空间解析几何上两个向量正交的定义引伸过来的。而在传统的科学实验设计中，如随机完全区组设计、拉丁方设计、因子设计等，都孕育着正交设计的思想。

在多因子实验中，当因子及水平数目增加时，若进行全面实验，将在一次实验中安排全部处理，实验处理个数及实验单元数就会急剧增长，要在一次实验内安排全部处理常常是不可能的。比如，某实验有13个因子各取3个水平，这个实验全面实施要1594323次，其工作量之大是惊人的。为了解决多因子全面实施实验次数过多，条件难以控制的问题，有必要挑选出部分代表性很强的处理组合来做实验，这些具有代表性的部分处理组合，可以通过正交设计正交表来确定，而这些处理通常是线性空间的一些正交点。

正交表是正交设计中合理安排实验，并对数据进行统计分析的主要工具。较简单的正交表 $L_9(3^4)$ 见表2-5。

表2-5 $L_9(3^4)$ 正交表

实验号	列号			
	1	2	3	4
1	1	1	1	1
2	1	2	2	2
3	1	3	3	3
4	2	1	2	3
5	2	2	3	1
6	2	3	1	2
7	3	1	3	2
8	3	2	1	3
9	3	3	2	1

表头中的符号分别为：

水平数 n —— 最大因子数 q

$$L_t(n^q)$$

—— 处理数 t

L 代表正交表，各种符号表示如下：

t = 正交表行数 = 处理数；

n = 因子的水平数；

q = 正交表列数 = 可容纳的最大因子数；

$t = n^k$，k = 基本因子数 = 基本列数。

例如，$L_9(3^4)$ 正交表，右下角数字 9 表示有 9 行，实验有 9 个处理；括号内的指数 4 表示有 4 列，即最多允许安排的因子数是 4 个；括号内的数字 3 表示此表的主要部分只有三种数字（或三种符号），实验的因子有三种水平，即水平 1、2、3。

表 2-5 就是一张正交表，记做 $L_9(3^4)$。这张正交表的主体部分有 9 行 4 列，由 1、2、3 这 3 个数字构成。用这张表安排实验最多可以安排 4 个因素，每个因素取 3 个水平，需要做 9 次实验。

常见的正交表有 L_4（2^3）、$L_8(2^7)$、$L_{16}(2^{15})$、$L_{27}(3^{13})$、$L_{16}(4^5)$、$L_{25}(5^6)$ 以及混合水平 $L_{18}(2^1\times3^7)$ 等。

用正交表安排实验就是把实验的因素（包括区组因素）安排到正交表的列，允许有空白列，把因素水平安排到正交表的行。具体来说，正交表 15 的列用来安排因素，正交表中的数字表示因素的水平，用 $L_t(n^q)$ 正交表最多可以安排 q 个水平数目为 n 的因素，需要做 t 次实验（含有 t 个处理）。

正交表的列之间具有正交性。正交性可以保证每两个因素的水平在统计学上是不相关的。正交性具体表现在两个方面，分别是：

（1）均匀分散性。在正交表的每一列中，不同数字出现的次数相等。例如 $L_9(3^4)$ 正交表中，数字 1、2、3 在每列中各出现 3 次。

（2）整齐可比性。对于正交表的任意两列，将同一行的两个数字看作有序数对，每种数对出现的次数是相等的，例如 $L_9(3^4)$ 表，有序数对共有 9 个：（1，1），（1，2），（1，3），（2，1），（2，2），（2，3），（3，1），（3，2），（3，3），它们各出现一次。

常用的正交表在各种实验设计的书中都能找到。

在得到一张正交表后，我们可以通过三个初等变换得到一系列与它等价的正交表：

（1）正交表的任意两列之间可以相互交换，这使得因素可以自由安排在正交表的各列上。

（2）正交表的任意两行之间可以相互交换，这使得实验的顺序可以自由选择。

（3）正交表的每一列中不同数字之间可以任意交换，称为水平置换。这使得因素的水平可以自由安排。

B　正交性的直观解释

前面讲过正交设计具有均匀分散性和整齐可比性两种性质，下面对这两种性质用图形作一个直观解释。以 L_9（3^4）正交表为例，9 个实验点在三维空间中的分布见图 2-5。图中正方体的全部 27 个交叉点代表全面实验的 27 个实验点，用正交表确定的 9 个实

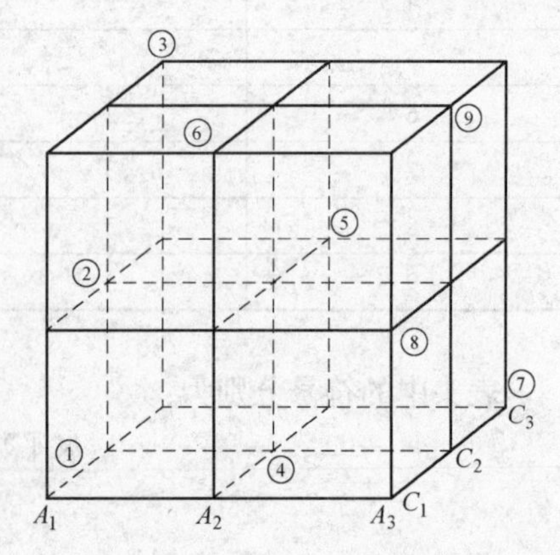

图 2-5　正交表 9 个实验点的分布

验点均匀散布在其中。具体来说，从任一方向将正方体分为3个平面，每个平面含有9个交叉点，其中都恰有3个是正交表安排的实验点。再将每一平面的中间位置各添加一条行线段和一条列线段，这样每个平面各有3条等间隔的行线段和列线段，则在每一行上恰有一个实验点，每一列上也恰有一个实验点。可见这9个实验点在三维空间的分布是均匀分散的。

（1）用正交表安排实验。用正交表安排实验首先看因素的水平，选取与因素水平相同的正交表，然后看因素的数目，因素的个数不能超过正交表的列数，允许有空白列。

1）正交实验的设计。

【例2-7】　某化工厂生产一种化工产品，采收率低并且不稳定，一般在60%~80%之间波动。现在希望通过实验设计，找出好的生产方案，提高采收率。

解：本例中的实验指标是采收率。根据专业技术人员的分析，影响采收率的3个主要因素是反应温度、加碱量、催化剂种类。每个因素分别取3个水平做实验，得出因素与水平表，见表2-6。

表2-6　因素与水平表

水平	因素			水平	因素		
	A 反应温度/℃	*B* 加碱量/kg	*C* 催化剂种类		*A* 反应温度/℃	*B* 加碱量/kg	*C* 催化剂种类
1	$A_1=80$	$B_1=35$	C_1 = 甲种	3	$A_3=90$	$B_3=55$	C_3 = 丙种
2	$A_2=85$	$B_2=48$	C_2 = 乙种				

对于以上这3个因素3个水平的实验，如要做全面实验，要做$3^3=27$次实验。厂方希望能用少量的实验找出最优生产方案，而正交实验设计正是解决这种问题的常用方法。实验的设计见表2-7。

表2-7　用表2-5 $L_9(3^4)$ 正交表安排实验

列　号	1	2	3	4
因　素	*A*	*B*	*C*	
实验号	反应温度/℃	加碱量/kg	催化剂种类	空白列
1	1（80）	1（35）	1（甲）	1
2	1	2（48）	2（乙）	2
3	1	3（55）	3（丙）	3
4	2（85）	1	2	3
5	2	2	3	1
6	2	3	1	2
7	3（90）	1	3	2
8	3	2	1	3
9	3	3	2	1

在这个例子中，每个因素都是3个水平，所以选择3水平的正交表。实验因素只有3个，而L_9（3^4）正交表有4列，完全可以安排下这个实验。

2）正交实验的实施。这里需要强调一个问题，做实验的顺序要依照随机化原则，可以采用抽签的方式确定。按随机化顺序做实验的目的是尽量避免实验因素外的其他因素对实验的影响。例如操作人员、仪器设备、实验环境等因素的影响。假如实验员在实验过程中对这项实验逐渐熟悉，实验的效果越来越好，后面的实验采收率就有提高的趋势。如果不按随机化原则安排实验顺序，实验结果就会低估 *A* 因素的 1 水平（前 3 号实验），高估 *A* 因素的 3 水平（后 3 号实验）。这样操作人员就成为实验中不得不考虑的区组因素。依照随机化的顺序做实验就可以避免这些因素对实验结果的系统干扰，排除不必要的区组因素。

在实验中要尽量保持实验因素以外的其他因素固定，在不能避免的场合可以增加一个区组因素，也安排在正交表的一个列上。在分析实验数据时区组因素也作为一个因素处理，可以避免对实验结果的系统影响。比如实验由 3 个人进行，则可以把人也看成一个因素，3 个人便是 3 个水平，将其放在正交表的空白列上，那么该列的 1、2、3 水平对应的实验分别由第一、第二、第三个人去做，这样就避免了因人员变动所造成的系统误差。

C　正交实验结果分析

对正交实验结果的分析有两种方法：一种是直观分析法；另外一种是方差分析法。

a　正交实验结果的直观分析

实验结果的直观分析方法是一种简便易行的方法，没有学过统计学的人也能够学会，这正是正交设计能够在生产一线推广使用的奥秘。

将例 2-7 的实验结果列入表 2-8 中，首先对实验结果做直观分析。

表 2-8　实验结果直观分析

实验号	因素			实验结果 *y*
	A	*B*	*C*	
	反应温度/℃	加碱量/kg	催化剂种类	采收率/%
1	1（80）	1（35）	1（甲）	51
2	1	2（48）	2（乙）	71
3	1	3（55）	3（丙）	58
4	2（85）	1	2	82
5	2	2	3	69
6	2	3	1	59
7	3（90）	1	3	77
8	3	2	1	85
9	3	3	2	84
T_1	180	210	195	
T_2	210	225	237	
T_3	246	201	204	
T'_1	60	70	65	
T'_2	70	75	79	
T'_3	82	67	68	
R	22	8	14	

（1）直接看的好条件。从表中的9次实验结果看出，第8号实验 $A_3B_2C_1$ 的采收率最高，为85%。但第8号实验方案不一定是最优方案，还应该通过进一步的分析寻找出可能的更好方案。

（2）算一算的好条件。表2-8中 T_1、T_2 和 T_3 这三行数据分别是各因素同一水平结果之和。例如，T_1 行 A 因素列的数据180是 A 因素3个1水平实验值的和，而 A 因素3个1水平分别在第1、2、3号实验，所以：

$$T_{1A} = y_1 + y_2 + y_3 = 51 + 71 + 58 = 180$$

我们注意到，在上述计算中，B 因素的3个水平各参加了一次计算，C 因素的3个水平也各参加了一次计算。

其他的求和数据计算方式与上述方式相似，例如 T_1 行 C 因素的求和数据237是 C 因素3个2水平实验值的和，而 C 因素3个2水平分别在第2、4、9号实验，所以：

$$T_{2C} = y_2 + y_4 + y_9 = 71 + 82 + 84 = 237$$

同样，在上述计算中 A 因素的3个水平各参加了一次计算，B 因素的3个水平也各参加了一次计算。

然后对 T_1、T_2 和 T_3 这三行分别除以3，得到三行新的数据 T'_1、T'_2、T'_3，表示各因素在每一水平下的平均采收率。例如，T'_1 行 A 因素的数据60，表示反应温度为80℃时的平均采收率是60%。这时可以从理论上计算出最优方案为 $A_3B_2C_2$，也就是用各因素平均采收率最高的水平组合的方案。

（3）分析极差，确定各因素的重要程度。表2-8中的最后一行 R 是极差，它是 T'_1、T'_2 和 T'_3 各列三个数据的极差，即最大数减去最小数，例如 A 因素的极差 $R_A = 82 - 60 = 22$。从表2-8中看到，A 因素的极差 $R_A = 22$ 最大，表明 A 因素对采收率的影响程度最大。B 因素的极差 $R_B = 8$ 最小，说明 B 因素对采收率影响程度不大。C 因素的极差 $R_C = 14$ 大小居中，说明 C 因素对采收率有一定的影响，但是影响程度不大。

（4）画趋势图。进一步画出 A、B、C 三个因素对采收率影响的趋势图，见图2-6。从图中看出，反应温度越高越好，因而有必要进一步确定实验反应温度是否应该再增高。加碱量应该适中，取加碱量 $B_2 = 48\text{kg}$ 是合适的。因素 C 表示催化剂的种类，图2-6的趋势并没有实际意义，可以从图2-6中看出乙种催化剂效果最好。

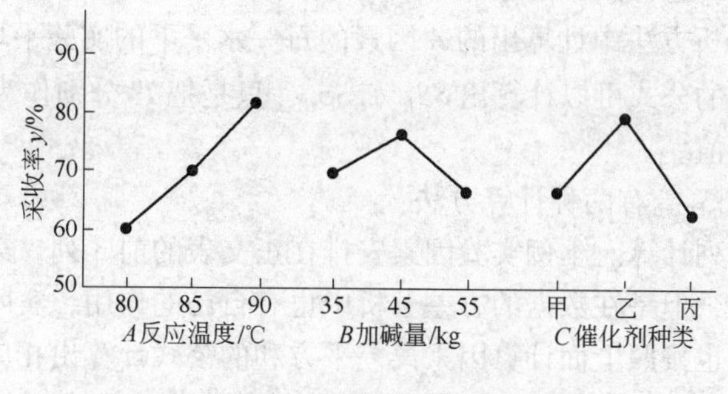

图2-6 因素水平趋势图

（5）成本分析。前面的分析说明选取加碱量 $B_2 = 48\text{kg}$ 是合适的，但是由于加碱量对采收率影响不大，如果考虑生产成本的话，选 $B_1 = 35\text{kg}$ 可能会更好。因为 B_1 虽然平均采收率低5%，但少投入13kg碱。这就需要进一步进行经济核算，看少投入13kg碱和减少5%的采收率哪种情况更有利。

(6) 综合分析与撒细网。前面的分析表明，$A_3B_2C_2$ 是理论上的最优方案，还可以考虑把反应温度 A 的水平进一步提高，加碱量 B 适当减少。这需要安排进一步的补充实验，可以在 $A_3B_2C_2$ 附近安排一轮2水平小批量的实验，其中催化剂固定为乙种，因素 A 再取一个比90℃更高的水平，因素 B 再取一个比48kg略低的水平做实验，称为撒细网。如果实验者对现有的实验结果已经满意，也可以不做撒细网实验。

(7) 验证实验。不论是否做进一步的撒细网实验，都需要对理论最优方案做验证实验。需要注意的是，最优搭配 $A_3B_2C_2$ 只是理论上的最优方案，还需要用实际的实验做验证。对这两个方案各做两次验证实验，实验所得 $A_3B_1C_2$ 的两次采收率分别为87%、88%。两者相差很少，从节约成本角度看最优搭配 $A_3B_1C_2$ 是可行的。

b 正交实验结果的方差分析

在前面的直观分析中，通过极差的大小来评价各因素对实验指标影响的程度，其中极差的大小并没有一个客观的评价标准，为了解决这一问题，需要对数据进行方差分析。正交设计是多因素实验设计，一般包含3个以上的因素，其方差分析方法是双因素实验设计方差分析的推广，仍然是通过离差平方和分解，构造 F 统计量，生成方差分析表，对因素效应和交互效应的显著性做检验。

(1) 计算离差平方和。

1) 总离差平方和。

$$SS_T = \sum_{i=1}^{n} (y_i - \bar{y})^2 \tag{2-1}$$

式中，n 是正交表的行数，正交表的每行确定一个实验处理，每个处理得到一个实验数据，共有 n 个实验数据，记为 y_1、y_2、…、y_n，本例 $n=9$。$\bar{y}$ 是 n 个实验数据的平均值。

2) 因素的离差平方和。因素 A 的离差平方和为：

$$SS_A = \sum_{i=1}^{n} n_i (\bar{T}_i - \bar{y})^2 \tag{2-2}$$

式中，n_i 是在第 i 水平下所做实验的次数，也就是计算 $\bar{T}_i$ 时所用到的数据个数。本例 $n_i = n/a = 9/3 = 3$（$a=3$ 是 A 因素的水平数），A 因素在每一个水平下都是做了3次实验。$\bar{T}_i$ 是在前面的直观分析方法中计算出的 A 因素的每一水平下的实验平均值。

按照与上面相同的公式可以计算出 SS_B 和 SS_C，只是把 $\bar{T}_i$ 分别作为 B 因素和 C 因素每一水平下的实验平均值。

3) 误差平方和 SS_E。有两种计算方法：

方法一：用空白列计算。本例实验因素安排在正交表的前3列，第4列是空白列。空白列上没有安排因素，但是在数据的方差分析中也有自己的作用，实际上空白列恰好反映误差程度。对空白列也按照上面计算因素离差平方和的公式计算出相应的离差平方和，就是误差平方和 SS_E。如果空白列不止1列，就分别计算出每个空白列的离差平方和，这些空白列的离差平方和之和就是误差平方和，空白列自由度之和就是误差平方和的自由度。

方法二：用下列式计算

$$SS_E = SS_T - SS_A - SS_B - SS_C \tag{2-3}$$

计算误差平方和，这是一个通用的方法。不考虑交互作用的一般公式为：

误差平方和 = 总离差平方和 - 各因素离差平方和之和

多数正交表满足离差平方和分解式，即总离差平方和等于各列离差平方和之和，这时两种方法是相同的。有些正交表不满足离差平方和分解式，这时方法二仍然适用，而方法一不再适用。这时空白列高差平方和只是误差平方和的一部分，空白列离差平方和的自由度小于误差平方和的自由度，用空白列做误差就会减小误差平方和的自由度，从而降低方差分析的效率，使得一些对实验指标有显著影响的因素被误认为没有显著影响。

（2）方差分析表。计算出各有关的离差平方和后，就可以进一步计算出下面表2-9的正交设计方差分析表，其结果方差分析表见表2-10。

表2-9　正交设计方差分析表

项　目	平方和 SS	自由度 DF	均方 MS	F 值
因素 A	SS_A	$a-1$	$SS_A/(a-1)$	MSA/MSE
因素 B	SS_B	$a-1$	$SS_B/(a-1)$	MSB/MSE
因素 C	SS_C	$a-1$	$SS_C/(a-1)$	MSC/MSE
误差（空白列）	SS_E	$a-1$	$SS_E/(a-1)$	
总　和	SS_T	$n-1$		

表2-10　方差分析表

来　源	自由度 DF	平方和 SS	均方 MS	F 值	$P>F$
模　型	6	1152	192	4.47	0.1946
误　差	2	86	43		
总　计	8	1238			
A	2	728	364	8.47	0.1057
B	2	98	48	1.14	0.4674
C	2	326	163	3.79	0.2087

表2-10中各项的含义和方差分析表的含义是一致的。第1列是离差平方和来源，包括因素 A、B、C 误差，总计，其中总计的离差平方和就是按照公式计算的总离差平方和 SS_T，另外还包括一项模型（Model），是全部因素和交互作用离差平方和之和。

第2列 DF 表示自由度，在正交设计中，各列的自由度是水平数减1，本例每列水平数是3，所以各列的自由度是2。总自由度是实验次数减1，本例是 $9-1=8$。模型的自由度6是3个因素自由度之和。

第3列 SS 是离差平方和，其中模型的离差平方和是3个因素离差平方和的总和，其余的离差平方和都是按前面介绍的公式计算的。

第4列 MS 是均方（mean square），就是离差平方和除以自由度。

第5列 F 值是统计量值。

第6列是显著性概率 P 值，当 P 值小于0.05时认为该因素对实验结果有显著影响，或者说该因素是影响实验指标的重要因素。

本例中3个因素的 P 值都大于0.05，这时还不能急于断定3个因素都不显著，而是要剔除一个最不显著的因素。本例中 B 因素的 P 值 = 0.4674 最大，是最不显著的因素，剔除因素 B 后重新做方差分析，得到新的方差分析表 2-11。

表 2-11 新方差分析表

来 源	自由度 DF	平方和 SS	均方 MS	F 值	$P>F$
模 型	4	1054	263	5.73	0.0597
误 差	4	184	46		
总 计	8	1238			
A	2	728	364	7.91	0.0407
B	2	326	163	3.54	0.130

在新输出的方差分析表中，A 因素的 P 值 = 0.0407 < 0.05，是显著的，说明 A 因素是影响实验结果的重要因素。C 因素的 P 值 = 0.130，有弱显著性，说明 C 因素是影响实验结果的次要因素。

比较两张方差分析表可以看到，剔除 B 因素后 A 因素和 C 因素的离差平方和都没有改变，这是由正交表的正交性决定的，是正交设计的一个优良性质。剔除 B 因素后 SS_E 从 86 增加到 184，增加的数值 184 − 86 = 98 恰好是原先 B 因素的离差平方和。实际上，剔除 B 因素后把 B 因素所在的第 2 列和空白列第 4 列都作为了误差项，这时 SS_E 就是这两列的离差平方和相加，其自由度也是这两列自由度相加，即 2 + 2 = 4。

2.1.3.5 均匀设计

均匀设计是 1978 年方开泰研究员和数学家王元共同提出的，也是用设计好的表格安排实验的方法。20 多年来，均匀设计在理论上有了很多新发展，在应用中取得了众多成果。这里简要介绍均匀性度量的概念、均匀设计表的构造、用均匀设计表安排实验和分析实验结果的方法、混合水平的均匀设计、配方均匀设计等内容。

A 均匀设计概念

均匀设计和正交设计相似，也是使用一套精心设计的表格安排实验。只要了解了这些均匀设计表，用均匀设计安排实验就是很简单的事情了。每一个方法都有其局限性，正交设计也不例外，它适用于因素数目较多而因素的水平数不多的实验。正交设计的实验次数至少是因素水平数的平方，若在一项实验中有 S 个因素，每个因素各有 q 个水平，用正交设计安排实验至少要做 q^{10} 个实验。当 q 较大时，实验次数就很大，使实验工作者望而生畏。例如 $q=10$ 时，实验次数为 100。对大多数实际问题，要求做 100 次实验是太多了。对这一类实验，均匀设计是非常有用的。

所有的实验设计方法本质上都是在实验的范围内给出挑选代表点的方法。正交设计是根据正交性准则来挑选代表点，使这些点能反映实验范围内各因素和实验指标的关系。正交设计在挑选代表点时有两个特点：均匀分散性和整齐可比性。“均匀分散”使实验点有代表性；“整齐可比”便于实验数据的分析。为了保证“整齐可比”的特点，正交设计必须至少要做 q^2 次实验。若要减少实验的数目，只有去掉整齐可比的要求。

均匀设计就是只考虑实验点在实验范围内的均匀分散性，而去掉整齐可比性的一种实验设计方法。它的优点是当因素数目较多时所需要的实验次数也不多。实际上均匀设计的实验次数可以是因素的水平数目，或者是因素的水平数目的倍数，而不是水平数目的平方。当然均匀设计也有其不足之处，由于不具有整齐可比性，对均匀设计的实验结果不能做直观分析。需要用回归分析的方法对实验数据做统计分析，以推断最优的实验条件，这就要求实验分析人员必须具有一定的统计知识。

B 均匀设计表

每一个均匀设计表有一个代号 $U_n(q^S)$ 或 $U_n^*(q^S)$，其中“U”表示均匀设计，n 表示要做 n 次实验，q 表示每个因素有 q 个水平。实验次数就是因素水平数目的均匀设计表，记为 $U_n(n^S)$ 或 $U_n^*(n^S)$；S 表示该表有 S 列。表 2-12 是均匀设计表 $U_7(7^4)$，它告诉我们，用这张表安排实验要做 7 次实验，这张表共有 4 列，最多可以安排 4 个因素。

表 2-12 均匀设计表 $U_7(7^4)$

实验号	1	2	3	4
1	1	2	3	6
2	2	4	6	5
3	3	6	2	4
4	4	1	5	3
5	5	3	1	2
6	6	5	4	1
7	7	7	7	7

每个均匀设计表都附有一个使用表，指示我们如何从设计表中选用适当的列，以及由这些列所组成的实验方案的均匀度。表 2-13 是均匀设计表 $U_7(7^4)$ 的使用表。从使用表中看到，若有 2 个因素，应选用 1、3 两列来安排实验；若有 3 个因素，应选用 1、2、3 这 3 列；若有 4 个因素，应选用 1、2、3、4 这 4 列安排实验。

表 2-13 均匀设计表 $U_7(7^4)$ 的使用表

S	列号				D
2	1	3			0.2398
3	1	2	3		0.3721
4	1	2	3	4	0.4760

均匀设计表的右上角加“*”和不加“*”代表两种不同类型的均匀设计表。加“*”的均匀设计表有更好的均匀性，应优先选用。表 2-14 是均匀设计表 $U_7^*(7^4)$，表 2-15 是它的使用表。

表 2-14 均匀设计表 $U_7^*(7^4)$

实验号	1	2	3	4	实验号	1	2	3	4
1	1	3	5	7	5	5	7	1	3
2	2	6	2	6	6	6	2	6	2
3	3	1	7	5	7	7	5	3	1
4	4	4	4	4					

表2-15 均匀设计表 $U_7^*(7^4)$ 的使用表

S	列号			D
2	1	3		0.1582
3	2	3	4	0.2132

使用表的最后1列 D 是刻划均匀度的偏差（discrepancy）的数值，偏差值 D 越小，表示均匀度越好。

比较两个均匀设计表 $U_7(7^4)$ 和 $U_7^*(7^4)$ 及它们的使用表。今有两个因素，若选用 $U_7(7^4)$ 的1、3列，其偏差 $D=0.398$；选用 $U_7^*(7^4)$ 的1、3列，相应偏差 $D=0.1582$。后者较小，应优先择用。有关 D 的定义和计算见有关文献，读者只要知道应优先择用偏差值 D 小的实验安排即可。

C 均匀设计表的构造

每一个均匀设计表都是一个长方阵，设长方阵有 n 行 m 列，每一列是 $\{1, 2, \cdots, n\}$ 的一个置换（即1，2，…，n 的重新排列），表的每一行是 $\{1, 2, \cdots, n\}$ 的一个子集，可以是真子集。

a $U_n(n^S)$ 均匀设计表的构造

（1）首先确定表的第1行。给定实验次数 n 时，表的第1行数据由1～n 之间与 n 互素（最大公约数为1）的整数构成。例如，当 $n=9$ 时，与9互素的1～9之间的整数有1，2，4，5，7，8；而3，6，9不是与9互素的整数。这样表 $U_9(9^6)$ 的第1行数据就是1，2，4，5，7，8。由此可见，均匀设计表的列数 S 是由实验次数 n 决定的。

（2）表的其余各行的数据由第1行生成。记第1行的 r 个数为 $h_1, \cdots, h_r$，表的第 k（$k<n$）行第 j 列的数字是 kh_j 除以 n 的余数，而第 n 行的数据就是 n。

对于表 $U_9(9^6)$，第1列第1行的数据是 $h_1=1$，其第1列第 k（$k<9$）行的数字就是 k 除以 n 的余数，也就是 k，这样其第1列就是1，2，…，9。实际上，表 $U_n(q^S)$ 的第1列元素总是1，2，…，n。

表 $U_9(9^6)$ 第2列第1行的数据是 $h_2=2$，其第2列第 k（$k<9$）行的数字就是 $2k$ 除以 n 的余数，也就是2，4，6，8，1，3，5，7，9。

给出均匀设计表的实验次数 n 和第1行后，就可以用Excel软件计算出其余各行的元素。

b $U_n^*(n^S)$ 均匀设计表的构造

均匀设计表的列数是由实验次数 n（表的行数）决定的，当 n 为素数时可以获得 $n-1$ 列，而 n 不是素数时表的列数总是小于 $n-1$ 列。例如，$n=6$ 时只有1和5两个数与6互素，这说明当 $n=6$ 时用上述办法生成的均匀设计表只有2列，即最多只能安排两个因素，这太少了。为此，王元和方开泰建议将表 $U_7(7^6)$ 的最后一行去掉来构造 U_6。为了区别于由前面的方法生成的均匀设计表，把它记为 $U_6^*(6^6)$，在 U 的右上角加一个“*”号。

若实验次数 n 固定，当因素数目 S 增大时，均匀设计表的偏差 D 也随之增大。所以在实际使用时，因素数目 S 一般控制在实验次数 n 的一半以内，或者说实验次数 n 要达到

因素数目 S 的 2 倍。例如 U_7 理论上有 6 列，但是实际上最多只安排 4 个因素，所以我们见到的只有 $U_7(7^4)$ 表，而没有 $U_7(7^6)$ 表。

一个需要注意的问题是，U_n 表的最后一行全部由水平 n 组成，若每个因素的水平都是由低到高排列，最后一个实验将是所有最高水平相组合。在有些实验中，例如在化工实验中，所有最高水平组合在一起可能使反应过分剧烈，甚至爆炸。反之，若每个因素的水平都是由高到低排列，则 U_n 表中最后一个实验将是所有低水平的组合，有时也会出现反常现象，甚至化学反应不能进行。U_n^* 表的最后一行则不然，比较容易安排实验。

U_n^* 表比 U_n 表有更好的均匀性，但是当实验数 n 给定时，有时 U_n 表也可以比 U_n^* 表能安排更多的因素。例如，对表 $U_7(7^4)$ 和表 $U_7^*(7^4)$，形式上看都有 4 列，似乎都可以安排 4 个因素，但是由使用表看到，表 $U_7^*(7^4)$ 实际上最多只能安排 3 个因素，而表 $U_7(7^4)$ 则可以安排 4 个因素。故当因素数目较多，且超过 U_n^* 表的使用范围时可使用 U_n 表。

D 配方均匀设计

配方设计在化工、食品、材料以及医药等领域中十分重要，关于配方设计目前已经有许多有用的方法，如单纯形格子点设计（simplex- lattice design）、单纯形重心设计（simplex- centroid design）、轴设计（axial desfen）等，但是这些方法都存在各自的缺陷。

设某产品有 S 种原料 M_1，…，M_S，它们在产品中的百分比分别记作 X_1，…，X_S。满足条件 $X_1 \geqslant 0$，…，$X_S \geqslant 0$，$X_1 + \cdots + X_S = 1$。寻找最佳配方的实验设计称为配方设计或混料设计。

配方均匀设计的思想就是使 n 个实验点在实验范围内尽可能均匀地分布，由于原料成分间有约束条件 $X_1 + \cdots + X_S = 1$，所以不能使用前面介绍的一般情况的实验设计方法。如果原料成分中有一两个因素占据主要地位，例如蛋糕的配方、面粉和水的比例很大，而牛奶、糖、鸡蛋、巧克力等的比例很小，若实验的目的只需要决定牛奶、糖、鸡蛋和巧克力的比例，可将它们看作独立的因素进行实验设计，最后由面粉和水来“填补”，使之成为 100% 的完整配方。这种方式在实际中广为应用，其原因是方法简单。但是有相当多的混料实验不能用这种方法。

配方均匀设计的步骤如下：

(1) 首先找到均匀设计表 $U_n^*(n^{S-1})$ 或 $U_n(n^{S-1})$，用 $\{u_{jk}\}$ 记表中第 k 行第 j 列的元素。

(2) 对每个 k 和 j 计算

$$c_{kj} = \frac{u_{kj} - 0.5}{n} \quad j = 1, \cdots, S-1;\ k = 1, \cdots, n \tag{2-4}$$

(3) $$g_{kj} = \sqrt[S-1]{c_{kj}} \quad j = 1, \cdots, S-1;\ k = 1, \cdots, n \tag{2-5}$$

(4) $$x_{k1} = 1 - g_{k1} \quad k = 1, \cdots, n \tag{2-6}$$

(5) $$x_{kj} = g_{k1} g_{k2} \cdots g_{k,j-1}(1 - g_{kj}) \quad j = 2, \cdots, S-1;\ k = 1, \cdots, n \tag{2-7}$$

(6) $$x_{kS} = g_{k1} g_{k2} \cdots g_{k,S-1} \quad k = 1, \cdots, n \tag{2-8}$$

所得 $\{x_{kj}\}$ 就是对应 n 次实验，S 种原料的配方均匀设计，用记号 $UM_n(n^S)$ 表示。表 2-16 是对 $n = 11$，$S = 3$ 时生成 $UM_{11}(11^3)$ 的过程，这时上述计算公式有如下简单形式：

$$c_{kj}=\frac{u_{kj}-0.5}{11}\quad j=1,\ 2;\ k=1,\ \cdots,\ 11$$

$$g_{k1}=\sqrt{c_{k1}}\quad g_{k2}=c_{k2}$$

$$x_{k1}=1-\sqrt{c_{k1}}$$

$$x_{k2}=\sqrt{c_{k1}}(1-c_{k2})$$

$$x_{k3}=\sqrt{c_{k1}}c_{k2}$$

表 2-16　$UM_{11}(11^3)$ 及其生成过程

实验号	u_1	u_2	c_1	c_2	x_1	x_2	x_3
1	1	7	1/22	13/22	0.787	0.087	0.126
2	2	3	3/22	5/22	0.631	0.285	0.084
3	3	10	5/22	19/22	0.523	0.065	0.412
4	4	6	7/22	11/22	0.436	0.282	0.282
5	5	2	9/22	3/22	0.360	0.552	0.087
6	6	9	11/22	17/22	0.293	0.161	0.546
7	7	5	13/22	9/22	0.231	0.454	0.314
8	8	1	15/22	1/22	0.174	0.788	0.038
9	9	8	17/22	15/22	0.121	0.280	0.599
10	10	4	19/22	7/22	0.071	0.634	0.293
11	11	11	21/22	21/22	0.023	0.044	0.993

编写 $UM_{11}(11^3)$ 表的程序很简单，可以通过 Excel 软件的简单计算而得到，因此无需列出各种配方均匀设计表。

【例 2-8】 若一配方有三个成分 X_1、X_2 和 X_3，它们目前按 70%、20%、10% 组成，为了提高质量，希望寻求新的配比，这时设计一个实验，并且要求 $0.6\leqslant X_1\leqslant 0.8$，$0.15\leqslant X_2\leqslant 0.25$，$0.05\leqslant X_3\leqslant 0.15$，$X_1+X_2+X_3=1$，应该如何做实验设计呢？

解： 有约束配方设计的一般表述是：

$$a_i\leqslant X_1\leqslant b_i,\ i=1,\ \cdots,\ S$$

$$X_1+\cdots+X_S=1$$

当某个因素 X_i 没有约束时，相应的 $a_i=0$，$b_i=1$。

对于有约束的配方设计，目前还没有既简便又高效的方法，用均匀设计安排有约束的配方实验也正处于研究阶段。下面介绍关于有约束的配方设计的两种简单方法。

（1）填补法。本例由于 X_1 的含量较高，可以将 X_2 和 X_3 在实验范围内按独立变量的均匀设计去安排，然后用 $X_1=1-X_2-X_3$ 给出 X_1 的比例，填补剩余的部分。但是这个方案也有明显的缺陷。

假如 X_2 和 X_3 都在实验范围内取 11 个水平，并用 $U_{11}^*(11^2)$ 来安排 X_2 和 X_3，得到表

2-17 的实验方案。从表中看到 X_1 只有三个水平 0.64、0.70、0.76，这是填补设计的一个缺陷。

在有些情况下可以通过适当选择均匀设计表而避免这个缺陷。例如本例中可以改用 $U_{11}(11^2)$ 表，其实验方案列于表 2-18，这时 X_1 也有 11 个水平。

表 2-17 用 $U_{11}^*(11^2)$ 安排的填补配方实验

实验号	X_1	X_2	X_3	实验号	X_1	X_2	X_3
1	0.76	0.15	0.09	7	0.64	0.21	0.15
2	0.70	0.16	0.14	8	0.70	0.22	0.08
3	0.76	0.17	0.07	9	0.64	0.23	0.13
4	0.70	0.18	0.12	10	0.70	0.24	0.06
5	0.76	0.19	0.05	11	0.64	0.25	0.11
6	0.70	0.20	0.10				

表 2-18 用 $U_{11}(11^2)$ 安排的填补配方实验

实验号	X_1	X_2	X_3	实验号	X_1	X_2	X_3
1	0.74	0.15	0.11	7	0.70	0.21	0.09
2	0.77	0.16	0.07	8	0.73	0.22	0.05
3	0.69	0.17	0.14	9	0.65	0.23	0.12
4	0.72	0.18	0.10	10	0.68	0.24	0.08
5	0.75	0.19	0.06	11	0.60	0.25	0.15
6	0.67	0.20	0.13				

本例中使用填补设计时，其重点只是考虑了 X_2 和 X_3，而“填补因素” X_1 在只是一种“陪衬”，不得已而变之。而且 X_1 的变化范围和原设计不能吻合，所以填补设计的实验均匀性有时较差。

（2）随机布点法。前面讲到可以用随机化实验法做有约束的配方设计，实际上，随机化正是实验设计的基本原则，在有约束的配方设计的这种复杂场合，随机化设计简便易行，正可以发挥其优势。用随机实验法安排的方法如下：

1）借助于计算机或查随机数表得到（0，1）区间的一列随机数。

2）如果第 1 个随机数在区间 $[a_1, b_1]$ 内，则该随机数作为第 1 种原料比例的备选值，否则再看下一个随机数是否在该区间内，直到找到第 1 个在该约束条件内的随机数。

3）重复使用上面第 2 步的方法依次决定出第 2，3，…，$k-1$ 种原料比例的备选值。

4）用 1 减去前面 $k-1$ 种原料比例之和，作为第 k 种原料比例的备选值，如果这个备选值符合第 k 种原料比例的约束条件，则把这种原料比例的备选值作为一个实验组合，否则再重复以上的第 2 步和第 3 步的过程，直到找到符合约束条件的实验组合。

5）重复以上过程就可以得到任意实验次数的随机实验设计。用以上方法生成随机实验设计时，可以把约束条件最宽的原料作为第 k 种原料，这样可以更快地得到合乎要求的随机化实验。

随机化设计的缺点是有时均匀性不够高，但是也有其长处。如果为了节约实验时间，随机布点设计可以作为整体设计，预先制定好全部实验计划做同时实验；如果为了节约实验经费，可以事先不规定实验总次数，边做边看，直到得到满意的实验结果；还可以根据已做的实验结果，随时调整因素的约束范围，这个优势是均匀设计和正交设计这样的整体设计所不具备的。另外，还可以指定某个因素的水平值，令其在实验范围内均匀分布，对其余的因素采用随机布点，这样可以提高实验点的均匀性，其实现方式只需要对上面的程序做简单修改就可以。

本节简要介绍了均匀设计的方法和应用，对均匀设计的更深入了解请参阅相关文献。正交设计已有 60 多年历史，至今还在发展。均匀设计才有 30 多年历史，尚有许多问题有待去研究。例如，拟水平的表还可以发现更多更好的表；有约束的配方设计给出更方便的设计方法；有多个实验指标 y 时的数据分析方法；有区组因素的实验设计方法；U^* 表比 U 表在均匀度方面有显著地改进，能否找到比 U^* 表更均匀的设计呢？这些问题都已经不同程度地得到解决，但还都值得继续研究，均匀设计方法也正是随着对这些问题不断深入地研究而发展完善的。

2.2 实验数据处理

在无机非金属材料的科学研究中，经常需要对材料的某些物理量（如密度、表面积、硬度、强度等）进行测量，并对测量数值进行分析研究，从中获得科学的结论。在无机非金属材料的生产中也要对某些工艺参数（如温度、流量、压力等）进行测量，根据所得的测量值，可以间接（或直接）地控制产品的产量与质量。数据测量是否准确、数据处理方法是否科学，直接影响材料研究与生产。因此，对测量误差与数据处理方法进行研究是十分必要的。

实验数据处理是一门专门的学问。到目前为止，已经经过了 80 多年的研究和实践，已成为广大技术人员与科学工作者必备的基本理论知识。实践表明，该学科与实际的结合，在工、农业生产中产生了巨大的社会效益和经济效益。

2.2.1 实验数据处理的意义

合理的实验设计只是实验成功的充分条件，如果没有实验数据的分析计算，就不能对所研究的问题有一个明确的认识，也不可能从实验数据中寻找到规律性的信息，所以实验设计都是与一定的数据处理方法相对应的。实验数据处理在科学实验中的作用主要体现在如下几个方面：

（1）通过对实验数据进行误差分析，可以评判实验数据的可靠性；

（2）确定影响实验结果的因素主次，从而可以抓住主要矛盾，提高实验效率；

（3）可以确定实验因素与实验结果之间存在的近似函数关系，并能对实验结果进行预测和优化；

（4）实验因素对实验结果的影响规律，为控制实验提供思路；

（5）确定最优实验方案或配方。

2.2.2 测量方法及测量误差

2.2.2.1 测量方法分类

对材料进行测量，就是用一定的工具或设备确定材料的未知物理量。测量的分类方法很多。按被测量量的获得方式，通常将测量方法分为直接测量和间接测量两种。按被测量量的状态，可以将测量方法分为动态测量和静态测量等。

(1) 直接测量。直接测量，是用一定的工具或设备就可以直接地确定未知量的测量。例如，用直尺测量物体的长度，用天平称量物质的质量，用温度计测量物体的温度等。

(2) 间接测量。间接测量，是所测的未知量不仅要由若干个直接测定的数据来确定，而且必须通过某种函数关系式的计算，或者通过图形的计算方能求得测量结果的测量。例如，用膨胀仪测量材料的线膨胀系数 A，既要测定试样的原始长度 L，还要测定试样被加热时，对应于温度 T_2 与 T_1 时伸长的长度 ΔL，再通过公式 $A = A_0 + \left(\frac{\Delta L}{T_2 - T_1}\right)$来计算出材料的平均线膨胀系数。在测量材料的色度时，要用测量数据在三色图上标出其位置之后才能计算该材料颜色的主波长和兴奋纯度。因此，这两种测量都属于间接测量。

(3) 静态测量。静态测量是指在测量过程中被测量量是不变的测量。无机非金属材料的测量通常同于这种测量。

(4) 动态测量。动态测量也称瞬态测量，是指在测量过程中被测量量是变化的测量。

材料的某些性质可以用动态法测量，也可以用静态法测量。例如，材料弹性模量的测定方法就有动态法和静态法两种，其性质的定义和测量数值是不同的，因此，在材料测量方法的选择和性质的解释时应当注意。

2.2.2.2 测量误差来源及其分类

在一定的环境条件下，材料的某些物理量应当具有一个确定的值。但在实际测量中，要准确测定这个值是十分困难的。因为尽管测量环境条件、测量仪器和测量方法都相同，但由于测量仪器计量不准，测量方法不完善以及操作人员水平等各种因素的影响，各次各人的测量值之间总有不同程度的偏离，不能完全反映材料物理量的确定值（真值）。测量值 x 与真值 x_0 之间存在的这一差值 y，称为测量误差，其关系为：

$$x_0 = x \pm y \tag{2-9}$$

大量实践表明，一切实验测量结果都具有这种误差。

了解误差基本知识的目的在于分析这些误差产生的原因，以便采取一定的措施，最大限度地加以消除，同时科学地处理测量数据，使测量结果最大限度地反映真值。因此，由各测量值的误差积累，计算出测量结果的精确度，可以鉴定测量结果的可靠程度和测量者的实验水平；根据生产、科研的实际需要，预先定出测量结果的允许误差，可以选择合理的测量方法和适当的仪器设备；规定必要的测量条件，可以保证测量工作的顺利完成。因此，不论是测量操作或数据处理，树立正确的误差概念是很有必要的。

测量误差根据其性质或产生的原因，可分为系统误差（systematic error）、随机误差（random/chance error）和过失误差（mistake）。

(1) 系统误差。系统误差是人机系统产生的误差，指在一定实验条件下，由某个或某些因素按照某一确定的规律起作用而形成的误差，使得相同条件下多次重复测量同一物理量时，测量结果总是朝一个方向偏离，其绝对值大小和符号保持恒定，或在实验条件改变时按照某一确定的规律变化。当实验条件一旦确定时，系统误差就是一个客观上的恒定值，它不能通过多次实验被发现，也不能通过取多次实验值的平均值而减小，因此有时称之为恒定误差。系统误差主要由下列原因引起。

1）仪器误差。由于测量工具、设备、仪器结构上不完善；电路的安装、布置、调整不得当；仪器刻度不准或刻度的零点发生变动；样品不符合要求等原因所引起的误差。

2）人为误差。由观察者感官的最小分辨力和某些固有习惯引起的误差。由于观察者感官的最小分辨力不同，例如在测量玻璃软化点和玻璃内应力消除时，不同人观测就有不同的误差。某些人的固有习惯，例如在读取仪表读数时总是把头偏向一边等，也会引起误差。

3）外界误差。外界误差也称环境误差，是由外界环境（如温度、湿度等）的影响而造成的误差。

4）方法误差。由于测量方法的理论根据有缺点，或引用了近似公式，或实验室的条件达不到理论公式所规定的要求等造成的误差。

5）试剂误差。在材料的成分分析及某些性质的测定中，有时要用一些试剂，当试剂中含有被测成分或含有干扰杂质时，也会引起测试误差，这种误差称为试剂误差。

一般地说，系统误差的出现是有规律的，其产生原因往往是可知的或可掌握的。只有仔细观察和研究各种系统误差的具体来源，对系统误差产生的原因有了充分的认识，才能对它进行校正，设法消除或降低其影响。

（2）随机误差。随机误差是由不能预料、不能控制的原因造成的，指在一定实验条件下，以不可预知的规律变化着的误差，多次实验值的绝对误差时正时负，绝对误差的绝对值时大时小。实验过程中存在一系列实验者无法严格控制的偶然因素，例如气温的微小变动、仪器的轻微振动、电压的微小波动等造成的随机误差一般是无法完全避免的。例如，实验者对仪器最小分度值的估读，很难每次严格相同；测量仪器的某些活动部件所指示的测量结果，在重复测量时很难每次完全相同，尤其是使用年久的或质量较差的仪器时更为明显。

无机非金属材料的许多物化性能都与温度有关。在实验测定过程中，温度应控制恒定，但温度恒定有一定的限度，在此限度内总有不规则的变动，导致测量结果发生不规则的变动。此外，测量结果与室温、气压和湿度也有一定的关系。由于上述因素的影响，在完全相同的条件下进行重复测量时，使得测量值或大或小，或正或负，起伏不定。这种误差的出现完全是偶然的，无一定规律性，所以有时称之为偶然误差。

随机误差的出现一般具有统计规律，大多服从正态分布，即绝对值小的误差比绝对值大的误差出现机会多，而且绝对值相等的正、负误差出现的次数近似相等，因此当实验次数足够多时，由于正负误差的相互抵消，误差的平均值趋向于零。所以多次实验值的平均值的随机误差比单个实验值的随机误差小，可以通过增加实验次数减小随机误差。

（3）过失误差。过失误差也叫错误，是一种显然与事实不符的误差，没有一定的规律。这种误差是由于实验人员粗心大意、不正确地操作或测量条件突然变化所引起的。例如，测量时读数错误、记录错误或操作失误；数据处理时单位搞错、计算出错；仪器放置不稳，受外力冲击产生毛病等。显然，过失误差在实验过程中是不允许的。只要实验者加强工作责任心，过失误差可以完全避免。

2.2.3 实验数据的误差分析

实验的成果最初往往是以数据的形式表达的，如果要得到更深入的结果，就必须对实验数据做进一步的整理工作。为了保证最终结果的准确性，应该首先对原始数据的可靠性进行客观的评定，也就是需对实验数据进行误差分析（error analysis）。

在实验过程中由于实验仪器精度的限制，实验方法的不完善，科研人员认识能力的不足和科学水平的限制等方面的原因，在实验中获得的实验值与它的客观真实值并不一致，这种矛盾在数值上表现为误差。可见，误差是与准确相反的一个概念，可以用误差来说明实验数据的准确程度。实验结果都具有误差，误差自始至终存在于一切科学实验过程中。随着科学水平的提高和人们经验、技巧、专业知识的丰富，误差可以被控制得越来越小，但是不能完全消除。

2.2.3.1 真值与平均值

A 真值

真值（true value）是指在某一时刻和某一状态下，某量的客观值或实际值。真值一般是未知的，但从相对的意义上来说，真值又是已知的。例如，平面三角形三个内角之和恒为180°；同一非零值自身之差为零，自身之比为1；国家标准样品的标准值；国际上公认的计量值，如碳12的相对原子质量为12，绝对温度为−273.15℃等；高精度仪器所测之值和多次实验值的平均值等。

B 平均值

在科学实验中，虽然实验误差在所难免，但平均值（mean）可综合反映测量值在一定条件下的一般水平，所以在科学实验中，经常将多次测量值的平均值作为真值的近似值。平均值的种类很多，在处理实验结果时常用的平均值有以下几种。

a 算术平均值（arithmetic mean）

算术平均值是最常用的一种平均值。设有 n 个实验值：x_1，x_2，x_3，…，x_n，则它们的算术平均值 $\bar{x}$ 为：

$$\bar{x} = \frac{1}{n}(x_1 + x_2 + \cdots + x_n) = \frac{1}{n}\sum_{i=1}^{n} x_i \tag{2-10}$$

式中，x_i 表示单个测量值，下同。

同样实验条件下，如果多次测量值服从正态分布，则算术平均值是这组等精度测量值中的最佳值或最可信赖值。

b 加权平均值（weighted mean）

如果某组实验值是用不同的方法获得的，或由不同的实验人员得到的，则这组数据中不同值的精度或可靠性不一致，为了突出可靠性高的数值，则可采用加权平均值。设有 n 个实验值：x_1，x_2，x_3，…，x_n，则它们的加权平均值为：

$$\bar{x}_w = \frac{w_1x_1 + w_2x_2 + w_3x_3 + \cdots + w_nx_n}{w_1 + w_2 + w_3 + \cdots + w_n} = \frac{\sum_{i=1}^{n} w_ix_i}{\sum_{i=1}^{n} w_i} \tag{2-11}$$

式中，w_1，w_2，w_3，…，w_n 代表单个实验值对应的权（weight）。如果某值精度较高，则可给以较大的权数，加重它在平均值中的分量。例如，如果我们认为某一个数比另一个数可靠两倍，则两者的权的比是2∶1或1∶0.5。显然，加权平均值的可靠性在很大程度上取决于科研人员的经验。

实验值的权是相对值，因此可以是整数，也可以是分数或小数。权不是任意给定的，除了依据实验者的经验之外，还可以按如下方法给予。

(1) 当实验次数很多时，可以将权理解为实验值 x_i 在很大的测量总数中出现的频率。

(2) 如果实验值是在同样的实验条件下获得的，但来源于不同的组，这时加权平均值计算式中的 x_i 代表各组的平均值，而称为 w_i 代表每组实验次数，如例2-1。若认为各组实验值的可靠程度与其出现的次数成正比，则加权平均值即为总算术平均值。

(3) 根据权与绝对误差的平方成反比来确定权数，如例2-2。

【例2-9】 在实验室称量某样品时，不同的人得出4组称量结果见表2-19，如果认为各测量结果的可靠程度仅与测量次数成正比，试求其加权平均值。

表2-19　例2-9数据表

组	测量值	平均值	组	测量值	平均值
1	100.357，100.343，100.351	100.350	3	100.350，100.344，100.336，100.340，100.345	100.343
2	100.360，100.348	100.354	4	100.339，100.350，100.340	100.343

解： 由于各测量结果的可靠程度仅与测量次数成正比，所以每组实验平均值的权值即为对应的实验次数，即 $w_1=3$，$w_2=2$，$w_3=5$，$w_4=3$，所以加权平均值为：

$$\bar{x}_w=\frac{w_1\bar{x}_1+w_2\bar{x}_2+w_3\bar{x}_3+w_4\bar{x}_4}{w_1+w_2+w_3+w_4}$$

$$=\frac{100.35\times3+100.354\times2+100.343\times5+100.343\times3}{3+2+5+3}$$

$$=100.346$$

【例2-10】 在测定溶液pH值时，得到两组实验数据，其平均值为：$\bar{x}_1=8.5\pm0.1$；$\bar{x}_2=8.53\pm0.02$，试求它们的平均值。

解：

$$w_1=\frac{1}{0.1^2}=100,\quad w_2=\frac{1}{0.02^2}=2500$$

$$w_1:\ w_2=1:25$$

$$\overline{\mathrm{pH}}=\frac{8.5\times1+8.53\times25}{1+25}=8.53$$

c　对数平均值（logarithmic mean）

如果实验数据的分布曲线具有对数特性，则宜使用对数平均值。设有两个数值 x_1，x_2 都为正数，则它们的对数平均值为：

$$\bar{x}_L=\frac{x_1-x_2}{\ln x_1-\ln x_2}=\frac{x_1-x_2}{\ln\frac{x_1}{x_2}}\qquad(2\text{-}12)$$

注意，两数的对数平均值总小于或等于它们的算术平均值。如果$\frac{1}{2} \leqslant x \leqslant 2$时，可用算术平均值代替对数平均值，而且误差不大（≤4.4%）。

d 几何平均值（geometric mean）

设有 n 个正实验值：x_1，x_2，x_3，…，x_n，则它们的几何平均值为：

$$\bar{x}_G = \sqrt[n]{x_1 x_2 x_3 \cdots x_n} = (x_1 x_2 x_3 \cdots x_n)^{\frac{1}{n}} \tag{2-13}$$

对式 2-12 两边同时取对数，得：

$$\ln \bar{x}_G = \frac{\sum_{i=1}^{n} \ln x_i}{n} \tag{2-14}$$

可见，当一组实验值取对数后所得数据的分布曲线更加对称时，宜采用几何平均值。一组实验值的几何平均值常小于它们的算术平均值。

e 调和平均值（harmonic mean）

设有 n 个正实验值：x_1，x_2，x_3，…，x_n，则它们的调和平均值为：

$$H = \frac{n}{\frac{1}{x_1} + \frac{1}{x_2} + \cdots + \frac{1}{x_n}} = \frac{n}{\sum_{i=1}^{n} \frac{1}{x_i}} \tag{2-15}$$

可见调和平均值是实验值倒数的算术平均值的倒数，它常用在涉及与一些量的倒数有关的场合。调和平均值一般小于对应的几何平均值和算术平均值。综上所述，不同的平均值都有各自适用场合，选择哪种求平均值的方法取决于实验数据本身的特点，如分布类型、可靠性程度等。

2.2.3.2 实验数据的精准度

误差的大小可以反映实验结果的好坏，误差可能是由于随机误差或系统误差单独造成的，还可能是两者的叠加。为了说明这一问题，引出了精密度、准确度和精确度这三个表示误差性质的术语。

A 精密度

精密度（precision）反映了随机误差的大小，显示出测量结果的重演程度，即在一定的实验条件下，多次实验值的彼此符合程度。精密度高表示随机误差小。精密度的概念与重复实验时单次实验值的变动性有关，如果实验数据分散程度较小，则说明是精密的。例如，甲、乙两人对同一个量进行测量，得到两组实验值：

甲：11.45，11.46，11.45，11.44

乙：11.39，11.45，11.48，11.50

很显然，甲组数据的彼此符合程度好于乙组，故甲组数据的精密度较高。

实验数据的精密度是建立在数据用途基础之上的，对某种用途可能认为是很精密的数据，但对另一用途可能显得不精密。

由于精密度表示了随机误差的大小，因此对于无系统误差的实验，可以通过增加实验次数而达到提高数据精密度的目的。如果实验过程足够精密，则只需少量几次实验就能满足要求。

B 准确度

准确度（correctness）反映了系统误差的大小，显示出测量结果的正确性，即指在一定的实验条件下，所有系统误差的综合。准确度高表示系统误差小。

由于随机误差和系统误差是两种不同性质的误差，因此对于某一组实验数据而言，精密度高并不意味着准确度也高；反之，精密度不好，但当实验次数相当多时，有时也会得到好的准确度。精密度和准确度的区别和联系，可通过图 2-7 得到说明。

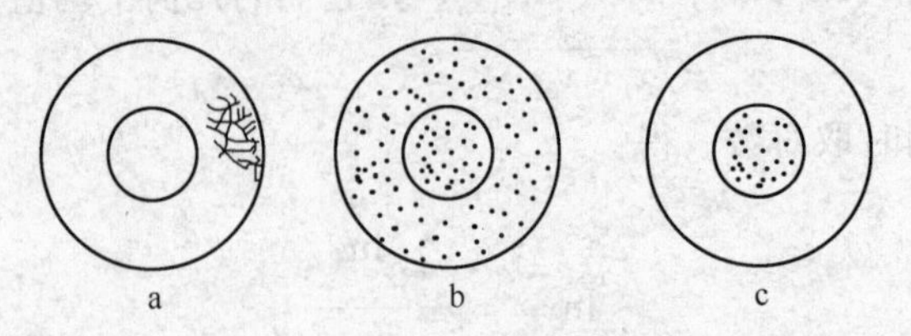

图 2-7　精密度和准确度的关系

a—精密度好，准确度不好；b—精密度不好，准确度好；c—精密度好，准确度好

C　精确度

精确度（accuracy），又称精度，包含精密度和准确度的准确性，反映了系统误差和随机误差的综合，显示出实验结果与真值的一致程度。精确度高表示测量结果既精密又可靠。如图 2-8 所示，假设 A、B、C 三个实验都无系统误差，实验数据服从正态分布，而且对应着同一个真值，则可以看出 A、B、C 的精密度依次降低；由于无系统误差，三组数的极限平均值（实验次数无穷多时的算术平均值）均接近真值，即它们的准确度是相当的；如果将精密度和准确度综合起来，则三组数据的精确度从高到低依次为 A、B、C。

又由图 2-9，假设 A'、B'、C' 三个实验都有系统误差，实验数据服从正态分布，而且对应着同一个真值，则可以看出 A'、B'、C' 的精密度依次降低，由于都有系统误差，三组数的极限平均值均与真值不符，所以它们是不准确的。但是，如果考虑到精密度因素，则图 2-9 中 A' 的大部分实验值可能比图 2-8 中 B 和 C 的实验值要准确。

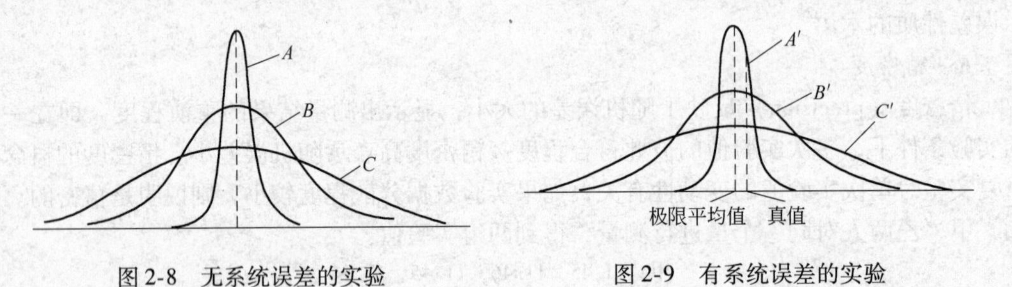

图 2-8　无系统误差的实验　　图 2-9　有系统误差的实验

2.2.3.3　误差的表示方法

根据精密度、准确度和精确度的概念，误差的表示方法有以下几种。

A　绝对误差

绝对误差（absolute error）是测量值与真值之差，即

$$绝对误差 = 测量值 - 真值$$

绝对误差反映了测量值偏离真值的大小，这个偏差可正可负。通常所说的误差一般是指绝对误差，显示测量的准确度，同时含有精密度的意思。

如果用 x、x_t、Δx 分别表示测量值、真值和绝对误差，则有：

$$\Delta x = x - x_t \tag{2-16}$$

所以
$$x_t - x = \pm |\Delta x| \tag{2-17}$$

或
$$x_t = x \pm |\Delta x| \tag{2-18}$$

由此可得
$$x - |\Delta x| \leqslant x_t \leqslant x + |\Delta x| \tag{2-19}$$

由于真值一般是未知的，所以绝对误差也就无法准确计算出来。虽然绝对误差的准确值通常不能求出，但是可以根据具体情况，估计出它的大小范围。设 $|\Delta x|_{max}$ 为最大的绝对误差，则有：

$$|\Delta x| = x - x_t \leqslant |\Delta x|_{max} \tag{2-20}$$

这里 $|\Delta x|_{max}$ 又称为测量值 x 的绝对误差限或绝对误差上界。

由式 2-20 可得：
$$x - |\Delta x|_{max} \leqslant x_t \leqslant x + |\Delta x|_{max} \tag{2-21}$$

所以有时也可以用下式表示真值的范围：

$$x_t \approx x \pm |\Delta x|_{max} \tag{2-22}$$

在实验中，如果对某物理量只进行一次测量，常常可依据测量仪器上注明的精度等级，或仪器最小刻度作为单次测量误差的计算依据。一般可取最小刻度值作为最大绝对误差，而取其最小刻度的一半作为绝对误差的计算值。

例如，某压强表注明的精度为 1.5 级，则表明该表绝对误差为最大量程的 1.5%，若最大量程为 0.4MPa，该压强表绝对误差为：0.4 × 1.5% = 0.006MPa；又如某天平的最小刻度为 0.1mg，则表明该天平有把握的最小称量质量是 0.1mg，所以它的最大绝对误差为 0.1mg。可见，对于同一真值的多个测量值，可以通过比较绝对误差限的大小，来判断它们精度的大小。

根据绝对误差、绝对误差限的定义可知，它们都具有与测量值相同的单位。

B 相对误差

绝对误差虽然在一定条件下能反映实验值的准确程度，但还不全面。例如，两城市之间的距离为 200.45km，若测量的绝对误差为 2m，则这次测量的准确度是很高的；但是 2m 的绝对误差对于人身高的测量而言是不能允许的。所以，为了判断测量值的准确性，还必须考虑测量值本身的大小，故引出了相对误差。

相对误差（relative error）指绝对误差与真值的比值，一般用百分数表示，即

$$相对误差 = \frac{绝对误差}{真值}$$

如果用 E_R 表示相对误差，则有

$$E_R = \frac{\Delta x}{x_t} \times 100\% = \frac{x - x_t}{x_t} \times 100\% \tag{2-23}$$

相对误差 E_R 既反映测量的准确度，又反映测量的精密度。显然易见，一般 E_R 小的测量值精度较高。

由式 2-23 可知，相对误差可以由绝对误差求出；反之，绝对误差也可由相对误差求得，其关系为：

$$\Delta x = E_R x_t \tag{2-24}$$

所以有：

$$x_t = x \pm |\Delta x| = x\left(1 \pm \left|\frac{\Delta x}{x}\right|\right) \approx x\left(1 \pm \left|\frac{\Delta x}{x_t}\right|\right) = x(1 \pm |E_R|) \tag{2-25}$$

由于 x_t 和 Δx 都不能准确求出，所以相对误差也不能准确求出，与绝对误差类似，也可以估计出相对误差的大小范围，即：

$$|E_R| = \left|\frac{\Delta x}{x_t}\right| \leqslant \left|\frac{\Delta x}{x_t}\right|_{max} \tag{2-26}$$

这里 $\left|\frac{\Delta x}{x_t}\right|_{max}$ 称为测量值 x 的最大相对误差,或称为相对误差限和相对误差上界。在实际计算中,由于真值 x_t 为未知数,所以常常将绝对误差与测量值或平均值之比作为相对误差,即:

$$E_R = \frac{\Delta x}{x} \quad 或 \quad E_R = \frac{\Delta x}{\bar{x}} \tag{2-27}$$

这里要说明的是，虽然真值 x_t 是客观存在的，但由于任何测定都有误差，一般难以获得真值。在实验测量中，实际测得值都只能是近似值，真值 x_t 是未知的。所以在实际使用中，真值一般是指载于文献手册上的公认的数值，或用校正过的仪器多次测量所得的算术平均值。通常用一组测量值的算术平均值 $\bar{x}$ 来代表 x_t，使之成为可表示的量。即

$$x_t \approx \bar{x} = \frac{\sum_{i=1}^{n} x_i}{n} \tag{2-28}$$

相对误差和相对误差限是无因次的。为了适应不同的精度，相对误差常常用百分数表示（%）。

需要指出的是，在科学实验中，由于绝对误差和相对误差一般都无法知道，所以通常将最大绝对误差和最大相对误差分别看作是绝对误差和相对误差，在表示符号上也可以不加区分。

绝对误差和相对误差是误差理论的基础，在测量中已广泛应用，但在具体使用时要注意它们之间的差别与使用范围。在某些实验测量及数据处理中，不能单纯从误差的绝对值来衡量数据的精确程度，因为精确度与测量数据本身的大小也很有关系。例如，在称量材料的质量时，如果质量接近10t，准确到100kg就够了，这时的绝对误差虽然是100kg，但相对误差只有1%；而称量的量总共不过10kg，即使准确到0.5kg也不能算精确，因为这时的绝对误差虽然是0.5kg，相对误差却有5%。经对比可见，后者的绝对误差虽然比前者小200倍，相对误差却比前者大5倍。相对误差是测量单位所产生的误差，因此，不论是比较各测量值的精度或是评定测量结果的质量，采用相对误差更为合理。

在实验测量中应当注意到，虽然用同一仪表对同一物质进行重复测量时，测量的可重复性越高就越精密，但不能肯定准确度一定高，还要考虑到是否有系统误差存在（如仪表未经校正等），否则虽然测量很精密也可能不准确。因此，在实验测量中要获得很高的精确度，必须有高的精密度和高的准确度来保证。

【例 2-11】 已知某样品质量的称量结果为（58.7 ±0.2）g，试求其相对误差。

解： 依题意，称量的绝对误差为0.2g，所以相对误差为

$$E_R = \frac{\Delta x}{x} \times 100\% = \frac{0.2}{58.7} \times 100\% = 0.3\%$$

【例 2-12】 已知由实验测得水在20℃时的密度 $\rho = 997.9\text{kg/m}^3$，又已知其相对误差为0.05%，试求 ρ 所在的范围。

解：

$$E_R = \frac{\Delta\rho}{\rho} \times 100\% = \frac{\Delta\rho}{997.9} \times 100\% = 0.05\%$$

$$\Delta\rho = 997.9 \times 0.05\% = 0.5\text{kg/m}^3$$

$$\rho = (997.9 \pm 0.5)\ \text{kg/m}^3$$

C 算术平均误差

设测量值 x_i 与算术平均值 $\bar{x}$ 之间的偏差（discrepancy）为 d_i，则算术平均误差（average discrepancy）定义式为：

$$\Delta = \frac{\sum_{i=1}^{n} |x_i - \bar{x}|}{n} = \frac{\sum_{i=1}^{n} |d_i|}{n} \tag{2-29}$$

求算术平均误差时，偏差 d_i 可能为正也可能为负，所以一定要取绝对值。显然，算术平均误差可以反映一组实验数据的误差大小，但是无法表达出各实验值间的彼此符合程度。

D 标准误差

标准误差（standard error）也称作均方根误差（mean- root- square error）、标准偏差（standard discrepancy），简称为标准差（standard deviation）。当实验次数为无穷大时，称为总体（population）标准差，其定义为：

$$\sigma = \sqrt{\frac{\sum_{i=1}^{n} d_i^2}{n}} = \sqrt{\frac{\sum_{i=1}^{n} (x_i - \bar{x})^2}{n}} = \sqrt{\frac{\sum_{i=1}^{n} x_i^2 - \frac{\left(\sum_{i=1}^{n} x_i\right)^2}{n}}{n}} \tag{2-30}$$

但在实际的科学实验中，实验次数一般为有限次，即测量值为有限个，在这种情况下，标准误差的计算式应为：

$$S = \sqrt{\frac{\sum_{i=1}^{n} d_i^2}{n-1}} = \sqrt{\frac{\sum_{i=1}^{n} (x_i - \bar{x})^2}{n-1}} = \sqrt{\frac{\sum_{i=1}^{n} x_i^2 - \frac{\left(\sum_{i=1}^{n} x_i\right)^2}{n}}{n-1}} \tag{2-31}$$

式中，S 称为贝塞尔（Bessel）标准差，是一个近似值或近似标准差，有时也称为样本（sample）标准差。由于标准差 σ 在重复测量中的重要性，又能求得，所以也将贝氏标准差称为标准差，代表可以求到的测量精度。近似标准差与测量的次数密切相关，当 n 较小时，它存在明显的误差，这一点在测量中应当注意。

标准差不但与一组实验值中每一个数据有关，而且对其中较大或较小的误差敏感性很强，能明显地反映出较大的个别误差。它常用来表示实验值的精密度，标准差越小，则实验数据精密度越好。

标准误差是一个重要的统计量，但它只考虑绝对偏差的大小，没有考虑测量值大小对测量结果的影响。一般测量统计量较大的物体时，绝对误差就较大。当考虑相对误差的大小时，通常用变异系数（亦称离散系数）作为统计量，即：

$$C_v = \frac{S}{\bar{x}} \times 100\% \tag{2-32}$$

变异系数能较好地代表测量的相对精度，所以将此统计量称为相对标准差。我国的一些国家标准也有要求，在测量报告中除了要提供算术平均值和标准误差外，还应有相对标准偏差值。

在计算实验数据一些常用的统计量时，如算术平均值 $\bar{x}$、总体标准差 σ、样本标准差 S 等，若按它们的基本定义式计算，计算量很大，尤其是对于实验次数很多时，这时可以使用计算器上的统计功能（可以参考计算器的说明书），或者借助一些计算机软件，如 Excel 等。

2.2.3.4 实验数据误差的估计与检验

A 随机误差的分布与估计

在测量中，即使系统误差很小和不存在过失误差，对同一个物理量进行重复测量时，所得的测量值也是不同的，这是由于存在随机误差而影响测量结果。当对同一个物理量进行足够多次重复测量并计算出误差之后，以横坐标表示随机误差 δ，纵坐标表示各随机误差出现的概率，则可得图 2-10 曲线。从曲线可以看出以下几点：

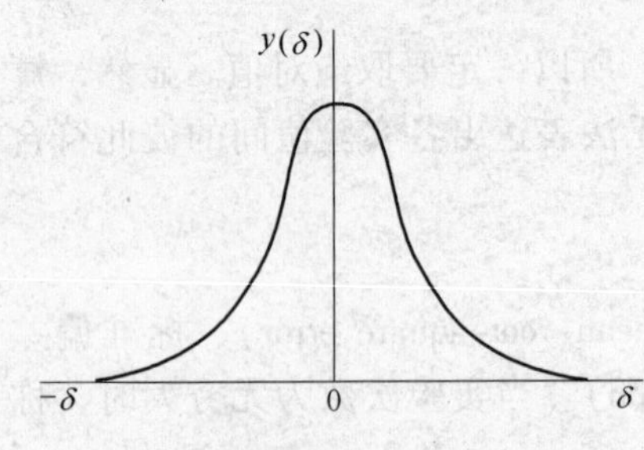

图 2-10 随机误差的正态分布曲线

（1）随机误差分布具有对称性，即绝对值相等的正负误差出现的概率（机会）相等。多次重复测量的算术平均值 $\bar{x}$ 是待测量的最佳代表值。

（2）曲线形状是两头低，中间高，说明绝对值小的误差比绝对值大的误差出现的机会多，分布具有单峰性。

（3）绝对值很大的误差出现的概率极小，此为有界性。

这种曲线称为正态分布曲线。从统计学原理可以说明随机误差服从正态分布。1795 年，高斯（Gauss）推导出它的函数形式，所以正态分布又称高斯分布。随机误差的概率密度函数形式为：

$$y = \frac{1}{\sigma\sqrt{2\pi}} e^{-\frac{\delta^2}{2\sigma^2}} \tag{2-33}$$

式中 y——误差 δ 出现的概率密度；

δ——随机误差，$\delta = x_i - \bar{x}$；

σ——标准误差（总体标准差），由式 2-30 计算。

注意，在实际运算中，通常用有限个测量值与其算术平均值的偏差来代表随机误差，在这种情况下，标准误差的计算式应为式 2-31。

由算式可以看出，标准差的数值大小反映了实验数据的分散程度，σ 或 S 越小，则数据的分散性越低，绝对值小的随机误差出现的概率（机会）越大，随机误差越小，误差的正态分布曲线越尖耸，表现出测量精密度越高。σ 或 S 越大则情况相反。因此，为了减小随机误差的影响，在实际测量中常常对被测的物理量进行多次重复的测量，以提高测量的精密度或重演性。标准误差完全表征测量的精度，在许多测量中都采用它作为评价测量精度的标准。

随机误差的估计实际上是对实验值精密度高低的判断，随机误差的大小还可用下述参数来描述：

（1）极差（range）。极差是指一组测量值中同一物理量的最大测量值 x_{max} 与最小测量值 x_{min} 的差值，表示测量值的分布区间范围，即

$$R = x_{max} - x_{min} \tag{2-34}$$

极差可以粗略地说明数据的离散程度，即可以表征精密度。虽然用极差反映随机误差的精度不高，但由于它计算方便，在快速检验中仍然得到广泛的应用。

（2）方差（variance）。方差即为标准差的平方，可用总体方差或样本方差来表示。显然方差也反映了数据的分散性，即随机误差的大小。

B 系统误差的检验与消除

实验结果有无系统误差，必须进行检验，以便能及时减小或消除系统误差，提高实验结果的正确度。如前所述，系统误差可能由仪器误差、装置误差、人为误差、外界误差及方法误差引起，因此要发现系统误差是哪种误差引起的不太容易，而要完全消除系统误差则是更加困难的。相同条件下的多次重复实验不能发现系统误差，只有改变形成系统误差的条件，才能发现系统误差。

在一般情况下，用实验对比法可以发现测量仪器的系统误差的大小并加以校正。实验对比法是用几台仪器对同一试样的同一物理量进行测量，比较其测量结果；或用标准样品、被校准的样品进行测量，检查仪器的工作状况是否正常，然后对被测样品的测量值加以修正。

根据误差理论，误差 $x - x_t$ 是测不到的，能测得的只是剩余误差。剩余误差 d_i 定义为：

$$d_i = x_i - \overline{x} \tag{2-35}$$

式中 $\overline{x}$——一组测量数据（数列）的算术平均值；

x_i——任一测量值。

用剩余误差观察法可以检出变质系统误差。如果剩余误差大体是正负相间，而且无明显变化规律时，则不考虑有系统误差。如果剩余误差有规律地变化时，则可认为有变质系统误差。

用标准误差也可以判断是否存在系统误差。不存在明显系统误差的判据定义为：

$$\overline{M}_i - \overline{M}_j \leqslant 2\sqrt{\frac{\sigma_i^2}{n_i} - \frac{\sigma_j^2}{n_j}} \tag{2-36}$$

式中 $\overline{M}$——被测物理量的算术平均值；

n——测量次数；

σ——测量标准差；

i，j——表示第 i 组和第 j 组测量。

当式中的不等号方向变为相反方向时，表明第 i 次和第 j 次的测量结果之间存在系统误差。

下面再介绍一种有效、方便的系统误差检验方法——秩和检验法（rank sum test）。利用这种检验方法可以检验两组数据之间是否存在显著性差异，所以当其中一组数据无系统误差时，就可利用该检验方法判断另一组数据有无系统误差。显然，利用秩和检验法，还可以用来证明新实验方法的可靠性。

设有两组实验数据：$x_1^{(1)}$，$x_2^{(1)}$，$x_3^{(1)}$，…，$x_{n_1}^{(1)}$与$x_1^{(2)}$，$x_2^{(2)}$，$x_3^{(2)}$，…，$x_{n_2}^{(2)}$，其中n_1、n_2分别是两组数据的个数，这里假定$n_1 \leqslant n_2$。假设这两组实验数据是相互独立的，如果其中一组数据无系统误差，则可以用秩和检验法检验另一组数据有无系统误差。

首先，将这$n_1 + n_2$个实验数据混在一起，按从小到大的次序排列，每个实验值在序列中的次序称作该值的秩（rank），然后将属于第1组数据的秩相加，其和记为R_1，称为第1组数据的秩和（rank sum），同理可以求得第2组数据的R_2。如果两组数据之间无显著差异，则R_1就不应该太大或太小，对于给定的显著性水平（significance level）α（表示检验的可信程度为$1-\alpha$）和n_1、n_2，由秩和临界值表（见表2-20）可查得R_1的上下限T_1和T_2，如果$R_1 > T_2$或$R_1 < T_1$，则认为两组数据有显著差异，另一组数据有系统误差。如果$T_1 < R_1 < T_2$，则两组数据无显著差异，另一组数据也无系统误差。

表2-20　秩和检验临界值表

$P(T_1 < T < T_2) = 1 - \alpha$

n_1	n_2	$\alpha=0.025$		$\alpha=0.05$	
		T_1	T_2	T_1	T_2
2	4			3	11
	5			3	13
	6	3	15	4	14
	7	3	17	4	16
	8	3	19	4	18
	9	3	21	4	20
	10	4	22	5	21
3	3			6	15
	4	6	18	7	17
	5	6	21	7	20
	6	7	23	8	22
	7	8	25	9	24
	8	8	28	9	27
	9	9	30	10	29
	10	9	33	11	31
4	4	11	25	12	24
	5	12	28	13	27
	6	12	32	14	30
	7	13	35	15	33
	8	14	38	16	36
	9	15	41	17	39
	10	16	44	18	42

n_1	n_2	$\alpha=0.025$		$\alpha=0.05$	
		T_1	T_2	T_1	T_2
5	5	18	37	19	36
	6	19	41	20	40
	7	20	45	22	43
	8	21	49	23	47
	9	22	53	25	50
	10	24	56	26	54
6	6	26	52	28	50
	7	28	56	30	54
	8	29	61	32	58
	9	31	65	33	63
	10	33	69	35	67
7	7	37	68	39	66
	8	39	73	43	76
	9	41	78	43	76
	10	43	83	46	80
8	8	49	87	52	84
	9	51	93	54	90
	10	54	98	57	95
9	9	63	108	66	105
	10	66	114	69	111
10	10	79	131	83	127

【例 2-13】 设甲、乙两组测定值为：

甲：8.6，10.0，9.9，8.8，9.1，9.1

乙：8.7，8.4，9.2，8.9，7.4，8.0，7.3，8.1，6.8

已知甲组数据无系统误差，试用秩和检验法检验乙组测定值是否有系统误差。（$\alpha=0.05$）

解：先求出各数据的秩，见表 2-21。

表 2-21 例 2-12 甲、乙两组实验数据的秩

秩	1	2	3	4	5	6	7	8	9	10	11.5	11.5	13	14	15
甲							8.6		8.8		9.1	9.1		9.9	10.0
乙	6.8	7.3	7.4	8.0	8.1	8.4		8.7		8.9			9.2		

此时，$n_1=6$，$n_2=9$，$n=n_1+n_2=15$，$R_1=7+9+11.5+11.5+14+15=68$。

对于 $\alpha=0.05$，查表 2-20，得 $T_1=33$，$T_2=63$。

因此，$R_1>T_2$。

故两组数据有显著差异，乙组测定值有系统误差。

注意，在进行秩和检验时，如果几个数据相等，则它们的秩应该是相等的，等于相应几个秩的算术平均值，如例 2-12 中，两个 9.1 的秩都为 11.5。

要完全消除系统误差比较困难，但降低系统误差是可能的。降低系统误差的首选方法是用标准件核准仪器，做出校正曲线。最好是请计量部门或仪器制造厂家校准仪器。其次是实验时正确地使用仪器，如调准仪器的零点、选择适当的量程、正确地进行操作等。

C 过失误差的检验与消除

过失误差是实验人员玩忽大意所造成的误差，这种误差无规律可循。在整理实验数据时，往往会遇到这种情况，即在一组实验数据里，发现少数几个偏差特别大的可疑数据，这类数据又称为离群值（outlier）或异常值（exceptional data），它们往往是由于过失误差引起的。对于可疑数据的取舍一定要慎重，一般处理原则如下：

（1）在实验过程中，若发现异常数据，应停止实验，分析原因，及时纠正错误。

（2）实验结束后，在分析实验结果时，如发现异常数据，则应先找出产生差异的原因，再对其进行取舍。

（3）在分析实验结果时，如不清楚产生异常值的确切原因，则应对数据进行统计处理，常用的统计方法有拉依达（Pauta）准则、格鲁布斯（Grubbs）准则、狄克逊（Dixon）准则、肖维勒（Chauve-net）准则、t 检验法、F 检验法等；若数据较少，则可重做一组数据。

（4）对于舍去的数据，在实验报告中应注明舍去的原因或所选用的统计方法。

总之，对待可疑数据要慎重，不能任意抛弃或修改。往往通过对可疑数据的考察，可以发现引起系统误差的原因，进而改进实验方法，有时甚至可以得到新实验方法的线索。

下面介绍三种检验可疑数据的统计方法，可用于检测在实验中是否出现过失误差。

（1）拉依达（Pauta）准则。根据误差理论，$|x-\bar{x}|\leqslant 3S$ 的概率为 99.7%。反过来说，$|x-\bar{x}|\geqslant 3S$ 的概率是 0.3%，可能性很小。所以，拉依达准则规定：若某个观测值的

剩余误差 $d_i = x_i - \bar{x}$ 超过 ±3S 或 2S，就有过失误差存在。因此，这个准则又称为 3S 法则，有时也称极限误差法。至于选择 3S 还是 2S 与显著性水平有关。显著性水平表示的是检验出错的几率为 α，或者是检验的可信度为 $1-\alpha$。3S 相当于显著水平 $\alpha = 0.01$，2S 相当于显著水平 $\alpha = 0.05$。

在实际应用中，如果可疑数据 x_p 与实验数据的算术平均值元的偏差的绝对值 $|d_p|$ 大于 3 倍（或 2 倍）的标准偏差，即：

$$|d_p| = |x_p - \bar{x}| > 3S \text{ 或 } 2S \tag{2-37}$$

则应将 x_p 从该组实验值中剔除。

【例 2-14】 有一组分析测试数据：0.128，0.129，0.131，0.133，0.135，0.138，0.141，0.142，0.145，0.148，0.167，问：其中偏差较大的 0.167 这一数据是否应被舍去？（$\alpha = 0.01$）

解：（1）计算包括可疑值 0.167 在内的平均值元及标准偏差 S：

$$\bar{x} = 0.140,\quad S = 0.01116$$

（2）计算 $|d_p|$ 和 3S：

$$|d_p| = |x_p - \bar{x}| = |0.167 - 0.140| = 0.027$$

$$3S = 3 \times 0.01116 = 0.0335$$

（3）比较 $|d_p|$ 和 3S：

$$|d_p| < 3S$$

按拉依达检验法，当 $\alpha = 0.01$ 时，0.167 这一可疑值不应舍去。

拉依达准则方法简单，无须查表，用起来方便。该检验法适用于实验次数较多或要求不高的情况，这是因为，当 $n < 10$ 时，用 3S 作界限，即使有异常数据也无法剔除；若用 2S 作界限，则 5 次以内的实验次数无法舍去异常数据。

（2）格鲁布斯（Grubbs）准则。在一组测量数据中，按其从小到大的顺序排列，最大项 x_{max} 和最小项 x_{min} 最有可能包含过失性，它们是不是可疑数据，可由可疑数据 x_p 的剩余误差与临界值进行比较来确定，如果

$$|d_p| = |x_p - \bar{x}| > \lambda_{(\alpha,n)} S \tag{2-38}$$

时，则应将 x_p 从该组实验值中剔除。这里的 $\lambda_{(\alpha,n)}$ 称为格鲁布斯检验临界值，它与给定的显著性水平 α 及实验次数 n 有关。

为此，可先计算出统计量

$$\lambda_{max} = \frac{|x_{max} - \bar{x}|}{S} \quad \text{或} \quad \lambda_{min} = \frac{|x_{min} - \bar{x}|}{S} \tag{2-39}$$

在 n 次测量中，若给定显著度 α，就可从表 2-22 中查出临界值 $\lambda_{(\alpha,n)}$。如果 $\lambda_{max} \geqslant \lambda_{(\alpha,n)}$ 或 $\lambda_{min} \geqslant \lambda_{(\alpha,n)}$，则有过失误差存在。

【例 2-15】 用容量法测定某样品中的锰，8 次平行测定数据为：10.29，10.33，10.38，10.40，10.43，10.46，10.52，10.82（%），试问是否有数据应被剔除？（$\alpha = 0.05$）

解：（1）检验 10.82：该组数据的算术平均值 $\bar{x} = 10.45$，其中 10.82 的偏差最大，故首先检验该数。

表 2-22 格鲁布斯准则 $\lambda_{(\alpha,n)}$ 数据表

n \ α	0.01	0.05	n \ α	0.01	0.05
3	1.16	1.15	17	2.78	2.48
4	1.49	1.46	18	2.82	2.50
5	1.75	1.67	19	2.85	2.53
6	1.94	1.82	20	2.88	2.56
7	2.10	1.94	21	2.91	2.58
8	2.22	2.03	22	2.94	2.60
9	2.32	2.11	23	2.96	2.62
10	2.41	2.18	24	2.99	2.64
11	2.48	2.23	25	3.01	2.66
12	2.55	2.28	30	3.10	2.74
13	2.61	2.33	35	3.18	2.81
14	2.66	2.37	40	3.24	2.87
15	2.70	2.41	50	3.34	2.96
16	2.75	2.44	100	3.59	3.17

计算包括可疑值在内的平均值 $\bar{x}$ 及标准偏差 S：$\bar{x}=10.45$，$S=0.16$；查表 2-22 得 $\lambda_{(\alpha,n)}=2.03$，因此：$\lambda_{(\alpha,n)}S=2.03\times0.16=0.32$，$|d_p|=|x_p-\bar{x}|=|10.82-10.45|=0.37>0.32$，故 10.82 这个测定值应该被剔除。

（2）检验 10.52：剔除 10.82 之后，重新计算平均值 $\bar{x}$ 及标准偏差 S：$\bar{x}'=10.40$，$S'=0.078$。这时，10.52 与平均值的偏差最大，所以应检验 10.52。查表得 $\lambda_{(\alpha,n)}=1.94$，$\lambda_{(n,a)}S=1.94\times0.078=0.15$，$|d_p|=|x_p-\bar{x}'|=|10.52-10.40|=0.12>0.15$，故 10.52 不应该被剔除。由于剩余数据的偏差都比 10.52 小，所以都应保留。

格拉布斯准则也可以用于检验两个数据（x_1，x_2）偏小，或两个数据（x_{n-1}，x_n）偏大的情况，这里 $x_1<x_2<\cdots<x_{n-1}<x_n$，显然，最可疑的数据一定是在两端。此时可以先检验内侧数据，即前者检验 x_2，后者检验 x_{n-1}。如果 x_2 经检验应该被舍去，则 x_{n-1}，x_n 两个数都应该被舍去；同样，如果 x_2 应被舍去，则 x_{n-1}，x_n 都应被舍去。如果检验结果 x_2 或 x_{n-1} 不应被舍去，则继续检验 x_1，x_n。注意，在检验内侧数据时，所计算的 $\bar{x}$ 和 S 不应包括外侧数据。

（3）狄克逊（Dixon）准则。将实验数据按从小到大的顺序排列，得到：

$$x_1\leqslant x_2\leqslant\cdots\leqslant x_{n-1}\leqslant x_n$$

如果有异常值存在，必然出现在两端，即 x_1 或 x_n。检验 x_1 或 x_n 时，使用有关公式，可以计算出 f_0，并查得临界值 $f(\alpha,\ n)$。若 $f_0>f(\alpha,\ n)$，则应该剔除 x_1 或 x_n。临界值 $f(\alpha,\ n)$ 与显著性水平 α 及实验次数 n 有关。狄克逊准则无需计算 $\bar{x}$ 和 S，所以计算量较小。

在用上面的准则检验多个可疑数据时，应注意以下几点：

1）可疑数据应逐一检验，不能同时检验多个数据。这是因为不同数据的可疑程度是

不一致的，应按照偏差的大小顺序来检验，首先检验偏差最大的数，如果这个数不被剔除，则所有的其他数都不应被剔除，也就不需再检验其他数了。

2）剔除一个数后，如果还要检验下一个数，则应注意实验数据的总数发生了变化。例如，在用拉依达和格拉布斯准则检验时，x 和 S 都会发生变化；在用狄克逊准则检验时，各实验数据的大小顺序编号以及（α，n）也会随着变化。

3）用不同的方法检验同一组实验数据，在相同的显著性水平上，可能会有不同的结论。

上面介绍的三个准则各有其特点。当实验数据较多时，使用拉依达准则最简单，但当实验数据较少时，不能应用；格拉布斯准则和狄克逊准则都能适用于实验数据较少时的检验，但是总的来说，还是实验数据越多，可疑数据被错误剔除的可能性越小，准确性越高。在一些国际标准中，常推荐格拉布斯准则和狄克逊准则来检验可疑数据。

在我国的一些产品标准或检验标准中对准则的选择已有规定，数据处理时应按其规定进行操作。

消除过失误差的最好办法是提高测量人员对实验的认识，要细心操作，认真读、记实验数据，实验完后，要认真检查数据，发现问题，及时纠正。

2.2.3.5 有效数字的运算与修约

在实验过程中，任何测量的准确度都是有限的，我们只能以一定的近似值来表示测量结果，因此测量结果数值计算的准确度就不应该超过测量的准确度，如果任意地将近似值保留过多的位数，反而会歪曲测量结果的真实性。在测量和数字运算中，确定该用几位数字来代表测量值或计算结果，是一件很重要的事情。

A 一次读数的有效数字表示法

任何仪器都有一定的读数分辨率。在读数分辨率以下，测量的数值是不确定的。因此所有读数都只需读到能分辨的最小单位就行了。最小单位指的是在不变动仪器和实验条件的情况下能够重复读定的单位，它通常是仪器标尺的最小分度或它的十分之一。例如，用米尺去测量一块玻璃试样的长度时，一般最多只需读到十分之一毫米，因为米尺最小分度是毫米的十分之一，这个十分之一毫米，就是分辨率的最小单位。

能够代表一定物理量的数字，称为有效数字（significance figure）。实验数据总是以一定位数的数字来表示，这些数字都是有效数字，其末位数往往是估计出来的，具有一定的误差。为了如实地反映读数情况记录测量数值时应当不多不少地能够确定读得的全部数字。例如用米尺测量上述玻璃试样的长度为23.8mm，23是完全确定的，末位8是不确定的或叫做可疑数字，因为“8”是估计值，当不同的人来读取这一测量结果时，可能是23.9mm，也可能是23.7mm，这之间可能发生一个单位的出入。又如用万分之一天平称量某一物体的质量时，称量结果为（2.2345±0.0002）g，其中2.234是所加砝码标值直接读得的，是完全确定的，末位数字“5”是估计出来的，是可疑或不确定的。因此，有效数字为所有确定的数值（不包括表示小数点位置的0）和这位有疑问数字。在记录测定数值时，只保留一位可疑数字。在这两个例子中，23.8和2.2345叫有效数字。其中，23.8称为三位有效数字，2.2345称为五位有效数字。

有效数字的位数可反映实验的精度或表示所用实验仪表的精度。例如，用外径千分卡尺测量上述玻璃试样的长度，读数可能是23.83mm，它的有效数字为四位。那么，为什么用两种不同的测量仪器去测量同一个试样会得到不同的有效数字位数呢？这是因为外径千分卡尺的精密度比米尺高，其最小分辨率为1/100mm，百分位上的数还能读得出来。因此，在记录测量数据时，有效数值的位数必须符合仪器的实际情况，不能随便多写或少写。不正确地多写一位数字，则该数据不真实，也不可靠；少写一位数字，则损失了实验精度，实质上是对测量该数据所用高精密度仪表的耗费，也是一种时间浪费。

数据中小数点的位置不影响有效数字的位数，紧接着小数点后的“0”仅用来规定小数点的位置，不算有效数字。例如，在数字0.00013中，小数点后的三个“0”都不是有效数字，而0.130中小数点后的“0”是有效数字。又例如，50mm，0.050m，5.0×10^{-4} pm，这三个数据的准确度是相同的，它们的有效数字位数都为2，所以常用科学计数法表示较大或较小的数据，而不影响有效数字的位数。

在确定有效数字时，必须注意“0”这个数字。数字“0”是否是有效数字，取决于它在数据中的位置。即一般第一个非0数前的数字都不是有效数字，而第一个非0数后的数字都是有效数字。例如，数据29mm和29.00mm并不等价，前者有效数字是两位，后者有效数字是四位，它们是用不同精度的仪器测得的。所以在实验数据的记录过程中，不能随便省略末尾的0。需要指出的是，有些为指定的标准值，末尾的0可以根据需要增减，例如，相对原子质量的相对标准是^{12}C，它的相对原子质量为12，它的有效数字可以视计算需要设定。

在计算有效数字位数时，如果第一位数字等于或大于8，则可以多计一位。例如9.99，实际只有三位有效数字，但可认为有四位有效数字。

B 有效数字的运算

实验结果常常是多个实验数据通过一定的运算得到的，其有效数字位数的确定可以通过有效数字的运算来确定。

（1）加、减运算。在加、减运算中，加、减结果的位数应与其中小数点后位数最少的相同。

（2）乘、除运算。在乘、除计算中，乘积和商的有效数字位数，应以各乘、除数中有效数字位数最少的为准。

（3）乘方、开方运算。乘方、开方后的结果的有效数字位数应与其底数的相同。

（4）对数运算。对数的有效数字位数与其真数的相同。

（5）在4个以上数的平均值计算中，平均值的有效数字可增加一位。

（6）所有取自手册上的数据，其有效数字位数按实际需要取，但原始数据如有限制，则应服从原始数据。

（7）一些常数的有效数字的位数可以认为是无限制的，例如，圆周率π、重力加速度g、$\sqrt{2}$、1/3等，可以根据需要取有效数字。

（8）一般在工程计算中，取2~3位有效数字就足够精确了，只有在少数情况下，需要取到4位有效数字。

从有效数字的运算可以看出，每一个中间数据对实验结果精度的影响程度是不一样的，其中精度低的数据影响相对较大。所以在实验过程中，应尽可能采用精度一致的仪器或仪表，其中一两个高精度的仪器或仪表无助于整个实验结果精度的提高。

C　有效数字的修约规则

在有效数字的运算过程中，当有效数字的位数确定后，需要舍去多余的数字。其中最常用的修约规则是“四舍五入”，这种方法常用在精度要求不高的场合。但是这种方法还是有缺点的，它容易使所得数据系统偏大，而且无法消除，这时可以采用“四舍六入五留双”的修约规则。“四舍六入五留双”规则规定，4和4以下的数字舍去，6和6以上的数字进位；若是5这个数字，则要看它前面的一个数，如果是奇数就入，是偶数就舍，这样数据的末位都为偶数，即为“双数”。如将数字27.045和27.055取为四位有效数字时，则分别记作27.04和27.06。值得注意的是，如果有多位数字要舍去，不能从最后一位数字开始连续进位进行取舍。

例如，将下列数据舍入到小数点后3位。

拟修约数据	修约后数据（舍入到小数点后3位）
3.14159	3.142
1.3665	1.366
2.33050	2.330
2.77719	2.777
2.7777	2.778

D　数字修约的有关术语

（1）修约间隔。修约间隔是确定修约保留位数的一种方式。修约间隔的数值一经确定，修约值即应为该数值的整数倍。

例1：如指定修约间隔为0.1，修约值即应在0.1的整数倍中选取，相当于将数值修约到一位小数。

例2：如指定修约间隔为100，修约值即应在100的整数倍中选取，相当于将数值修约到百位。

（2）有效位数。对没有小数位且以若干个零结尾的数值，从非零数字最左一位向右数得到的位数减去无效零（即仅为定位用的零）的个数；对其他十进位数，从非零数字最左一位向右数而得到的位数，就是有效位数。

例1：35000，若有两个无效零，则为三位有效位数，应写为350×10^2；若有三个无效零，则为两位有效位数，应写为35×10^3。

例2：3.2，0.32，0.032，0.0032均为两位有效位数；0.0320为三位有效位数。

例3：12.490为五位有效位数；10.00为四位有效位数。

（3）0.5单位修约（半个单位修约）。0.5单位修约指修约间隔为指定数位的0.5单位，即修约到指定数位的0.5单位。

例如：将下列数字修约到个数位的0.5单位（或修约间隔为0.5）。

拟修约数值（A）	乘2（$2A$）	$2A$修约值（修约间隔为1）	A修约值（修约间隔为0.5）
60.25	120.50	120	60.0
60.38	120.76	121	60.5
-60.75	-121.50	-122	-61.0

（4）0.2 单位修约。0.2 单位修约指修约间隔为指定数位的 0.2 单位，即修约到指定数位的 0.2 单位。

例如：将下列数字修约到“百”数位的 0.2 单位（或修约间隔为 20）。

拟修约数值 （A）	乘 5 （$5A$）	$5A$ 修约值 （修约间隔为 100）	A 修约值 （修约间隔为 20）
830	4150	4200	840
842	4210	4200	840
−930	−4650	−4600	−920

E　确定修约位数的表达方式

（1）指定数位：

1）指定修约间隔为 10^{-n}（n 为正整数），或指明将数值修约到 n 位小数；

2）指定修约间隔为 1，或指明将数值修约到个数位；

3）指定修约间隔为 10^n，或指明将数值修约到 10^n 数位（n 为正整数），或指明将数值修约到“十”，“百”，“千”，……数位。

（2）指定将数值修约成 n 位有效位数。

F　进舍规则

（1）拟舍弃数字的最左一位数字小于 5 时，则舍去，即保留的各位数字不变。

例 1：将 12.1498 修约到一位小数，得 12.1。

例 2：将 12.1498 修约成两位有效位数，得 12。

（2）拟舍弃数字的最左一位数字大于 5 或者是 5，而其后跟有并非全部为 0 的数字时，则进一，即保留的末位数字加 1。

例 1：将 1268 修约到“百”数位，得 13×10^2（特定时可写为 1300）。

例 2：将 1268 修约成三位有效位数，得 127×10（特定时可写为 1270）。

例 3：将 10.502 修约到个数位，得 11。

注：本标准示例中，“特定时”的涵义是指修约间隔或有效位数明确时。

（3）拟舍弃数字的最左一位数字为 5，而右边无数字或皆为 0 时，若所保留的末位数字为奇数（1，3，5，7，9）则进一，为偶数（2，4，6，8，0）则舍弃。

例 1：修约间隔为 0.1（或 10^{-1}）

拟修约数值	修约值
1.050	1.0
0.350	0.4

例 2：修约间隔为 1000（或 10^3）

拟修约数值	修约值
2500	2×10^3（特定时可写为 2000）
3500	4×10^3（特定时可写为 4000）

例 3：将下列数字修约成两位有效位数

拟修约数值	修约值
0.0325	0.032
32500	32×10^3（特定时可写为32000）

（4）负数修约时，先将它的绝对值按上述2.2.3.5中C～F规定进行修约，然后在修约值前面加上负号。

例1：将下列数字修约到“十”数位

拟修约数值	修约值
-355	-36×10（特定时可写为-360）
-325	-32×10（特定时可写为-320）

例2：将下列数字修约成两位有效位数

拟修约数值	修约值
-365	-36×10（特定时可写为-360）
-0.0365	-0.036

G　不许连续修约

（1）拟修约数字应在确定修约位数后一次修约获得结果，而不得多次按2.2.3.5中C～F规则连续修约。

例如：修约15.4546，修约间隔为1。

正确的做法：15.4546 -→15

不正确的做法：15.4546 -→15.455 -→15.46 -→15.5 -→16

（2）在具体实施中，有时测试与计算部门先将获得数值按指定的修约位数多一位或几位报出，而后由其他部门判定。为避免产生连续修约的错误，应按下述步骤进行。

（3）报出数值最右的非零数字为5时，应在数值后面加“（+）”或“（-）”或不加符号，以分别表明已进行过舍、进或未舍未进。

例如：16.50（+）表示实际值大于16.50，经修约舍弃成为16.50；16.50（-）表示实际值小于16.50，经修约进一成为16.50。

（4）如果判定报出值需要进行修约，当拟舍弃数字的最左一位数字为5而后面无数字或皆为零时，数值后面有（+）号者进一，数值后面有（-）号者舍去，其他仍按2.2.3.5中C～F规则进行。

例如：将下列数字修约到个数位后进行判定（报出值多留一位到一位小数）。

实测值	报出值	修约值
15.4546	15.5 -	15
16.5203	16.5 +	17
17.5000	17.5	18
-15.4546	-15.5 -	-15

2.2.3.6　误差的传递

许多实验数据是由几个直接测量值按照一定的函数关系计算得到的间接测量值，由于每个直接测量值都有误差，所以间接测量值也必然有误差。如何根据直接测量值的误差来计算间接测量值的误差，就是误差的传递问题。

A 误差传递基本公式

由于间接测量值与直接测量值之间存在函数关系，设：

$$y=f(x_1, x_2, \cdots, x_n) \tag{2-40}$$

式中 y——间接测量值；

x_i——直接测量值，$i=1, 2, \cdots, n$。

对式 2-40 进行微分可得：

$$\mathrm{d}y=\frac{\partial f}{\partial x_1}\mathrm{d}x_1+\frac{\partial f}{\partial x_2}\mathrm{d}x_2+\cdots+\frac{\partial f}{\partial x_n}\mathrm{d}x_n \tag{2-41}$$

如果用 Δy，Δx_1，Δx_2，…，Δx_n 分别代替式 2-41 中的 dy，dx_1，dx_2，…，dx_n，则有：

$$\Delta y=\frac{\partial f}{\partial x_1}\Delta x_1+\frac{\partial f}{\partial x_2}\Delta x_2+\cdots+\frac{\partial f}{\partial x_n}\Delta x_n \tag{2-42}$$

或

$$\Delta y=\sum_{i=1}^{n}\left(\frac{\partial f}{\partial x_i}\Delta x_i\right) \tag{2-43}$$

式 2-42 和式 2-43 即为绝对误差的传递公式。它表明间接测量或函数的误差是各直接测量值的各项分误差之和，而分误差的大小又取决于直接测量误差（Δx_i）和误差传递系数$\left(\frac{\partial f}{\partial x_i}\right)$，所以函数或间接测量值的绝对误差为：

$$\Delta y=\sum_{i=1}^{n}\left|\frac{\partial f}{\partial x_i}\Delta x_i\right| \tag{2-44}$$

相对误差的计算公式为：

$$\frac{\Delta y}{y}=\sum_{i=1}^{n}\left|\frac{\partial f}{\partial x_i}\times\frac{\Delta x_i}{y}\right| \tag{2-45}$$

式中 $\frac{\partial f}{\partial x_i}$——误差传递系数；

Δx_i——直接测量值的绝对误差；

Δy——间接测量值的绝对误差或称函数的绝对误差。

从最保险的角度，不考虑误差实际上有抵消的可能，所以式 2-44 和式 2-45 中各项分误差都取绝对值，此时函数的误差最大。

所以间接测量值或函数的真值 y_t 可以表示为：

$$y_t=y\pm\Delta y \tag{2-46}$$

或

$$y_t=y\left(1\pm\frac{\Delta y}{y}\right) \tag{2-47}$$

根据标准误差的定义，可以得到函数标准误差传递公式为：

$$\sigma_y=\sqrt{\sum_{i=1}^{n}\left(\frac{\partial f}{\partial x_i}\right)^2\sigma_i^2} \tag{2-48}$$

由于直接测量次数一般是有限的,所以宜用下式表示间接测量或函数的标准误差：

$$S_y=\sqrt{\sum_{i=1}^{n}\left(\frac{\partial f}{\partial x_i}\right)^2 S_i^2} \tag{2-49}$$

式2-48、式2-49中的σ_i、S_i为直接测量值x_i的标准误差，也可用于表示间接测量值的标准误差。

B　常用函数的误差传递公式

一些常用函数的最大绝对误差和标准误差的传递公式列于表2-23中。

表2-23　部分函数误差传递公式

函　　数	最大绝对误差 Δy	标准误差 S_y
$y=x_1 \pm x_2$	$\pm(\lvert\Delta x_1\rvert+\lvert\Delta x_2\rvert)$	$\sqrt{S_1^2+S_2^2}$
$y=ax_1x_2$	$\pm(\lvert ax_2\Delta x_1\rvert+\lvert ax_1\Delta x_2\rvert)$	$a\sqrt{x_2^2S_1^2+x_1^2S_2^2}$
$y=a+bx^n$	$\pm(nbx^{n-1}\Delta x)$	$nbx^{n-1}S_x$
$y=a\dfrac{x_1}{x_2}$	$\pm\dfrac{(\lvert ax_2\Delta x_1\rvert+\lvert ax_1\Delta x_2\rvert)}{x_2^2}$	$\dfrac{a\sqrt{x_2^2S_1^2+x_1^2S_2^2}}{x_2^2}$
$y=a+b\ln x$	$\pm\left\lvert\dfrac{b}{x}\Delta x\right\rvert$	$\dfrac{b}{x}S_x$

注：1. 表中函数表达式中的a，b，n等量表示常数；

2. 设各直接测量值之间相互独立；

3. 只要将第三列中的S换成σ，就可得到标准误差σ_y的计算式。

C　误差传递公式的应用

在任何实验中，虽然误差是不可避免的，但希望将间接测量值或函数的误差控制在某一范围内，为此也可以根据误差传递的基本公式，反过来计算出直接测量值的误差限，然后根据这个误差限来选择合适的测量仪器或方法，以保证实验完成之后，实验结果的误差能满足实际任务的要求。

由误差传递公式可以看出，间接测量或函数的误差是各直接测量值的各项分误差之和，而分误差的大小又取决于直接测量误差（Δx_i或σ_x，S_x）和误差传递系数$\left(\dfrac{\partial f}{\partial x_i}\right)$的乘积。所以，可以根据各分误差的大小，来判断间接测量或函数误差的主要来源，为实验者提高实验质量或改变实验方法提供依据。

【例2-16】　一组等精度测量值x_1，x_2，…，x_n，它们的算术平均值为$\bar{x}$，试推导出$\bar{x}$标准误差的表达式。

解：由算术平均值的定义可知：

$$\bar{x}=\frac{x_1+x_2+\cdots+x_n}{n}$$

误差传递系数为：

$$\frac{\partial\bar{x}}{\partial x_i}=\frac{1}{n},\quad i=1,2,\cdots,n$$

则算术平均值的绝对误差为：

$$\Delta\bar{x}=\frac{\sum_{i=1}^{n}\lvert\Delta x_i\rvert}{n}$$

算术平均值的标准误差为：
$$\sigma_{\bar{x}} = \sqrt{\frac{\sum_{i=1}^{n} \sigma_i^2}{n^2}}$$

2.3 测量不确定度

由于测量误差的存在，被测量的真值难以确定，测量结果带有不确定性。长期以来，人们不断追求以最佳方式估计被测量的值，以最科学的方法评价测量结果的质量高低程度。本节介绍的测量不确定度就是评定测量结果质量高低的一个重要指标。不确定度越小，测量结果的质量越高，使用价值越大，其测量水平也越高；不确定度越大，测量结果的质量越低，使用价值越小，其测量水平也越低。

2.3.1 测量不确定度概述

“不确定度”一词起源于1927年德国物理学家海森堡在量子力学中提出的不确定度关系，又称测不准关系。1970年前后，一些学者逐渐使用不确定度一词，一些国家计量部门开始相继使用不确定度，但对不确定度的理解和表示方法尚缺乏一致性。鉴于国际间表示量不确定度的不一致，1980年国际计量局（BIPM）在征求各国意见的基础上提出了《实验不确定度建议书 INC－1》；1986年由国际标准化组织（ISO）等7个国际组织共同组成了国际不确定度工作组，制定了《测量不确定度表示指南》，简称“指南 GUM”；1993年，指南 GUM 由国际标准化组织颁布实施，在世界各国得到执行和广泛应用。

随着生产的发展和科学技术的进步，对测量数据的准确性和可靠性提出了更高的要求，特别是我国国际贸易的不断发展与扩大，测量数据的质量高低需要在国际间得到评价和承认，因此，测量不确定度在我国受到越来越高的重视。广大科技人员，尤其是从事测量的专业技术人员都应正确理解测量不确定度的概念，正确掌握测量不确定度的表示与评定方法，适应现代测试技术发展的需要。

2.3.2 测量不确定度定义

测量不确定度是指测量结果变化的不肯定，是表征被测量的真值在某个量值范围的一个估计，是测量结果含有的一个参数，用以表示被测量值的分散性。这种测量不确定度的定义表明，一个完整的测量结果应包含被测量值的估计与分散性参数两部分。例如，被测量 y 的量结果为 $y \pm u$，其中 y 是被测量值的估计，它具有的测量不确定度为 u。显然，在测量不确定度的定义下，被测量的测量结果所表示的并非为一个确定的值，而是分散的无限个可能值所处于的一个区间。

根据测量不确定度定义，在测量实践中如何对测量不确定度进行合理的评定，这是必须解决的基本问题。对于一个实际测量过程，影响测量结果的精度有多方面因素，因此测量不确定度一般包含若干个分量，各不确定度分量不论其性质如何，皆可用两类方法进行评定，即A类评定与B类评定。其中一些分量由一系列观测数据的统计分析来评定，称为A类评定；另一些分量不是用一系列观测数据的统计分析法，而是基于经验或其他信息所认定的概率分布来评定，称为B类评定。所有的不确定度分量均用标准差表征，它们或是由随机误差而引起，或是由系统误差而引起，都对测量结果的分散性产生相应的影响。

2.3.3　测量不确定度与误差

测量不确定度和误差是误差理论中两个重要概念，它们具有相同点，都是评价测量结果质量高低的重要指标，都可作为测量结果精度的评定参数。但它们又有明显的区别，必须正确认识和区分，以防混淆和误用。

从定义上讲，误差是测量结果与真值之差，它以真值或约定真值为中心；而测量不确定度是以被测量的估计值为中心，因此误差是一个理想的概念，一般不能准确知道，难以定量；而测量不确定度是反映人们对测量认识不足的程度，是可以定量评定的。

在分类上，误差按自身特征和性质分为系统误差、随机误差和过失误差，并可采取不同的措施来减小或消除各类误差对测量的影响。但由于各类误差之间并不存在绝对界限，故在分类判别和误差计算时不易准确掌握；测量不确定度不按性质分类，而是按评定方法分为A类评定和B类评定，两类评定方法不分优劣，按实际情况的可能性加以选用。由于不确定度的评定不影响不确定度因素的来源和性质，只考虑其影响结果的评定方法，从而简化了分类，便于评定与计算。

不确定度与误差有区别，也有联系。误差是不确定度的基础，研究不确定度首先需研究误差，只有对误差的性质、分布规律、相互联系及对测量结果的误差传递关系等有了充分的认识和了解，才能更好地估计各不确定度分量，正确得到测量结果的不确定度。用测量不确定度代替误差表示测量结果，易于理解、便于评定，具有合理性和实用性。但测量不确定度的内容不能包罗更不能取代误差理论的所有内容，如传统的误差分析与数据处理等均不能被取代。客观地说，不确定度是对经典误差理论的一个补充，是现代误差理论的内容之一，但它还有待于进一步研究、完善与发展。

2.3.4　标准不确定度的评定

用标准差表征的不确定度，称为标准不确定度，用 u 表示。测量不确定度所包含的若干个不确定度分量，均是标准不确定度分量，用 u_i 表示，其评定方法分为A、B两类。

2.3.4.1　标准不确定度的A类评定

A类评定是用统计分析法评定，其标准不确定度等同于由系列观测值获得的标准差 σ，即 $u=\sigma$。标准差 σ 的基本求法有贝塞尔法、别捷尔斯法、极差法、最大误差法等。

当被测量 Y 取决于其他 N 个量 X_1，X_2，…，X_N 时，则 Y 的估计值 y 的标准不确定度 u 将取决于 X_i 的估计值 x_i 的标准不确定度 u_{xi}，为此要首先评定 x_i 的标准不确定度 u_{xi}。其方法是：在其他 X_j（$j\neq i$）保持不变的条件下，仅对 X_i 进行 n 次等精度独立测量，用统计法由 n 个观测值求得单次测量标准差 σ_i，则 x_i 的标准不确定度 u_{xi} 的数值按下列情况分别确定：如果用单次测量值作为 X_i 的估计值 x_i，则 $u_{xi}=\sigma_i$；如果用 n 次测量的平均值作为 X_i 的估计值 x_i，则 $u_{xi}=\sigma_i/\sqrt{n}$。

2.3.4.2　标准不确定度的B类评定

B类评定不用统计分析法，而是基于其他方法估计概率分布或分布假设来评定标准差并得到标准不确定度。B类评定在不确定度评定中占有重要地位，因为有的不确定度无法用统计方法来评定，或者虽可用统计法，但不经济可行，所以在实际工作中，采用B类评定方法居多。

设被测量 X 的估计值为 x，其标准不确定度的 B 类评定是借助于影响 x 可能变化的全部信息进行科学判定的。这些信息可能是：以前的测量数据、经验或资料；有关仪器和装置的一般知识、制造说明书和检定证书或其他报告所提供的数据；由手册提供的参考数据等。为了合理使用信息，正确进行标准不确定度的 B 类评定，要求有一定的经验及对一般知识有透彻的了解。

采用 B 类评定法，需先根据实际情况分析，对测量值进行一定的分布假设，可假设为正态分布，也可假设为其他分布，常见有下列几种情况：

（1）当测量估计值 x 受到多个独立因素影响，且影响大小相近，则假设为正态分布，由所取置信概率 ρ 的分布区间半宽 a 与包含因子 k_P 来估计标准不确定度，即：

$$u_x = \frac{a}{k_P} \tag{2-50}$$

式中，包含因子 k_P 的数值由正态分布积分表查得。

（2）当估计值 x 取自有关资料，所给出的测量不确定度 U_x 为标准差的 k 倍时，则其标准不确定度为：

$$u_x = \frac{U_x}{k_P} \tag{2-51}$$

（3）若根据信息，已知估计值 x 落在区间（$x-a$，$x+a$）内的概率为 1，且在区间内各处出现的机会相等，则 x 服从均匀分布，其标准不确定度为：

$$u_x = \frac{a}{\sqrt{3}} \tag{2-52}$$

（4）当估计值 x 受到两个独立且皆是具有均匀分布的因素影响，则 x 服从在区间（$x-a, x+a$）内的三角分布，其标准不确定度为：

$$u_x = \frac{a}{\sqrt{6}} \tag{2-53}$$

（5）当估计值 x 服从在区间（$x-a$，$x+a$）内的反正弦分布，则其标准不确定度为：

$$u_x = \frac{a}{\sqrt{2}} \tag{2-54}$$

【例 2-17】 某校准证书说明，标称值 1kg 的标准砝码的质量 m，为 1000.0003259g，该值的测量不确定度按三倍标准差计算为 240μg，求该砝码质量的标准不确定度。

解： 已知测量不确定度 $U_{ms} = 240\mu g$，$k = 3$，故标准不确定度为：

$$u_{ms} = \frac{U_{ms}}{k} = \frac{240}{3} = 80\mu g$$

【例 2-18】 由手册查得铜在温度 20℃时的线膨胀系数 α 为 16.52×10^{-6}/℃，并已知该系数 α 的误差范围为 $\pm0.4\times10^{-6}$/℃，求线膨胀系数 α 的标准不确定度。

解： 根据手册提供的信息可认为 α 的值以等概率位于区间 $(16.52\pm0.4)\times10^{-6}$/℃内，且不可能位于此区间之外，故假设 α 服从均匀分布。已知其区间半宽 $\alpha = 0.4\times10^{-6}$/℃，则纯铜在温度为 20℃的线膨胀系数 α 的标准不确定度为：

$$u_\alpha = \frac{\alpha}{\sqrt{3}} = \frac{0.4\times10^{-6}}{\sqrt{3}} = 0.23\times10^{-6}/℃$$

2.3.5　测量不确定度的合成

2.3.5.1　合成标准不确定度

当测量结果受多种因素影响形成了若干个不确定度分量时，测量结果的标准不确定度用各标准不确定度分量合成后所得的合成标准不确定度用 u_c 表示。为了求得 u_c，首先需分析各种影响因素与测量结果的关系，以便准确评定各不确定度分量，然后才能进行合成标准不确定度计算。如在间接测量中，被测量 Y 的估计值 y 是由 N 个其他量的测得值 x_1，x_2，…，x_N 的函数求得，即：

$$y=f(x_1, x_2, \cdots, x_N) \tag{2-55}$$

且各直接测得值 x_i 的测量标准不确定度为 u_{xi}，它对被测量估计值影响的传递系数为 $\partial f/\partial x$，则由 x_i 引起被测量的标准不确定度分量为：

$$u_i=\left|\frac{\partial f}{\partial x_i}\right|u_{xi} \tag{2-56}$$

而测量结果 y 的不确定度 u_y，应是所有不确定度分量的合成，用合成标准不确定度 u_c 来表征，计算公式为：

$$u_c=\sqrt{\sum_{i=1}^{N}\left(\frac{\partial f}{\partial x}\right)^2(u_{xi})^2+2\sum_{1\leqslant i\leqslant j}^{N}\frac{\partial f}{\partial x_i}\frac{\partial f}{\partial x_j}\rho_{ij}u_{xi}u_{xj}} \tag{2-57}$$

式中　ρ_{ij}——任意两个直接测量值 x_i 与 x_j 不确定度的相关系数。

若 x_i 与 x_j 的不确定度相互独立，即 $\rho_{ij}=0$，则合成标准不确定度计算式 2-57 可表示为：

$$u_c=\sqrt{\sum_{i=1}^{N}\left(\frac{\partial f}{\partial x}\right)^2(u_{xi})^2} \tag{2-58}$$

当 $\rho_{ij}=1$ 时，且 $\frac{\partial f}{\partial x_i},\frac{\partial f}{\partial x_j}$ 同号；或各 $\rho_{ij}=-1$，$\frac{\partial f}{\partial x_i},\frac{\partial f}{\partial x_j}$ 异号，则合成标准不确定度计算式 2-58 可表示为：

$$u_c=\sum_{i=1}^{N}\left|\frac{\partial f}{\partial x_i}\right|u_{xi} \tag{2-59}$$

若引起不确定度分量的各种因素与测量结果之间为简单的函数关系，则应根据具体情况按 A 类评定或 B 类评定方法来确定各不确定度分量的值，然后按上述不确定度合成方法求得合成标准不确定度，如当：

$$y=x_1+x_2+\cdots+x_N$$

则

$$u_c=\sqrt{\sum_{i=1}^{N}u_i^2+2\sum_{1\leqslant i\leqslant j}^{N}\rho_{ij}u_iu_j} \tag{2-60}$$

用合成标准不确定度作为被测量 Y 估计值 y 的测量不确定度，其测量结果可表示为：

$$y=y\pm U \tag{2-61}$$

为了正确给出测量结果的不确定度，还应全面分析影响测量结果的各种因素，从而列出测量结果的所有不确定度来源，做到不遗漏，不重复。因为遗漏会使测量结果的合成不确定度减小，重复则会使测量结果的合成不确定度增大，都会影响不确定度的评定质量。

2.3.5.2 扩展不确定度

合成标准不确定度可表示测量结果的不确定度，但它仅对应于标准差，由其所表示的测量结果 $y \pm u_c$ 含被测量 y 的真值的概率仅为68%。然而在一些实际工作中，如高精度比对、一些与安全生产以及与身体健康有关的测量，要求给出的测量结果区间包含被测量真值的置信概率较大，即给出一个测量结果的区间，使被测量的值大部分位于其中，为此需用扩展不确定度表示测量结果。

扩展不确定度由合成标准不确定度 u_c 乘以包含因子 k 得到，记为 U，即：

$$U = ku_c \tag{2-62}$$

用扩展不确定度作为测量不确定度，则测量结果表示为：

$$Y = y \pm U \tag{2-63}$$

包含因子 k 由 t 分布的临界值 $t_P(v)$ 给出，即：

$$k = t_P(v) \tag{2-64}$$

式中，v 是合成标准不确定度 u_c 的自由度，根据给定的置信概率 P 与自由度 v 查 t 分布表（见表2-24），得到 $t_P(v)$ 的值。当各不确定度分量 u_i 相互独立时，合成标准不确定度 u_c 的自由度。由下式计算：

$$v = \frac{u_c^4}{\sum_{i=1}^{N} \frac{u_i^4}{v_i}} \tag{2-65}$$

式中 v_i——各标准不确定度分量 u_i 的自由度。

表2-24 t 分布表

N \ α	0.10	0.05	0.02	0.01	0.001
1	6.31	12.71	31.82	63.66	636.62
2	2.92	4.30	6.97	9.93	31.60
3	2.35	3.18	4.54	5.84	12.94
4	2.13	2.78	3.75	4.60	8.61
5	2.02	2.57	3.37	4.03	6.86
6	1.64	2.45	3.14	3.71	5.96
7	1.90	2.37	3.00	3.50	5.41
8	1.85	2.31	2.90	3.35	5.04
9	1.83	2.26	2.82	3.25	4.78
10	1.81	2.23	2.76	3.17	4.59
11	1.81	2.20	2.72	3.11	5.44
12	1.78	2.18	2.68	3.06	4.32
13	1.77	2.16	2.65	3.01	4.22
14	1.76	2.15	2.62	2.98	4.14
15	1.75	2.13	2.60	2.95	4.07
16	1.75	2.12	2.58	2.92	4.02

续表 2-24

N \ α	0.10	0.05	0.02	0.01	0.001
17	1.74	2.11	2.57	2.90	3.97
18	1.73	2.10	2.55	2.83	3.92
19	1.73	2.09	2.54	2.86	3.88
20	1.73	2.09	2.53	2.85	3.85
21	1.72	2.08	2.52	2.83	3.82
22	1.72	2.07	2.51	2.82	3.79
23	1.71	2.07	2.50	2.81	3.77
24	1.71	2.06	2.49	2.80	3.75
25	1.71	2.06	2.48	2.79	3.73
26	1.71	2.06	2.48	2.78	3.71
27	1.70	2.05	2.47	2.77	3.69
28	1.70	2.05	2.47	2.76	3.67
29	1.70	2.04	2.46	2.76	3.66
30	1.70	2.04	2.46	2.75	3.65
40	1.68	2.02	2.42	2.70	3.55
60	1.67	2.00	2.39	2.66	3.45
120	1.66	1.98	2.36	2.62	3.37
∞	1.65	1.96	2.33	2.58	3.29

当各不确定度分量的自由度 v_i 均为已知时，才能由式 2-65 计算合成不确定度的自由度 v。但往往由于缺少资料难以确定每一个分量的 v_i，则自由度 v 无法按式 2-65 计算，也不能按式 2-64 来确定包含因子 k 的值。为了求得扩展不确定度，一般情况下可取包含因子 $k=2\sim3$。

2.3.6　不确定度的报告

对测量不确定度进行分析与评定后，应给出测量不确定度的最后报告。

A　报告的基本内容

当测量不确定度用合成标准不确定度表示时，应给出合成标准不确定度 u_c 及其自由度 v；当测量不确定度用扩展不确定度表示时，除给出扩展不确定度 U 外，还应该说明它计算时所依据的合成标准不确定度 u_c、自由度 v、置信概率 P 和包含因子 k。

为了提高测量结果的使用价值，在不确定度报告中，应尽可能提供更详细的信息。如：给出原始观测数据；描述被测量估计值及其不确定度评定的方法；列出所有的不确定度分量、自由度及相关系数，并说明它们是如何获得的。

B　测量结果的表示

（1）当不确定度用合成标准不确定度 u_c 表示时，可用下列几种方式之一表示测量结果。例如，假设报告的被测量 y 是标称值为 100g 的标准砝码，其测量的估计值 $y=100.021479\text{g}$，对应的合成标准不确定度 $u_c=0.35\text{mg}$，则测量结果可用下列几种方法表示：

1）$y=100.021479\text{g}$，$u_c=0.35\text{mg}$；

2）$Y=100.02147(35)\text{g}$；

3）$Y=100.02147(0.00035)\text{g}$；

4）$Y=(100.02147\pm0.00035)\text{g}$。

上述表示方法中，2）中括号里的数为 u_c 的数值，u_c 的末位与被测量估计值的末位对齐，单位相同；3）中括号里的数为 u_c 的数值，与被测量估计值的单位相同；4）中 ± 符号后的数为 u_c 的数值。

（2）当不确定度是用扩展不确定度 U 表示时，应按下列方式表示测量结果。

例如，报告上述的标称值为 100g 的标准砝码，其测量结果为：

$$Y=y\pm U=(100.02147\pm0.00079)\text{g}$$

其中，扩展不确定度 $U=ku_c=0.00079$，是由合成标准不确定度 $u_c=0.35\text{mg}$ 和包含因子 $k=2.26$ 确定的，k 是依据置信概率 $P=0.95$ 和自由度 $v=9$，并由 t 分布表查得的。

这里必须注意，扩展不确定度的表示方法与标准不确定度表示形式 d 相同，容易混淆。因此，当用扩展不确定度表示测量结果时，应给出相应的说明。

（3）不确定度也可以用相对不确定度形式报告。

例如，报告上述的标称值为 100g 的标准砝码，其测量结果可表示为：

$$y=100.021479,\ u_c=0.00035\%$$

（4）最后报告的合成不确定度或扩展不确定度，其有效数字一般不超过两位，不确定度的数值与被测量的估计值末位对齐。若计算出的 u_c 或 U 的位数较多，作为最后的报告值时就要修约，将多余的位数舍去。但为了使舍去的数据对计算的不确定度影响很小，达到可以忽略的程度，需依据“三分之一准则”进行数据舍取修约。先令测量估计值最末位的一个单位作为测量不确定度的基本单位，再将不确定度取至基本单位的整数位，其余位数按微小误差取舍准则，若小于基本单位的 1/3 则舍去，若大于或等于基本单位的 1/3，舍去后将最末整数位加 1。这种修约方法得到的不确定度，对测量结果评定更加可靠。

【例 2-19】 已知被测量的估计值为 20.0005mm，若有两种情况：（1）扩展不确定度 $U=0.00124\text{mm}$；（2）扩展不确定度 $U=0.00123\text{mm}$。要求对 U 进行修约。

解： 根据被测量的估计值，取 0.0001mm 作为 U 的基本单位。（1）$U=0.00124\text{mm}$，其整数部分为 12，小数部分为 0.4，大于基本单位的 1/3，故舍去后整数单位加 1。修约后，$U=0.0013\text{mm}$。（2）$U=0.00123\text{mm}$，其整数部分为 12，小数部分为 0.3，小于基本单位的 1/3，故舍去。修约后，$U=0.0012\text{mm}$。

2.3.7　测量不确定度应用实例

2.3.7.1　测量不确定度计算步骤

综上所述，评定与表示测量不确定度的步骤可归纳为：

（1）分析测量不确定度的来源，列出对测量结果影响显著的不确定度分量。

（2）评定标准不确定度分量，并给出其数值 u_i 和自由度 v_i。

(3) 分析所有不确定度分量的相关性，确定各相关系数 ρ_{ij}。

(4) 求测量结果的合成标准不确定度 u_c 及自由度 v。

(5) 若需要给出扩展不确定度，则将合成标准不确定度 u_c 乘以包含因子 k，得扩展不确定度 $U=ku_c$。

(6) 给出不确定度的最后报告，以规定的方式报告被测量的估计值 y 及合成标准不确定度 u_c 或扩展不确定度 U，并说明获得它们的细节。

根据以上测量不确定度计算步骤，下面通过实例说明不确定度评定方法的应用。

2.3.7.2 体积测量的不确定度计算

A 测量方法

直接测量圆柱体的直径 D 和高度 h，由函数关系式计算出圆柱体的体积：

$$V=\frac{\pi D^2}{4}h \tag{2-66}$$

由分度值为 0.01mm 的测微仪重复 6 次测量直径 D 和高度 h，测得数据见表 2-25。

表 2-25 测得的直径 D 和高度 h

D/mm	10.075	10.085	10.095	10.060	10.085	10.080
h/mm	10.105	10.115	10.115	10.110	10.110	10.115

计算直径 D 和高度 h 的测量平均值得：$D=10.080\text{mm}$，$h=10.110\text{mm}$，则体积 V 的测量结果的估计值为：

$$V=\frac{\pi D^2}{4}h=806.8\text{mm}$$

B 不确定度评定

分析测量方法可知，对体积 V 的测量不确定度影响显著的因素主要有：直径和高度的测量重复性引起的不确定度 u_1、u_2；测微仪示值误差引起的不确定度 u_3。分析这些不确定度的特点可知，不确定度 u_1、u_2 应采用 A 类评定方法，而不确定度 u_3 应采用 B 类评定方法。

下面分别计算各主要因素引起的不确定度分量：

(1) 直径 D 的测量重复性引起的标准不确定度分量 u_2 由直径 D 的 6 次测量值求得平均值的标准差 $\sigma_D=0.0048\text{mm}$，则直径 D 的测量标准不确定度 $u_D=\sigma_D=0.0048\text{mm}$。又因 $\frac{\partial V}{\partial h}=\frac{\pi D}{2}$，故由直径 D 测量重复性引起的不确定度分量为：

$$u_1=\left|\frac{\partial V}{\partial D}\right|u_D=0.77\text{mm}^3$$

其自由度 $v_1=6-1=5$。

(2) 高度 h 的测量重复性引起的标准不确定度分量 u_2 由高度 h 的 6 次测量值求得平均值的标准差 $\sigma_h=0.0026\text{mm}$，则高度 h 的测量标准不确定度 $u_h=\sigma_h=0.0026\text{mm}$。又因 $\frac{\partial V}{\partial h}=\frac{\pi D^2}{4}$，故由高度 h 测量重复性引起的不确定度分量为：

$$u_2=\left(\frac{\partial V}{\partial h}\right)u_h=0.21\text{mm}^3$$

其自由度 $v_1=6-1=5$。

（3）测微仪的示值误差引起的标准不确定度分量 u_3 仪器说明书获得测微仪的示值误差范围 ±0.01mm，均匀分布，按式 2-54 计算得测微仪示值标准不确定度 $u_{仪}=\frac{0.01\text{mm}}{\sqrt{3}}=0.0058\text{mm}$，由此引起的直径和高度测量的标准不确定度分量分别为：

$$u_{3D}=\left|\frac{\partial V}{\partial D}\right|u_{仪} \qquad u_{3h}=\left|\frac{\partial V}{\partial h}\right|u_{仪}$$

则测微仪的示值引起的体积测量不确定度分量为：

$$u_3=\sqrt{(u_{3D})^2+(u_{3h})^2}=u_{仪}\sqrt{\left(\frac{\partial V}{\partial h}\right)^2+\left(\frac{\partial V}{\partial D}\right)^2}=u_{仪}\sqrt{\left(\frac{\pi D}{2}h\right)^2+\left(\frac{\pi D^2}{4}\right)^2}=1.04\text{mm}^3$$

取相对标准差 $\frac{\sigma_{h3}}{u_3}=35\%$，对应的自由度 $v_3=\frac{1}{2\times0.35^2}=4$

C 不确定度合成

因不确定度分量 u_1、u_2、u_3 相互独立，即 $\rho_{ij}=0$，按式 2-60 得体积测量的合成标准不确定度：

$$u_c=\sqrt{u_1^2+u_2^2+u_3^2}=\sqrt{0.77^2+0.21^2+1.04^2}\text{mm}^3=1.3\text{mm}^3$$

按式 2-65 计算其自由度得：

$$v=\frac{u_c^4}{\sum_{i=1}^{3}\frac{u_i^4}{v_i}}=\frac{1.3^4}{\frac{0.77^4}{5}+\frac{0.21^4}{5}+\frac{1.04^4}{4}}=7.86\text{，取 } v=8$$

D 扩展不确定度

取置信概率 $P=0.95$，自由度 $v=8$，查 t 分布表得 $t_{0.95}(8)=2.31$，即包含因子 $k=2.31$。

于是，体积测量的扩展不确定度为：

$$U=ku_c=2.31\times1.3=3.0\text{mm}^3$$

E 不确定度报告

（1）用合成标准不确定度评定体积测量的不确定度，则测量结果为：

$V=806.8\text{mm}^3$，$u_c=1.3\text{mm}^3$，$P=7.86$。

（2）用展伸不确定度评定体积测量的不确定度，则测量结果为：

$V=(806.8\pm3.0)\text{mm}^3$，$P=0.95$，$v=8$。

式中，± 符号后的数值为扩展不确定度 $U=ku_c=3.0\text{mm}^3$，是由合成标准不确定度 $u_c=1.3\text{mm}^3$ 及包含因子 $k=2.31$ 确定的。

2.3.7.3 黏度测量的不确定度计算

A 测量方法

使用标准黏度计测量某液体的黏度，并配有标准黏度油，用以标定黏度计的常数。已知黏度计常数为：

$$c=\frac{\eta}{t}$$

式中 η——标准黏度油的黏度；

t——标准黏度油流过黏度计的时间。

先用标准黏度油和高精度计时秒表按上式测出黏度计常数 c，再将黏度计进行洗涤、干燥、充满待测液体，使黏度计毛细管垂直，在一定的温度条件下测定待测液体流过的时间 t，然后由 $\eta = ct$ 计算待测液体的黏度。

为简便起见，下面仅对这种熟度测量方法的不确定度进行分析计算，而不给出具体待测液体的黏度测量数据，不需进行黏度测量结果处理。

B　不确定度评定

分析测量方法可知，影响待测液体黏度测量不确定度的主要因素有：温度变化引起的不确定度 u_1，黏度计体积变化引起的不确定度 u_2；时间测量引起的不确定度 u_3；黏度计毛细管倾斜引起的不确定度 u_4；空气浮力引起的不确定度 u_5。分析这些不确定度特点可知，它们均应采用 B 类评定方法。下面计算各主要因素引起的不确定度分量。

（1）温度变化引起的测量不确定度 u_1。液体黏度随温度增高而减小，控制温度在 (20 ± 0.01)℃，在此温度条件下，由大量实验得出，黏度测量的相对误差为 0.025%，则由温度变化引起的黏度测量不确定度分量为：

$$u_1 = \frac{0.025\%}{3} = 0.008\%$$

（2）体积变化引起的测量不确定度 u_2。在测量过程中，黏度计的体积会发生变化，并已知由此引起的黏度测量的相对误差为 0.1%（对应于 3σ），则体积变化引起的黏度测量不确定度分量为：

$$u_2 = \frac{0.1\%}{3} = 0.033\%$$

（3）时间测量引起的测量不确定度 u_3。测定液体流动时间用秒表，已知由秒表引起的黏度测量的相对误差为 0.2%（对应于 3σ），则时间测量引起的黏度测量的不确定度分量为：

$$u_3 = \frac{0.2\%}{3} = 0.067\%$$

（4）黏度计倾斜引起的测量不确定度 u_4。因黏度计倾斜而引起黏度测量的相对误差为 0.02%（对应于 3σ），则黏度计倾斜引起的不确定度分量为：

$$u_4 = \frac{0.02\%}{3} = 0.007\%$$

（5）空气浮力引起测量不确定度 u_5。由空气浮力引起的黏度测量的相对误差为 0.03%（对应于 3σ），故空气浮力引起的不确定度分量为：

$$u_4 = \frac{0.03\%}{3} = 0.010\%$$

C　不确定度合成

因上述各不确定度分量相互独立，即 $\rho_{ij} = 0$，故根据式 2-60 得黏度测量的合成标准不确定度为：

$$u_c = \sqrt{u_1^2 + u_2^2 + u_3^2 + u_4^2 + u_5^2} = 0.076\%$$

D　扩展不确定度

因各个不确定度分量和合成标准不确定度皆基于误差范围为 3σ，故取包含因子 $k = 3$，则展伸不确定度为：

$$U = ku_c = 3 \times 0.076\% = 0.23\%$$

E 不确定度报告

黏度测量的展伸不确定度 $U = ku_c = 0.23\%$，是由合成标准不确定度 $u_c = 0.076\%$ 及包含因子 $k = 3$ 确定的。

2.3.7.4 致密定形耐火制品体积密度不确定度分析与计算

耐火材料体积密度的测量采用的模型见本节 E 的举例，单一方法在一个实验室内由一个人完成。按照 GB/T 7321—2004《定形耐火制品试样制备方法》，从一批黏土砖中随机抽取 $M = 5$ 块样品，然后制成 $N = 12$ 块试样。测量方法为 GB/T 2997—2000（2004）《致密定形耐火制品体积密度、显气孔率和真气孔率实验方法》液体静力测量法，其 A 类及 B 类不确定度分析如下。

A A 类不确定度的分析

测量模型中 A 类不确定度包含的主要内容是样品的代表性、样品的一致性及测量过程中其他非随机因素的部分随机表现。该类不确定度的分量很容易通过测量得出。

B B 类不确定度的分析

根据 B 类不确定度的定义，通过对致密定形耐火制品体积密度误差源的分析，耐火材料体积密度 B 类不确定度主要由下列因素组成：实验条件不确定度分量；测量方法不确定度分量；计量器具不确定度分量；理论计算不确定度分量。

B 类不确定度分量的分析与计算并非容易。要把比较简单的天平称量不确定度合成进来，需要考虑的问题有：量程与称量误差的分布，计量检定的误差与级别，天平的种类与误差分布的关系等。即使对上述问题有了一个较清晰的了解，还存在着一个天平的称量误差有多少被一次测量的多次称量随机化了。这是一个经常容易被忽略的问题。实验中 1 次测量包含 3 次独立的称量。

对很多特性量来说测量方法并不只有一种，对不同测量方法的分类也有不同的原则，不同的测量方法对同一特性量值的测量必定存在着一个系统误差。这个系统误差的大小与分布取决于方法的相关性，想要对它进行精确的计算是徒劳的。假定所使用的方法与其他方法的测量是等精度的，则可估计测量方法的不确定度分量。

实验条件是一项综合影响因素，由于它能在通过合理地分布时间与地点的共同实验中得到比较完全的随机化，因此它只能计入 B 类分量。其大小可用实验室的测量与其他实验室测量是等精度的假设为前提来估计。

C 合成不确定度

耐火材料体积密度合成不确定度可按下式计算：

$$u_c = \sqrt{u_s^2 + u_{b1}^2 + u_{b2}^2 + u_{b3}^2 + u_{b4}^2}$$

式中 u_s——A 类不确定度分量；

u_b——B 类不确定度分量。

D 扩展不确定度

系数 K 是包含因子，在不同置信概率 P 下，K 值也不同。一般 K 值取 2，置信概率 $P = 95\%$，那么扩展不确定度 $U = ku_c$。

E　举例

（1）A 类不确定度。取黏土砖样品 N 块，按 GB/T 2997—2004 规定的方法制样并进行测定，黏土砖体积密度测量数据列于表 2-26。

表 2-26　黏土砖体积密度测量结果

序号	干燥试样质量 m_1/g	悬浮质量 m_2/g	饱和试样质量 m_3/g	体积密度 ρ/g · cm^{-3}	平均体积密度 ρ/g · cm^{-3}
1	158.65	105.52	173.44	2.336	2.348
2	163.85	109.18	178.94	2.349	
3	157.75	104.94	172.34	2.341	
4	159.31	105.97	173.44	2.361	
5	156.41	104.07	170.62	2.350	
6	159.45	106.28	174.42	2.340	
7	162.10	108.06	177.16	2.346	
8	162.32	109.12	178.23	2.349	
9	163.72	108.08	177.06	2.373	
10	155.98	103.87	170.32	2.347	
11	154.45	102.67	168.44	2.348	
12	162.42	109.85	179.5	2.33	

A 类不确定度统计如下：

$$u_s = \frac{S(d_i)}{\sqrt{n}} = \sqrt{\frac{1}{n(n-1)}\sum_{i=1}^{n}(\rho_i - \bar{\rho})^2} = 0.000929$$

（2）B 类标准不确定度。

（3）实验条件不确定度分量。将每一实验室的一组测量数据的平均值作为一个观察值进行统计处理的方法是随机化实验室的一般处理方法。根据信息论中信号确定原则认为：当一信号以同样的强度水平同样的精度两次出现时，有 95% 置信概率认为该信号的强度与精度为观测到的强度与精度。假设本实验室的测量结果与其他实验室测量结果是等精度的，则实验条件不确定度分量可用本实验测量的 A 类不确定度分量作为该项不确定度分量的估计值。

（4）测量方法不确定度分量。从测量方法的随机性来讲，可以认为目前能找出的最多的不同原理的测量方法都能用于测量本特性量值，则方法的随机性达到了目前对真值的估计随机化要求。体积密度的测定中，有质量测量和体积测量，体积测量有液体静力测量法与直接测量法，即排水法和尺量法两种方法，也就是说体积密度的测定最多能找到的不同原理的测量方法数是 2。一般可以假定本法的精度水平与其他方法的水平相当，因此测量方法的 B 类不确定度分量，可用本方法的 A 类不确定度分量来估计。

（5）计量器具不确定度分量。本法测量 3 次独立的称量分别是为得到 3 个独立的变量，干燥试样质量 m_1、饱和试样悬浮在液体中的质量 m_2、饱和试样的质量 m_3。这一分量的评定可根据计量器具最近一次检定结果来计算，但应注意测量方法对器具的使用方法。测量中使用的是经检定合格的不确定度为 0.01g 的天平，其相对不确定度不大于 0.0001。

(6) 理论计算不确定度分量。水温波动、真空度波动、固液线膨胀系数波动及理论计算引起的总不确定度本身就很小，按本实验模型，其大部分已在A类不确定度中反映，故可以忽略，其不确定度分量值约为0。

(7) 合成不确定度。

$$u_c = \sqrt{u_A^2 + u_B^2} = \sqrt{0.000929^2 + 0.000929^2 + 0.000929^2 + 0.0001^2 + 0} = 0.0017$$

取置信度为95%时，包含因子 $k=2$。

扩展不确定度为：$U = ku_c = 0.0034$。

2.4　实验结果的表示方法

实验数据经误差分析和数据处理之后，就可考虑结果的表述形式。实验结果的表述不是简单地罗列原始测量数据，需要科学地表述，既要清晰，又要简洁。推理要合理，结论要正确。实验结果的表示有列表法、图解法和数学方程（函数）法，分别简要介绍如下。

2.4.1　列表法

列表法是用表格的形式表达实验结果。具体做法是：将已知数据、直接测量数据及通过公式计算得出的（间接测量）数据，按主变量 x 与应变量 y 的关系，一个一个地对应列入表中。这种表达方法的优点是：数据一目了然，从表格上可以清楚而迅速地看出两者间的关系，便于阅读、理解和查询；数据集中，便于对不同条件下的实验数据进行比较与校核。

在作表格时，应注意下述几点。

(1) 表格的设计。表格的形式要规范，排列要科学，重点要突出。每一表格均应有一完全又简明的名称。一般将每个表格分成若干行和若干列，每一变量应占表格中一行或一列。

(2) 表格中的单位与符号。在表格中，每一行的第一列（或每一列的第一行）是变量的名称及量纲。使用的物理量单位和符号要标准化、通用化。

(3) 表格中的数据处理。同一项目（每一行或列）所记的数据，应注意其有效数字的位数尽量一致，并将小数点对齐，以便查对数据。

此外，表格中不应留有空格，失误或漏做的内容要以“/”记号划去。

2.4.2　图解法

图解法利用实验测得的原始数据，通过正确的作图方法画出合适的直线或曲线，以图的形式表达实验结果。该法的优点是使实验测得的各数据间的相互关系表现得更为直观，能清楚地显示出所研究对象的变化规律，如极大值或极小值、转折点、周期性和变化速度等。从图上也易于找出所需的数据，有时还可用作图外推法或内插法求得实验难以直接获得的物理量。

图解法的缺点是存在作图误差，所得的实验结果不太精确。因此，为了得到理想的实验结果，必须提高作图技术。下面简单介绍作图的一般步骤及规则。

(1) 坐标纸的选择。通常采用的是直角毫米坐标纸，它能适合大多数用途。有时为了方便处理非线性变化规律的数据，也用半对数或对数坐标纸。例如，在用玻璃的软化点测定数据作图时，既可用直角坐标纸，也可用半对数坐标纸，但后者更为方便。个别特殊情况还采用三角坐标纸。例如，无机非金属材料三组分系统的相图用的就是三角坐标纸。

（2）坐标轴的确定。用直角坐标纸作图时，一般以自变量为横轴，应变量（函数）为纵轴。坐标轴上的尺度和单位的选择要合理，要使测量数据在坐标轴中处于适当的位置，不使数据群落点偏上或偏下，不致使图形细长或扁平。如果某一物理量的起始与终止的范围过大，可考虑采用对数坐标轴。例如，无机非金属材料的体积电阻率很大，在作“电阻率－温度”关系图或“电阻率－组成”关系图时，纵坐标一般采用对数坐标。此外，各坐标的比例和分度，原则上要与原始数据的精密度一致，与实验数据的有效数字相对应，以便于很快就能从图上读出任一点的坐标值。

曲线的形状随比例尺的改变而改变。因此，只有合理地确定实验数据的倍数才能得到最佳的图形与实验结果。不要过分夸大或缩小各坐标的作图精度，因为图形过大，会浪费纸张和版面；图形过小，当曲线有极大值、极小值或转折点时将表达不清楚，还会给计算带来误差。通常应以单位坐标格子代表变量的简单整数倍，例如，用坐标轴 1cm 表示数量的 1 倍、2 倍或 5 倍，而不宜代表 3 倍、6 倍、7 倍、9 倍等。若作出的图是一直线时，则直线与横坐标的夹角应为 45°左右，角度过大或过小都会给实验结果带来较大的误差。

如无特殊需要（如直线推求截距等）时，就不必从坐标原点作标度起点，而可以从略低于最小测量值的整数开始，这样才能充分利用坐标纸，使作图紧凑同时读数精度也可提高。例如，在作材料析晶温度的梯温炉的“炉长－温度”梯温曲线时就采用这种方法。

画上坐标轴后，在轴旁注明该轴变量的名称及单位，在纵轴的左面和横轴的下面每距一定距离写下该处变量应有的“值”，以便作图及读数，但不要将实验值写在轴旁。

（3）原始数据点的标出。将实验所测得的各个数据的位置标在坐标图上时，每个数据可用“●”来表示，这种点称为实验点、数据点或代表点。这些点的中心应与原始数据的坐标相重合，点的面积大小应代表测量的精密度，不可太大或太小。如果同一坐标图中要表示多条曲线，则各曲线中的实验点位置可用○、□、▲、▼、◘、■等符号分别表示，并在图中或留下注明各记录符号所代表的意义。

描绘曲线时需要有足够的数据点，点数太少不能说明参数的变化趋势和对应关系。对于一条直线，一般要求至少有 4 点；一条曲线通常应有 6 点以上才能绘制。当数据的数值变化较大时，该种曲线将出现突折点，在这种情况下，曲线拐弯处所标出的数据点应当多一些，以使曲线弯曲自然，平滑过渡。

（4）曲线的绘制。在图纸上做出数据点后，就可用直尺或曲线板（尺），按数据点的分布情况确定一直线或曲线。直线或曲线不必全部通过各点，但应尽可能地接近（或贯穿）大多数的实验点，只要使各实验点均匀地分布在直（曲）线两侧邻近即可。如果有个别数据点离曲线很远，该点可不考虑，因为含有这些点所得的曲线一般是不会正确的。但遇到这种情况要谨慎处理，最好将此个别点的数据重新测量。如原测量确属无误，则应考虑其特殊性，确定材料的性质在该数据处是否有反常现象，并考虑将此数据纳入绘制曲线中。

画曲线时，先用淡铅笔轻描各数据点的变动趋势，手描一条曲线。然后用曲线板逐段凑合手描曲线的曲率，作出光滑的曲线。最后根据所得图形或曲线进行计算与处理，以获得所需的实验结果。

2.4.3 函数表示法

用一定的数学方法将实验数据进行处理，可得出实验参数的函数关系式，这种关系式也称经验公式，对研究材料性能的变化规律很有意义，所以被普遍应用。

当通过实验得出一组数据之后，可用该组数据在坐标纸上粗略地描述一下，看其变化趋势是接近直线或是曲线。如果接近直线，则可认为其函数关系是线性的，就可用线性函数关系公式进行拟合，用最小二乘法求出线性函数关系的系数。无机非金属材料的有些性质有线性关系，可以用这种方法进行处理。例如，在中低温（约在室温至600℃）下，普通玻璃的线膨胀与温度是线性关系，就可根据线性函数关系式用手工进行拟合。当然，手工拟合十分麻烦，若将拟合方法编成计算程序，将实验数据输入计算机，就可迅速得到实验结果。

对于非线性关系的数据，可将初描的曲线与标准图形对照，再确定用何种曲线的关系式进行拟合。当然，曲线拟合要复杂得多。为了简化，在可能的条件下可通过数学处理将数据转化为线性关系。例如，在处理测量玻璃软化点温度的数据时，将实验数据在直角坐标纸上描绘时是明显的非线性关系，但在半对数坐标纸上描绘时则成为线性关系，可以用最小二乘法方便地进行处理，用计算机进行快速计算。

用函数形式表达实验结果，不仅给微分、积分、外推或内插等运算带来极大的方便，而且便于进行科学讨论和科技交流。随着计算机的普及，用函数形式来表达实验结果将会得到更普遍的应用。

本 章 小 结

在无机非金属材料科研和生产中，经常需要研制新产品、开发新配方、改进产品设计、改革旧工艺、提高产品性能，这些都需要通过实验探求最佳工艺条件，达到使产品数量多、质量高、性能好、时间省、消耗少、成本低的目的。如果实验安排得好，次数不多就可以获得有用的信息，通过科学的方法分析便能掌握事物的内在规律；若实验安排得不好，即使增加实验次数也难以获得明确可靠的结论，因此如何安排实验和分析实验结果是值得研究的重要问题，这就是进行实验设计和实验数据处理的理由。

实验设计是通过对实验的合理安排，使测试数据具有合适的数学模型，从而通过数理统计的分析方法，消除或减轻随机误差对实验结果的影响，保证结论的精度和可靠性。实验设计包括：三个基本要素，即实验因素、实验单元和实验效应，其中实验效应可用实验指标反映；四个基本原则，即随机化原则、重复原则、对照原则和区组原则，它们是保证实验结果正确性的必要条件。

优化实验设计就是研究如何合理地安排实验方案以使实验次数尽可能少，并能正确分析实验数据以获得最佳实验条件。若在安排实验时，影响实验指标的因素只有一个，则为单因素优化实验设计，包括均分法、对分法、斐波那契（Fibonacci）数法、黄金分割法等多种方法。实际上，在生产和科学研究的大量问题中，其实验指标通常受多个因素的影响，这就需要考查各因素及其交互作用对指标是否有显著影响或者寻找使指标最优的水平组合，为多因素优化实验设计，其中最重要的是正交实验设计。正交设计中合理安排实验，并对数据进行统计分析的主要工具是正交表。

材料的工艺参数和理化性能都可通过实验测试定量地反映出来，但在实际测试中所得到的测定值是有误差的。不论是测试工作或数据处理，首先要树立正确的误差概念。根据数据分析和处理可以得出如下结论：(1) 系统误差可以设法减少或避免。(2) 偶然误差（随机误差）无法避免，但可多次反复测量，最后取其算术平均值，此值即为最优值。实践经验证明，偶然误差是遵循以下误差公理的：绝对值小的误差比绝对值大的误差更容易出现；绝对值相等而符号相反的误差其出现的可能性是一样的；绝对值甚大的偶然误差几乎不可能出现；这种分布规律称做正态分布。正态分布在误差理论中有着重要意义。(3) 如已知理论值，则可以与算术平均值比较进行误差计算。(4) 如无理论值，则应计算均方根误差（标准偏差），由此计算真值。测量结果 = 单次测量值 x ± 标准偏差 S 或测量结果 = 子样平均值 $\bar{x}$ ± 标准偏差 S。(5) 根据各物理量误差所占地位，应对测量精度提出适当的要求，以便选择合适的仪器设备。

思 考 题

2-1 误差是可以转化的。如果一把尺子的刻度有误差，再用这把尺子做标准尺子去鉴定一批其他尺子，则什么误差转化为什么误差?

2-2 对一组测量数据进行结果计算后，得到的结果是：$X = 1.384 \pm 0.006$；对这个结果有两种错误的解释：(1) 这个结果表示，测量值 1.384 与真值之差就等于 0.006；(2) 这个结果表示，真值就落在 1.378 ~ 1.390 这个范围之内。为什么说这两种解释都是错误的?

2-3 对一种碱灰的总碱量（Na_2O）进行 5 次测定，结果如下，40.02%，40.13%，40.15%，40.16%，40.20%。用三倍法（3σ）和格鲁布斯进行判定，40.02% 这个数据是不是应舍去的可疑数据?

2-4 某钢铁厂生产正常时，钢水平均含碳量为 4.55%，某一工作日抽查了 5 炉钢水，测定含碳量分别为 4.28%，4.40%，4.42%，4.35%，4.37%，问这个工作日生产的钢水含碳量是否正常（$P = 95\%$）?

2-5 用一种新方法测定标准试样的二氧化硅含量，得到 8 个数据：34.30%，34.32%，34.26%，34.35%，34.38%，34.28%，34.29%，34.23%，标准值为 34.33%，问这种新方法是否可靠（$P = 95\%$，有没有系统误差）?

2-6 某厂生产一种材料，在质量管理改革前抽检 10 个产品，测定器抗拉强度为 164.2MPa，185.5MPa，194.9MPa，198.6MPa，204.0MPa，213.3MPa，229.7MPa，236.2MPa，258.2MPa，291.5MPa；质量管理改革后抽检 12 个产品，测定其抗拉强度为 210.4MPa，222.2MPa，224.7MPa，228.6MPa，232.7MPa，236.7MPa，238.8MPa，251.2MPa，270.7MPa，275.1MPa，315.8MPa，317.2MPa。问企业质量管理改革前后的产品质量是否相同?

2-7 某实验员用新方法和标准方法对某试样的铁含量进行测定得到的结果如下：

标准方法：23.44%，23.41%，23.39%，23.35%

新 方 法：23.28%，23.36%，23.43%，23.38%，23.30%

问这种方法间有无显著差异，即新方法是否存在系统误差?

2-8 某实验室有两台光谱仪 A 和 B，用它们对某种金属含量不同的 9 件材料进行测定，得到 9 对观测值如下：

A 设备：0.20%，0.30%，0.40%，0.50%，0.60%，0.70%，0.80%，0.90%，1.00%

B 设备：0.10%，0.21%，0.52%，0.32%，0.78%，0.59%，0.68%，0.77%，0.89%

问根据测量结果，在 $\alpha = 0.01$ 下，这两台设备的质量有无显著差异?

3　结晶学与晶体化学实验

内容提要：

晶体是具有格子构造的固体，拥有自限性、均一性、异向性、对称性、稳定性等性质。可以通过假想的几何要素对晶体进行对称操作。本章就以实际晶体模型及晶体结构模型为教具，训练学生掌握晶体对称要素分析、单形分析、聚形分析、晶体定向及结晶符号的确定方法，在此基础上，再通过有代表性的无机单质、化合物和硅酸盐晶体结构的观察、讨论，以掌握与无机材料有关的各种典型晶体结构类型，建立理想无机晶体中质点空间排列的立体图像，进一步理解晶体的组成－结构－性质之间的相互关系及其制约规律，为认识和了解实际矿物、材料及其结构打下基础。

3.1　晶体对称要素分析

3.1.1　实验目的

（1）掌握各晶系的对称特点；

（2）学会在晶体模型上寻找对称要素的基本方法，建立晶体的对称概念；

（3）写出各晶体模型的对称型，确定其所在晶族、晶系。

3.1.2　实验原理

在晶体中，总共存在 8 种独立的基本对称要素：L^2、L^3、L^4、L^6、L_i^4、L_i^6、C、P。由于受到晶体宏观对称性的严格限制，8 种对称元素只能组合成 32 种对称型，即对称元素之间存在着一定的组合定律——对称要素组合定律：

定理 1：如果有一个二次轴 L^2 垂直 n 次轴 L^n，则：（1）必有 n 个二次轴 L^2 垂直 n 次轴 L^n；（2）相邻两个二次轴 L^2 的夹角为 n 次轴 L^n 的基转角的一半。

定理 2：如果有一个对称面 P 垂直于偶次对称轴 L^n，则在其交点存在对称中心 C。

定理 3：如果有一个对称面 P 包含对称轴 L^n，则：（1）必有 n 个 P 包含 L^n；（2）相邻两个 P 的夹角为 L^n 的基转角的一半。

定理 4：如果有一个二次轴 L^2 垂直于旋转反伸轴 L_i^n，或者有一个对称面 P 包含 L_i^n，当 n 为奇数时必有 n 个 L^2 垂直 L_i^n 和 n 个 P 包含 L_i^n；当 n 为偶数时必有 $n/2$ 个 L^2 垂直 L_i^n 和 $n/2$ 个 P 包含 L_i^n。

实验可先在晶体对称要素可能出露部位找出部分对称要素，然后依据对称组合定律推导出全部对称要素，并按对称型书写规则写出对称型。

3.1.3　实验器材

木制晶体模型：每晶系一个单形或聚形、四方四面体、三方柱共 9 个。

3.1.4　实验步骤

实验步骤如下：

（1）找对称中心（C）。

1）晶体上可没有 C 或只有一个 C；

2）晶体上各对应晶面均是两两反向平行、同形等大，则此晶体有 C 存在；反之则无 C。

（2）找对称面（P）。

1）晶体上可有一个或多个 P，最多有 9 个 P；

2）对称面一般是通过角平分线、面平分线、晶棱的平面。

（3）找对称轴（L^n）。

1）晶体上可出现一个或数个相同或不同轴次的对称轴，不可能出现五次或高于六次的对称轴；

2）对称轴一般是两对应晶面中心、两对应晶棱中点、角顶与晶面中心、棱中点与面中心、两对应角顶的连线。

3）操作方法：绕上述连线旋转 360°，观察晶体上相同部分（即相同的晶面、晶棱或角顶）重复出现的次数。以确定对称轴的轴次（L'不考虑）。

（4）找旋转反伸轴（L_i^n）。

1）旋转反伸轴（L_i^2、L_i^3、L_i^4、L_i^6），在实际应用中通常只考虑 L_i^4 和 L_i^6 两种，其余的则均以与之等效的简单对称要素或它们的组合来代替。

晶体中若有对称中心存在，则必无 L_i^4 和 L_i^6。

2）操作方法。

① 四次旋转反伸轴（L_i^4）。L_i^4 是一个独立的对称要素，它不能用其他对称要素或它们的组合来代替。一般晶体若无 C，但有一个 L^2 时，则此 L^2 就可能是 L_i^4。有 L_i^4 出现时，其所包含的 L^2 则不再写入对称型中。

图 3-1 中的四方四面体 $ABCD$ 是一个具有 L_i^4 的晶体，图 3-1a 表示其处于原始位置，当晶体顺时针绕 L_i^4 旋转 90°至图 3-1b 中虚线所示 $A'B'C'D'$位置时，图形 $A'B'C'D'$上的所

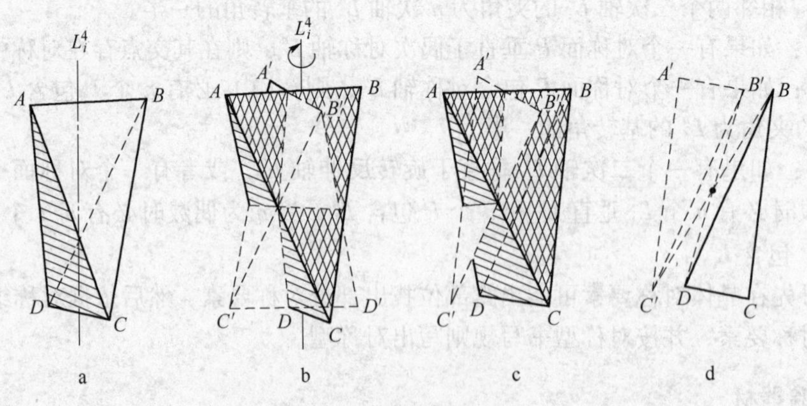

图 3-1　L_i^4 的对称变换

a—原始位置；b—旋转 90°位置；c，d—定点返伸

有晶面均能通过 L_i^4 轴上的定点反伸后，在原始位置图形 *ABCD*（图 3-1b 中实线所示）上得到重复。如原始位置中，晶面 *ABC* 顺时针绕 L_i^4 旋转 90°后至 *A′B′C′*位置 *ABCD*（图 3-1b），通过定点反伸后即可与原始位置中的晶面 *CDB* 重复（图 3-1c、d），其余晶面均此类推，则整个晶体复原。晶体每旋转 90°重复一次，旋转 360°则重复四次，故为 L_i^4。

② 六次旋转反伸轴（L_i^6）。通常晶体若无 *C*，而存在 L^3 及垂直于 L^3 的对称面，则此 L^3 及垂直于它的对称面即为 L_i^6。

L_i^6 虽然与 L^3+P 组合等效，但它在对称分类中具有特殊意义，故通常用 L_i^6 来代替 L^3+P 组合。图 3-2 中的三方柱（*ABCDEF*）是一个具有 L_i^6 的晶体，图 3-2a 表示其处于原始位置，当晶体顺时针绕 L_i^6 轴旋转 60°至图 3-2b 中虚线 *A′B′C′D′E′F′*位置时，则其上的所有晶面均能通过 L_i^6 轴上的定点反伸后，在原始位置图形（*ABCDEF*）上得到重复。如原始位置中，晶面 *ABCD* 顺时针绕 L_i^6 旋转 60°后至 *A′B′C′D′*位置 *ABCD*（图 3-2b），通过定点反伸后即可与原始位置中的晶面 *FBCE* 重复，其余晶面均此类推，则整个晶体复原。晶体每旋转 60°重复一次，旋转 360°则重复 6 次，故为 L_i^6。

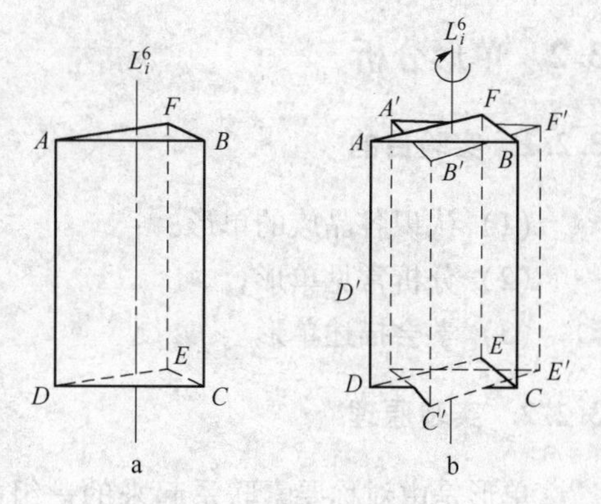

图 3-2　L_i^6 的对称变换

(5) 确定晶体的对称型。按上述方法找出晶体的全部对称要素后，按对称型的书写原则写出对称型。然后，再将所确定的对称型与《晶体分类简表》（见附录 7）中 32 种对称型对照，若有不符，则需检查所找的对称要素有无遗漏或重复，重新确定对称型，直至正确为止。

(6) 确定晶体所属晶族和晶系。根据晶体对称型的特点确定其所属晶族和晶系，即先根据对称型中高次轴的有无或多寡，确定其所在的晶族（高、中、低）；再根据对称型中对称轴的轴次及数量确定其所属的晶系（各晶系对称特点见教材）。

3.1.5　实验记录与数据处理

将实验结果分别填入表 3-1 内。

表 3-1　晶体对称要素分析

模型号	对称轴				旋转反伸轴		对称面 *P*	对称中心 *C*	对称型	对称特点	晶族	晶系
	L^6	L^4	L^3	L^2	L_i^6	L_i^4						

3.1.6　注意事项

（1）找对称要素时，首先要注意晶面、晶轴可能出露的位置；

（2）书写对称型时，一定要注意各晶族、晶系的对称特点；

（3）写出晶体对称型后，一定要与《晶体分类简表》中的32种对称型进行对照，以确定所写对称型是否正确。

3.2　单形分析

3.2.1　实验目的

（1）认识各晶族的单形；

（2）分析常见单形；

（3）学会描述单形。

3.2.2　实验原理

单形是由对称要素联系起来的一组晶面的组合。同一单形的所有晶面彼此都是等同的。因此，在晶体模型上形状一样、大小相同的晶面为同一单形。晶体模型上有几种不同的晶面，该晶体就有几种单形。

3.2.3　实验器材

木制晶体单形7个（每晶系一个）。

3.2.4　实验步骤

实验步骤如下：

（1）认识47种单形。对照教材中的晶体图表，按晶族逐一认识47种单形，注意观察各单形的几何形状、横切面形状、晶面数目、晶面形状及其相互关系、晶面与对称要素的相对位置。

（2）对比下列相似单形之异同：

1）斜方柱与四方柱；

2）复三方柱与六方柱；

3）三方双锥、菱面体、三方偏方面体；

4）复三方双锥、六方偏方面体、六方双锥；

5）斜方双锥、四方双锥、八面体；

6）斜方四面体、四方四面体、四面体；

7）菱形十二面体，五角十二面体；

8）三角三八面体、四角三八面体、五角三八面体、偏方复十二面体；

9）四六面体与六四面体。

（3）区分下列单形的左形和右形。

1）只有不具对称面、对称中心和旋转反伸轴的对称型才有左右对称型。

2）区分偏方面体类：三方偏方面体、四方偏方面体、六方偏方面体。

区分左形和右形的方法：将其高次对称轴直立，面对单形上部的一个偏方晶面（图3-3）以该晶面下方两条不等长的边为准，长边在左者为左形，长边在右者为右形（图3-4）。

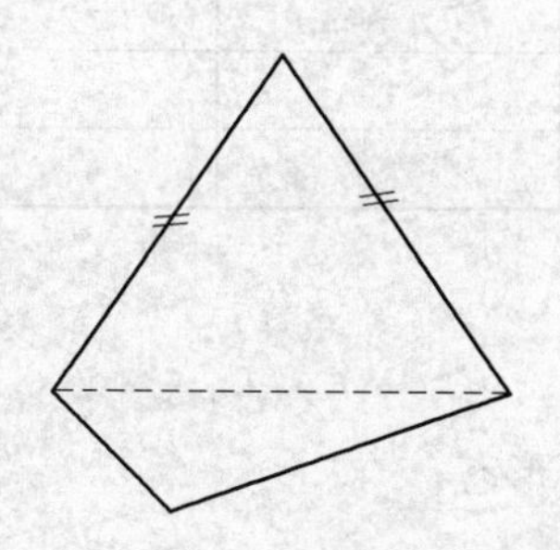

图3-3 偏方面体

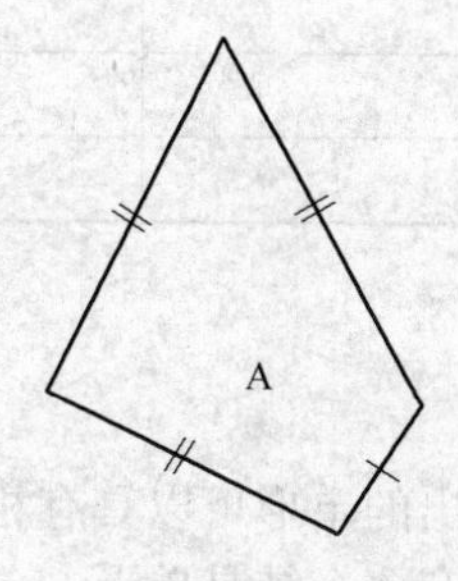

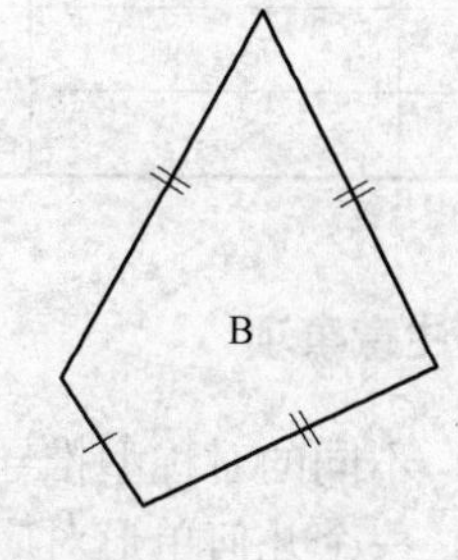

图3-4 偏方面体左右形的区分
A—左形；B—右形

3）五角三四面体。判断左形和右形的方法：将相邻的两 L^3 出露点连接起来，在此连线之间有一条由三条晶棱组成的折线，将连线直立，若此折线最下方的一条晶棱位于连线的左侧者为左形，位于连线右侧者为右形（图3-5）。

4）五角三八面体。判断左形和右形的方法：将相邻的两 L^4 出露点连接起来，在此连线之间有一条由三条晶棱组成的折线，将连线直立，若此折线最上方的一条晶棱位于连线的左侧者为左形，位于连线右侧者为右形（图3-6）。

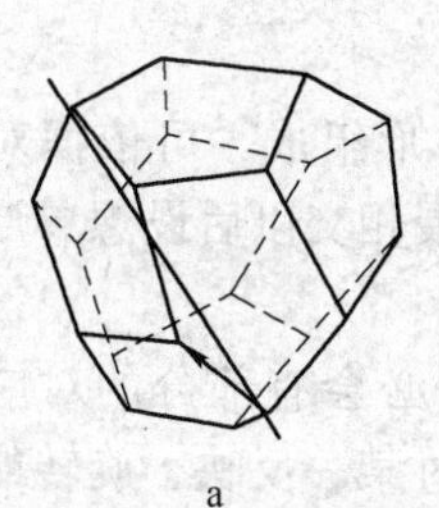

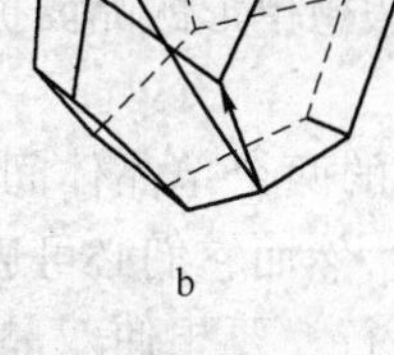

图3-5 五角三四面体的左形（a）和右形（b）

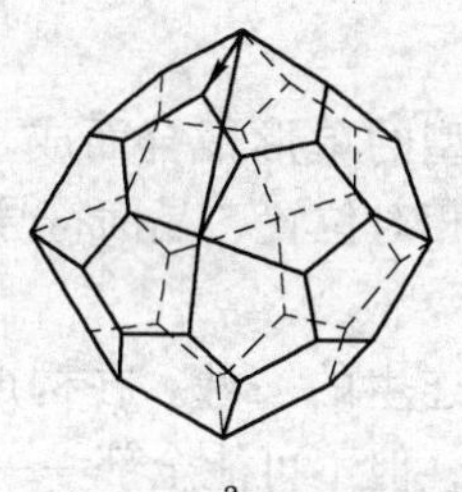

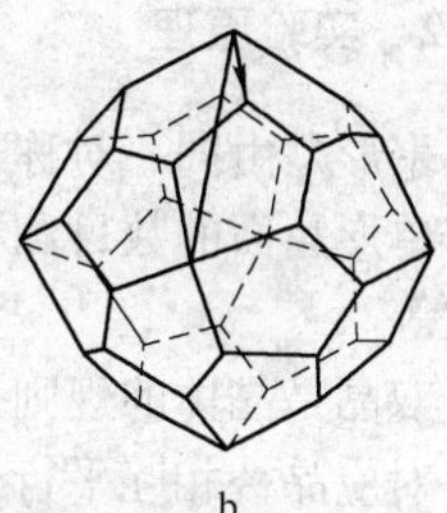

图3-6 五角三八面体的左形（a）和右形（b）

（4）分析所给晶体模型的单形（确定对称型）。

3.2.5 实验记录与数据处理

将实验结果填入表3-2内。

表3-2 单形分析

模型号	对 称 型	对称特点	晶 族	晶 系	单形名称

续表 3-2

模型号	对 称 型	对称特点	晶 族	晶 系	单形名称

3.2.6 注意事项

（1）不同的对称型推导出的单形可以具有相同的几何形态；

（2）一个几何单形对应有多个结晶单形；

（3）不能只根据某实际晶体的几何形态的对称型来判断该晶体的对称型，所有实际晶体上的单形都是结晶单形，都具有一定内部结构意义。

3.3 聚形分析和双晶观察

3.3.1 实验目的

（1）认识常见聚形，了解聚合规律；

（2）学会聚形分析的基本方法；

（3）认识几种常见双晶。

3.3.2 实验原理

聚形是由同一对称型的单形聚合而成。判别一个聚形由何种单形组成，可依据对称型、单形晶面的数目和相对位置、晶面符号以及假想单形的晶面扩展相交以后设想单形的形状等。

双晶是晶体的规则连生的一种。在构成双晶的两个单晶体间，必会有部分的对应晶面、对应晶棱相互平行，但不可能全部一一平行，然而它们必可通过某一反映、旋转或反伸（倒反）的对称操作而达到彼此重合或完全平行。要想使双晶的相邻的两个个体重合或平行，要借助一定的几何图形——面、线、点（称之为双晶要素）来完成。双晶中单晶体间相互连生依据一定的规律，这种规律用双晶要素来表征，并经常被赋予特定的名称。其命名原则大致为：（1）以经常具备该双晶的特征矿物名称命名。如尖晶石族矿物中以（111）为双晶面的称尖晶石律；（2）以最初发现该双晶的地名命名，如长石中以 c 轴，即（001）晶带轴为双晶轴的卡尔斯巴律双晶；（3）以双晶的形状命名，如金红石族矿物中以（101）为双晶面的膝状双晶律（又称肘状双晶）；（4）以双晶面和接合面命名，如方解石中以负菱面体的晶面（012）为双晶面和接合面的双晶即称为负菱面双晶律。

3.3.3 实验器材

木制晶体模型 7 个（每晶系 1 个），常见双晶 5 ~ 7 个。

3.3.4 实验步骤

实验步骤如下：

（1）认识及分析聚形。

1）确定聚形的对称型，根据对称型的特点确定其所属晶族、晶系。

2）观察聚形上有几种不同的晶面，据此确定该聚形由几个单形组成（形状相同、大小相等的一组晶面为一个单形，有几种晶面即有几种单形）。

3）分别数出聚形上各单形所包括的晶面数目。

4）依据对称型、单形晶面的数目和相对位置、晶面扩展相交以后设想单形的形状确定出各单形的名称。确定单形名称时，要注意单形在各晶系中的分布，以防定错。

（2）认识常见双晶。

1）接触双晶。

简单双晶：石膏燕尾双晶、锡石膝状双晶。

聚片双晶：斜长石聚片双晶。

环状双晶：金红石轮式双晶、白铅矿三连晶。

2）穿插双晶。正长石双晶、萤石双晶，十字石双晶。

3.3.5 实验记录与数据处理

将实验结果填入表 3-3 内。

表 3-3 聚形分析和双晶观察

模型号	对 称 型	晶 族	晶 系	单形数目	单形名称及晶面数目
001	$3L^4 4L^3 6L^2 9PC$				

3.3.6 注意事项

（1）只有属于同一对称型的单形才能聚合成聚形，不属于同一对称型的单形就不能在同一聚形中出现。特别地，三轴晶体的单形不能跨族相聚，但单面、平行双面除外，它们可以在低级晶族和中级晶族垂直高次轴的位置出现。四方晶系和等轴晶系的单形都不能出现在其他晶系的晶体中，而低级晶族的单形往往可以在低级晶族内跨晶系相聚。

（2）三、六方晶系的单形一般能跨晶系相聚，但三方晶系的对称型中多可以出现六方柱、六方双锥等单形；而六方晶系对称形中，除有 L_i^6 的对称型外，不出现三方柱、三方双锥等单形；菱面体、复三方偏三角面体、三方偏方面体和六方偏方面体等不能跨晶系或晶类相聚。

（3）同一单形的晶面同形等大，因此在聚形分析时，不应将同形等大的晶面分成两个单形，或将两种不同的晶面合并成一个单形。

（4）单形相聚后，由于相互交截，往往改变了单形独存时的形状，因此在聚形中不能把晶面出现的形状当做单形的晶面形状来判断单形。

（5）双晶面绝不可能平行于单晶体中的对称面，否则就会使两个单晶体处于完全平行的关系而构成平行连生。

（6）双晶轴绝不能平行于单晶体中的偶次对称轴。

（7）双晶中心只有在单晶体本身无对称中心的情况下才有可能出现；而且在一般情况下，它只是一种派生的双晶要素，故可不予考虑。

3.4　晶体定向及晶面符号

3.4.1　实验目的

（1）进一步熟练掌握在晶体上找对称要素及确定其晶族、晶系的基本方法；

（2）掌握各晶系晶体定向原则及晶体几何常数特征，学会定向方法；

（3）学会确定晶面符号和单形符号。

3.4.2　实验原理

所谓晶体定向，就是依据各晶系晶体的特点，在晶体中设立坐标轴，确定三轴夹角及轴单位，进而确定各晶面、晶棱在三维空间的位置。

对于实际晶体，定向时可想象各晶面延伸与坐标轴相交，获得截距，进而用截距系数的倒数来表示晶面；把晶棱看做一条空间直线，将它平移到坐标原点，从上任取一点，该点坐标的系数就构成了晶棱符号。

3.4.3　实验器材

木制晶体模型共7个（每晶系1个）。

3.4.4　实验步骤

实验步骤如下：

（1）晶体定向步骤。

1）找出晶体模型上的全部对称要素并确定其所在晶族、晶系。

2）按各晶系定向原则确定坐标轴方向（即安置好结晶轴）。晶轴的选择应符合晶体所固有的对称性，应尽可能使晶轴垂直或趋近于垂直。

3）定轴率（单位面截距比）：依据晶体所属晶系特点，定出轴率。

（2）确定晶面符号需遵循的规律。

1）晶面与轴相交，轴单位相等（$a = b = c$）时，若其截距也相等，则指数也相等，如八面体中（111）晶面。

2）晶面与轴相交，轴单位不等（$b \neq c$），截距也不等，若截距系数相等（nb，nc），则指数也相等，如四方双锥中的（111）晶面。

3）晶面平行晶轴时，其对应晶轴的指数为零，如（001）、（100）。

4）晶面与轴相交于负端时，其对应指数上方要加负号，如（$\bar{1}11$）。

5）晶面与轴不能直接相交时，可想象延长相交。

6）晶面指数不能用数字表示时，可用字母表示，如（hkl）、（$hkil$），有下列情况：

若两个指数相等，则可用相同字母表示，如写成（hkk）或（hhl）；

若三个指数均相等，则可写成（111）；

若一指数为零，另两指数相等，则可写成（110）等；

若两指数为零，则另一不为零的指数可写成1，如（010）、（100）。

7）一个晶面符号中，不能出现字母与阿拉伯数字并用的情况，例如：不能用（h02），应写成（h01）。

8）晶体上如果两晶面平行，则它们在三个结晶轴上的指数绝对值必定对应相等，而正负号均相反，如（321）平行（$\bar{3}\bar{2}\bar{1}$）等。

9）晶体上各晶面符号一般按前后、左右、上下顺序书写，以便查对。

10）晶体若为聚形，则需按单形分别一一列出它们的晶面符号。

11）聚形中同名称单形若有几个时，应加绘出晶面形状以示区别。

（3）确定单形符号。

1）单形符号的定义：代表单形各晶面在空间位置的符号称单形符号。即在单形中选一个代表晶面，把该晶面的晶面符号用{ }括起来，用其代表单形。

2）单形符号的形式：{hkl}、{$hkil$}。

3）确定单形符号的总原则。正指数最多的晶面，至少应尽可能 l 为正；指数绝对值递减。

（4）确定单形符号的具体法则。

1）中低级晶族按先上、次前、后右法则选择。

2）高级晶族按先前、次右、后上法则选择。

3）前、右、上的标准是：三轴定向中，以 x、y、z 轴正端所指方向为前、右、上；四轴定向中，以 x 轴正端与 u 轴负端间角分线方向为前，y、z 轴正端为右、上。

3.4.5 实验记录与数据处理

将实验结果填入表3-4中。

表3-4 晶体定向及结晶符号

模型号	对称型	晶系	定向原则		单形名称、单形数目、单形符号及晶面数目
			选轴原则	晶体常数	
001	$L^3 3L^2 3PC$	三方	$L^3 - z$ $3L^2 - x, y, u$	$a = b \neq c$ $\alpha = \beta = 90°$ $\gamma = 120°$	六方柱（6）：{$10\bar{1}0$}（$01\bar{1}0$）（$1\bar{1}00$）（$\bar{1}010$）（$0\bar{1}10$）（$\bar{1}100$） 菱面体（6）：{$10\bar{1}1$}（$1\bar{1}01$）（$0\bar{1}11$）（$\bar{1}01\bar{1}$）（$1\bar{1}0\bar{1}$）（$01\bar{1}\bar{1}$）

续表 3-4

模型号	对称型	晶系	定向原则		单形名称、单形数目、单形符号及晶面数目
			选轴原则	晶体常数	

3.4.6　注意事项

（1）注意各晶系的定向原则；

（2）注意晶面符号、单形符号的区别及书写原则。

3.5　典型晶体结构认识

3.5.1　实验目的

（1）了解影响晶体结构的基本因素及研究晶体结构的基本方法；

（2）了解晶体结构和晶体性质的关系；

（3）认识一些简单无机化合物结构；

（4）牢固掌握无机材料中典型的晶体结构。

3.5.2　实验器材

晶体结构模型。

3.5.3　实验步骤

实验步骤如下：

（1）观察离子堆积模型。

1）面心立方密堆积；

2）六方密堆积；

3）面心立方晶格中的四、八面体空隙；

4）六方晶格中的四、八面体空隙；

5）四面体的共顶、共棱、共面连接；

6）八面体的共顶、共棱、共面连接。

（2）认识以下无机化合物晶体结构并从结构特征推测其性质。

1）氯化钠（NaCl）结构；

2）氯化铯（CsCl）结构；

3）闪锌矿（立方 ZnS）结构；

4）纤锌矿（六方 ZnS）结构；

5）萤石（CaF_2）结构；

6）金红石（TiO_2）结构（单晶胞及八晶胞）；

7）碘化镉（CdI_2）结构；

8）金刚石结构；

9）石墨结构（AB 型及 ABC 型）；

10）尖晶石（$MgAl_2O_4$）结构；

11）反尖晶石结构。

（3）认识硅酸盐晶体结构并推测其性质。

1）[SiO_4] 组群状结构；

2）[SiO_4] 链状结构；

3）[SiO_4] 层状结构；

4）镁橄榄石（$Mg_2[SiO_4]$）结构；

5）石英结构（α－方石英、α－鳞石英、α－石英）；

6）长石结构中 [SiO_4] 四节环链。

3.5.4 实验记录与数据处理

写出所给样品标本的晶体结构，并依据晶体结构推断其性质。

3.5.5 注意事项

观察矿物时，一定要将晶体结构、形态、性质、应用综合考虑。

本 章 小 结

在对称要素最常出露的位置寻找对称要素，写出的对称型必须与《晶体分类简表》中 32 种对称型对照来确定所写对称型的正确与否。对于对称要素较多的晶体模型，可借助对称定理推导出对称型后，再依照对称型寻找出全部对称要素。

同一对称型中最多能推导出 7 种单形。描述单形时，要注意晶面的数目、形状、相互关系、晶面与对称要素的相对位置以及单形的横切面。

聚形中有几种不同的晶面，该聚形就有几个单形组成。

晶体定向时，一定要在脑海中建立起空间坐标系统，严格按晶轴选择原则选择坐标轴，同一晶体上各晶面要按同一个坐标系统确定结晶符号。

进行晶体结构分析时，切记“组成－结构－性能的相互关系”，从结构推测性能，从性能反推结构。

思 考 题

3-1 何为晶体对称性?

3-2 三方柱晶体为什么属于六方晶系，对称型 L^3P、L^33L^24P 属何晶系，为什么?

3-3 为什么晶体中不可能有五次或六次以上的对称轴?

3-4 真实晶体能否是单形，单形四方柱能单独出现吗?

3-5 实际晶体是否均能以理想的单形形态出现?

3-6 在模型上同一单形的晶面一定同形等大，在实际晶体上同一单形的晶面会出现大小不等现象，为什么，如何鉴定?

3-7 菱面体和三方双锥都是六个晶面，它们之间有什么区别?

3-8 为什么不同对称型的单形不能聚合在一个晶体上?

3-9 当单形与其他单形相聚成聚形时，由于单形互相切割而使单形的晶面形状而有所改变，能否以变化后的形状来确定单形的名称?

3-10 双晶和平行连生有什么区别?

3-11 双晶面为什么不能平行晶体的对称面？双晶轴为什么不能平行晶体的偶次对称轴?

3-12 据双晶个体间的连生方式，双晶可分为哪些类型，在晶体上如何识别双晶?

3-13 晶体定向在矿物鉴定及矿物形态、内部构造和物理性质的研究工作中有何重要意义?

3-14 晶面符号和单形符号的区别是什么?

3-15 分别指出面心立方和六方晶格中四、八面体空隙的个数及位置。

3-16 比较四、八面体不同连接方式对其中心距离及晶体结构的影响。

3-17 分析 NaCl、CsCl、立方 ZnS、六方 ZnS、CaF_2、TiO_2、CdI_2、尖晶石的结构，描述其结构特征，并画出 NaCl、CsCl、立方 ZnS、CaF_2、TiO_2 的晶胞投影图。

3-18 写出硅酸盐晶体结构类型及特点，详细分析镁橄榄石结构，比较 α－方石英、α－鳞石英、α－石英的结构差别。

4 硅酸盐岩相分析

内容提要：

材料生产工艺的优劣会反映在其岩相结构上，因此，通过岩相分析，可以改进生产工艺，提高制品性能。岩相分析包括材料制品的相组成鉴定和显微结构特征研究两部分内容。材料制品的相组成有结晶相、玻璃相和气相三类。分析和鉴定物相组成是材料岩相分析的前提和基础。

各种材料内部结构随着所用仪器分辨率的不同将有不同的结构类型和名称，因此，岩相分析的顺序首先为肉眼观察描述，其次是显微观察描述以及借助X射线衍射等方法。肉眼观察描述包括构造特征、粒径状况、表面状况、是否存在风化和蚀变的痕迹、是否存在大化石和是否存在铁镁矿物侵蚀的痕迹。微观描述包括微观构造特征、组分、矿物质和颗粒状况，如体积分数、晶形、风化和蚀变痕迹等。

4.1 矿物肉眼识别

4.1.1 实验目的

（1）了解矿物的分类方法及各类中的主要矿物；

（2）掌握肉眼鉴定矿物的基本方法；

（3）认识几种与本专业有关的矿物。

4.1.2 实验原理

尽量多地了解矿物来源，观测未知矿物的各项鉴定特征，与已知矿物的标准鉴定资料进行对比，依据对比结果对矿物命名。

4.1.3 实验器材

小刀、放大镜、磁块、条痕板、摩氏硬度计、紫外灯、盐酸；矿物标本若干。

4.1.4 实验步骤

实验步骤如下：

（1）常见矿物展示。幻灯片展示常见矿物的形态、颜色、解理、断口等物理化学性质。

（2）观察矿物形态。受化学成分及晶体结构制约，矿物具有特定的形态。因此，可根据矿物形态识别矿物。矿物可呈单体存在，也可呈集合体存在。

1）矿物单体形态：晶体生长时，在空间各个方向的发育速度不同，这种发育速度的差异大致可分为以下三种情况。

① 一向伸长的：单体在三维空间有一个方向发育得特别快（$a \approx b \ll c$）。

长柱状：角闪石、绿柱石；

针状：电气石、辉铋矿、针状硅灰石；

纤维状：石棉、纤维石膏、纤维状硅灰石。

② 二向延长的：单体在三维空间中朝一个方向发育较差（$a \approx b \gg c$）。

短柱状：辉石、正长石；

板状：重晶石、石膏、板状硅灰石；

片状：云母、石墨、辉钼矿。

③ 三向等长的：单体在三维空间发育程度基本相等（$a \approx b \approx c$）。

粒状或等轴状：石榴子石、橄榄石、磁铁矿。

2）观察矿物的集合体形态。

粒状：黄铁矿、石榴子石、针铁矿；

片状：云母、辉钼矿；

鳞片状：石墨、绿泥石；

板状：重晶石、石膏；

柱状：辉石、绿柱石；

针状：电气石、辉铋矿；

晶簇状：水晶、方解石；

放射状：红柱石、阳起石；

结核状：黄铁矿、磷灰石；

纤维状：石棉、石膏；

钟乳状：方解石、硬锰矿；

树枝状：自然铜；

土状：高岭石、白垩、软锰矿；

块状：块状石英、块状黄铜矿；

鲕状、豆状或肾状集合体：赤铁矿、硬锰矿。

（3）观察矿物的物理性质。

1）颜色。矿物的颜色指新鲜面的颜色。对于风化严重的矿物，要用小刀或其他工具刮去矿物表面的分化层后再观察。观察时注意区分自色、他色和假色。他色和假色一般不作鉴定依据。

① 自色：矿物本身固有的颜色。很稳定，具有鉴定意义。

观察：磁铁矿为铁黑色，黄铜矿为铜黄色，方铅矿为铅灰色，孔雀石为绿色。

② 他色：矿物因外来带色杂质、气液包裹体而染成的颜色，不稳定，一般不作鉴定依据。

观察：石英混入杂质后呈现的他色，包括烟灰色（烟水晶）、玫瑰色（蔷薇水晶）、黑色（墨晶）、紫色（紫水晶）。

③ 假色：由于矿物内部解理面、细小裂隙、薄膜包体、表面氧化膜等引起光波干涉而产生的颜色，一般无鉴定意义。

观察：斑铜矿（暗铜红色）表面氧化后呈现的靛色（蓝紫色混杂的色彩斑斓的薄

膜）。

2）条痕。指矿物新鲜表面在条痕板（瓷板）上刻划后留下的粉末的颜色。条痕可消除假色，减弱他色，保存自色，故其颜色更为稳定，更具有鉴定意义。有的矿物条痕与颜色一致，有的不一致。

重点观察表4-1中的矿物的条痕，并注意它们与矿物本身的颜色是否一致。

条痕对不透明或半透明的深色矿物有极大鉴定意义，但对无色透明或浅色矿物则意义不大。

表4-1 矿物的颜色与条痕

矿 物	颜 色	条 痕	矿 物	颜 色	条 痕
磁铁矿	铁黑色	铁黑色	黄铜矿	黄铜色	黑绿色
方铅矿	铅灰色	黑灰色	黄铁矿	浅黄铜	黑绿色
赤铁矿	红色	樱红色	方解石	白色	白色
赤铁矿	钢灰色	樱红色	石英	白色	无色

3）光泽。指矿物表面的反光能力。由强至弱分为金属光泽、半金属光泽及非金属光泽。

① 金属光泽：方铅矿、黄铁矿、黄铜矿、辉锑矿。

② 半金属光泽：磁铁矿、赤铁矿、辰砂。

③ 非金属光泽：主要观察下列几种。

金刚光泽：金刚石、闪锌矿、锡石；

玻璃光泽：石英、方解石、长石；

油脂光泽：块状石英断口面、石榴子石；

丝绢光泽：石棉、纤维石膏；

珍珠光泽：白云母解理面、透石膏；

土状光泽：高岭石、褐铁矿。

4）透明度。指矿物透光的能力。观察：

① 透明矿物：水晶、冰洲石；

② 半透明矿物：辰砂、浅色闪锌矿；

③ 不透明矿物：磁铁矿、石墨。

5）硬度。

① 熟记摩氏硬度计。将欲测硬度之矿物与摩氏硬度计中矿物（表4-2）相互刻划，留下刻痕；若两矿物均不损伤或均受微伤，则视为硬度相等；若矿物较硬度计中两相邻矿物之前者硬，后者软，则其硬度介于两者之间，如硬度在3~4之间，可看作3.5。

表4-2 摩氏硬度计

硬度	1	2	3	4	5	6	7	8	9	10
矿物	滑石	石膏	方解石	萤石	磷灰石	长石	石英	黄玉	刚玉	金刚石

② 熟记常备物件之硬度范围：

小刀：5.5～6；

玻璃片：5～5.5；

铜钥匙：3～3.5；

指甲：2.5～3。

③ 测试硬度时应注意：

必须在矿物的新鲜表面刻划，风化表面硬度会降低；

应该在较为光滑的平面上进行刻划；

对于颗粒状矿物应在单个矿物颗粒上刻划。

6）解理。

① 观察各级解理的标准矿物。

极完全解理：云母、绿泥石；

完全解理：方解石、方铅矿；

中等解理：长石、角闪石；

不完全解理：磷灰石、锡石；

极不完全解理：石英、石榴子石。

② 观察解理时注意事项。矿物的解理可为一组（云母）、两组（长石）、三组（方解石）或多组（萤石），观察时应注意同一方向为一组，两组解理之间有夹角。

③ 区别解理面与晶面。解理面受打击后可连续出现互相平行的平面，较光亮、平整且常呈规则的阶梯状。而晶面是晶体表面的一层平面，击破后即消失，它较暗淡，不太平整，常有痕迹和花纹。

7）断口。

① 观察常见断口形态。

贝壳状断口：石英、蛋白石；

参差状断口：黄铁矿、黄铜矿；

锯齿状断口：自然铜、纤维石膏；

土状断口：土状高岭石。

平坦状断口：块状高岭石。

② 观察断口时注意事项。一般几个方向解理发育的矿物不易发生断口，无解理的矿物断口发育。

8）其他性质。

① 磁性：用磁铁靠近磁铁矿，观察其强磁性；

② 弹性：观察云母的弹性；

③ 发光性：观察萤石在紫外光下的发光现象（紫色）。

（4）描述矿物。运用上述标准矿物观察后的知识，学习描述8～10块矿物标本的形态和物理特征。

4.1.5 实验记录与数据处理

将实验结果填入表4-3内。

表4-3　矿物形态和物理性质

编号	矿物名称	形态	颜色	条痕	光泽	透明度	硬度	解理	断口	其他	鉴定特征

4.1.6　注意事项

观察矿物颜色时，必须是新鲜面的颜色；矿物的颜色不同于包裹体的颜色；条痕颜色不一定与矿物颜色一致。

4.2　岩石肉眼识别

4.2.1　实验目的

（1）学习岩石的基本概念、分类、结构构造等有关知识，了解岩石学与本专业的重要关系；

（2）学会肉眼鉴定岩石的基本方法；

（3）认识几种与本专业有关的岩石。

4.2.2　实验器材

小刀、放大镜、盐酸；三大类岩石标准陈列样品；岩石标本若干。

4.2.3　实验步骤

实验步骤如下：

（1）初步确定岩石类型。借助岩浆岩简单分类表，根据岩石颜色，酸性指示矿物（石英、橄榄石）有无确定为酸性或超基性岩，就可进行第4步，判断它是什么岩石，若无指示矿物则进行第2步鉴定。

（2）进一步确定岩石类型。根据岩石浅色矿物，区别正长石和斜长石，同时根据深色矿物以何种为主，进一步确定其酸性，如以辉石为主，则为基性岩类，可以进行第4步，判别它是什么基性岩。

（3）确定岩石细类。根据正长石和斜长石，区别它属于正长岩还是闪长岩组。

（4）确定岩石名称。根据其结构和构造区别出喷出岩或深成岩，若是深成岩即可鉴定出岩石名称。若是喷出岩还需进一步区别它是新相岩还是古相岩。

4.2.4　实验记录与数据处理

将实验结果填入表4-4内。

表4-4　识别岩石

名　称	颜　色	主要矿物成分	结　构	构　造	其　他

4.2.5　注意事项

识别岩石时，要清楚三大类岩石的分类、主要结构构造以及代表性矿物。

4.3　偏光显微镜的构造和调试

4.3.1　实验目的

（1）了解偏光显微镜的构造，并掌握一些基本的调试方法；
（2）学会偏光显微镜的保养方法。

4.3.2　实验器材

XPT－7偏光显微镜、花岗岩薄片、擦镜纸、吸耳球。

4.3.3　实验步骤

实验步骤如下：

（1）偏光显微镜的构造。偏光显微镜的型号繁多，但其主要构成为机械部分、光学部分和附件部分。

1）机械系统。

镜座：承担偏光显微镜的全部质量，支撑镜体。

镜臂：镜臂的上部有镜筒，下部连有载物台和照明系统。镜臂与镜座之间靠一铰链相连，可以活动及倾斜，但不易倾斜过大，以免显微镜翻倒。

锁光圈：（光阑）位于下偏光镜之上，可以开合，以调节视域的亮度。

载物台：是一个可以转动的圆盘，边缘有刻度，并装有游标尺，可读出转动的角度。台中央的圆孔，是通过光线的光路。

镜筒：附着在镜臂上，通过粗调螺丝和微调螺丝，可调节显微镜的焦距。微动螺丝上有刻度，每转动一小格，可使镜筒上下移动0.012mm，镜筒上有试板孔、上偏光镜、勃氏镜、下端接物镜、上端接目镜。

2）光学系统。

反光镜：是一双面镜，一面是平的，一面是凹的，凹面可捕获较多的光线。

下偏光镜：（起偏镜）可以转动，以调节与上偏光镜振动方向正交或平行。来自反光镜的自然光经下偏光镜后，变为平面偏光。下偏光镜的振动方向通常用P－P表示。

聚光镜（拉索透镜）：可把来自下偏光镜的平面偏光聚为锥形偏光，在单偏光镜下观察时，可增加视域的亮度。

物镜：偏光显微镜至少要有3个物镜，多时可达7个。物镜约占整个显微镜价值的1/4～1/2。物镜的放大倍数，决定于光学镜筒长度和接物镜的焦距。

目镜：一般有两个，一个为5倍，一个为10倍，使用10倍的目镜，视域大些，但较暗；5倍的目镜，视域较小，但视域亮一些。目镜中带有十字丝，一般情况下，应使目镜十字丝和操作者成平行、垂直的方向。

上偏光镜（检偏镜）：一般位于镜筒中，通常上偏光镜的振动方向用A－A表示。在观察时，一般应使上偏光镜的振动方向与下偏光镜垂直。

勃氏镜：为一放大镜，用于锥光镜下观察晶体的干涉图像，起放大作用。

偏光显微镜的放大倍数＝目镜×物镜。

3）附件。

石英楔：用于测量光程差，补色，能产生1～3级的干涉色；

石膏试板：用于测定一级黄以下的矿物的光率体轴名。石膏试板可产生一级紫红干涉色；

云母试板：用于矿物光率体轴名的测定，它产生一级灰干涉色。

此外，还有物台微尺、目镜微尺、机械台，这些用于测定矿物的粒度和质量分数。

有的产品还包括有二色试板、贝瑞克补色器、显微摄影仪、费氏台、高温物镜、高温载物台等。

（2）偏光显微镜的使用。

1）对光。

① 装上低倍物镜或中倍物镜（不用高倍物镜），安上目镜。

② 打开锁光圈，拉出上偏光镜、勃氏镜和聚光镜。

③ 轻轻转动反光镜，直至视域最亮为止。

2）准焦。

① 将矿物薄片用弹簧夹夹在载物台上，要让有盖玻璃的一面向上。

② 从侧面观察镜头，转动粗动螺丝，使镜筒下降至最低位置（几乎和薄片贴近）。绝对不允许一面看目镜，一面转动螺丝下降镜筒来准焦。这样，极易使物镜和薄片相撞，会撞碎薄片或碰坏镜头。

③ 从目镜中观察，上调粗动螺丝，至视域中出现图像，并尽可能用粗动螺丝将图像调得清楚些。

④ 换用微调螺丝将图像调清。

3）校正中心。

偏光显微镜在工作时，物镜中轴、物台旋转轴必须在一条直线上。每次装卸镜头，都会使以上二轴不在一条直线上，因此，需要校正，参见图 4-1。

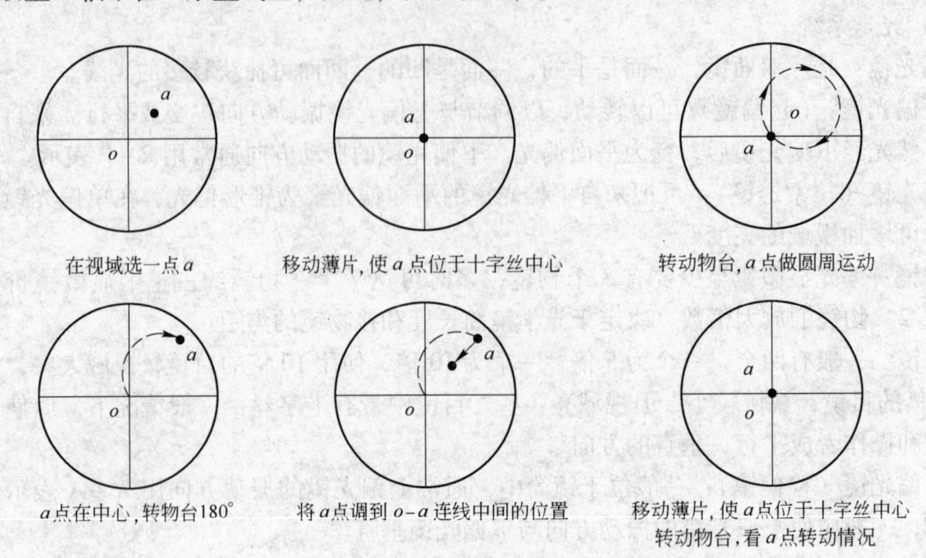

图 4-1　偏光显微镜中心校正示意图

① 检查物镜是否装在正确位置上，若位置安装不对，则无法校正中心；

② 在视域中任选一点，移动薄片，使该点位于十字丝中心；

③ 转动物台 180°，该点在视域内作圆周运动，用调节螺丝将该点向视域中心调节。调节的长度等于视域中心至转 180°后该点连线的一半；

④ 移动薄片，使该点位于十字丝中心，转动物台，看该点的移动情况，若该点在十字丝中心做旋转运动，则校正完毕，若该点仍围十字丝中心做圆周运动，则仍重复步骤③。

4）调节上下偏光镜正交。

① 轻轻推入上偏光镜；

② 移去载物台的矿物薄片；

③ 转动下偏光镜，直至视域最暗为止。此时，上下偏光镜振动方向已经正交，固定下偏光镜。

5）检验下偏光镜振动方向。

① 轻轻推出上偏光镜；

② 装入花岗岩矿物薄片。在视域中寻找具有解理缝的黑云母矿物；

③ 转动载物台，黑云母矿物的颜色要发生变化。当黑云母颜色最深时，此时是黑云母矿物的解理缝的方向，P－P 为下偏光镜的振动方向；

④ 记住下偏光镜的振动方向。

4.3.4　实验记录与数据处理

将实验结果填入表 4-5 内。

表 4-5 偏光显微镜的构造和调节

偏光显微镜型号	
物镜数	
目镜数	
附件	
下偏光镜振动方向	

4.3.5 注意事项

（1）持镜时必须是右手握臂、左手托座的姿势，不可单手提取，以免零件脱落或碰撞到其他地方；

（2）轻拿轻放，不可把显微镜放置在实验台的边缘，以免碰翻落地；

（3）保持显微镜的清洁，光学和照明部分只能用擦镜纸擦拭，切忌口吹手抹或用布擦，机械部分用布擦拭；

（4）水滴、酒精或其他药品切勿接触镜头和镜台，如果沾污应立即擦净；

（5）放置玻片标本时要对准通光孔中央，且不能反放玻片，防止压坏玻片或碰坏物镜；

（6）要养成两眼同时睁开的习惯，以左眼观察视野，右眼用以绘图；

（7）不要随意取下目镜，以防止尘土落入物镜，也不要任意拆卸各种零件，以防损坏；

（8）使用完毕后，必须复原才能放回镜箱内，其步骤是：取下标本片，转动旋转器使镜头离开通光孔，下降镜台，平放反光镜，下降集光器（但不要接触反光镜）、关闭光圈，推片器回位，盖上绸布和外罩，放回实验台柜内。最后填写使用登记表（注：反光镜通常应垂直放，但有时因集光器没提至应有高度，镜台下降时会碰坏光圈，所以这里改为平放）。

4.4 单偏光镜下的晶体光学性质观测

4.4.1 实验目的

（1）学会观察单偏光下的晶体光学性质；

（2）学会应用贝克线移动的规律比较矿物折射率的方法。

4.4.2 实验器材

XPT－7偏光显微镜；岩矿薄片：花岗岩薄片（含榍石、黑云母、斜长石）、石英薄片、角闪石薄片、辉石薄片、萤石薄片、方解石薄片、橄榄石薄片。

4.4.3 实验步骤

实验步骤如下：

（1）完成单偏光镜装置。

1）装上5倍目镜及10倍物镜，校正好物镜中心；

2）将下偏光振动方向确定在十字丝东西方向上。

（2）晶体形态的观察。

自形晶：边棱全为直线，如α－刚玉；

半自形晶：边棱部分为直线，部分为曲线，如黑云母；

他形晶：晶体边缘全部为曲线，如方解石、石英。

（3）观察矿物的颜色。

镜下矿物的颜色，是指在单偏光镜下，矿物在标准厚度（0.03mm）薄片中的颜色。矿物晶体在镜下往往无色或具一定颜色，因矿物不同而异。

（4）观察矿物的多色性。

转动物台，分别观察角闪石、黑云母具有一组解理纹切面上的多色性变化，注意切面上颜色的变化。

黑云母多色性：黑褐—褐—淡黄。

角闪石多色性：深绿—绿—浅黄或暗褐—褐—淡黄。

（5）观察矿物的突起和糙面。

糙面一般按明显程度分为下列等级进行描述：

非常显著：如榍石（花岗岩片中）；

显著：如辉石、萤石；

无糙面：如石英。

（6）观察矿物的轮廓。

榍石：边缘粗而黑暗，与树胶折射率差值很大；

角闪石：边缘较细而清晰，与树胶折射率差值较大；

石英：边缘细而不明显，与树胶折射率差值很小。

（7）观察矿物的贝克线。

1）贝克线定义。在两种折射率不同的物质接触处，升降镜筒时，可见到一条与矿物边界轮廓平行的亮线在移动，此亮线称贝克线。

2）贝克线移动规律。当提升镜筒时，贝克线总是向高折射率方向移动；下降镜筒时，贝克线总是向低折射率方向移动。

3）观察方法。

① 用中倍（10×）物镜，用粗动螺丝升降镜筒；

② 在矿物与树胶或矿物与矿物的交界处，选择较为洁净、边缘较清晰的地方观察；

③ 为使贝克线清晰可见，观察时一般缩小光圈，使视域灰暗些；

④ 无色透明矿物边缘的贝克线通常较有色矿物清晰，初学者应先观察无色透明矿物，再及其他；

⑤ 来回旋转（粗动或微动）螺丝，在转动中观察，注意两介质边缘；

⑥ 贝克线的移动方向一般用“向矿物”或“向树胶”等来描述；相对折射率用“$N_{矿} > N_{胶}$”或“$N_{矿} < N_{胶}$”等来描述。

4）重点观察下列矿物的贝克线：

石英、方解石、微斜长石、萤石。

（8）观察矿物的突起和闪突起。

1）观察各级突起的代表矿物（表 4-6）。

表 4-6　突起种类及等级

<table>
<tr><th>种　类</th><th>正突起（$N>1.54$）</th><th>负突起（$N<1.54$）</th><th>闪突起</th></tr>
<tr><td rowspan="4">等级及矿物</td><td>正低：石英</td><td>负低：微斜长石</td><td rowspan="4">方解石
白云石
菱镁矿</td></tr>
<tr><td>正中：黑云母</td><td>负中：萤石</td></tr>
<tr><td>正高：辉石、角闪石</td><td></td></tr>
<tr><td>正极高：榍石</td><td></td></tr>
</table>

2）观察突起的方法。

观察矿物与树胶或矿物与矿物的分界处，升降镜筒，利用贝克线的移动规律来比较确定突起的正负或高低；旋转物台观察闪突起时高时低的现象。

（9）观察矿物的解离。

1）镜下观察解离一般是根据切面上解理缝的特点来进行描述。各级解离之解理缝特点及代表矿物见表 4-7。

表 4-7　各级解离特点

等　级	解理缝特点	代表矿物
极完全解离	细密、直长而连贯	黑云母
完全解离	清楚、较粗疏，连贯性好	角闪石
不完全解离	断断续续，仅见大致方向	橄榄石

2）有一组或几组解离的矿物晶体，在薄片中由于切片方向不同，有时出现一组、两组或不出现。

3）解理角测定：

① 选择垂直或近于垂直两组解理的切面；

② 转动载物台，使一组解理方向与目镜十字丝平行，记下载物台刻度；

③ 转动载物台，使另一组解理方向与同一目镜十字丝平行，记下载物台刻度；

④ 解理角等于两刻度之差。

4.4.4　实验记录与数据处理

将实验结果填入表 4-8 内。

4.4.5　注意事项

在偏光显微镜中见到的晶体形态并不是整个立体形态，仅仅是晶体的某一切片。切片方向不同，晶体的形态可完全不同，同种矿物不同切面在单偏光下的光学性质有差异，因此，观察时要选多个切面进行观察。

表 4－8　单偏光镜下的晶体光学性质观测

矿物名称	形态	颜色	多色性		糙面特点	突起		矿物折射率的相对比较			解　　理			
			最深时颜色	最浅时颜色		正负	等级	贝克线移动规律		相对折射率	组数	完善程度	解理缝特点	测量解理夹角（绘图）
								提升镜筒移动方向	下降镜筒移动方向					
														（一）方解石 a = b = c =
														（二）角闪石 a = b = c =

4.5 正交镜下的晶体光学性质观测

4.5.1 实验目的

（1）学会正交偏光镜的装置；

（2）认识各干涉色的特征，掌握各种试板的使用方法和适用范围；

（3）学会观测晶体在正交镜下的光学性质。

4.5.2 实验器材

（1）偏光显微镜；

（2）岩矿薄片：花岗岩薄片（含榍石、黑云母、斜长石）、石英薄片、角闪石薄片、辉石薄片、萤石薄片；

（3）镜下参观陈列样品：简单双晶、聚片双晶、格子双晶、对称消光样品；

（4）米舍尔-列维色谱表。

4.5.3 实验步骤

实验步骤如下：

（1）调节正交镜。在实验之前，先检查上、下偏光镜是否正交，并且要求上、下偏光镜的振动方向应与目镜十字丝一致。若上、下偏光镜不正交（视域不黑暗），或与目镜十字丝又不一致（目镜十字丝应与操作者呈水平、垂直的方向），必须调节，使上、下偏光镜正交且与目镜十字丝一致。

（2）观察试板的干涉色。在正交镜下，载物台不放置薄片，从试板孔缓缓插入石英楔，观察石英楔产生的1～3级干涉色的特征。

一级干涉色：从灰黑—灰白—白—淡黄—橙—紫红。一级干涉色没有蓝和绿色，二级干涉色及二级以上干涉色的变化规律均为：蓝—绿—黄—橙—红。

从试板孔插入云母试板和石膏试板，观察它们产生的干涉色。

（3）观察均质体和非均质体的消光现象。

1）均质体。将萤石或石榴子石薄片放在载物台上，矿物呈现黑暗。转动载物台，黑暗不发生变化，这是均质体的全消光现象。观察矿物薄片的玻璃或树胶部分，也呈现全消光现象。

2）非均质体。将非均质体不垂直光轴的晶体切片放在正交镜间，当转动物台时，会出现四次黑暗、四次有颜色的情况，这种现象叫做四次消光。非均质体不垂直光轴的晶体切片在正交镜下，呈现黑暗时的位置，称为消光位。当处于消光位时，晶体切片对应的光率体切面椭圆的长短半轴分别和上下偏光振动方向平行。

非均质体垂直光轴的切片在正交镜下也呈现全消光现象。

（4）测定矿片光率体轴名。

1）干涉色升高或降低。测定光率体轴名及干涉色级序时，首先要知道在插入试板后，干涉色是升高还是降低。石膏试板一般适用于一级淡黄以下的干涉色的测定。使用云母试板，一般是升高或降低一个色序。通常用石英楔测定干涉色序级。测定干涉色升高或降低方法如下：

① 将预测矿物移至视域中心，转动物台，使其处于消光位，再转动物台45°，这时矿物的干涉色最鲜明；

② 根据矿物的干涉色选择试板；

③ 插入试板，观察干涉色的变化情况。

如使用石膏试板，则变化为：

一级灰—蓝　　　　　升高

一级灰—橙或黄　　　降低

如使用云母试板，按蓝绿黄橙红分析，若由黄—橙（或红）为升高，若黄—绿（或黄绿，蓝）为降低。

2）光率体轴名的测定。

① 将矿物转至消光位，此时矿片光率体切面长短半轴与目镜十字丝重合，见图4-2a。

② 至消光位转动物台45°，此时视域中矿物的干涉色最鲜明。矿片的光率体长短半轴与目镜十字丝也呈45°，见图4-2b。

③ 插入试板，根据干涉色的变化判断矿片的光率体轴名。插入试板后，同名轴平行，干涉色升高；异名轴平行，干涉色降低，见图4-2c。

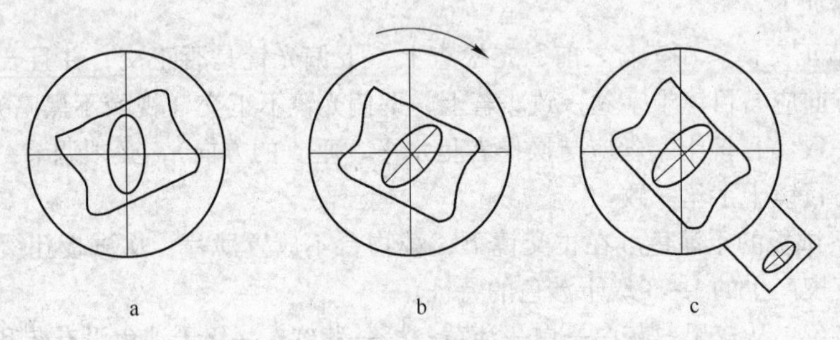

图4-2　光率体轴名的确定

a—消光位；b—至消光位转物台45°；c—插入试板

（5）测定矿片的干涉色级序。

测定矿片的干涉色级序，通常有两种方法，一种为边缘色带法，另一种是利用石英楔测定。

1）边缘色带法。当矿物边缘存在有干涉色色圈或色带时，如果最边缘的色带为一级灰白，可用边缘色带法。此法简单，但有时常碰不到边缘具有色带的矿物颗粒，如图4-3所示，则矿物的干涉色为二级绿。

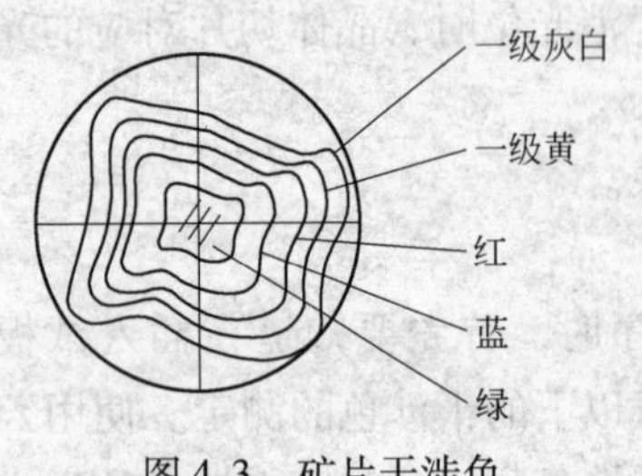

图4-3　矿片干涉色

2）用石英楔测定。

用石英楔测定矿物的干涉色级序，这是最常用的方法，具体步骤如下：

① 将欲测矿物移至十字丝中心，并旋至消光位。此时矿片光率体轴与上、下偏光镜振动方向平行；

② 从消光位转动载物台45°，此时矿片干涉色最鲜明，记住矿片的干涉色；

③ 从试板孔缓慢插入石英楔，观察矿片干涉色的变化，此时会有两种情况：

第1种，随着石英楔的插入，矿片的干涉色不断降低，颜色按红、橙、黄、绿、蓝、红的顺序变化，最后，视域中心的颜色可降为黑色或暗灰色。此时，矿片和试板异名轴平行。$R_{总}=0$，$R_{矿}=R_{石英楔}$，因两者光程差相互抵消，因而使视域中心矿物的颜色变灰暗或黑，呈消色状态。

第2种，随着石英楔的插入，矿片的干涉色不断升高，干涉色按蓝、绿、黄、橙、红的顺序变化，这时为同名轴平行。$R_{总}=R_{矿}+R_{石英楔}$，因此，应把载物台转动180°。然后，拔出石英楔，再重新慢慢插入直至消色。

④ 移开矿片，此时视域中心石英楔的干涉色即为矿片的干涉色。

⑤ 慢慢拉出石英楔，观看视域中出现几次红色。矿物的干涉色级序等于出现的红色色带数加1。如原矿物为蓝色，拉出石英楔时，出现2次红色，则矿物的干涉色为3级蓝。

（6）观察消光类型。非均质体不垂直光轴的晶体切片，在正交镜下会出现四次消光现象。根据在消光位时晶体的边棱、双晶缝、解理缝与目镜十字丝之间的位置，共分为三种类型（图4-4）。

1）平行消光：矿片消光时，解理缝、双晶缝或晶体的边棱与目镜十字丝平行，如重晶石；

2）对称消光：消光时，目镜十字丝平分解理角或晶体边棱交角的角顶，如方解石；

3）斜消光：消光时，解理缝、双晶缝或晶体的边棱与目镜十字丝斜交。当晶体处于斜消光时，测定消光角。

图4-4 消光类型图

（7）测定消光角。

1）复习消光角定义。当矿片是斜消光时，其光率体椭圆半径（即目镜十字丝）与解理缝（双晶缝或晶面边棱）之间的夹角，称消光角。测定消光角，要在定向切片上进行。

2）消光角测定步骤（角闪石或斜长石）。

① 选择合适的定向切片，如角闪石即选一具有一组完全解理缝的、平行 c 轴的（即平行光轴面）、干涉色最高的切面；

② 将此切面移至视域中心，使解理缝（或其他结晶方向）平行目镜十字丝竖丝，记下载物台读数 a；

③ 转动物台使切面处于消光位（记住旋转方向，一般向较近的消光位方向转，测锐角），记下载物台刻度 b，则 a、b 之差值即为消光角值；

④ 自消光位转45°（使平行竖丝的光率体椭圆半径平行于试板孔）；

⑤ 插入适当的试板，根据切面上干涉色的升高或降低，即可确定出与解理缝（或其他结晶方向）交角的光率体椭圆半径的名称；

⑥ 记录格式：某矿物在某晶面上的消光角为某光率体主轴∧某结晶轴 = a（°）（如：某矿物在（010）晶面上 N_g（或 N_F）∧c = 20°）。

（8）延性符号的测定。具有一向延长特性的矿物，其延长方向与光率体椭圆半径的 N_g 平行或其夹角小于45°时，为正延性；其延长方向与光率体椭圆半径的 N_p 平行或夹角小于45°时，称为负延性。测定延性符号是鉴定某些具有一向延长特征矿物的重要方法，对于斜消光的矿物，只要测定了消光角，也就确定了它的延性，对平行消光的矿物，其消光角测定方法如下：

1）将欲测矿物置于视域中心，使晶体的延长方向平行目镜十字丝的纵丝，此时矿物消光，如图4-5a所示。

2）转动物台45°，插入试板，根据干涉色的变化，确定出与延长方向平行（或夹角小于45°）的光率体椭圆半径的名称，便可知矿物的延性符号，如图4-5b、c所示。

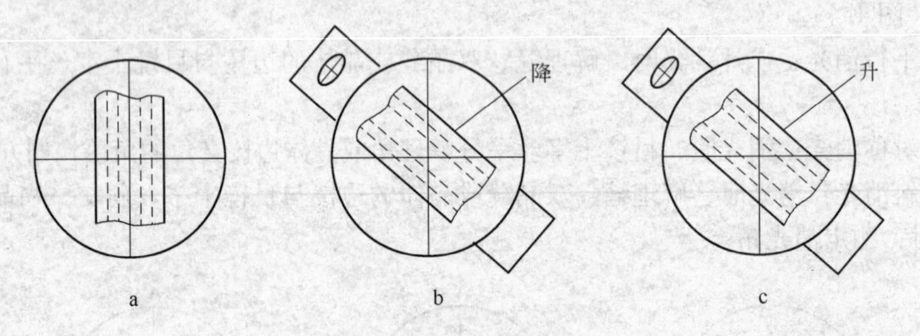

图4-5 延性符号的测定

a—消光位；b—正延性；c—负延性

（9）双晶的观察。矿物的双晶在正交镜下，表现为相邻两个单体不同时消光，呈现一明一暗的现象。这是由于两个单体的光率体椭圆方位不同。同理，两个单体的光率体也像双晶间的位置一样，互成镜像或一个单体可看成为另一个单体绕某直线旋转180°得到的。正交镜下的双晶现象也是鉴定晶体的一个方面。如长石的双晶，正长石为卡氏双晶，斜长石为聚片双晶，微斜长石为格子双晶。根据双晶可区分长石的类型，矛头双晶是耐火材料中鳞石英所特有的双晶现象。

4.5.4 实验记录与数据处理

将实验结果填入表4-9内。

表4-9 正交镜下的晶体光学性质观测

（1）观察消光现象和干涉现象					
矿物名称	树 胶	萤 石	石 英	辉 石	角闪石
消光现象					
干涉色					

续表 4-9

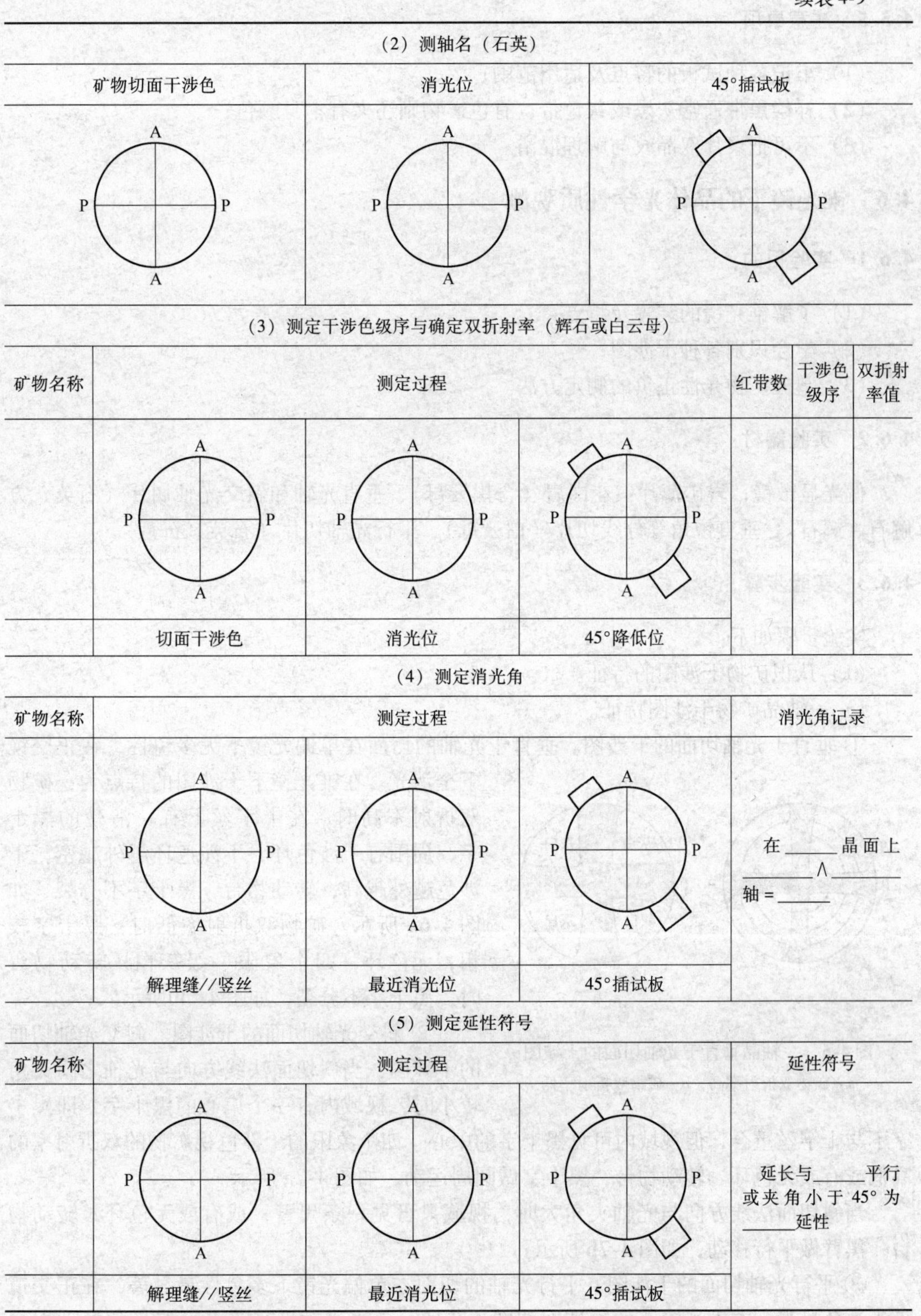

(2) 测轴名（石英）

矿物切面干涉色	消光位	45°插试板

(3) 测定干涉色级序与确定双折射率（辉石或白云母）

矿物名称	测定过程			红带数	干涉色级序	双折射率值
	切面干涉色	消光位	45°降低位			

(4) 测定消光角

矿物名称	测定过程			消光角记录
				在____晶面上 ____∧____ 轴＝____
	解理缝//竖丝	最近消光位	45°插试板	

(5) 测定延性符号

矿物名称	测定过程			延性符号
				延长与____平行或夹角小于45°为____延性
	解理缝//竖丝	最近消光位	45°插试板	

注：以上各表图中均要求表明矿物切面干涉色、试板名称、插入试板后干涉色的变化及升降，并且要求绘出试板和矿物切面上的光率体椭圆半径。

4.5.5　注意事项

（1）牢记各种试板的特点及适用范围；

（2）补偿黑带通常灰黑或灰色带，有色矿物则还夹有本身颜色；

（3）不可把聚片双晶纹与解理混淆。

4.6　锥光镜下的晶体光学性质观测

4.6.1　实验目的

（1）了解锥光镜的装置及特点；

（2）学会识别各种干涉图；

（3）掌握矿物光性正负的测定方法。

4.6.2　实验器材

偏光显微镜；岩矿薄片：花岗岩（含黑云母）、垂直光轴和斜交光轴切片（石英、方解石、辉石）、垂直锐角等分线切片（白云母）、平行光轴切片（石英、石膏）。

4.6.3　实验步骤

实验步骤如下：

（1）认识矿物干涉图的特征。

1）一轴晶矿物干涉图特征。

① 垂直于光轴切面的干涉图。垂直于光轴的切面在单偏光镜下无多色性，在正交镜下全消光。在锥光镜下干涉图的特点为：矿物双折射率高时，在十字丝上有一清楚的黑十字，周围有干涉色环，干涉色环越外越密，干涉色越外越高，转动物台，黑十字不分裂，如图 4-6a 所示。矿物双折射率低时，黑十字较粗，无色环，四个象限一级灰白，转动物台时，黑十字不分裂，如图 4-6b 所示。

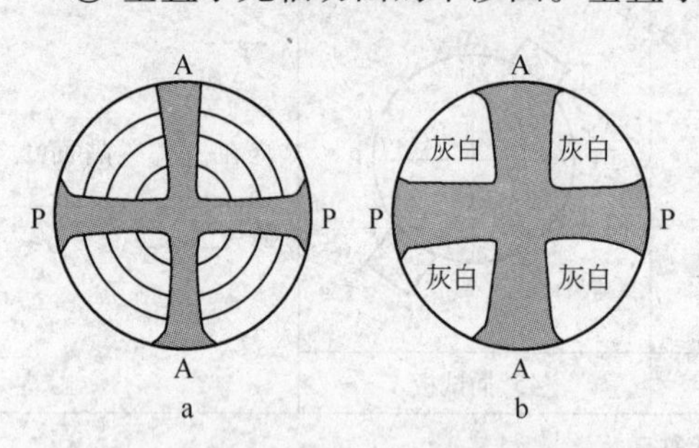

图 4-6　一轴晶垂直于光轴切面的干涉图
a—矿物双折射率高；b—矿物双折射率低

② 斜交光轴切面的干涉图。斜交光轴切面的干涉图，当斜切面法线方向与光轴之间夹角较小时，视域内有一个偏心的黑十字，即黑十字不与十字丝重合，但视域内可见黑十字的中心，四个象限的干涉色视矿物的双折射率的高低或有或无色环。转动物台，黑十字做圆周运动，如图 4-7a 所示。

当斜切面法线方向与光轴夹角大时，视域只可见一条黑臂，或有或无色环，转动物台，黑臂做平行移动，如图 4-7b 所示。

③ 平行光轴切面的干涉图。平行光轴的切面在单偏光镜下多色性最显著，在正交镜下干涉色最高。在锥光镜下的干涉图如图 4-8 所示，当光轴平行于上下偏光的振动方向时，一个粗大的黑十字几乎布满整个视域，但少许转动物台 5°～12°，黑十字跑出视域

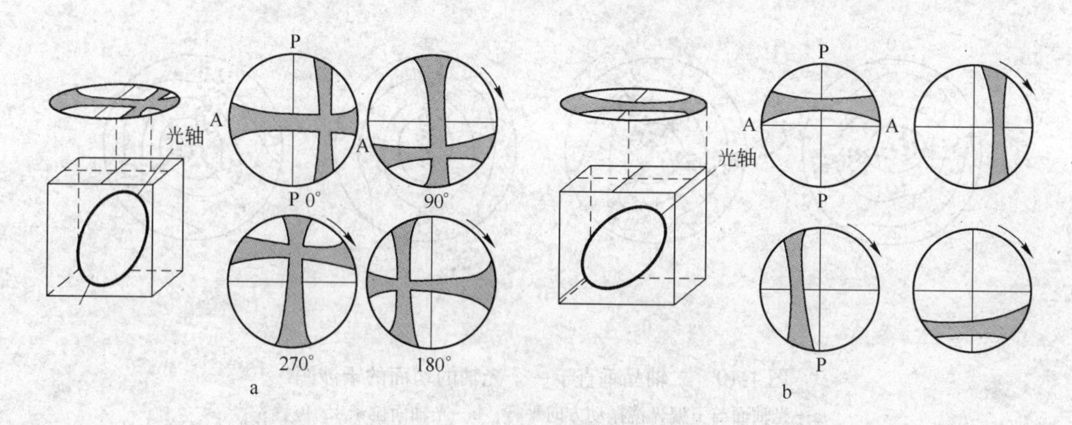

图 4-7 一轴晶斜交切面的干涉图

a—斜切面法线方向与光轴夹角小；b—斜切面法线方向与光轴夹角大

之外。

2）二轴晶矿物干涉图的特征。

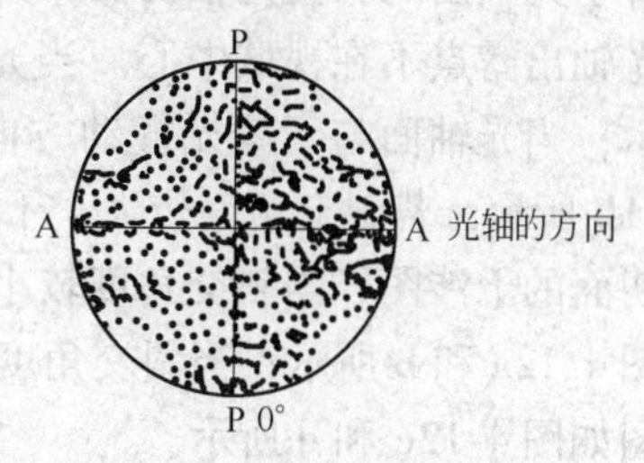

图 4-8 平行光轴切面的干涉图

① 垂直于锐角等分线 B_{xa} 切面的干涉图。当光轴面与下偏光镜振动方向平行时，干涉图由一黑十字或加“∞”字形干涉色环组成，如图 4-9a 所示，两个黑臂粗细不一，沿光轴面方向黑带细些，光轴出露点在细臂上细颈 OA 处，粗黑臂方向为 N_m 方向，即垂直于光轴面的方向。转动物台 45°，黑臂分裂成一对双曲线，双曲线的顶点为光轴出露点 OA，双曲线凸向 B_{xa} 区，B_{xa} 区的光轴面方向为 B_{xo} 方向，如图 4-9b 所示。

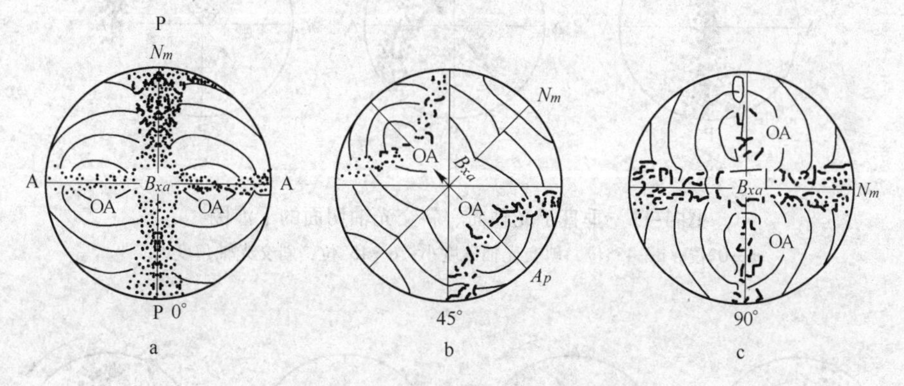

图 4-9 垂直于 B_{xa} 切面的干涉图

a—光轴面与下偏光镜振动方向平行；b—转动物台 45°；c—转动物台 90°

② 垂直于一个光轴的切面干涉图。二轴晶垂直于一个光轴的切面干涉图相当于垂直 B_{xa} 切面的干涉图的一半，且光轴出露点位于视域中心。当光轴面平行于下偏光或上偏光镜的振动方向时，干涉图如图 4-10a、c 所示；当光轴面位于 45°或 135°位置时，干涉图如图 4-10b、d 所示。

③ 斜交光轴切面的干涉图。二轴晶斜交光轴切面的干涉图较为复杂多见。一种为垂

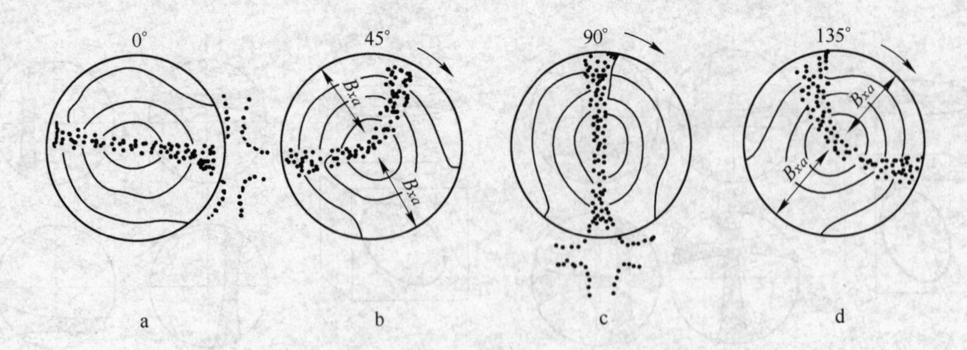

图 4-10　二轴晶垂直于一个光轴的切面的干涉图

a—光轴面与下偏光镜振动方向平行；b—光轴面位于 45°位置；
c—光轴面与上偏光镜振动方向平行；d—光轴面位于 135°位置

直于光轴面的斜交光轴切面，其干涉图类似于二轴晶垂直于一个光轴的切面的干涉图，但光轴出露点不在视域中心。当光轴面与下偏光的振动方向平行时，干涉图如图 4-11a 所示；当光轴面与下偏光振动方向成 45°位置时，若斜交光轴的角度较小，干涉图如图 4-11b 所示；若斜交角度较大，干涉图如图 4-11c 所示。另一种为斜交光轴面及斜交光轴的切面的干涉图，当斜交角度较小时，光轴出露点在视域内，0°位置与 45°位置的干涉图如图 4-12a 和 b 所示；当斜交角度较大时，光轴出露点在视域外，0°位置与 45°位置的干涉图如图 4-12c 和 d 所示。

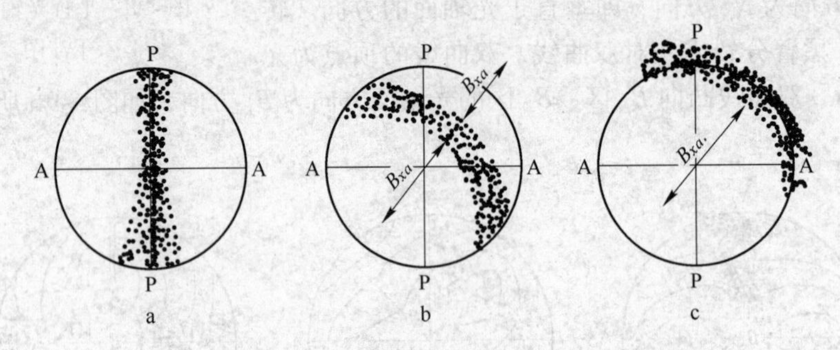

图 4-11　垂直于光轴面、斜交光轴切面的干涉图

a—0°位；b—45°位，斜交光轴角度小；c—45°位，斜交光轴角度大

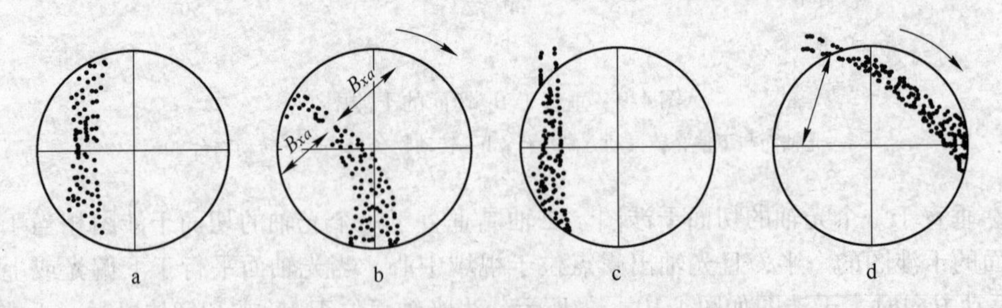

图 4-12　斜交光轴面及光轴切面的干涉图

a，c—0°位；b，d—45°位；a，b—斜交角度小；c，d—斜交角度大

④ 平行光轴面切面和垂直 B_{xo} 切面的干涉图。二轴晶平行光轴面切面的干涉图与一轴晶平行光轴的切面的干涉图相同，垂直 B_{xo} 切面的干涉图与平行光轴面切面的干涉图类似。这两种干涉图都是瞬变干涉图。

（2）一轴晶矿物光性正负的测定方法和步骤。

1）将偏光显微镜装上高倍物镜。实验中常用40×的物镜。

2）在单偏光镜和正交镜下寻找要测光性的矿物的垂直于光轴的切面或斜交光轴的切面，并将其置于视域中心。

3）加入勃氏镜和锥光镜，观察上述切面的干涉图，并判断它是属于何种切面。

4）确定上述切面干涉图的光轴出露点。

垂直于光轴切面和斜交光轴角度较小的切面的干涉图的光轴出露点是不难确定的。当斜交角度较大时，切面干涉图的光轴出露点的确定方法为：

① 一条黑臂若有粗有细，则细端指向光轴出露点，如图 4-13a 所示。

② 干涉图上若有色环，则色环凹向光轴出露点，如图 4-13b 所示。

③ 若既无色环，又不能分清黑臂粗细，可顺时针转动物台，黑臂平行移动时顺端指向光轴出露点，如图 4-13c、d 所示。

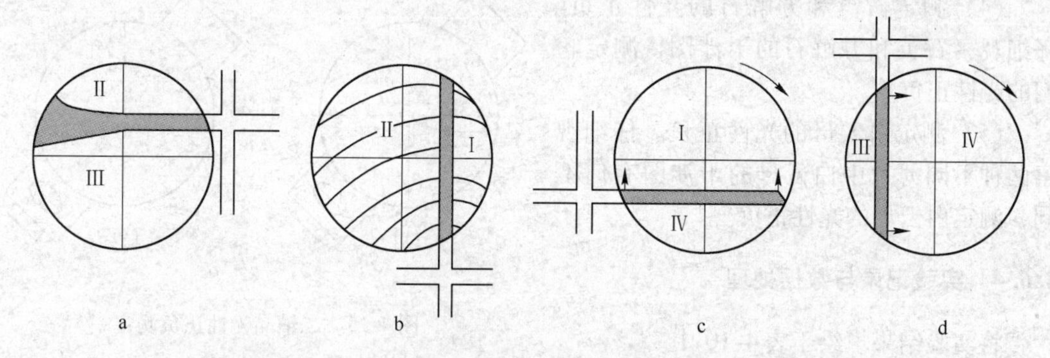

图 4-13 一轴晶斜交光轴切面干涉图光轴出露点的确定
a—细端指向光轴出露点；b—色环凹向光轴出露点；c，d—顺端指向光轴出露点

5）插入适当的补色器，确定各象限的色序升降，并判断矿物的光性正负。若插入补色器后，一、三象限色序升高，二、四象限色序下降，则 $N_e = N_g$，正光性；反之则为负光性。若干涉图有色环，插入石英楔，当缓慢推进石英楔时，一、三象限色环由外向中心移动，二、四象限色环由中心向外移动，则 $N_e = N_g$，正光性；反之负光性，如图 4-14 所示。

（3）二轴晶矿物光性正负的测定方法和步骤。

1）在锥光镜下找垂直于 B_{xo} 切面的干涉图或垂直于一个光轴切面的干涉图或垂直于光轴面切面的干涉图，旋转物台使其光轴面处于45°位置，这时锐角区光轴面方向代表 B_{xo} 方向，钝角区光轴面方向代表 B_{xa} 方向，如

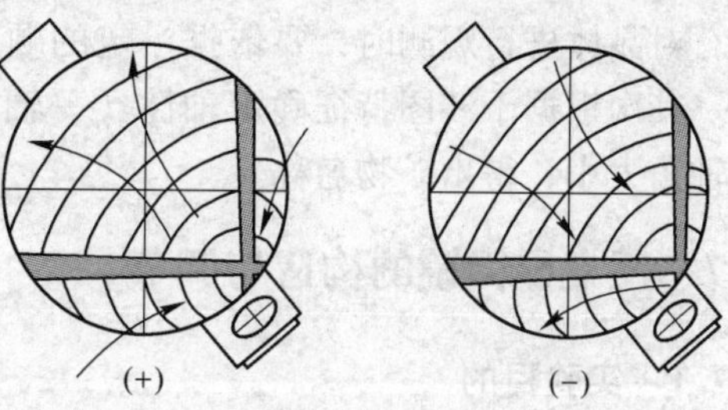

图 4-14 一轴晶光性正负的测定

图 4-10b、图 4-11b、图 4-12b 所示。

2）插入适当的补色器，观察锐角区、钝角区色序的升降变化，确定光性正负。

若锐角区色序升高，钝角区色序下降，则 $B_{xa}=N_g$，$B_{xo}=N_p$，属正光性；反之则为负光性，如图 4-15a、c 所示。

① 用石膏试板测定二轴晶光性正负；

② 用石英楔测定二轴晶光性正负；

③ 二轴晶垂直一个光轴切片的干涉图的光性正负测定（加入石膏试板）。

若干涉图有 ∞ 形色环，则应插入石英楔，缓慢插入石英楔时，锐角区色环由外向中心移动，钝角区色环由中心向外移动，则 $B_{xa}=N_g$，$B_{xo}=N_p$，正光性；反之为负光性，如图 4-15b 所示。

（4）测定石英和方解石的光性正负。仔细观察石英和方解石的干涉图，测定它们的光性正负。

（5）测定白云母的光性正负。仔细观察两种不同薄片中白云母的干涉图有何不同，测定白云母的光性正负。

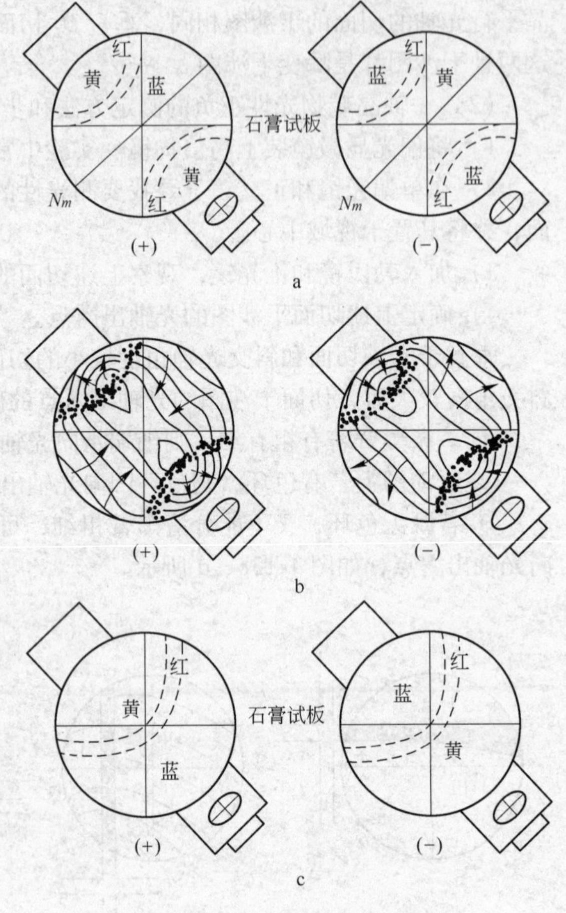

图 4-15 二轴晶光性正负测定

4.6.4 实验记录与数据处理

将实验结果填绘于表 4-10 中。

表 4-10 锥光镜下的晶体光学性质

矿物	干涉图切面	第二、四象限		锐角区		光性正负
		色序	色环	色序	色环	

4.6.5 注意事项

对晶体进行观测时，要依据一定的顺序。首先根据有无干涉图区分均质体与非均质体。其次根据干涉图特征确定轴性（一轴晶或二轴晶）、切片方向。最后测定光性符号、光轴角大小，得出矿物名称。

4.7 反光显微镜的构造与调节

4.7.1 实验目的

（1）熟悉反光显微镜的构造、光路原理及各部件的名称；

（2）学会反光显微镜的操作；

（3）了解反光显微镜的维护保养。

4.7.2 实验器材

BM12 型透反两用显微镜；擦镜纸；光片（已抛光浸蚀好）。

4.7.3 实验步骤

实验步骤如下：

（1）反光显微镜构造及各部件的认识。反光显微镜（也称金相显微镜）样式很多，原理相同，都是通过自试样表面的反射光束来观察分析制品的显微结构，图 4-16 是上海光学仪器五厂生产的 BM12 透反两用金相显微镜。反光显微镜的构造与偏光显微镜有相似的镜座、镜臂、镜筒和目镜。

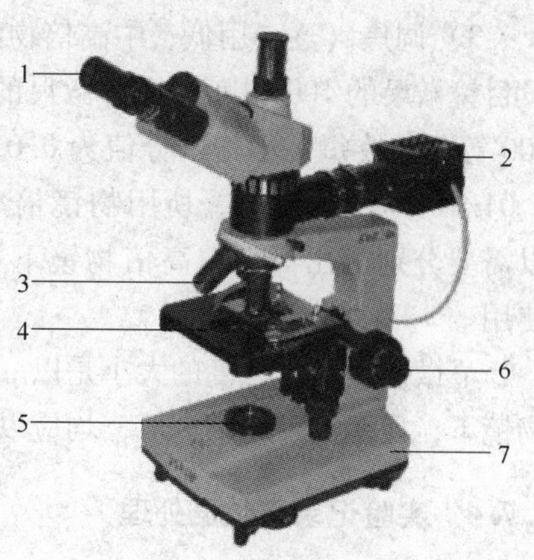

图 4-16 上海光学仪器五厂生产的 BM12 透反两用正置金相显微镜

1—目镜；2—光源、灯泡；3—物镜；4—物台；5—光阑；6—调焦螺旋；7—镜座

（2）反光显微镜的调节。反光显微镜的调节主要包括物镜（或物台）中心的校正、偏光系统的校正和垂直照明系统的校正三部分。物镜中心的校正和偏光系统的校正与偏光显微镜的校正基本相同，垂直照明系统的校正中最重要的是调节照明光源。

1）调节光源。

装上物镜和目镜，调节孔径光阑至 10mm 处（可在光阑的刻度上读出），接通电源，观察视域中亮度是否均匀（视域中出现最亮的部位是否居于中间或偏斜一边），当发现视域中亮度不均匀时，要调节灯座（转动灯座时，要使偏心圈和灯座上的两红点对齐），使视域最亮并均匀，然后再拧转偏心圈（使两小红点分开），固定灯座，有些质量较好的显微镜上的照明光源调节较复杂，要严格遵照显微镜说明书上规定的步骤操作。

2）调节视场光阑。转动视场光阑环，缩小光阑至成一小亮圆，此时小亮圆中心若与视域中心（十字丝交点）重合，则无需校正。若有偏斜，则需拧动视场光阑校正螺丝进行校正。校好之后，即可根据观察需要转动视场光阑环调节观察范围（注意：光阑开合时，需眼看视域缓缓开合，切勿用力过度。光阑最大只能开启到与视域边缘重合的大小）。

3）调节焦距。将欲测矿物光片置于载物台上，眼看物镜头，转动粗动螺丝下降物台，至物镜与矿物仅有一缝之隔时，再眼看目镜筒，转动粗动螺丝上升物台少许，当视域中见到物像并较清楚时，再缓缓转动微动螺丝升降物镜至物像完全清晰为至。

（3）反光显微镜的操作。

1）先轻轻地将显微镜搬出，对照说明书，检查部件是否齐全，有无损坏。

2）取下物镜筒中的防尘盖，装上 10 × 的目镜。

3）取下物镜转换器上的防尘盖，同时装上低倍、中倍及高倍物镜（注意不要加装100×的油浸物镜）。

4）变压器接通电源，将显微镜光源插头插在变压器插座上。一般用6V，调节反光镜的光量，使视域明亮。为提高物象的分辨率，可在反光镜上加一蓝色滤光片。

5）将观察用光片放在物台上。转动物镜转换器，先后进行低、中、高倍物镜的调焦实验，直至看清物像为止。此项应多进行几次，熟练掌握，调焦时应先粗动，后微动。

（4）测定目镜微尺的刻度值。

1）将目镜的目透镜旋下，把目镜微尺玻片加在金属光阑上，旋上目镜，放镜筒中。

2）将物台显微尺放在物台上。

3）调焦（逐一用低、中高倍物镜），使物镜微尺与目镜微尺平行排列并且0线重合。设目镜微尺的100刻度与物台微尺的190刻度相等。由于物台微尺的长度为2mm，分为200等分，故每一小格的分值为0.01mm，由此可以算出目镜微尺每一小格的值=190×0.01/100=0.019mm，所用物镜倍率不同，则目镜微尺的每一小格的尺度也不同。所以需要分别测出低、中高倍物镜下目镜微尺的分值并记录下来，以备测量晶体粒径时使用。

显微镜下度量粒度的大小是以μm为单位的，1μm=0.001mm。所以测定不同倍率的物镜下，目镜微尺的刻度值，均应以μm为单位的刻度值。

4.7.4 实验记录与数据处理

熟记反光显微镜的操作。

4.7.5 注意事项

（1）使用时务必爱护，谨慎小心，严防损坏；

（2）仪器使用前必须进行检查镜身各部件是否完好；

（3）显微镜各种附件及实验用光片等严防坠地、跌落、随意放置或夹在书内，用毕立即放回原处；

（4）显微镜使用完毕后，必须再次检查，清点附件，放回原处。

4.8 制片技术

4.8.1 目的要求

（1）了解薄片、光片的制作过程；

（2）初步掌握制片基本技术。

4.8.2 实验器材

切片机；磨片机、磨片玻璃板；抛光机、抛光板；100号~1000号金刚砂（SiC）、抛光粉（Fe_2O_3或Al_2O_3）；光学树胶（固体、液体）、硫黄粉、酒精、二甲苯；酒精灯及灯架、薄铁板；载玻片、盖玻片、瓷把皿；铁锤、光片模具、电炉；偏光显微镜和反光显微镜。

4.8.3 实验步骤

实验步骤如下：

（1）薄片制作步骤。

1）在切片机上，切下一块厚约 1cm 的样品标本（矿物、岩石、玻璃、陶瓷、水泥等）。

2）在磨片机上，用 100 号金刚砂将标本磨成约为盖玻片大小（$4cm^2$）的小方块，再将小方块的一面磨平，即在磨片机或玻璃板上，用金刚砂加水粗磨（200 号砂）、中磨（600 号砂）及细磨（800 号 ~ 1000 号砂），然后洗净，晾干。

3）取载玻片一片置于薄铁板上，用酒精灯加热少时，涂适量光学树胶于玻璃上，将标本小方块之磨平面粘在溶化的树胶上，取下载玻片放在桌上，使标本块向下，轻轻推压载玻片，排除气泡，少时胶即凝固。

4）将载玻片上标本的另一面，进行粗磨 - 中磨 - 细磨，磨平、磨薄至 0.03mm（一般以石英切面呈灰白或黄白干涉色为准），洗净金刚砂，晾干。

5）在标本薄片上涂适量光学树胶（液体），取盖玻片一片，擦净后加盖上去（勿使标本外露），稍稍推压以排除气泡。

6）用酒精或二甲苯洗净盖玻片周边（若周边树胶过厚，则需先用烤热的小刀切铲后再洗），则薄片即告制成。

7）疏松多孔的岩石标本，磨制前需先浸没在溶化的树胶中加以黏接后，才能依上法制成薄片。

8）易水解或溶解的矿物，在磨制过程中需用机油代替水。

9）含水矿物（石膏等）为防止其脱水，上胶粘片时，需稍稍冷却。

（2）光片制作步骤。

1）用铁锤将水泥熟料或其他标本敲成小块（约 3 ~ 5mm 直径），取 3 ~ 5 粒均匀分散置于光片模具底部；

2）将盛有硫黄粉瓷把皿放在电炉上加热至硫黄熔润。

3）将熔润硫黄倒入光片模具中（注意：勿冲乱原来矿粒位置），待硫黄冷却凝固后，脱模出来即成光片。

4）将脱模后的光片在磨片机或玻璃板上用金刚砂加水进行粗磨 - 中磨 - 细磨，至光片表面平整，磨痕细而均匀时为止。

5）将磨好之光片在抛光机或抛光板上用抛光粉（Fe_2O_3 或 Al_2O_3）加滴无水乙醇反复抛光以除去表面磨痕，使之光滑如镜，无明显擦痕，在 300 倍镜下可见矿物大致轮廓，则光片制成。

（3）光薄片的制作步骤。光薄片是既能在偏光显微镜下观察，又能在反光显微镜下观察的两用薄片。其制作过程与薄片大致相似，区别在于光薄片粘片前磨平面需经抛光，粘片后，另一面磨至 0.03mm 标准厚度后也要进行抛光，且不加盖玻璃片。光薄片制作比较困难，操作必须精细。

4.8.4　实验要求

在教师指导下，每个学生制作合格薄片、光片各一块。

4.9　硅酸盐水泥熟料的观察

4.9.1　实验目的

（1）学会光片的制备和侵蚀；
（2）认识硅酸盐水泥熟料中的主要物相及其显微结构特征；
（3）了解工艺条件与硅酸盐水泥熟料显微结构的关系；
（4）掌握矿物粒径和质量分数的测定方法。

4.9.2　实验原理

水泥的质量主要决定于熟料的质量。用岩相学的方法研究水泥熟料的矿物组成和显微结构，并通过它了解生产过程中可能出现的种种问题，了解熟料形成和水化过程的机理。主要实验方法是制好水泥熟料光片，并通过研磨、抛光、浸蚀等一系列过程，得到高质量的水泥熟料光片，然后在反光显微镜下观察水泥熟料的岩相结构，并对其在不同溶液浸蚀下呈现出的状态做出简单的分析。

4.9.3　实验器材

（1）反光显微镜；
（2）水泥熟料光片；
（3）抛光粉（Fe_2O_3 或 Al_2O_3）；
（4）抛光机、抛光板；
（5）无水乙醇（分析纯）；
（6）浸蚀剂：蒸馏水、1%氯化铵水溶液、1%硝酸酒精溶液；
（7）滤纸及擦镜纸；
（8）电吹风机。

4.9.4　实验步骤

实验步骤如下：

（1）光片的抛光。

1）块状试样可切片后或直接制成光片，细粒和粉末状试样需用硫黄、环氧树脂等浇铸成型后磨制，结构疏松的试样应先煮胶才能成型制片。

2）粗磨选用粒度为 20～40μm 的金刚砂在磨片机上进行，磨至试样颗粒均匀地露出表面，与水会起作用的试样应用无水酒精或甘油磨制。

3）细磨选用 3.5～14μm 金刚砂或刚玉粉，可在玻璃盘上加水或酒精、甘油研磨，细磨是磨制过程的重要步骤，一定要保证其质量。

4）采用粒度在 3.5μm 以下的刚玉微粉放在金丝绒抛光盘上进行抛光，也可在包有白绸布的玻璃板上手工抛光，在抛光过程中需不断注入抛光磨料液，使抛光织物保持一定的湿度，至试样表面呈镜面方可。

（2）光片的侵蚀。

1）已抛光的光片，用鹿皮仔细擦净。

2）浸湿剂及浸湿条件。

抛光好的光片，其表面仍覆盖着一层千分之几毫米厚的非晶质薄膜，使晶体的轮廓界限及显微结构分辨不清，需用适当的浸湿作用于光片表面，先使非晶质薄膜溶解，进而引起矿物表面不同程度的溶解或生成带色彩的沉淀，方能显现出矿物的清晰轮廓及显微结构特征。常用的浸湿剂和浸湿条件如表 4-11 所示。

表 4-11　常用浸湿剂和浸湿条件

浸湿剂名称	浸湿条件	显形矿物的特征
无	不浸湿直接观察	方镁石：突起较高，周围有一黑边，呈浅粉红色 金属铁：反射率强，亮白色
蒸馏水	20℃，8s	游离氧化钙：呈彩色 黑色中间相：呈蓝、棕、灰色
1%氯化铵水溶液	20℃，3～5s	A 矿：呈蓝色，少数呈深棕色 B 矿：呈浅棕色 游离氧化钙：呈彩色麻面 黑色中间相：呈灰黑色 白色中间相：不受浸湿
1%硝酸酒精溶液	20℃，3s	A 矿：呈深棕色 B 矿：呈黄褐色 游离氧化钙：受轻微腐蚀 黑色中间相：呈深灰色 白色中间相：不受浸湿

光片浸湿必须严格按照表 4-11 中浸湿剂的条件操作。在室温下浸湿光片，浸湿时间要随温度高低作适当调整。室温低时，浸湿时间要适当延长。

3）浸湿操作。选择好适当的侵蚀剂后，将光面全部浸在该侵蚀剂内，并不断晃动。

侵蚀一定时间后，即把光片取出，用滤纸吸去光片表面所附着的试剂，并迅速用吹风机吹干；然后放在反光显微镜物台上进行观察，若光片浸湿适度，则各矿物特征将如表 4-11 显现，若浸湿不足或侵蚀过度，则需重新抛光，重新侵蚀。

（3）认识组成硅酸盐水泥熟料的主要矿物。将侵蚀后的光片（光面朝上）固定在橡皮泥上，并用压平机压平，置于反光显微镜下进行观察。表 4-12 示出硅酸盐水泥熟料主要物相的形态特征。

（4）显微镜下矿物粒径的定量分析。

1）测定目镜刻度尺每格所代表的长度。

① 在一定放大倍数物镜下，将物台测微尺置于载物台上，准焦。

② 旋转物台，使物台测微尺与目镜刻度尺平行，并使两刻度零点对齐。

③ 观察两微尺分格线再次重合的部位，分别读出两者再次重合时的格数。已知物台测微尺每分格为 0.01mm，从而计算出该放大倍数物镜下目镜刻度尺的格值。

④ 按上述方法求出各放大倍数物镜下目镜刻度尺每格的实际长度（格值），记录下来备用。

2）读出矿物的长（不等向颗粒）和直径（圆形颗粒）所占目镜刻度尺的格数，乘以所使用放大倍数物镜下目镜刻度尺的格值，即为矿物的粒径（μm）。一般需测定 10 ~ 15 个颗粒，取其平均值作为该矿物的平均粒径。

（5）显微镜下矿物质量分数的测定。

1）直线法。

① 将矿物光片置于载物台，并使其左上角移至视域中心；

② 分别记录该视域中目镜刻度尺截取各种矿物的格数；

③ 移动光片使第二个视域紧挨着第一个视域，如此一个挨一个视域地进行测定，直至光片上第一条线测定完毕；

④ 将光片移至第二条线上，移动距离约等于矿物颗粒的平均直径，以同样方法继续进行测定；

⑤ 整个光片测定完毕后，统计出各矿物的累计格数和累计长度，按下式计算各矿物的质量分数：

$$G_n = \frac{L_n d_n}{L_1 d_1 + L_2 d_2 + L_3 d_3 + \cdots + L_n d_n} \times 100\%$$

式中　G_n——某矿物质量分数，%；

L_1，L_2，L_3，…，L_n——各矿物的累计长度；

d_1，d_2，d_3，…，d_n——各矿物的相对密度。

2）目估法。

① 将矿物光片置于载物台上，准焦后任意选取一视域。

② 使用已知体积分数的标准参比图进行比较，直接估读此视域中各种矿物的体积分数。

③ 移动光片使第二个视域紧挨第一个视域，以此类推，至少需观察 10 个视域，取其平均值，并按下式换算成质量分数：

$$G_n = \frac{V_n d_n}{V_1 d_1 + V_2 d_2 + V_3 d_3 + \cdots + V_n d_n} \times 100\%$$

式中　G_n——某矿物质量分数，%；

V_1，V_2，L_3，…，V_n——各矿物的体积分数；

d_1，d_2，d_3，…，d_n——各矿物的相对密度。

（6）硅酸盐水泥熟料光片在反光镜下观察的内容。

1）未经侵蚀光片的观察。

① 观察有无方镁石，其形态、大小和分布特征，是否呈游离状态或包裹于 A 矿之中。

② 观察有无金属铁，其形态和分布特征。

2）1% 硝酸酒精溶液侵蚀光片的观察。

① 硅酸三钙（C_3S，A 矿）。

第一，A 矿的形态特征，观察其晶形、边棱、包裹体和表面状况，有无熔蚀、分解现象。

第二，A 矿的分布状况，与其他相的接触关系。

第三，测定 A 矿（长度方向）的粒径范围，观察 A 矿颗粒的均匀程度。

第四，目估 A 矿含量。

② 硅酸二钙（C_2S，B 矿）。

第一，B 矿的形态特征，观察有几种形状 B 矿存在，A 矿周边和液相中有否 B 矿析出，B 矿表面的麻点、裂纹、粗细条纹等。

第二，B 矿的分布状况，与其他相特别是 A 矿、游离氧化钙的接触关系，有否形成矿巢或被包裹于 A 矿之中。

第三，测定 B 矿（直径）的粒径范围，观察 B 矿粒径的均匀程度。

第四，目估 B 矿含量。

③ 中间体。

第一，黑色中间相（铝酸盐）的形态特征，分布是否均匀，与其他相的接触关系。

第二，白色中间相（铁铝酸盐）的形态特征，分布是否均匀，与其他相的接触关系。

第三，中间体中有否偏析现象，偏析的为何物相。

第四，目估中间体和硅酸盐矿物的含量，白色中间相和黑色中间相的含量。

④ 游离氧化钙（f－CaO）。

第一，f－CaO 的形态特征，有几种形态的 f－CaO 存在，并区分一次 f－CaO 和二次 f－CaO。

第二，f－CaO 的分布状况，有否形成矿巢或被包裹于 A 矿之中或与二次 B 矿呈共析结构等。

第三，目估 f－CaO 的含量。

⑤ 观察孔洞的形状及分布。

⑥ 根据观察结果，分析推断工艺条件（原料、烧成温度、冷却制度及窑内气氛等）对硅酸盐水泥熟料物相组成和显微结构的影响，从而找出存在问题，予以改进，提高熟料质量。

4.9.5 实验记录与数据处理

将实验结果填绘于表 4-12 中。

表 4-12 反光显微镜下水泥熟料的岩相分析

观察内容	A 矿	B 矿	黑色中间相	白色中间相	f－CaO	方镁石	孔洞	其他
观察结果								

视域编号	矿物体积分数				
	A 矿	B 矿	中间相	f－CaO	其他
1					
2					
3					
平均					

4.9.6　注意事项

了解熟料各物质的化学性质，正确选择浸蚀剂和浸蚀条件，掌握各物质的镜下特点。

4.10　陶瓷岩相观察

4.10.1　目的要求

（1）了解陶瓷材料的品种、分类及矿物原料；

（2）熟悉陶瓷材料的制备工艺及岩相特征；

（3）学会用光学显微镜观察陶瓷岩相。

4.10.2　实验原理

陶瓷岩相观察主要是指在显微镜下观察陶瓷中不同的相的存在和分布；晶粒的形状、大小和取向；气孔的形状和位置，各种杂质、缺陷和微裂纹的存在形式和分布以及晶界特征等。通过岩相特征分析，可以判断陶瓷的性能和质量。同时，通过对生产工艺过程中各因素的总结、对比，掌握陶瓷岩相的变化特征，分析工艺过程的各种条件是否合理，找出生产上存在问题的原因，从而提出改进办法，以达到指导生产改善产品质量的目的。

4.10.3　实验器材

（1）偏光显微镜及反光显微镜；

（2）陶瓷薄片及试样等。

4.10.4　实验步骤

实验步骤如下：

（1）观察高压电瓷。

1）晶相。

① 莫来石：鳞片状（镜下集合体呈云雾状）、针状，干涉色一级灰至黄。

② 残余石英：无固定形态，因受高温煅烧而颗粒圆钝，边缘出现熔蚀带。

③ 方石英：在石英颗粒边缘呈粒状，有时整个石英颗粒均变为粒状方石英而留下石英假象。

2）玻璃相。玻璃相呈非晶态填充于晶相之间，正交镜下为均质体。常保留石英、长石原形。

3）气相（气孔）。气孔若为穿进整个薄片者，则在单偏光镜下为无色透明。若为未穿透薄片者，则为黑色（研磨时污染所致），在正交镜下为均质体。

4）电瓷釉。电瓷釉施于瓷坯表面，厚约 0.1 ~ 0.4mm，以玻璃相为主，其中尚有少量残余石英及着色剂小颗粒。

5）结构类型。其为玻基交织斑状结构。

（2）观察刚玉瓷。

1）晶相。刚玉（$\alpha-Al_2O_3$），三方晶系，偏光镜下呈柱状或板状，无色透明，突起高，干涉色一级灰白，柱形切面平行消光，负延性，一轴晶，负光性，反光镜下呈白色。晶体上常有针孔状气孔。

2）玻璃相。刚玉瓷中玻璃相极少或没有，一般常出现在晶界里。

3）气相。刚玉晶体上常有针孔状气孔出现，晶界里也常有气孔出现。

4）结构类型。其为等粒结构。

（3）观察莫来石瓷。

1）晶相。

① 莫来石。斜方晶系，偏光镜下呈柱状、针状，有时出现多色性，正中突起，干涉色一级黄，柱面平行消光，菱形横断面为对称消光，正延性，二轴晶，正光性；反光镜下呈白色。

② 少量刚玉晶体。

2）玻璃相及气孔：少量。

3）结构类型：交织结构。

4.10.5 实验记录与数据处理

将观察结果综合填绘于表4-13中。

表4-13 陶瓷岩相观察

样品名称	观察条件	绘图	文字描述
高压电瓷			
刚玉瓷			
莫来石瓷			

4.10.6 注意事项

观察岩相时，一定要对原料性质及煅烧过程中发生的物理化学变化有清楚认识，识别岩相有时要借助X射线衍射。

4.11 耐火材料显微结构观察

4.11.1 实验目的

（1）熟悉耐火材料的制备工艺及岩相特征；

（2）学会用光学显微镜观察耐火材料；

（3）认识几种耐火砖的显微结构特征。

4.11.2 实验原理

材料中不同相对光的反射率不同，因而通过光学显微镜可形成不同的像，通过耐火材料中不同的相的存在和分布；晶粒的形状、大小和取向；气孔的形状和位置，各种杂质、缺陷和微裂纹的存在形式和分布以及晶界特征等的观察，判断耐火材料的性能和质量。

4.11.3 实验器材

（1）偏光显微镜及反光显微镜；

（2）硅砖光片及薄片；

（3）镁砖光片；

（4）抛光粉、抛光板；

（5）腐蚀剂：HF，1∶1HCl 水溶液；

（6）滤纸、擦镜纸。

4.11.4 实验步骤

实验步骤如下：

（1）投影仪显示各种耐火材料的显微结构。

（2）硅砖显微结构的观察。

1）将抛光好的硅砖光片用 HF 腐蚀，充分水洗，滤纸吸干，再用电吹风机吹约 10min。

2）在显微镜下，轮换观察硅砖的光片和薄片，并对观察结果进行综合分析。

3）观察石英颗粒表面显微裂纹。

① 显微裂纹的宽度和网纹密度。

② 亚稳方石英。出现在石英颗粒表面或裂纹处，呈无定形状，单偏光镜下无色透明，正交镜下呈均质性。若石英颗粒网纹中的亚稳方石英在单偏光镜下呈现某种淡黄色调，则说明矿化剂作用已达到颗粒内部。

4）观察石英颗粒边缘部位的棕色反应环（鳞片状亚稳方石英）。反应环在单偏光镜下呈淡黄色或黄褐色，正交镜下呈均质性。在高倍镜下可见到石英大颗粒反应环带中有鳞石英微晶析出。

5）观察基质鳞石英化程度。

① 鳞石英呈柱状、片状晶形，常具矛头双晶。单偏光镜下无色透明，负突起，正交镜下一级灰干涉色，平行消光，负延性。观察时应注意鳞石英的数量、结晶大小、分布及

矛头双晶的自形程度。

② 转化较好的优质硅砖中，有多量鳞石英，基质已完全鳞石英化，鳞石英多呈全自形，矛头双晶，互相穿插成密集网络状，均匀分布于硅砖中，少量硅酸盐及玻璃相充填于其中，残余石英无或极少。

③ 转化较差的劣质硅砖中，残余石英较多，其颗粒表面裂隙粗而少，方石英化程度差（甚少均质化），基质中鳞石英化也差，未形成细晶的网络结构。

6）硅酸盐相结晶情况。

① 硅砖中若出现硅酸盐结晶（如假硅灰石、钙铁辉石等）是不理想的情况，需注意观察其种类、数量及分布。

② 主要硅酸盐结晶矿物的光学性质。

假硅灰石：二轴晶，正光性，呈板条状晶形，单偏光镜下无色透明，突起中等，正交镜下双折射率较高，最高干涉色可达三级绿，平行消光，负延性，可见聚片双晶，假硅灰石出现在以石灰乳作结合剂的硅砖中。

钙铁辉石：二轴晶，正光性，呈柱状晶形，单偏光镜下呈浅绿、黄绿、褐绿色，具弱多色性，正高突起。正交镜下干涉色一级紫，常为异常干涉色，横切面对称消光，纵切面斜消光，消光角大，可达 48°，可见简单或复杂双晶。钙铁辉石出现在矿化剂中含有 Fe_2O_3 的硅砖中。

（3）镁砖显微结构的观察。

1）将镁砖光片抛光好，不需腐蚀，直接置于反光显微镜下观察。

2）观察主晶相方镁石的结晶程度、结合程度、数量及分布的均一性，并且目估其百分含量。

3）观察硅酸盐相的数量、分布均匀性及其与方镁石的结合情况，并且目估其百分含量。

4）观察铁酸镁脱溶现象：

① 在 85 ~ 90℃下，用 1 : 1HCl 水溶液腐蚀镁砖光片 4 ~ 15min，用滤纸吸干，观察有无铁酸镁脱溶现象，若有则观察其分布情况。

② 铁酸镁：反光显微镜下呈灰色，显淡棕色色调。它在镁砖中一般呈不规则粒状连成网状分布在方镁石周围。含有一定 Fe_2O_3 的镁砖，经缓慢冷却后形成铁酸镁脱溶结构。

5）镁砖显微结构的一般特征如下：

① 普通镁砖：主晶相方镁石呈半自形粒状或浑圆状，晶体之间的直接结合率较低。方镁石晶粒间被硅酸盐相和铁酸镁所充填分隔，硅酸盐相局部较富集，形成硅酸盐 - 方镁石混晶区，基质中小颗粒方镁石少。为多相不均匀的结构，其制品性能较差。

② 烧结良好的镁砖：其主晶相方镁石晶体呈粒状，轮廓清楚，大小均匀，发育良好，接触紧密。晶间硅酸盐相较少且分布均匀，呈方镁石 - 方镁石直接结合。基质也为小颗粒方镁石组成，溶质含量较少，色浅，具有此结构的镁砖制品性能良好。

4.11.5 实验记录与数据处理

描述所观察耐火材料的岩相特征。

本章小结

鉴定未知矿物、物质的方法有肉眼鉴定法、显微鉴定法及其他鉴定法。肉眼鉴定法可概括为六看、七试、品八味及简易化学法四个步骤。其中六看指看颜色、条痕、光泽、透明度、形态、解理或断口；七试指试硬度、密度、磁性、韧性、发光性、火烧和水浸、手感和嗅觉；品八味指用口尝矿物的味道；简易化学法指通过化学试剂与矿物的反应情况来鉴定物质。显微识别矿物的方法很多，偏光显微镜下可观察矿物的光学性质，如干涉色、多色性、折光率大小，是哪个晶系等光学特征。电子扫描显微镜是附有能谱的仪器，除了观看矿物表面特征的同时，还能知道它的化学成分，因此可以初步确定矿物种类和名称。使用电子探针能准确地确定矿物的化学成分。此外，通过 X 射线衍射仪也能准确测定矿物的结构特征。

生产工艺影响材料的组成及显微结构，因此，岩相分析必须与生产工艺相联系，必须对原料种类、来源、性状、生产过程中发生的物理化学变化要有充分了解。只有这样，才能对生产过程中存在的问题做出正确的判断，才能提出有效的改进措施。

思考题

4-1　矿物的晶体化学分类与工业分类各有什么特点？

4-2　矿物学知识在所学专业中有何重要意义？

4-3　举例说明解理面与晶面的区别。

4-4　如何区分石英和方解石？

4-5　如何从成因、矿物成分和结构构造等方面区别三大类岩石？

4-6　为什么有些矿物的条痕与颜色不一致，如何从成因、矿物成分和结构构造等方面区别三大类岩石？

4-7　如何区分石灰岩与大理岩、石英砂岩与石英岩、花岗岩与片麻岩、大理岩与石英岩？

4-8　岩石学在你所学专业中有何重要意义？

4-9　偏光显微镜构造中，若上偏光镜（或下偏光镜）的振动方向已固定在十字丝南北向（或东西向）上时，不用黑云母解理的切面，如何确定下偏光镜（或上偏光镜）的振动方向？

4-10　当上、下偏光镜振动方向互相垂直时，视域内为什么不够黑暗？

4-11　为什么黑云母不同方向切面的多色性显著程度不同？

4-12　角闪石具有两组解理，为什么在镜下可见一组、两组或无解理三种切面？

4-13　方解石等碳酸盐类矿物在单偏光镜下的鉴定特征是什么？

4-14　为何在晶体的边缘能看到贝克线，贝克线主要有什么用？

4-15　均质体、非均质体和晶质体、非晶质体有何区别？

4-16　何为“双折射现象”，一轴晶、二轴晶的双折射现象有什么区别？

4-17　叙述各晶系晶体的光性方位特点。

4-18　一轴晶垂直于光轴切面的干涉图，为什么插入石膏试板后黑十字变成红十字？

4-19　全消光和消色有何区别？

4-20　试叙述补色法则及各种试板的适用范围。

4-21　如果一束光从 $N=1.54$ 的介质射入到 $N=1.43$ 的介质中，问入射角等于多大时，将发生全反射现象？如果从 $N=1.43$ 介质射入到 $N=1.54$ 介质中，会发生全反射现象吗，为什么？

4-22　图 4-17 示出了某矿物的干涉图及插入石膏试板后干涉色的变化，判断该矿物的轴性和光性。

4-23　普通角闪石的主折射率 $N_g=1.70$，$N_m=1.691$，$N_p=1.665$，确定普通角闪石的光性符号。

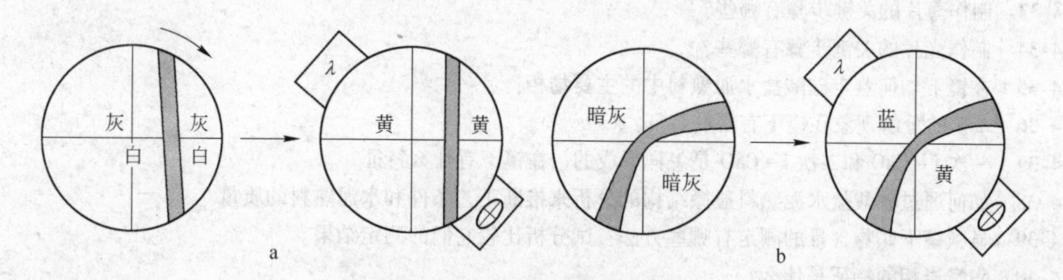

图 4-17 矿物轴性和光性的判断

4-24 将光率要素名称（N_g、N_m、N_p、光轴、光轴面、B_{xa}、B_{xo}）填入图 4-18 的干涉图，并确定光性正负。

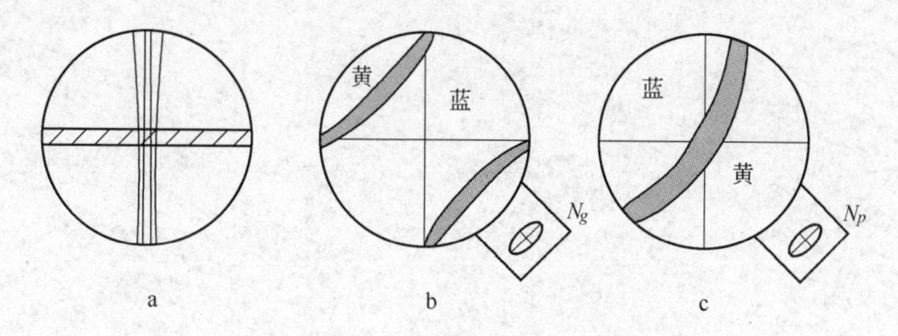

图 4-18 矿物光性和轴性的判断

4-25 一个立方体的单晶体，由于切片方向不同，在镜下可以看到多少种形状？

4-26 测定一轴晶和二轴晶矿物的多色性，各至少需要几种什么样的切片？

4-27 下列某一矿物，在单偏光下，属正中突起；在正交镜下，呈一级黄干涉色，晶体呈针状、放射状；延性有正、有负，试判断为哪一种晶体？

（1）β-硅灰石：单斜晶系，$N_g = 1.631$，$N_m = 1.629$，$N_p = 1.616$

（2）二铝酸一钙：单斜晶系，$N_g = 1.654$，$N_p = N_m = 1.617$

（3）镁方柱石：四方晶系，$N_g = 1.638$，$N_p = 1.631$

（4）鳞石英：斜方晶系，$N_g = 1.473$，$N_m = 1.469 = N_p$

以上四种晶体，均可出现针状、放射状晶体（$R = 0.009$ 为淡黄，$R = 0.020$ 为一级紫红）。

4-28 什么叫做吸收性？其与多色性有什么不同？黑云母的三个折射率 $N_g = 1.677$，$N_p = 1.623$，$N_m = 1.766$，N_g = 深褐色，N_p = 褐色，N_m = 黄色。问：

（1）黑云母的哪一个切面上吸收性最大，哪一个切面上的多色性最强？

（2）为什么能用黑云母来确定下偏光镜的振动方向？

（3）黑云母的哪一个切面上颜色无变化，为什么？

4-29 已知一光波垂直白云石 L^3 方向射入，发生双折射现象。测得平行 L^3 振动的光波 $N = 1.500$，垂直 L^3 的光波 $N = 1.679$，绘制白云石光率体的主要切面，判断光性正负。

4-30 普通角闪石的主折射率 $N_g = 1.71$，$N_m = 1.691$，$N_p = 1.665$，$N_m = y$，$N_p \wedge Z = 30°$，$\beta = 106°$。求：（1）确定光性正负，求 2V；（2）绘制垂直 OA，平行 AP，垂直 B_{xa}，垂直 B_{xo} 的光率体切面；（3）绘制角闪石（001）（010）（100）面的光率体椭圆。

4-31 试说明反光显微镜的工作原理，并与偏光显微镜的工作原理相比较。

4-32 试举例说明反光显微镜在材料研究中的应用。

4-33　制作薄片的关键步骤有哪些?

4-34　制作光片的关键步骤有哪些?

4-35　在镜下如何鉴定硅酸盐水泥熟料中的主要物相?

4-36　A 矿的分解现象在镜下有哪些特征?

4-37　一次 f-CaO 和二次 f-CaO 是怎样形成的，在镜下有什么特征?

4-38　如何通过硅酸盐水泥熟料显微结构的分析来推断工艺条件和水泥熟料的质量?

4-39　显微镜下矿物含量的测定有哪些方法? 试分析比较它们的测定结果。

4-40　陶瓷岩相的特征是什么?

4-41　釉层与瓷坯间的过渡层呈何种特点为最好?

4-42　优质硅砖的显微结构特征是什么?

4-43　优质镁砖的显微结构特征是什么?

5 无机材料物理化学实验

内容提要：

无机材料物理化学是将物理化学的基本原理具体应用到实际无机材料的制备工艺、性能研究和使用过程中，探讨无机材料科学中的共性规律，阐明无机材料的组成与结构－合成与制备－性能－使用能效之间的相互关系和制约规律以及无机材料形成过程的本质。本章开设的5个实验涉及无机材料表面化学、固体结构与性能、相平衡与相图研究方法及固相反应等无机材料物理化学重要基础理论，旨在通过基本实验操作技巧的训练和培养，着重加深学生对无机材料物理化学基本理论和重要概念的理解，掌握无机材料物理化学性能测定的基本原理和基本方法，并将所学无机材料物理化学基本知识转化为技能，从而增强分析、解决无机材料生产中的实际问题的能力，同时使科学研究能力得到一定的训练和提高。

5.1 黏土－水系统ζ电位测定

5.1.1 实验目的

ζ电位是固液界面电位中的一种，其值的大小与固体表面带电机理、带电量的多少密切相关，直接影响固体微粒的分散特性、胶体物系的稳定性。对于陶瓷泥浆系统而言，ζ电位高时，泥浆的稳定性、流动性及成型性能均好。

本实验的目的为：

（1）了解固体颗粒表面带电原因，表面电位大小与颗粒分散特性、胶体物系稳定性之间的关系；

（2）了解黏土粒子的荷电性，观察黏土胶粒的电泳现象；

（3）掌握通过测定电泳速率来测量黏土－水系统ζ电位的方法及胶粒带电极性的判别，进一步熟悉ζ电位与黏土－水系统各种性质的关系。

5.1.2 实验原理

在无机材料工业中经常遇到泥浆、泥料系统。泥浆与泥料均属于黏土－水系统。它是一种多相分散物系，其中黏土为分散相，水为分散介质。由于黏土颗粒表面带有电荷，在适量电解质作用下，泥浆具有胶体溶液的稳定特性。但因泥浆粒度分布范围很宽，造成黏土水系统胶体化学性质的复杂性。

固体颗粒表面由于摩擦、吸附、电离、同晶取代、表面断键、表面质点位移等原因而带电。带电量的多少与发生在固体颗粒和周围介质接触界面上的界面行为、颗粒的分散与团聚等性质密切相关。带电的固体颗粒分散于液相介质中时，在固液界面上会出现扩散双电层，有可能形成胶体物系，而ζ电位的大小与胶体物系的诸多性质密切相关。固体颗粒

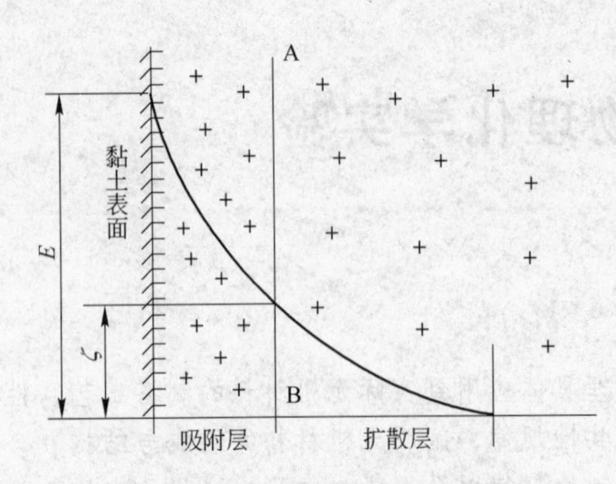

图 5-1　热力学电位与 ζ 电位和胶团结构示意图

表面的带电机理，表面电位的形成机理及控制等是现代材料科学关注的焦点之一。

根据胶体溶液的扩散双电层理论，胶团结构由中心的胶核与外围的吸附层和扩散层构成。胶核表面与分散介质（即本体溶液）的电位差为热力学电位 E。吸附层表面与分散介质之间的电位差即 ζ 电位，如图 5-1 所示。

带电胶粒在直流电场中会发生定向移动，这种现象称为电泳。根据胶粒移动的方向可以判断胶粒带电的正负，根据电泳速度的快慢，可以计算胶体物系的 ζ 电位的大小。进而通过调整电解质的种类及含量，就可以改变 ζ 电位的大小，从而达到控制工艺过程的目的。

DPW－1 型微电泳仪测量 ζ 电位的原理如图 5-2 所示。

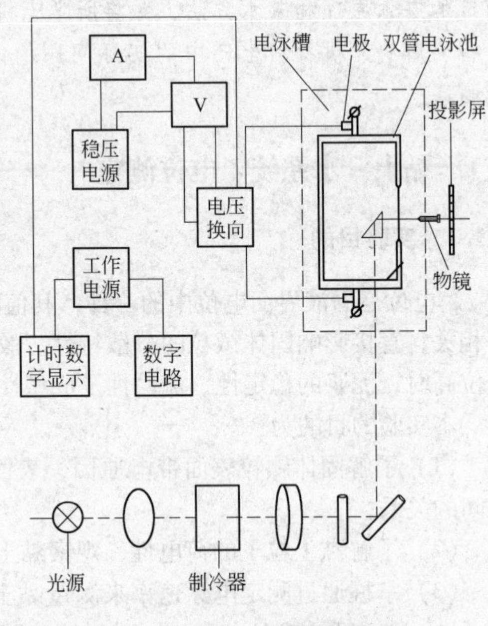

图 5-2　DPW－1 型微电泳仪测量 ζ 电位原理方框图

胶体分散相在直流电场作用下定向迁移。胶粒通过光学放大系统将其运动情况投影到投影屏上。通过测量胶粒泳动一定距离所需要的时间，计算出电泳速率。依据赫姆霍茨方程即可计算 ζ 电位，单位为 mV：

$$\zeta = 300^2 \times \frac{4\pi\eta v}{\varepsilon E} \tag{5-1}$$

式中　η——黏度；

ε——介电常数，它们都是温度的函数；

v——电泳速率，μm/s；

E——电位梯度。

根据欧姆定律：

$$E = \frac{U}{L} = \frac{IR}{L} = \frac{i}{\lambda_0 A} \tag{5-2}$$

式中　U——电极两端电压；

L——电泳池长度；

R——电阻 $R = \rho L/A$；

ρ——电阻率；

A——电泳池测量管截面积；

λ_0——电导率 $\lambda_0 = 1/\rho$，$(\Omega \cdot cm)^{-1}$；

i——通过电泳池测量管的电流，其值可以通过电流表读得的电流值 I 乘以因子 $1/f$ 得到，即 $i = I/f$。因此：

$$E = \frac{1}{f\lambda_0 A}$$

将E代入赫姆霍茨方程得：

$$\zeta = \left(300^2 \times \frac{4\pi\eta}{\varepsilon}\right) \times (fA) \times \frac{v\lambda_0}{I} \tag{5-3}$$

令$C = 300^2 \times 4\pi\eta/\varepsilon$（其值是一个与温度有关的常数，见表5-1）；$B = fA$（其值是取决于电泳池结构的仪器常数，标于仪器上），则有：

$$\zeta = \frac{Cv\lambda_0 B}{I} \tag{5-4}$$

5.1.3　实验器材

（1）仪器设备。

1）DPW－1型胶电泳仪（也可用BDL－B型表面电位粒径仪测试），1台。

2）DDS－Ⅱ型电导率仪，1台。

3）托盘天平，1台。

4）玻璃杯，玻璃研钵，温度计，pH试纸等。

（2）材料。

1）氯化钠溶液（0.1mol/L）1瓶。

2）氢氧化钠溶液（0.01mol/L）1瓶。

3）蒸馏水若干。

4）黏土试样1瓶。

5.1.4　实验步骤

实验步骤如下：

（1）样品制备。称取0.2g黏土试样，置于研钵内研磨5min后放入玻璃烧杯内，加入氯化钠水溶液至250mL，再加入氢氧化钠溶液调节pH值为8。

（2）电导率（λ_0）及温度测量。接通电导率仪电源，把电极置于盛有胶体溶液的烧杯内，将测量－校正开关置于校正位置，转动调节旋钮使表头指针达到满刻度。然后把测量－校正开关置于测量位置，调节倍率旋钮使表头有明显的读数，电导率值由表头读数乘以倍率而得。测量完毕取出电极置于盛有蒸馏水的烧杯内，关掉电导率仪电源。在测量电导率的同时，将温度计置于胶体溶液内读取温度以查表5-1，得出C值。

表5-1　不同温度下的C值（分散介质为水溶液）

温度T/℃	C值	温度T/℃	C值	温度T/℃	C值
0	22.90	5	20.00	10	17.61
1	22.34	6	19.49	11	16.79
2	21.70	7	18.98	12	16.42
3	21.11	8	18.50	13	16.20
4	20.54	9	18.05	14	16.05

续表 5-1

温度 T/℃	C 值	温度 T/℃	C 值	温度 T/℃	C 值
15	15.70	26	12.62	37	10.54
16	15.36	27	12.40	38	10.39
17	15.04	28	12.18	39	10.24
18	14.72	29	11.88	40	10.09
19	14.42	30	11.78	41	9.93
20	14.13	31	11.48	42	9.82
21	13.86	32	11.40	43	9.68
22	13.56	33	11.22	44	9.55
23	13.33	34	11.04	45	9.43
24	13.09	35	10.87	46	9.31
25	12.85	36	10.70	47	9.19

（3）测量电泳速率。

1）清洗电泳池。

2）注入胶体溶液。注入时应缓慢，避免产生涡流或气泡。若不加电场时胶粒在水平方向有运动，表明电泳池内有气泡，通过反复抽动可消除气泡。

3）测量电泳速率。电压调节至200V左右。按复零开关，选择投影屏中心线附近的胶粒，按正向或反向开关使胶粒对准一根垂直线。按正计开关（此时右端电极为正极），胶粒运动一个格子（100μm）后，按反计开关，使胶粒返回出发点。再按正计开关，如此反复，使胶粒在一个格子间往返5次（图5-3）。则胶粒运动距离为10×100μm，记录所用时间，计算出电泳速度。重新选择胶粒，重复上述步骤，共测5～6个胶粒，计算平均值。

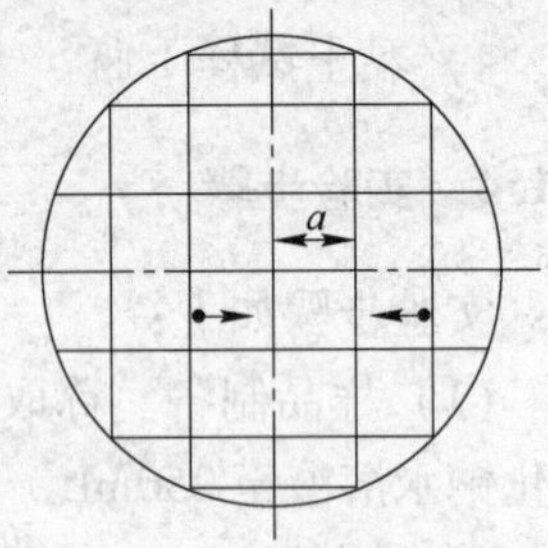

图 5-3　胶粒在投影屏上往返运动示意图

4）记录电流值。按下正向开关选择适当的倍率，记录电流值 I。

5）记录仪器常效 B 值。

6）抽出胶体溶液，用蒸馏水清洗电泳池，最后注入蒸馏水保护电极。

5.1.5　实验记录与数据处理

将各种数据进行整理，记录入表5-2中。根据实验结果，用式5-4计算 ζ 电位。

表 5-2　实验数据表

胶粒编号	C 值	B 值	电液值 I	平均时间/s	平均速度	ζ 电位/mV	胶粒电性
1							
2							
3							
4							

续表 5-2

胶粒编号	*C* 值	*B* 值	电液值 *I*	平均时间/s	平均速度	ζ 电位/mV	胶粒电性
5							
⋮							

5.2 黏土阳离子交换容量的测定

5.2.1 实验目的

分散在水溶液中的黏土胶粒带有电荷，不仅可以吸附溶液中反电荷离子，而且可以在不破坏黏土本身结构的情况下同溶液中的其他离子进行离子交换。利用黏土的离子交换性质，可以改变黏土表面的离子吸附状况，以调节黏土-水系统的稳定性、流动性等性能，并通过交换树脂来提纯黏土或制备具有单一离子的黏土。

黏土进行离子交换的能力以交换容量来衡量。离子交换容量用100g干黏土所吸附离子的毫克当量数表示（毫克当量/100g黏土）。不同类型的黏土矿物因其结构不同，其离子交换容量相差很大。表5-3为几种黏土矿物的阳离子交换容量。

表 5-3　几种黏土矿物的阳离子交换容量

矿　　物	高岭石	多水高岭石	蒙脱石	伊利石	蛭石
阳离子交换容量/毫克当量·$(100g)^{-1}$	3~15	20~40	60~150	10~40	100~150

因此，测定阳离子交换容量，可以作为鉴定黏土矿物组成的辅助方法。

本实验的目的为：

（1）了解黏土的离子交换性质及应用；

（2）了解黏土离子交换性质的测定方法；

（3）掌握钡黏土法测定黏土阳离子交换容量的方法。

5.2.2 实验原理

测定黏土阳离子交换容量的方法很多，本实验采用钡黏土法。首先以 $BaCl_2$ 溶液冲洗黏土，使黏土酸变成钡盐，形成 Ba-黏土。例如：对于 Na-黏土，有以下离子交换反应：

$$2Na^+ - 黏土 + Ba^{2+} \longrightarrow Ba^{2+} - 黏土 + 2Na^+$$

再用稀硫酸置换出已被黏土吸附的 Ba^{2+}，生成 $BaSO_4$ 沉淀：

$$Ba^{2+} + SO_4^{2-} \longrightarrow BaSO_4 \downarrow$$

最后以 NaOH 溶液滴定过剩的稀硫酸：

$$H_2SO_4 + 2NaOH \longrightarrow Na_2SO_4 + 2H_2O$$

以 NaOH 的耗量计算被黏土所吸附的 Ba^{2+} 量，也即黏土的阳离子交换容量。

5.2.3 实验器材

（1）仪器设备。

1）分析天平；

2）800 型离心分离机；

3）离心试管，滴定管，锥形瓶，烧杯，量筒，吸管，移液管。

（2）材料。

1）黏土矿物试样；

2）$BaCl_2$ 饱和溶液；

3）H_2SO_4 溶液（0.05mol/L）；

4）NaOH 溶液（0.05mol/L）；

5）酚酞；

6）蒸馏水。

5.2.4　实验步骤

实验步骤如下：

（1）用分析天平精确称取黏土矿物试样约 0.5g，置于离心试管中。

（2）加入 5mL $BaCl_2$ 饱和溶液，充分搅拌后，放入离心分离机中进行分离，然后吸去清液，如此重复操作 3 次。

（3）加蒸馏水洗涤沉淀 3 次。

（4）精确量取 5mL 已知浓度的稀硫酸 H_2SO_4（0.025mol/L）注入离心管中，充分搅拌后，放入离心分离机中进行分离，然后吸取清液并移入烧杯中，如此重复操作 5 次。

（5）移液管吸取烧杯中 H_2SO_4 清液 20mL，置于锥形瓶中，加酚酞 3 滴，以 NaOH 标准溶液（0.05mol/L）进行滴定，滴到显红色，经摇动 30s 红色不退为止，记下 NaOH 溶液的用量。

（6）按以上步骤做 2 个平行实验。

5.2.5　实验记录与数据处理

将试剂用量与数据处理结果填入表 5-4。

表 5-4　试剂用量与数据处理结果表

实验次数	黏土量 M/g	H_2SO_4 用量									NaOH 用量			阳离子交换容量	
		体积 V_0/mL					合计 V_0	进行滴定 H_2SO_4 用量 V_1	浓度 N_1	毫克当量数 $V_1 \times N_1$	体积 V_2/mL	浓度 N_2	毫克当量 $V_2 \times N_2$	实际交换能力 $\frac{V_0}{V_1}(A-B)$	折合为 100g 黏土的交换量 $Y=\frac{100X}{M}$
		第一次	第二次	第三次	第四次	第五次									
										A			B	X	Y
1															
2															

5.2.6　注意事项

（1）复习分析天平的操作规程，采用减量法称取。

（2）使用离心分离机时，应注意：使用的玻璃离心试管应规格一致，重量均等，避免使用伸出转盘孔口的细长试管，每只试管在装样后应仅可能等重，以保持分离机平稳运转；离心试管放入离心机时，注意用软纸垫好周围，并要使离心机处于平衡情况下工作，且速度不能过大，最高转速不得超过1000r/min；使用时应将盖头盖好，减少噪声及空气阻力；使用完毕后应切断电源开关，待其自停，不得在未停妥时用手掀或卡住转盘，以免损坏机体平稳性和搅混沉淀物。

（3）用吸管或移液管吸取清液时，注意不要把黏土吸走。

（4）水清洗沉淀后，同样要进行分离并吸去清液。

（5）抄记 NaOH 标准溶液的当量浓度，以便计算。

5.3 淬冷法研究相平衡

5.3.1 实验目的

在实际生产过程中，材料的烧成温度范围、升降温制度，材料的热处理等工艺参数的确定经常要用到专业相图。相图的制作是一项十分严谨且非常耗时的工作。淬冷法是静态条件下研究系统状态图（相图）最常用且最准确的方法之一。掌握该方法对材料工艺过程的管理及新材料的开发非常有用。

本实验的目的为：

（1）从热力学角度建立系统状态（物系中相的数目、相的组成及相的含量）和热力学条件（温度、压力、时间等）以及动力学条件（冷却速度等）之间的关系；

（2）掌握静态法研究相平衡的实验方法之一——淬冷法研究相平衡的实验方法及其优缺点；

（3）掌握浸油试片的制作方法及显微镜的使用，验证 Na_2O-SiO_2 系统相图。

5.3.2 实验原理

从热力学角度来看，任何物系都有其稳定存在的热力学条件，当外界条件发生变化时，物系的状态也随之发生变化。这种变化能否发生以及能否达到对应条件下的平衡结构状态，取决于物系的结构调整速率和加热或冷却速率以及保温时间的长短。

淬冷法的主要原理是将选定的不同组成的试样长时间地在一系列预定的温度下加热保温，使它们达到对应温度下的平衡结构状态，然后迅速冷却试样，由于相变来不及进行，冷却后的试样保持了高温下的平衡结构状态。用显微镜或 X 射线物相分析，就可以确定物系相的数目、组成及含量随淬冷温度而改变的关系。将测试结果记入相图中相应点的位置，就可绘制出相图。

由于绝大多数硅酸盐熔融物黏度高，结晶慢，系统很难达到平衡。采用动态方法误差较大，因此，常采用淬冷法来研究高黏度系统的相平衡。

淬冷法是用同一组成的试样在不同温度下进行试验。样品的均匀性对试验结果的准确性影响较大。将试样装入铂金装料斗中，在淬火炉内保持恒定的温度，当达到平衡后将试样以尽可能快的速度投入低温液体中（水浴、油浴或汞浴），以保持高温时的平衡结构状态，再在室温下用显微镜进行观察。若淬冷样品中全为各向同性的玻璃相，则可以断定物系原来所处的温度（T_1）在液相线以上。若在温度（T_2）时，淬冷样品中既有玻璃相，又有晶相，则液相线温度就处于 T_1 和 T_2 之间。若淬冷样品全为晶相，则物系原来所处的温度（T_3）在固相线以下。改变温度与组成，就可以准确地做出相图。

淬冷法测定相变温度的准确度相当高，但必须经过一系列的试验，先由温度间隔范围较宽作起，然后逐渐缩小温度间隔，从而得到精确的结果。除了同一组成的物质在不同温度下的试验外，还要以不同组成的物质在不同温度下反复进行试验。因此，测试工作量相当大。

5.3.3　实验器材

（1）相平衡测试仪。实验设备包括高温炉、温度控制器、铂装料斗及其熔断装置等，如图 5-4 所示。

熔断装置为把铂装料斗挂在一细铜丝上，铜丝接在连着电插头的两个铁钩之间，欲淬冷时，将电插头接触电源，使发生短路的铜丝熔断，样品掉入水浴中淬冷。

（2）偏光显微镜 1 套，如图 5-5 所示。

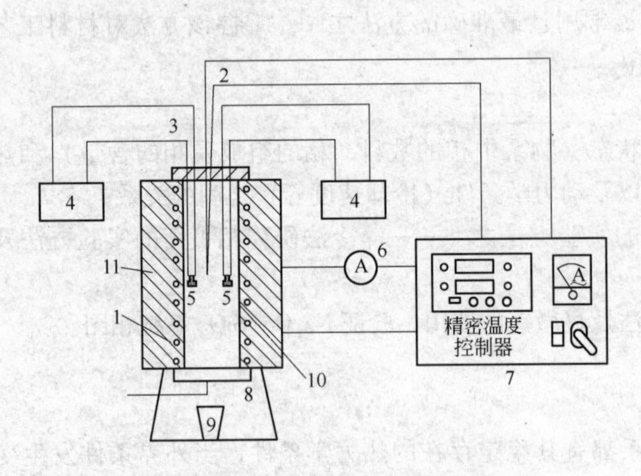

图 5-4　仪器装置示意图

1—高温炉电炉丝；2—铬铝热电偶；3—熔断装置；4—电插销；5—铂装料斗；6—电流表；7—温度控制器；8—电炉底盖；9—水浴杯；10—高温炉；11—高温炉保温层

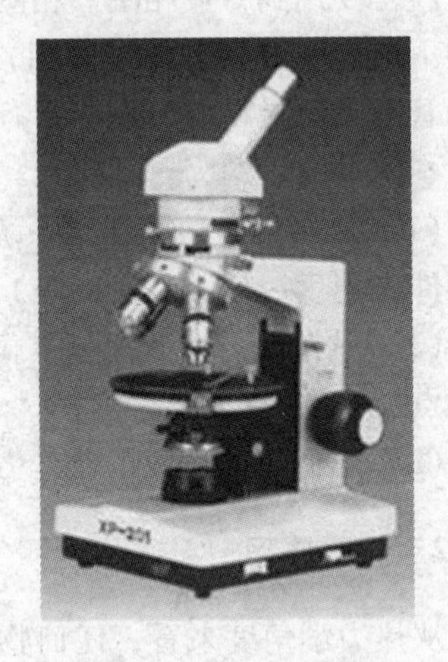

图 5-5　偏光显微镜

（放大倍数为 40 × ~630 ×，可做单偏光观察、正交偏光观察、锥光观察及显微摄影）

5.3.4　实验步骤

实验步骤如下：

（1）试样制备。按 Na_2O : SiO_2 摩尔比为 1 : 2 计算 Na_2O 和 SiO_2 的质量分数，以 Na_2CO_3 和 SiO_2 进行配料，混合均匀，将该原料制成玻璃以得到组成均匀的样品。

（2）测试步骤。

1）先将高温炉升温至 750℃，恒温。

2）用细铜丝把两个铂金装料斗挂在熔断装置上（注意两挂钩不能相碰）。再把少量试样(0.01～0.02g)装入铂金装料斗内，然后把样品放入高温炉中，盖好高温炉上下盖子。

3）在750℃保温30min。将水浴杯放至炉底，打开高温炉下盖，把熔断装置的电插头接触电源（注意，稍一接触即可）使铜丝熔断，让样品掉入水中淬冷。

4）盖上电炉盖，升温至900℃，保温30min，重复上述步骤淬冷样品。

5）取出铂金坩埚，放在高温炉的盖上，利用炉体温度烘干样品。

6）取下试样，在捣碎器内砸成粉末（注意，不能研磨），作成浸油试片。

7）在偏光显微镜下观察有无晶体析出，并与相图（见图5-6）相比较。

8）记录观察结果，写出实验报告。

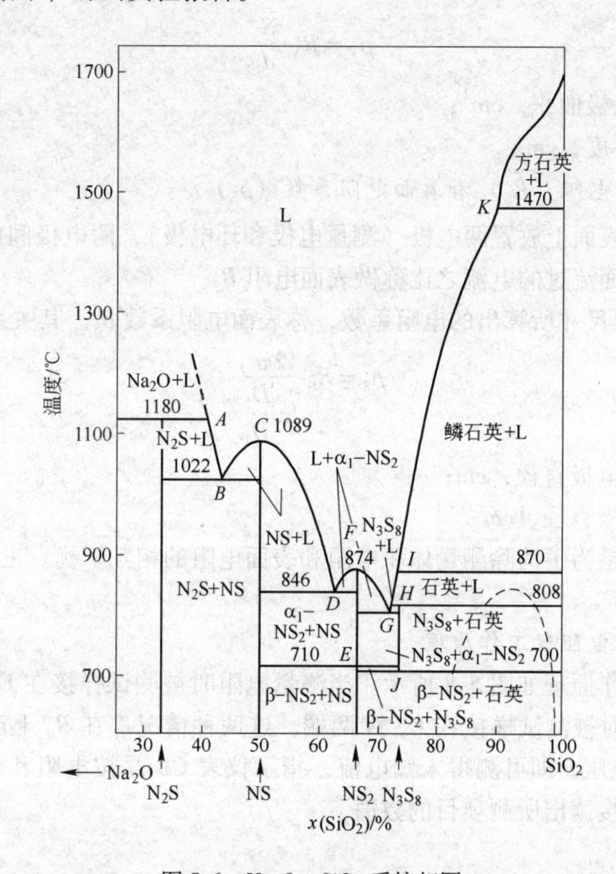

图5-6　Na_2O-SiO_2 系统相图

5.4　固体材料电阻系数的测定

5.4.1　实验目的

掌握用绝缘电阻测量仪测体积电阻系数和表面电阻系数的基本原理和方法。

5.4.2　实验原理

5.4.2.1　绝缘电阻

两电极与试样接触或嵌入试样内，加于两电极上的直流电压与流经电极间的全部电流之比，称做绝缘电阻。它是由样品的体积电阻 R_V 和表面电阻 R_S 两部分组成的。其关系式为：

$$\frac{1}{R}=\frac{1}{R_V}+\frac{1}{R_S} \tag{5-5}$$

5.4.2.2　体积电阻（R_V）和体积电阻系数（ρ_V）

在两电极间嵌入一试样，使它很好地接触。两电极间的直流电压与流经试样体积内的电流之比称为体积电阻。

由 R_V 和电极与试样接触尺寸算出的电阻系数，称为体积电阻系数。关系式为：

$$\rho_V = R_V \frac{S}{d} \tag{5-6}$$

式中　S——测量电极面积，cm^2；

d——试样厚度，cm。

5.4.2.3　表面电阻（R_S）和表面电阻系数（ρ_S）

在试样的一个表面上放置两电极（测量电极和环电极），两电极间的直流电压与沿着两电极间试样的表面流过的电流之比称做表面电阻 R_S。

由 R_S 及两电极尺寸所算出的电阻系数，称表面电阻系数 ρ_S。其关系式为：

$$\rho_S = R_S \frac{2\pi}{\ln \frac{D_2}{D_1}} \tag{5-7}$$

式中　D_1——测量电极直径，cm；

D_2——环电极直径，cm。

三电极的作用是为了消除测量体积电阻和表面电阻的相互干扰。三电极和试样的安放如图 5-7 所示。

5.4.2.4　绝缘电阻仪工作原理

绝缘电阻仪工作原理如图 5-8 所示。当测量电阻时被测试样接在 E、L 两端，接通开关 K；当测量电流时被测试样接在 L、G 两端。这两种情况都在 R_0 上产生电压降 V_0，通过测量 R_0 两端的电压，即可测得未知电流，指示仪表 CB 是按电阻和电流的数据关系直接刻度的，故可直接读出所测项目的数值。

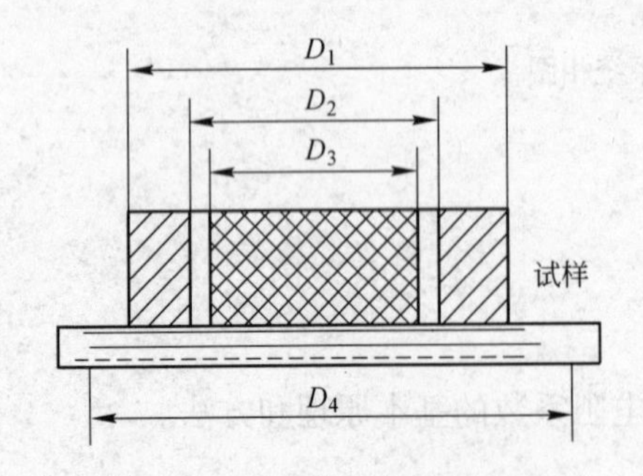

图 5-7　三电极和试样安放示意图

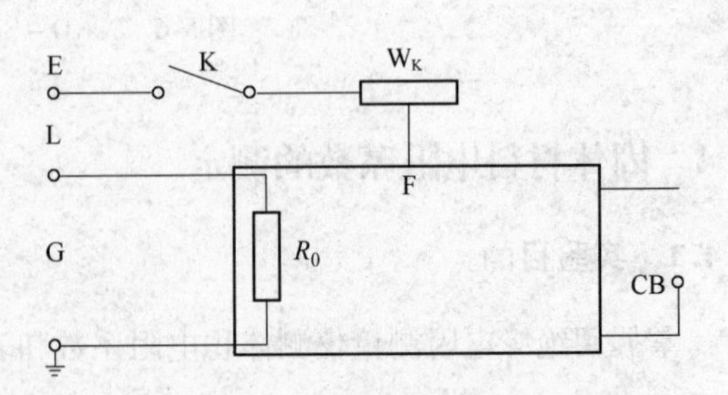

图 5-8　绝缘电阻仪工作原理图

E，L，G—仪器面板上的三个接线端子（其中 E 为内附测量电压端子，L 为输入端子，G 为接地端子）；W_K—稳压电源；F—放大器；K—测量开关；R_0—输入电阻

5.4.3 实验器材

（1）仪器设备。

1）绝缘电阻测量仪；2）电烘箱；3）千分卡尺；4）干燥器（装试样用）。

（2）试样准备。选择表面平滑无裂纹的玻璃板 3 块作为试样，用溶剂洗净试样的表面。

5.4.4 实验步骤

实验步骤如下：

（1）取烘干的试样，用千分卡尺测厚度，测四点取平均值 $d_{平均}$。

（2）把试样置于屏蔽盒中，注意三电极保持同心，盖好盒盖。

（3）检查线路无误后接通电源。

（4）仪器使用前准备（见图 5-9）：

1）将开关 3 打在“电源接通”位置，此时指示灯 2 应亮，表示正常工作；

2）将接地端子 7 接地；

3）预热 1h；

4）用调 ∞ 旋钮调节指示仪表 11 的 ∞（零）位，此时开关 4 在调 ∞ 位置；

5）将开关 6 打在校满度挡，按下按钮 5，用校满度旋钮 10 调整指示仪表的满度灵敏度；

6）重复 4）、5）二次仪器即可开始工作。

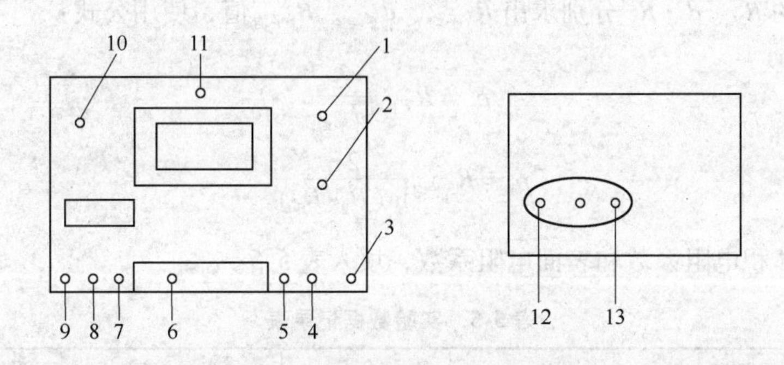

图 5-9 绝缘电阻仪外观示意图

1—调 ∞（调零）旋钮；2—指示灯；3—电流开关；4—测量开关；5—读数按钮；
6—量程开关；7—接地端子(G)；8—插座(输入端孔)；9—内附测量高压端子(E)；
10—校满度按钮；11—指示仪表；12—电源插座；13—保险丝座

（5）绝缘电阻的测量。

1）将被测对象的高绝缘端用同轴电缆接触仪器的 L 端子（插座 8）上，将被测对象的另一端接在仪器的端子 G 上，不能接地。

2）将开关 4 打在测量位置开关 6 打在 100 挡上。按下读数按钮 5，再用开关 6 提高量限，直到在指示仪表上有读数为止。

3）退回读数按钮 5，如零位变了，可用旋钮 1 调回。

4）再按下读数按钮5，迅速读取仪表读数 a，此时开关6指在 10^n 挡，那么电阻 $R = a \times 10^n \Omega$。

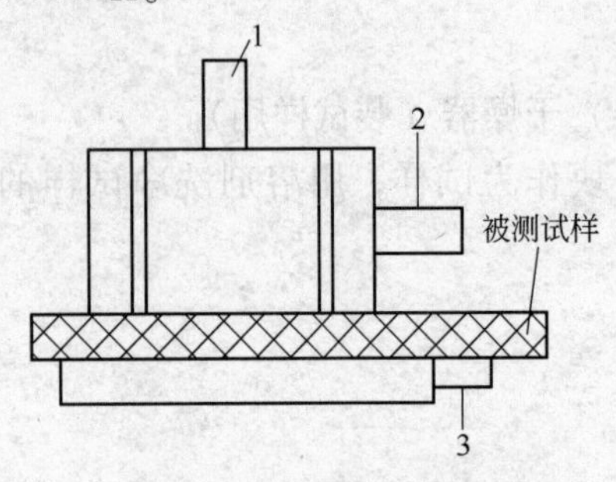

图5-10　测量接线示意图
1～3—接头

5）测量高于 $10^{10}\Omega$ 绝缘电阻时，被测对象应很好屏蔽，否则将由于干扰而产生误差，甚至不能读数。

（6）体积电阻的测量和表面电阻的测量(图5-10)。

1）当测体积电阻时接头1接仪器的G端子，接头3接仪器的E端子，把试样置于屏蔽盒中，注意三电极保持同心，盖好盒盖。

检查线路无误后，按步骤（4）操作（仪器使用前准备1）～6)），然后将开关4打在测量位置。开关6打在 10^6 挡上，按下读数按钮5，再用开关6提高量限，直到指示仪表上有读数为止。在1min后，读取数值，退回读数按钮5，如零位变了，可用旋钮1调回。测3个试样的数据，取其平均值。

2）当测表面电阻时，1接仪器L端子，2接仪器的E端子，3接仪器的G端子，把试样置于屏蔽盒。注意三电极保持同心，盖好盒盖。按上述步骤测3个试样的数据，取其平均值。

测量结束后，把开关旋钮复位，切断电源。

5.4.5　实验记录与数据处理

根据测得的 R_V、d、R_S 分别求出 $R_{V平均}$、$d_{平均}$、$R_{S平均}$值，使用公式：

$$\rho_n = R_{V平均}\frac{S}{d_{平均}} \tag{5-8}$$

$$\rho_S = R_{S平均}\frac{2\pi}{\ln(D_2/D_1)} \tag{5-9}$$

分别求出体积电阻系数和表面电阻系数，填入表5-5。

表5-5　实验数据记录表

试样名称	测试电压	$R_{V平均}$	$R_{S平均}$	$d_{平均}$	ρ_S	ρ_V

5.4.6　影响因素

（1）测试时间的选择。流经试样的电流，随时间的增加而迅速减弱，这是由于流经试样的电流不像导体那样仅仅是传导电流，而是由吸收电流和漏导电流两部分组成，加上电压时，开始电流很大，其中由于电子极化、离子极化等引起的电流叫吸收电流或位移电流。经短时间后（一般情况为几分钟）电流达到稳定，这时测得的电流叫漏导电流（传导电流），如图5-11所示。

漏导电流包括贯穿材料的漏导电流及表面漏导电流两部分，前者反映材料的本质，后者与环境温度、表面清洁度等有关。

由于以上原因，测 R_V、R_S 时，应把开关6由最低挡逐步升高，直到11中显示读数后待1min再读得数值，作为计算 ρ_V、ρ_S 的电阻值。

（2）湿度的影响。随着湿度的增加，电阻系数迅速下降，因吸附的水分子增加了导电性使体积电阻下降。水分子附着在试样表面，再加上空气中的 CO_2 使表面层形成高导电物质，造成表面电阻下降。

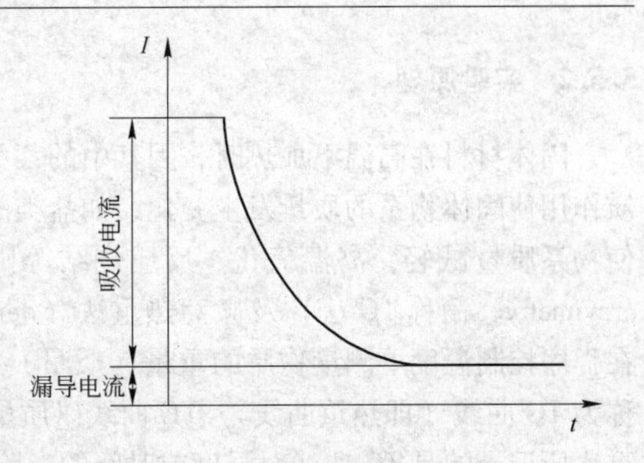

图 5-11 吸收电流和时间关系图

（3）温度的影响。随着温度的升高，体积电阻系数和表面电阻系数有较明显的下降，这与该物质结构和化学成分有关。一般温度为（25 ±5）℃，相对湿度为65%左右。

（4）环电极和测量电极的孔隙。孔隙的大小可直接影响测定表面电阻的准确性。在测表面电阻时，由环电极流向测量电极的电流，并不仅仅是沿着试样表面这一理想表面层的电流值。还有试样厚度造成的一部分体积电流流向测量电极。孔隙越大，其误差越大。为了减小误差，规定两电极的孔隙为1 ~2mm，所以测试时必须保持三电极同心，使得孔隙在要求范围内。

（5）试样表面的清洁度。试样表面不干净或有杂质会降低表面电阻，一般使用不与试样起反应的溶剂擦洗干净。

（6）重复测试的影响。因试样在强大的电场作用下由于分子的极化作用，有时很难恢复到原来状态，必须经充分放电后，才能再操作，所以试样应尽量避免重复测试。一般测试前需进行预处理，即在70℃下烘干4 ~6h。

5.4.7 注意事项

（1）接通电路后，防止触电。

（2）在测量过程中，不准打开屏蔽盒。

（3）必须进行良好的接地。

5.5 固相反应

5.5.1 实验目的

固相反应是无机材料制备中一个重要的高温动力学过程，固体之间能否进行反应、反应完成的程度、反应过程的控制等直接影响材料的显微结构，并最终决定材料的性质，因此，研究固体之间反应的机理及动力学规律，对传统和新型无机材料的生产有重要的意义。

本实验的目的为：

（1）掌握TG法的原理，熟悉采用TG法研究固相反应的方法。

（2）通过 Na_2CO_3 - SiO_2 系统的反应验证固相反应的动力学规律——杨德方程。

（3）通过作图计算出反应的速度常数和反应的表观活化能。

5.5.2　实验原理

固体材料在高温下加热时，因其中的某些组分分解逸出或固体与周围介质中的某些物质作用使固体物系的质量发生变化，如盐类的分解、含水矿物的脱水、有机质的燃烧等会使物系质量减轻，高温氧化、反应烧结等则会使物系质量增加。热重分析法（thermogravimetry，简称 TG 法）及微商热重法（derivative thermogravimetry，简称 DTG 法）就是在程序控制温度下测量物质的重量（质量）与温度关系的一种分析技术。所得到的曲线称为 TG 曲线（即热重曲线），TG 曲线以质量为纵坐标，以温度或时间为横坐标。微商热重法所记录的是 TG 曲线对温度或时间的一阶导数，所得的曲线称为 DTG 曲线，现在的热重分析仪常与微分装置联用，可同时得到 TG/DTG 曲线。通过测量物系质量随温度或时间的变化来揭示或间接揭示固体物系反应的机理和/或反应动力学规律。

固体物质中的质点，在高于绝对零度的温度下总是在其平衡位置附近作谐振动。温度升高时，振幅增大。当温度足够高时，晶格中的质点就会脱离晶格平衡位置与周围其他质点产生换位作用，在单元系统中表现为烧结，在二元或多元系统则可能有新的化合物出现。这种没有液相或气相参与，由固体物质之间直接作用所发生的反应称为纯固相反应。实际生产过程中所发生的固相反应，往往有液相和/或气相参与，这就是所谓的广义固相反应，即由固体反应物出发，在高温下经过一系列物理化学变化而生成固体产物的过程。

固相反应属于非均相反应，描述其动力学规律的方程通常采用转化率 G（已反应的反应物量与反应物原始重量的比值）与反应时间 t 之间的积分或微分关系来表示。

测量固相反应速率，可以通过 TG 法（适应于反应中有质量变化的系统）、量气法（适应于有气体产物逸出的系统）等方法来实现。本实验通过失重法来考察 $Na_2CO_3-SiO_2$ 系统的固相反应，并对其动力学规律进行验证。

$Na_2CO_3-SiO_2$ 系统固相反应按下式进行；

$$Na_2CO_3+SiO_2 \longrightarrow Na_2SiO_3+CO_2\uparrow$$

恒温下通过测量不同时间 t 时失去的 CO_2 的质量，可计算出 $Na_2CO_3-SiO_2$ 的反应量，进而计算出其对应的转化率 G，来验证杨德方程：

$$[1-(1-G)^{\frac{1}{3}}]^2=K_j\cdot t \tag{5-10}$$

的正确性。$K_j=A\exp(-Q/RT)$ 为杨德方程的速度常数；Q 为反应的表观活化能。改变反应用温度，则可通过杨德方程计算出不同温度下的 K_j 和 Q。

5.5.3　实验器材

（1）设备仪器。

1）普通热天平（PRT-1 型热天平）。普通热天平由 4 个单元构成，即天平单元、加热单元、气路单元、温度控制单元。

2）微量热天平（WRT-2 型热天平）。微量热天平由 5 个单元构成，即天平单元、加热单元、气路单元、温度控制单元、自动记录单元。热天平原理见图 5-12。

（2）材料。铂金坩埚 1 只，不锈钢镊子 2 把，实验原料（化学纯 Na_2CO_3 1 瓶，SiO_2 1 瓶）。

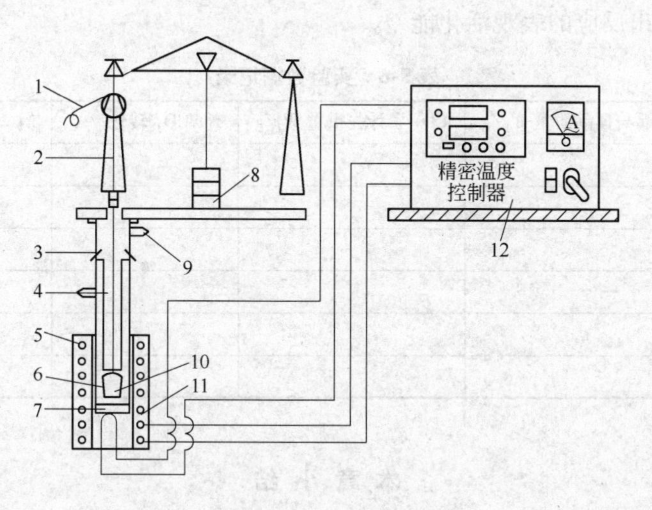

图 5-12 热天平原理图

1—机械砝码；2—吊丝系统；3—密封管；4—进气口；5—加热丝；6—样品盘；7—热电偶；8—光学读数；9—出气口；10—样品；11—管状电阻炉；12—温度控制与显示单元

5.5.4 实验步骤

实验步骤如下：

（1）样品制备。

1）将 Na_2CO_3（化学纯）和 SiO_2（含量 99.9%）分别在玛瑙研钵中研细，过 250 目（0.061mm）筛。

2）SiO_2 的筛下料在空气中加热至 800℃，保温 5h，Na_2CO_3 筛下料在 200℃烘箱中保温 4h。

3）把上述处理好的原料按 $Na_2CO_3 : SiO_2 = 1 : 1$ 摩尔比配料，混合均匀，烘干，放入干燥器内备用。

（2）测试步骤。

1）开冷却水龙头，水量应适中。

2）接通电炉电源，按预定的升温速率升温，大约 10 ~ 20℃/min，达到 700℃保温 5min。

3）称量样品，记录天平零点读数；铂金坩埚放入 PRT－1 型天平左盘，记录读数；取出坩埚，装入大约 0.5g 的样品，再记录天平读数。

4）将装有样品的坩埚挂在热天平的挂钩上，提升电炉至限位点后固定住电炉。

5）坩埚置入炉内的同时记录时间，以后每隔 3 ~ 5min 记录一次时间和质量，记录 5 ~ 7 次数据。

6）取出坩埚，倒去废样，重新装样，进行 750℃的测试。

7）实验完毕，取出坩埚，将实验工作台物品复原。

5.5.5 实验记录与数据处理

用表 5-6 记录实验数据，做 $[1-(1-G)^{\frac{1}{3}}]^2 \sim t$ 图，通过直线斜率求出反应的速度常

数 K_j。通过 K_j 求出反应的表观活化能 Q。

表 5-6　实验数据记录

反应时间 t/min	坩埚与样品质量 W_1/g	CO_2 累计失重量 W_2/g	Na_2CO_3 转化率 G	$[1-(1-G)^{1/3}]^2$	K_j

本章小结

在无机材料科学领域中，常常会涉及胶体体系和表面化学问题。如陶瓷制造过程中，需要将高度分散的原料加水形成流动的泥浆或可塑的泥团。陶瓷工业中泥浆系统是以黏土（高岭土、蒙脱石、伊利石等）粒子为分散相、水为分散介质构成的黏土－水分散体系，表现出一系列复杂的胶体化学性质，而这些性质是无机材料制备工艺的重要基础理论。如黏土－水系统的 ζ 电位，直接影响其胶体物系的分散性和稳定性；而通过黏土的离子交换性质，则可以调节黏土－水系统的稳定性、流动性、触变性和可塑性等工艺性能。掌握测定黏土－水系统的 ζ 电位与阳离子交换容量的方法，可以进一步加深对黏土－水系统胶体体系结构与性质关系的理解，了解控制和改进陶瓷生产工艺过程的有效途径。

相图在无机材料研究开发和实际生产中应用广泛。无机材料研究过程中，应用专业相图来指导材料组成、烧成温度范围、升降温制度和热处理等工艺参数的确定，可大大缩小实验范围，节约人力物力，达到事半功倍的效果。研究相平衡，通常是利用系统发生相变时能量或物理化学性质的变化，用各种实验方法测出相变发生的温度。淬冷法是静态条件下研究相图最常用且最准确的方法之一，适用于相变速度很慢或存在相变滞后现象时，掌握该方法对无机材料研发和生产意义重大。

固相反应是无机固体材料高温动力学过程中一个普遍的物理化学现象，是材料制备过程中的基础反应。直接影响材料的生产过程、产品质量及材料的使用寿命，因此，研究固体之间反应的机理及动力学规律，对传统和新型无机材料的生产有重要的意义。热重分析法（TG 法）是通过测量物系质量随温度或时间的变化来揭示固体物系反应的机理和反应动力学规律的基本实验方法。

思考题

5-1　影响电泳速率的因素有哪些？

5-2　影响 ζ 电位的因素有哪些？

5-3　黏土带什么电荷，它会带相反的电荷吗，为什么？

5-4　将黏土阳离子交换容量的实验结果与经验数据进行比较，分析所得结果。

5-5　分析两个试样间实验结果的偏差的原因。

5-6　说明离子交换的原因、特点及重要性。

5-7 要使离子交换进行充分，应采取哪些措施？

5-8 用淬冷法研究相平衡有什么优缺点？

5-9 用淬冷法如何确定相图中的液相线和固相线？

5-10 体积电阻和表面电阻有何区别？

5-11 测定固体材料的电阻系数有何意义？

5-12 温度对固相反应速率有何影响，其他影响因素有哪些？

5-13 固相反应实验中失重规律怎样，请给予解释。

5-14 影响固相反应实验准确性的因素有哪些？

6　粉体加工实验

内容提要：

粉体制备在无机非金属材料原料中占有非常重要的地位，粉体的制备方法显著影响着粉体特性，粉体特性又决定着材料的成型、烧结以及材料的性能等。对粉体制备方法和特性检测方法的掌握，可以有效调控粉体特性包括表面积、真密度和粒度等特性。本章包括了粉体的机械化学制备、共沉淀化学合成和黏土矿物原料的直接转化实验以及粉体粒度、比表面积和真密度等物理特性的测试实验，使学生熟练掌握多种粉体合成及制备方法以及粉体性能指标的测试方法，了解制备方法对粉体性能指标的影响，从而根据不同要求选择合适的粉体制备工艺。

6.1　黏土矿物原料直接合成多孔材料

6.1.1　实验目的

（1）掌握水热转化方法原理与实验操作，了解有序多孔材料的基本特性及表征方法；

（2）了解层状硅酸盐矿物高岭土直接制备有序多孔材料的化学反应过程及硅酸盐溶液化学。

6.1.2　实验原理

传统的微孔分子筛合成是以水玻璃（Na_2SiO_3）和偏铝酸钠（$NaAlO_2$）为原料制备硅铝分子筛，其基本化学过程为：

$$NaAlO_2 + Na_2SiO_3 + NaOH \longrightarrow [Na_a(AlO_2)_b(SiO_2)_c \cdot NaOH \cdot H_2O](\text{凝胶}) \longrightarrow$$
$$Na_{p/n}[(AlO_2)_p(SiO_2)_q \cdot yH_2O] + \text{母液}$$

成胶：一定比例的 $NaAlO_2$ 和 Na_2SiO_3 在相当高的 pH 水溶液中形成碱性硅铝凝胶。

晶化：在适当的温度下及相应饱和水蒸气压力下，处于过饱和态的硅铝凝胶转化为结晶。

有序多孔材料的生成涉及硅酸根与铝酸根的缩聚反应；溶胶的形成、结构和转变，凝胶的生成和结构转变；沸石的成核、沸石的晶体生长；以及硅酸根的聚合态和结构；硅铝酸根的结构、亚稳相的性质和转变等。

黏土矿物原料结构含有硅源和铝源，在碱性溶液中形成活性硅酸根和铝酸根离子，在水热条件下进一步缩聚成不同结构的有序多孔材料。有序多孔材料在合成中根据合成体系的不同，结构具有多样性，孔径可以从几个埃到几十个纳米进行调变，孔径在 2.0nm 以下的有序结构称之为微孔分子筛，其配料取决于硅铝比、水硅比、硅钠比和碱度，如 A 型微孔分子筛的原料组成为：$1.98Na_2O \cdot Al_2O_3 \cdot 1.96SiO_2 \cdot 83H_2O$，当原料混合后立即生成凝胶，在初始时，体系组成基本上是稳定的，然后水热转化。而X型微孔分子筛则要求硅铝比为2.1~3.0，Y型分子筛硅/铝比达3.1~6.0，丝光型沸石分子筛则达到9~11；除此以外还包括了晶化温度等工艺参数的控制。

而孔径在2.0~50nm之间的有序结构称之为介孔分子筛，如MCM-41。介孔材料的转化通常情况下添加有孔道模板剂，其机理也有多种，其中液晶模板机理和协同作用机理具有代表性，其机理如图6-1所示。

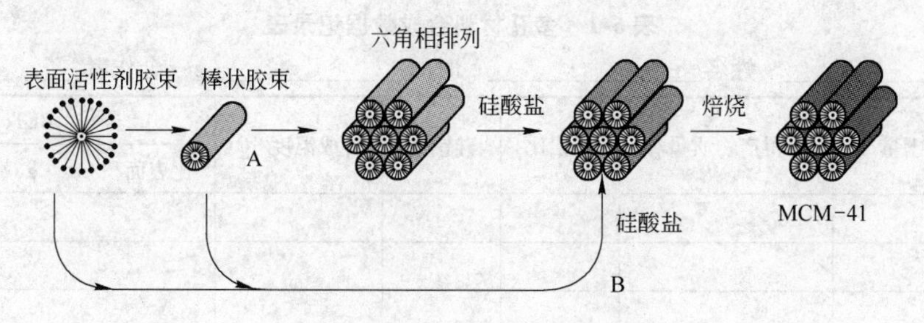

图6-1 MCM-41的两种形成机理

A—液晶模板机理；B—协同作用机理

本实验以高岭土为原料，直接调整硅铝比，水热合成多孔材料。高岭土的结构式为$2SiO_2 \cdot Al_2O_3 \cdot 4H_2O$，高岭土在适当的温度下热处理后，部分化学键因受热产生断裂，结构水被释放出来，向偏高岭土转化，当高岭土转化为偏高岭土后，反应活性增大。这一反应过程可表达为：

$$2SiO_2 \cdot Al_2O_3 \cdot 4H_2O \longrightarrow 2SiO_2 \cdot Al_2O_3(\text{偏高岭土}) + 4H_2O$$

6.1.3 实验仪器与试剂

实验仪器包括：100mL带聚四氟乙烯内衬的水热反应釜，耐压20MPa；100mL布氏漏斗；500mL抽滤瓶；烘箱；检测仪器：DX-2700X型XRD衍射仪；Adsorp-1型比表面孔径分析仪；温度800℃马弗炉。

实验试剂包括：高岭土，粒度5μm左右，含铁量小于0.5%，石英含量小于0.2%；NaOH，分析纯；水玻璃，化学纯，模数3.0~3.3；偏铝酸钠，化学纯。

6.1.4 实验步骤

实验步骤如下：

（1）将10g高岭土置于马弗炉中，空气气氛升温至600℃热处理2~3h备用；

（2）根据高岭土的化学组成调整硅铝比，使反应体系中的硅铝比为1.96：2.0。

（3）将热处理后的高岭土加水、碱和硅铝比调整液，使反应体系组成为$n(Na_2O)/n(SiO_2)=1.5\sim2.5$，$n(H_2O)/n(Na_2O)=40\sim60$。

（4）取配好的浆料60~70mL倒入带聚四氟乙烯内衬的水热反应釜中，反应釜升温至100℃，保温4h，冷却。

（5）取出反应釜中固液混合物，在布氏漏斗中抽滤洗涤至中性，获得固体物质，固体物质在105℃温度下干燥称重，获得A型分子筛。

（6）将干燥后的固体物质进行物相分析和 BET 孔径比表面测试，获得多孔材料的结构和孔径分布以及比表面积等参数。

6.1.5 实验记录与数据处理

根据要求，改变不同的硅铝比和硅钠比进行实验合成，实验后，将实验结果填表6-1，并撰写实验报告。

表 6-1 多孔材料合成数据记录表

班级________ 姓名________ 时间________ 合作者________

序号	高岭土量/g	获得产物质量/g	硅铝比	硅钠比	合成温度/℃	BET	
						比表面积/$m^2 \cdot g^{-1}$	孔径/nm
1							
2							
3							
4							

6.2 化学共沉淀法制备 MgO 部分稳定 ZrO_2 超细粉体

6.2.1 实验目的

（1）用氧氯化锆（$ZrOCl_2 \cdot 8H_2O$）、氯化镁为原料，用共沉淀法制备氧化镁部分稳定的氧化锆超细粉体。

（2）了解激光粒度法测量粉体粒度的基本原理。

6.2.2 实验原理

纯氧化锆的烧结型晶体稳定性差，在 1140℃时发生单斜向四方相转变，并产生 7% 的体积收缩；1400℃时又产生四方相向单斜的转变，降温时会产生逆变化，在氧化锆中掺杂部分氧化镁、氧化钇等氧化物则可以消除这种物相随温度变化而变化的现象。故在粉体制备过程中就掺入部分 MgO 等，在烧结时就可以进入氧化锆晶格而保持稳定，本实验是采用共沉淀法制备复合粉体，其基本原理是相应的金属离子与 OH^- 的溶度积小，因而在水溶液中加入氨水后产生沉淀，其反应方程式如下：

$$ZrOCl_2 + 2NH_4OH \longrightarrow Zr(OH)_4 \downarrow + 2NH_4Cl$$

$$MgCl_2 + 2NH_4OH \longrightarrow Mg(OH)_2 \downarrow + 2NH_4Cl$$

$$NH_4Cl \longrightarrow NH_3 \uparrow + HCl \uparrow$$

$$Zr(OH)_4 \longrightarrow ZrO_2 + 2H_2O \uparrow$$

$$Mg(OH)_2 \longrightarrow MgO + H_2O \uparrow$$

6.2.3 实验仪器与试剂

实验仪器：磁力搅拌器、100mL 布氏漏斗；500mL 抽滤瓶；烘箱；POP（Ⅵ）激光粒度分析仪。

试剂：$ZrOCl_2 \cdot 8H_2O$，分析纯；$MgCl_2$，分析纯；36%氨水，分析纯；精密 pH 试纸。

6.2.4 实验步骤

实验步骤如下：

（1）取 500g 氯氧化锆，置于 1000mL 的容器中；加入 360mL 蒸馏水，搅拌，使之溶解。

（2）抽滤，除去固体杂质：

1）洗净布氏漏斗和抽滤用的锥形瓶，垫好湿滤纸；缓慢倒入氯氧化锆溶液，用水环式真空泵抽滤，抽干后，用少许蒸馏水（约 20mL）淋洗布氏漏斗。

2）为得到含氧化镁质量比为 2.2% 的氧化锆，计算需加入氧化镁的重量；按 500g 氯氧化锆中含有的氧化锆的重量（按相对分子质量计算，也可以用实验的方法测定单位体积溶液中的氧化锆含量，按溶液的浓度和体积来计算）。

（3）加入氯化镁，搅拌，澄清。

（4）共沉淀：

1）缓慢加入 300mL 氨水，同时不停地搅拌，不使沉淀结团，可补加到 400mL 氨水，直到沉淀完全，并将被沉淀包裹的水放出，可将搅拌澄清的清液取出少量，在清液中加入氨水后，不再产生沉淀，表明沉淀完全。

2）在布氏漏斗中再垫滤布和滤纸，将沉淀物倒入布氏漏斗内，接通水环式真空泵，抽滤；滤干后，用氨水溶液（1∶15）淋洗 3 次，每次 50mL。

3）为进一步除去氯化铵，将滤饼倒在 2000mL 容器中，加入 300mL 氨水溶液浸泡，搅拌澄清后，倒掉清液，再次抽滤除水。

（5）化学分析，测定沉淀物中镁的含量，计算相应的氧化锆中氧化镁的含量。

（6）干燥：

1）将滤饼中加入分散剂，搅匀；

2）蒸馏，干燥沉淀物、回收分散剂；

（7）热分解：

1）将干燥的沉淀物盛在氧化铝坩埚中，放在马弗炉内；升温至 480℃，保温 1h，将剩余的氯化铵分解、排除；再升温至 600℃，保温 1h，使氢氧化物分解完全；

2）冷却后，得到氧化镁部分稳定的氧化锆超细粉末。称重，计算氧化锆的收得率。

6.2.5 实验记录与数据处理

根据要求，改变不同的 pH 值和氨水加料速度进行实验合成，实验后，将实验结果填表 6-2，并撰写实验报告。

表 6-2 化学法合成复合粉体实验数据记录表

班级__________ 姓名__________ 时间__________ 合作者__________

序号	$ZrOCl_2$ 质量/g	获得产物质量/g	pH 值	氨水加料速度/mL·min^{-1}	粒度分布/μm	
					D_{50}	D_{90}
1						
2						

续表 6-2

序号	$ZrOCl_2$ 质量/g	获得产物质量/g	pH 值	氨水加料速度/mL · min^{-1}	粒度分布/μm	
					D_{50}	D_{90}
3						
4						

6.3 超细粉体机械化学制备多因素正交实验

6.3.1 实验目的

通过对多因素试验的正交设计，掌握正交设计的方法，并对试验结果进行统计检验，进而掌握多因素析因的试验方法。

6.3.2 实验原理

正交试验设计是利用正交表来安排与分析多因素试验的一种设计方法。它是由试验因素的全部水平组合中，挑选部分有代表性的水平组合进行试验的，通过对这部分试验结果的分析了解全面试验的情况，找出最优的水平组合。

正交试验设计的基本特点是：用部分试验来代替全面试验，通过对部分试验结果的分析，了解全面试验的情况。

正交试验是用部分试验来代替全面试验的，它不可能像全面试验那样对各因素效应、交互作用一一分析；当交互作用存在时，有可能出现交互作用的混杂。虽然正交试验设计有上述不足，但它能通过部分试验找到最优水平组合，因而很受实际工作者青睐。

在试验安排中，每个因素在研究的范围内选几个水平，就好比在选优区内打上网格，如果网上的每个点都做试验，就是全面试验。对于 3 个因素的选优区可以用一个立方体表示（图 6-2），3 个因素各取 3 个水平，把立方体划分成 27 个格点，反映在图 6-2 上就是立方体内的 27 个“·”。若 27 个网格点都试验，就是全面试验，其试验方案如表 6-3 所示。3 因素 3 水平的全面试验水平组合数为 $3^3=27$；4 因素 3 水平的全面试验水平组合数为 $3^4=81$，5 因素 3 水平的全面试验水平组合数为 $3^5=243$，这在科学试验中是有可能做不到的。

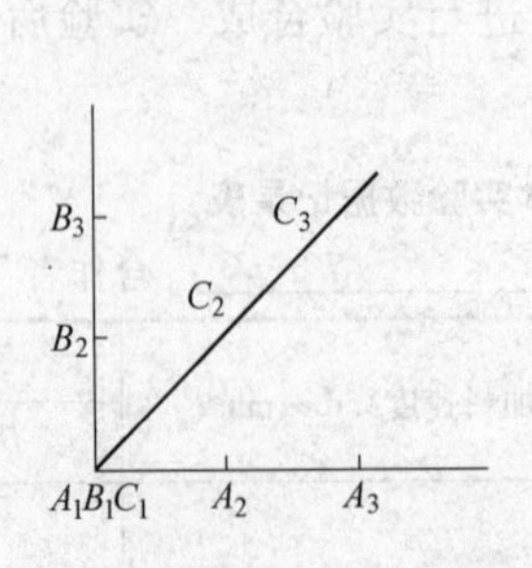

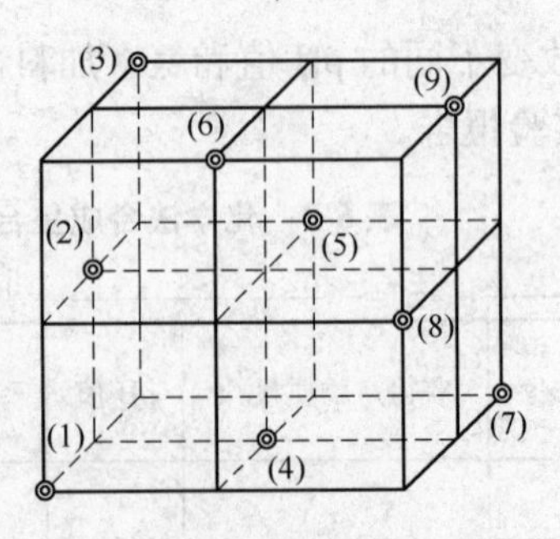

图 6-2 3 因素 3 水平实验的均衡分散立体图

表 6-3　3 因素 3 水平全面实验安排表

因素		C_1	C_2	C_3
A_1	B_1	$A_1B_1C_1$	$A_1B_1C_2$	$A_1B_1C_3$
	B_2	$A_1B_2C_1$	$A_1B_2C_2$	$A_1B_2C_3$
	B_3	$A_1B_3C_1$	$A_1B_3C_2$	$A_1B_3C_3$
A_2	B_1	$A_2B_1C_1$	$A_2B_1C_2$	$A_2B_1C_3$
	B_2	$A_2B_2C_1$	$A_2B_2C_2$	$A_2B_2C_3$
	B_3	$A_2B_3C_1$	$A_2B_3C_2$	$A_2B_3C_3$
A_3	B_1	$A_3B_1C_1$	$A_3B_1C_2$	$A_3B_1C_3$
	B_2	$A_3B_2C_1$	$A_3B_2C_2$	$A_3B_2C_3$
	B_3	$A_3B_3C_1$	$A_3B_3C_2$	$A_3B_3C_3$

正交设计就是从选优区全面试验点（水平组合）中挑选出有代表性的部分试验点（水平组合）来进行试验。图 6-2 中标有试验号的 9 个“（·）”，就是利用正交表$L_9(3^4)$从 27 个试验点中挑选出来的 9 个试验点，即：

（1）$A_1B_1C_1$　（2）$A_2B_1C_2$　（3）$A_3B_1C_3$

（4）$A_1B_2C_2$　（5）$A_2B_2C_3$　（6）$A_3B_2C_1$

（7）$A_1B_3C_3$　（8）$A_2B_3C_1$　（9）$A_3B_3C_2$

上述选择，保证了 A 因素的每个水平与 B 因素、C 因素的各个水平在试验中各搭配一次。对于 A、B、C 3 个因素来说，是在 27 个全面试验点中选择 9 个试验点，仅是全面试验的三分之一。这 9 个点均匀地分布在立方体内，具有代表性，而且每一个因素的各水平之间具有可比性，因此正交试验的特点就是具有均衡分散和整齐可比的特点。

常用的正交表已由数学工作者制定出来，供进行正交设计时选用。2 水平正交表有 $L_8(2^7)$,$L_4(2^3)$、$L_{16}(2^{15})$ 等；3 水平正交表有 $L_9(3^4)$、$L_{27}(2^{13})$ 等。如 $L_8(2^7)$，其中“L”代表正交表；L 右下角的数字“8”表示有 8 行，用这张正交表安排试验包含 8 个处理（水平组合）；括号内的底数“2”表示因素的水平数，括号内 2 的指数“7”表示有 7 列，用这张正交表最多可以安排 7 个 2 水平因素。

6.3.3　实验原料与仪器

实验设备：行星球磨机 QM－4L，进行干式粉磨，试样重量 1000g；激光粒度分析仪 LS－POP（Ⅵ）。

原料：水玻璃，化学纯；320 目（0.044mm）高岭土，工业级。

6.3.4　实验步骤

实验步骤如下：

（1）机械化学制备粉体的影响因素有球料比、助磨剂量、粉末时间、转速等，在实验中选定球料比，助磨剂量和粉磨时间三个因素作为实验对象拟定正交表，因素 1：粉磨时间，建议拟定 10min、20min、30min；因素 2：助磨剂水玻璃为 200g/t、300g/t、400g/t；因素 3：球料比为 3∶1、6∶1 和 9∶1。

（2）将粗粒试样称重（1000g），置于振动球磨机中，添加助磨剂，进行粉磨。

（3）将粉磨产品进行缩分，分析粒度。

（4）记录实验过程及实验结果。

（5）按正交试验设计表进行试验。

（6）对所有实验结果进行统计检验，并进行析因分析。

（7）在计算机上应用自编（或选用）检验分析软件进行统计检验及析因分析。

6.3.5　实验记录与数据处理

根据正交试验进行实验后，将实验结果填表6-4，并采用统计检验的方法进行数据分析，找出显著性影响因子并撰写实验报告。

表6-4　多因素正交实验表

班级________　姓名________　时间________　合作者________

列号	1	2	3	粒径/μm	
试验号	球料比（A）	助磨剂量（B）/$g \cdot t^{-1}$	时间（C）/min	D_{50}	D_{90}
1	1	1	1		
2	1	2	2		
3	1	3	3		
4	2	1	2		
5	2	2	3		
6	2	3	1		
7	3	1	3		
8	3	2	1		
9	3	3	2		

6.4　粉体粒度分布特性的测定与表示

6.4.1　实验目的

采用筛分法测定粉体的粒度分布，人工绘制该粉体粒度分布曲线。通过自行设计的软件，寻求该粉体的粒度特性方程，并由此通过计算机绘制粉体的粒度分布曲线。

6.4.2　实验原理与仪器

（1）将粉碎的粉体进行筛分分析，通过计量各粒级的重量，作出该粉体的粒度分布曲线图。

（2）通过一次曲线方程的求解原理求解粒度特性方程。

（3）利用粒度特性方程式，通过PC绘制该粉体的粒度分布曲线图。

（4）设备及规格型号：颚式破碎机（100mm×60mm）1台；颚式破碎机（80mm×50mm）1台；辊式粉碎机（ϕ800mm）1台；多层振筛机（DZJ）1台；标准筛1套。

6.4.3　实验步骤

实验步骤如下：

（1）将粗粒试样称重，用粉碎机进行粉碎。
（2）将粉碎后的粉体称重，用振筛机进行筛分。
（3）将筛分后的各粒级分别称重。
（4）计算各粒级的单个和正、负累积。
（5）绘制该粉体的粒度分布曲线图。
（6）寻求该粉体的粒度特性方程式。
（7）通过计算机绘制该粉体的粒度分布曲线图。

6.4.4 实验记录与数据处理

根据试验安排进行实验后，将实验结果填表6-5。

表6-5 粉体粒度特性试验结果

班级＿＿＿＿＿＿ 姓名＿＿＿＿＿＿ 时间＿＿＿＿＿＿ 合作者＿＿＿＿＿＿

序号	粒级/μm	重量/g	产率		
			单个	正累积	负累积
1					
2					
3					
4					
⋮					

6.5 粉体真密度测定

6.5.1 实验目的

（1）了解粉体真密度测定原理及掌握真空法测定真密度的方法。
（2）了解真密度测定过程中误差引起的原因以及消除方法。

6.5.2 实验原理

在自然状态下，粉体颗粒之间存在着间隙，还有一些粉体颗粒本身具有微孔，同时空气中的粉体表面具有吸附作用，表面吸附有空气、水蒸气以及其他物质，该状态下测定的粉体密度不是粉体的真密度，而是堆积密度。采用真空法测定粉体的真密度是将粉体置于真空体系中除去粉体表面吸附的气态分子，用已知真密度的液体填充粉体颗粒间的空隙，从而测量真密度。其各物理量之间的关系如图6-3所示，计算公式如下：

$$\rho_V = M/V = M/(G/\rho_L) = M\rho_L/(M + W - R) \tag{6-1}$$

式中 M——粉体样的质量，g；
W——比重瓶与液体的总质量，g；
R——比重瓶与剩余液体和粉体质量的总和，g；
V——粉体的真体积，cm^3；
ρ_L——液体的密度，g/cm^3；

ρ_V——粉体真密度，g/cm^3。

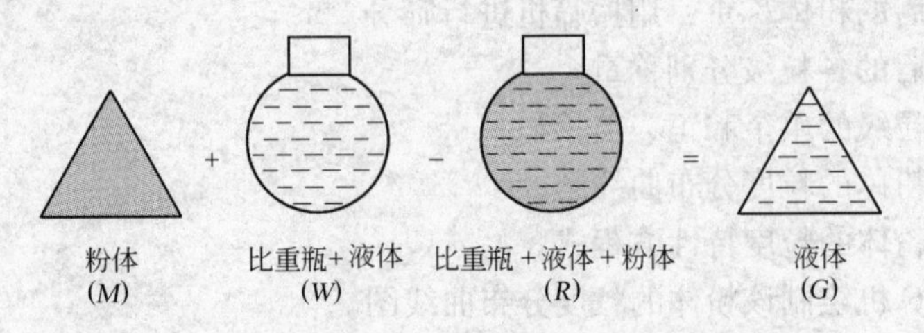

图 6-3　粉体真密度测定中的数量关系

6.5.3　实验器材和试剂

实验仪器：真空泵、比重瓶、恒温水浴、烘箱和干燥器。

试剂：六偏磷酸钠水溶液，浓度 0.03mol/L。

实验装置如图 6-4 所示。

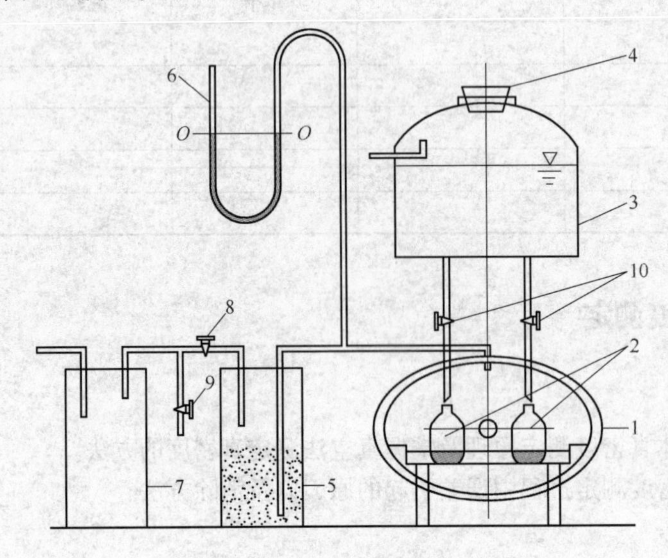

图 6-4　实验装置图

1—真空室；2—比重瓶；3—水箱；4—塞子；5—装有干燥剂的洗气瓶；6—汞压计；7—缓冲瓶；8～10—真空活塞

6.5.4　实验步骤

实验步骤如下：

(1) 把比重瓶清洗干净，放入烘箱中干燥至恒重，然后在干燥器中自然冷却至室温。

(2) 取粉体样品 40～80g，放入烘箱中在 (110±5)℃的温度下烘干至恒重，在干燥器中冷却至室温。

(3) 取 3～4 个烘干后的比重瓶在天平上称量，以 M_1 表示。

(4) 在比重瓶中加入 5～10g 干燥粉体，分别称量以 M_2 表示，$M_2 - M_1 = M$，M 为粉体的质量。

（5）将真空室1连接至真空泵，抽真空至汞压计读数小于20mmHg后，将装有粉体的比重瓶放入真空室内，将比重瓶对准注液口，向储液器中注入900mL浓度为0.003mol/L的六偏磷酸钠溶液，关闭活塞9、10，打开活塞8，开动真空泵，当汞压计达到20mmHg（1mmHg = 133.3Pa）时再抽20min脱气。

（6）关闭活塞8，开启活塞9，关闭真空泵；然后打开活塞10，分别向比重瓶中注水，大约为比重瓶溶剂的3/4时停止注液，静置5min，液面没有粉体漂浮时继续注水至低于瓶口12～15mm，从真空室中拿出比重瓶，慢慢盖上瓶塞，使瓶内及毛细管内无气泡；将注满水的比重瓶放入恒温水浴中，控制恒温水浴水面低于比重瓶口10mm左右，在(20±0.5)℃的温度下恒温30～40min，然后拿出比重瓶，用滤纸擦拭比重瓶毛细管口高出的液体并仔细擦干比重瓶的外部，并立即称量，准确至0.0001g，以R表示。

（7）把比重瓶中液体倒掉，清洗干净，再用六偏磷酸钠溶液冲洗几次。然后将比重瓶放入真空室中，对准注液管，开启活塞10向比重瓶中注水，使液面低于瓶口12～15mm，盖上瓶塞。

（8）把装满水的比重瓶放入恒温水浴中，按5操作，称出比重瓶的质量以W表示。

（9）计算真密度。

（10）取3个结果的平均值为真密度值，并保留2位有效数字。

6.5.5　实验记录与数据处理

数据记录于表6-6，按公式6-1计算真密度，误差为0.2%，如果大于0.2%则重新试验。

表6-6　粉体真密度试验结果

班级＿＿＿＿＿＿　姓名＿＿＿＿＿＿　时间＿＿＿＿＿＿　合作者＿＿＿＿＿＿

瓶号	瓶质量 M_1 /g	（瓶+粉）质量 M_2 /g	（瓶+液+粉）质量 R /g	（瓶+液）质量 W /g	真密度 ρ_V /g·cm^{-3}	真密度平均值 /g·cm^{-3}
1						
2						
3						
4						

6.6　透气法测定粉体比表面积

6.6.1　实验目的

勃莱恩（Blaine）透气法是许多国家用于测定粉体试样比表面积的一种方法。国家标准规定在测试结果有争议时以该法为准。国际标准化组织也推荐这种方法作为测定水泥比表面积的方法。

（1）了解透气法测定粉体比表面积的原理；掌握勃氏法测粉体比表面积的方法；

（2）利用实验结果正确计算试样的比表面积。

6.6.2　实验原理

6.6.2.1　达西法则

当流体（气体或液体）在 t 秒内透过含有一定孔隙率，断面积为 A，长度为 L 的粉体层时，其流量 Q 与压力降 ΔP 成正比。即

$$\frac{Q}{At}=B\frac{\Delta P}{\eta L}$$

式中　η——流体的黏度系数；

B——与构成粉体层的颗粒大小、形状、充填层的孔隙率等有关的常数，称为比透过度或透过度。

粉体的比表面积与透过度 B 的关系式如下：

$$B=\frac{g}{KS_V^2}\cdot\frac{\varepsilon^3}{(1-\varepsilon)^2}$$

式中　g——重力加速度；

ε——粉体层的孔隙率；

S_V——单位容积粉体的表面积，cm^2/cm^3；

K——柯增尼常数，与粉体层中流体通路的“扭曲”有关，一般定为5。

透过法的基本公式——柯增尼－卡曼公式如下：

$$S_V=\rho S_W=\frac{\sqrt{\varepsilon^3}}{1-\varepsilon}\sqrt{\frac{g}{5}\cdot\frac{\Delta PAt}{\eta LQ}}$$

$$S_W=\frac{\sqrt{\varepsilon^3}}{\rho(1-\varepsilon)}\sqrt{\frac{g}{5}\cdot\frac{\Delta PAt}{\eta LQ}}=\frac{\sqrt{\varepsilon^3}}{\rho(1-\varepsilon)}\cdot\frac{\sqrt{t}}{\sqrt{\eta}}\cdot\sqrt{\frac{g}{5}\cdot\frac{\Delta PA}{LQ}}$$

以上两式中，$\varepsilon=1-\frac{W}{\rho AL}$；对于一定的比表面积透气仪，仪器常数 $K=\sqrt{\frac{g}{5}\cdot\frac{\Delta P\cdot A}{LQ}}$；$S_W$ 是粉体的质量比表面积；ρ 是粉体的密度；W 是粉体试样的质量。

由于 η、L、A、ρ、W 是与试样及测定装置有关的常数，所以只要测定 Q、ΔP 及时间 t 就能求出粉体试样的比表面积。

6.6.2.2　测试方法概述

根据透过介质的不同，透过法分为液体透过法和气体透过法，而目前测定粉体比表面积使用最多的是气体（空气）透过法。

勃氏透气仪在国际中较为通用，在国际交流中，水泥比表面积一般都采用勃莱恩（Blaine）数值。

6.6.2.3　仪器结构及工作原理图

仪器结构如图6-5所示，测试时先使试样粉体形成空隙率一定的粉体层，然后抽真空，使U形管压力计右边的液柱上升到一定的高度。关闭活塞后，外部空气通过粉体层使U形管压力计右边的液柱下降，测出液柱下降一定高度（即透过的空气容积一定）所需的时间，即可求出粉体试样的比表面积。

6.6.3　实验器材

勃氏比表面仪，秒表，水泥标样（$13.9m^2/g$），待测水泥样品。

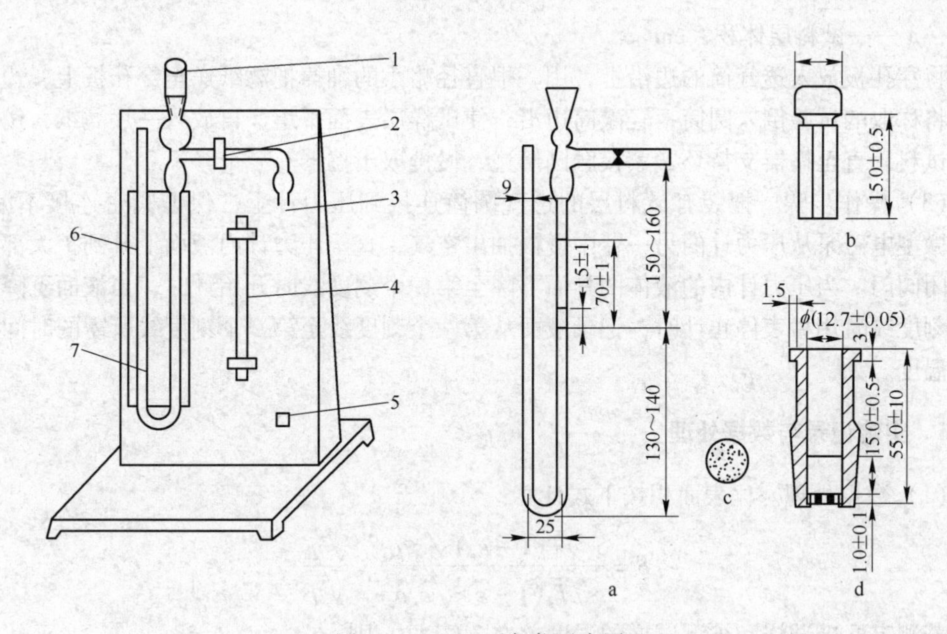

图 6-5 Blaine 透气仪示意图

a—U 形压力计；b—捣器；c—穿孔板；d—透气圆筒

1—透气圆筒；2—活塞；3—接电磁泵；4—温度计；5—开关；6—刻度板；7—U 形压力计

6.6.4 实验步骤

实验步骤如下：

（1）仪器校准。

1）漏气检查。

2）水银排代法测定试料层的体积，将两片滤纸沿圆筒壁放入透气筒内，用一直径比透气圆筒略小的细长棒下按，直到滤纸平整地放在金属穿孔板上，然后装满水银，用小块薄玻璃板轻压水银表面，保证玻璃与水银表面之间无气泡存在，从筒中倒出水银称量，精确至 0.05g，重复几次至数据基本不变。然后取出滤纸片，在圆筒中加入试样，把取出的滤纸盖粉体上方用捣器压实试样至规定厚度，再把水银倒入压平，同样倒出水银称量至水银质量不变，圆筒内试料层体积可按下式计算：

$$V=(P_1-P_2)/\rho_{水银}$$

式中 V——试料层体积，cm^3；

P_1——未装试样时的水银质量，g；

P_2——装试样后的水银质量，g；

$\rho_{水银}$——水银密度，g/cm^3。

（2）试样层制备。先将实验通过 0.9mm 的方孔筛在（110 ± 5）℃下烘干后冷却至室温。按下式取样：

$$W=\rho V(1-\varepsilon)$$

式中 W——需要称取的试验重量，g；

ρ——试验的真密度，g/cm^3；

ε——试料层孔隙率；

V——试料层体积，cm^3。

将穿孔板放入透气筒的边沿上，用一根直径略小的细棒把滤纸送至穿孔板上，边沿压紧，将称取的试验倒入圆筒，轻敲筒边沿，使试样层表面平坦，再放入一片滤纸，用捣器捣实试料，直至捣器支持环紧紧接触圆筒边，慢慢取出捣器。

（3）操作步骤。把装有试料层的透气圆筒连接到压力计上，保证紧密连接不漏气。打开微型电磁泵从压力计的另一臂中慢慢抽出空气，直至压力计内液面上升到扩大部下端时关闭阀门。当压力计内的液体凹月面下降至第一个刻度线时开始计时，当液面下降至第二个刻度线时用秒表停止计时，记录液面从第一个刻度线至第二个刻度线所需的时间，并记下温度。

6.6.5　实验记录与数据处理

（1）数据处理。比表面积按下式计算：

$$S=\frac{S_s\sqrt{T}(1-\varepsilon_s)\sqrt{\varepsilon^3}\rho_s}{\sqrt{T_s}(1-\varepsilon)\sqrt{\varepsilon_s^3}\rho}\cdot\frac{\sqrt{\eta_s}}{\sqrt{\eta}}$$

若测定标准试样和被测试样的温度差在3℃以内，则：

$$S=\frac{S_s\sqrt{T}(1-\varepsilon_s)\sqrt{\varepsilon^3}\rho_s}{\sqrt{T_s}(1-\varepsilon)\sqrt{\varepsilon_s^3}\rho}$$

式中　S——被测试样的比表面积，cm^3/g；

S_s——标准试样的比表面积，cm^3/g；

T——被测试样压力计中液面下降所需时间，s；

T_s——标准试样压力计中液面下降所需时间，s；

ε——被测试样料层的孔隙率；

ε_s——标准试样料层中的孔隙率；

ρ——被测试样的密度，g/cm^3；

ρ_s——标准试样的密度，g/cm^3。

（2）实验结果记录。实验结果记录于表6-7中。

表6-7　比表面实验数据记录表

班级＿＿＿＿＿＿＿＿　姓名＿＿＿＿＿＿＿＿　时间＿＿＿＿＿＿＿＿　合作者＿＿＿＿＿＿＿＿

序号	试样重量/g	试样层体积/cm^3	液面降落时间 T		料层孔隙率		物料密度	
			标样	试样	标样	试样	ρ	ρ_s
1								
2								
3								
4								

本 章 小 结

无论是传统的玻璃、水泥、陶瓷等无机非金属材料还是特种功能陶瓷等材料，都需要通过粉体制备过程，粉体制备有机械化学方法和化学合成法，前者对天然原料的均匀化以及合成粉体的二次加工的常用工艺，而后者是特种陶瓷材料常用的原料制备方法，不同的制备方法影响了原料的真密度、粒度分布和比表面积，这些指标直接影响着材料的成型、烧结等环节，粉体特性掌握不好，往往导致成型工艺和烧结工艺参数的调整，导致产品质量不稳定。通过本章的实验，加深对粉体材料特性的理解以及制备方法对粉体性能的影响规律的认识。

思 考 题

6-1 水热转化合成多孔材料的影响因素有哪些？

6-2 BET 测定比表面积和孔径的基本原理是什么，受哪些因素影响？

6-3 影响化学法合成粉体粒度均匀性的因素有哪些？

6-4 怎样获得化学成分均匀的复合粉体？

6-5 怎样从正交试验数据中获得数据模型？

6-6 怎样判断因素间的交互作用？

6-7 影响粉体粒度分布特性实验精度的因素有哪些，怎样获得精确的实验数据？

6-8 对实验用的浸液有哪些要求，为什么？

6-9 浸液为什么要抽真空脱气？

6-10 粉体真密度的测定误差主要来源于哪些实验操作步骤？

6-11 透气法测定比表面积的原理是什么？

6-12 透气法测定比表面积前为什么要进行检漏，如有漏气应如何处理？

6-13 影响透气法测试结果的因素有哪些，透气法测试粉体比表面积有哪些局限性？

7 无机材料制备及工艺性能测试实验

内容提要:

无机材料制备及工艺就是根据使用要求，设计产品的制备工艺，并通过实验优化工艺参数，最终生产出合格产品。对工艺步骤的掌握及工艺各关键环节的实验训练，可有效减少次品的产生，提高产品质量。另外通过实验训练，可发现问题，在解决问题的过程中有可能创造出新的工艺及新产品。本节包括玻璃、水泥、陶瓷制备工艺的各关键步骤的实验，按制备流程编排，各实验相互衔接，前一实验的样品及数据有可能是后一实验的基础和参考。通过实验，使学生能熟练掌握无机材料的制备工艺流程，了解无机材料原料的性能和在制备过程中发生的物理化学变化以及这些变化对材料性能的影响，从而能合理选择原料，制备出高性能的材料。

7.1 工艺条件对矿物材料粒度和白度的影响

7.1.1 实验目的

（1）掌握激光测定粒度的原理和方法；

（2）掌握白度测定的原理及方法；

（3）了解高岭土在煅烧过程中温度对颗粒大小及白度的影响，并分析其影响因素。

7.1.2 实验原理

7.1.2.1 激光测定粒度原理

粒度测量有筛分法、显微法、沉降法、光衍射法、透气法等方法，各方法依据的理论模型不同。本实验采用光衍射法测定颗粒粒度。光衍射法（激光粒度测量法）由于具有测量速度快，可测粒径范围宽及重复性和重现性好等突出优点，自20世纪80年代以来，随着测量技术在理论上日趋成熟，被广泛采用，并在许多行业取代了以前的传统方法。

激光粒度仪是基于光衍射现象而设计的，当激光光束通过颗粒时，颗粒表面会衍射光，而衍射光的角度与颗粒的粒径成反比关系，即大颗粒衍射光的角度小，小颗粒衍射光的角度大，如图7-1所示。换句话说，激光光束在通过不同大小的颗粒时其衍射光会落在不同的位置，位置信息反映颗粒大小；如果激光光束通过同样大的颗粒时其衍射光会落在相同的位置，即在该位置上的衍射光的强度叠加后就比较高，所以衍射光强度的信息反映出样品中相同大小的颗粒所占的百分比多少，如图7-2所示。这样，如果能够同时测量或获得衍射光的位置和强度的信息，就可得到粒度分布的结果。实际上激光衍射法就是采用一系列的光敏检测器来测量未知粒径的颗粒在不同角度（或者说位置）上的衍射光的强度，使用衍射模型，再通过数学反演，就可得到样品颗粒的粒度分布。检测器的排列在仪器出厂时就已根据衍射理论确定，在实际测量时，分布在某个角度（或位置）上的检测器接收到衍射光，说明样品中存在对应粒径的颗粒。然后再通过该位置的检测器所接收到的衍射光的强度，就可得到所对应粒径颗粒的百分比含量。

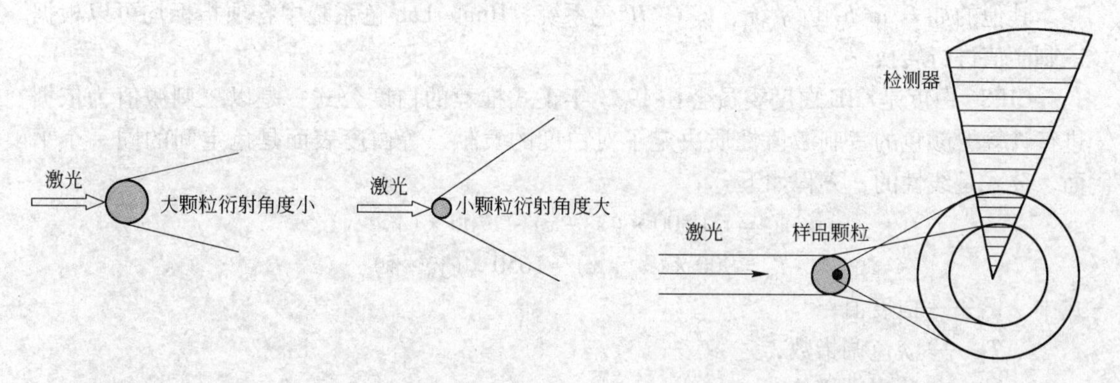

图 7-1 大小不同的颗粒对光的散射角度不同

图 7-2 光线经大小不同的颗粒散射后落在不同的位置

7.1.2.2 白度测量原理

白度表示物质表面白色的程度，以白色含有量的百分率表示。测定物质的白度通常以氧化镁为标准白度 100%，并定它为标准反射率 100%，以蓝光照射氧化镁标准板表面的反射率百分率来表示试样的蓝光白度。反射率越高，白度越高，反之亦然。测定白度的仪器有多种，主要是光电白度计。白度计是利用积分球实现绝对光谱漫反射率的测量，由卤钨灯发出光线，经聚光镜和滤色片成为蓝紫色光线，进入积分球，光线在积分球内壁漫反射后，照射在测试口的试样上，由试样反射的光线经聚光镜、光阑滤色片组后由硅光电池接收，转换成电信号。另有一路硅光电池接收球体内的基底信号。两路电信号分别放大，混合处理，测定结果数码显示。白度计的工作原理主要就是要实现对光谱漫反射率的测量。漫反射是指当一束平行光入射到粗糙的表面时，光线碰到表面进而向四面八方反射，而且没有规则。白度是颜色的一种特殊属性，其特点是具有高的光亮度和低的色彩度。颜色有三种尺度：色调、色彩度和明度，决定色调和色彩度的因素一般用色品坐标来表示，色系中的 x、y、a^*、b^*、C^*、$H°$、a、b 都属于色品坐标，而与其对应的明亮度分别为 Y、L^*、L。要精确表示一个物品的颜色必须用一个色品坐标和一个明度因子。

颜色的计算方法有多种系统，例如 RGB、XYZ 等计色系统，本实验使用的白度计采用 XYZ 计色系统。X、Y、Z 表示仪器直接测定的试样三基色刺激值，是国际照明委员会（CIE）规定的，成为所有物体的表色系统、白度值和黄度值的基础参量。在 Yxy 系统中，Y 是明度因子，对应反射比或透射比的百分值。x 和 y 的坐标由下列方程确定：

$$x = \frac{X}{X + Y + Z} \qquad y = \frac{Y}{X + Y + Z}$$

式中，X、Y、Z 表示仪器直接测定的试样三刺激值。

在色品坐标中可以知道可见光的颜色分布在一个色品三角形中，色彩度是从中心向边缘发展，而色调的变化则围绕着三角形的边发展，物体的色品值可以由色品三角形中唯一的点确定，即可以知道它的色调和色彩度，而 Y 值则表示颜色的明亮程度。

色差值 ΔY、Δx、Δy 可以计算如下：

$$\Delta Y = Y - Y_t \quad \Delta x = x - x_t \quad \Delta y = y - y_t$$

式中，Y、x、y 是测定的样品值；Y_t、x_t、y_t 是目标色值。

其他的如 $L^* a^* b^*$ 色系统、$L^* C^* H°$ 色系统、HunterLab 色系统中各项指标均可以根据三刺激值进行转换。

CIE86 白度是 CIE 白度委员会在 1983 年正式推荐的白度公式，是以三刺激值为依据进行计算，颜色的三刺激值性质决定了对白度的贡献，等白度表面是色空间的同一个平面。公式是线性的，方程如下：

$$W_g = Y + 800 \times (x_n - x) + 1700 \times (y_n - y)$$

$$T_w = 900 \times (x_n - x) - 1650 \times (y_n - y)$$

式中　W_g——白度值；

T_w——淡色调指数；

Y，x，y——测定试样值；

x_n，y_n——10°视场下 D_{65} 光源坐标值，$x_n = 0.3138$，$y_n = 0.3310$。

必须注意的是相对评价而不是绝对评价，对明显色调的样品是无意义的，且其值应落在一个极限范围内：

$$-3 < T_w < 3 \quad 40 < W_g < (5Y - 280)$$

此外，常用的白度还有 R457 白度、Hunter 白度、GB5950 白度、GB1530 白度，其计算均有不同的公式，其中 GB5950 白度是中国国家建材行业制定的测试方法，GB1530 是中国日用陶瓷行业的白度测试标准。

7.1.3　实验器材

欧美克 LS908 型激光粒度仪、超声分散机、WSB－3A 智能式数字白度计、马弗炉、陶瓷坩埚、高岭土。

7.1.4　实验步骤

7.1.4.1　粒度测定

实验步骤如下：

（1）称量 100g 1250 目（0.010mm）的高岭土放入 3 个坩埚中，分别在 600℃、700℃、800℃的温度下灼烧 30min，在空气中冷却至室温，分别装袋。

（2）在循环进样器的进样池中装自来水至进样池刻度线处。依次打开循环进样器、粒度测定仪开关，将仪器预热 30min。

（3）用粒度仪所带烧杯盛自来水至烧杯容量的 2/3 处，将煅烧过的高岭土样品用蒸馏水配制成固液比为 0.1% ~0.2% 的悬浮液，在超声分散器上充分分散。

（4）打开计算机，运行“OMEC 激光粒度测试”程序。打开循环进样器的循环系统，对进样系统进行清洗，直至显示界面窗口基本看不到绿色竖条纹。

（5）点击“设置”进行参数设置后，点击“测试”按钮，进行“空白”扣除。

（6）将分散好的高岭土悬浮液全部迅速倒入进样池中，点击“样品”按钮进行样品粒度测定。

（7）将测试结果保存。

（8）清洗进样系统，整理实验桌面，关闭电源。

7.1.4.2　白度测定

实验步骤如下：

（1）称量100g1250目（0.010mm）的高岭土放入3个坩埚中，分别在700℃、800℃、900℃的温度下灼烧30min，在空气中冷却至室温，样品进行白度测定。

（2）在压样器中装入适量的灼烧后的高岭土粉末，压成片后待测。

（3）打开仪器电源后，预热1min，预热后仪器发出蜂鸣声，显示器上出现指示用户调零的字样，面板上的ZERO指示灯亮。调零时把黑筒放在测试台上，对准光孔压住，按“ENTER”键，仪器调零开始。

（4）调零完毕后，仪器指示进入调白操作，面板上“STANDARD”指示灯亮，此时，将黑筒取下，放上标准白板对准光源并压住，按“ENTER”键进行调白。

（5）调白后，仪器指示可以进行样品测量，面板上的“SAMPLE”灯亮，将准备好的样品放到测试台上，对准光源压住，按“ENTER”键，此时进行一次测试，显示器上显示“SAMPLE1”的字样，测试完成后，仪器自动进入待测状态。多次测试时，只要按“RESET”后，再按“ENTER”键即可，结果以加权平均的方式处理。

（6）测试完成后，按“DISPLAY”可以显示数据，数据以多种色系统的形式输出。

7.1.5　注意事项

（1）粒度测试中的注意事项为：

1）悬浮液浓度的选择。悬浮液的浓度对误差影响较大，浓度高则难以分散，易团聚，样品浓度一般为0.1%～0.2%。

2）分散介质的选择。分散介质应对粉末有浸润作用，且无毒无腐蚀作用，并保证不会使测量样发生凝结、溶解现象。

3）取样及试样分散方法。为保证测量的精度，取样要具有代表性，可按缩分法取样并加入少量的分散剂。

（2）白度测试中的注意事项为：

1）初次开机时，在样品测试之前必须进行调零和调白操作。

2）连续进行多个样品的白度测试时，只要按“RESET”键即可。

3）试样表面必须要使用恒压压样器压平整。

7.1.6　实验记录与数据处理

将实验结果填入表7-1、表7-2。

表7-1　粒度测定数据记录表

序　号	处理温度/℃	时　间	粒　度		
			D50	D90	D10
1					
2					
3					
4					

表 7-2　白度测定数据记录表

序　号	处理温度/℃	时　间	白　度			
			X	Y	Z	W_g
1						
2						
3						

7.2　陶瓷坯料配方实验

制定坯料配方尚缺乏完善方法，主要原因是原料成分多变，工艺制度不稳，影响因素太多，以致对预期效果的预测没有把握。根据理论计算或凭经验摸索，经过多次试验，在既定的各种条件下，均能找到成功配方，但条件一变则配方的性能也随之而变。

根据产品性能要求，选用原料，确定配方及成型方法是常用的配料方法之一。例如制造日用瓷必须选用烧后呈白色的原料，包括黏土原料并要求产品有一定强度；制造化学瓷则要求有好的化学稳定性；制造地砖则必有高的耐磨性和低的吸水性；制造电瓷则需有高的机电性能；制造热电偶保护管需能耐高温、抗热震并有高的传热性；制造火花塞则要求有大高温电阻、高的耐冲击强度及低的线膨胀系数。

选择原料确定配方时既要考虑产品性能，又要考虑工艺性能及经济指标。各地文献资料所载的成功经验配方虽有参考价值，但不能照搬。因黏土、瓷土、瓷石均为混合物，长石、石英常含不同的杂质，同时各地原有母岩及形成方法、风化程度不同，其理化工艺性能不尽相同或完全不同，所以选用原料制定配方只能通过实验来决定。

坯料配方实验方法一般有三轴图法、孤立变量法、示性分析法和综合变量法。本实验采用三轴图法进行陶瓷坯料配方实验。

7.2.1　实验目的

（1）掌握陶瓷坯料配方的实验原理及实验方法。

（2）了解影响陶瓷坯料配方的复杂因素及提出一般解决措施。

（3）熟悉陶瓷坯料配方操作技能。

7.2.2　实验原理

三轴图即三种原料组成图，图中共有 66 个交点和 100 个小三角形，其中由三种原料组成的交点有 36 个，由两种原料组成的交点有 27 个，由一种原料组成的交点有 3 个，如图 7-3 所示。配料时先决定该种坯料所选用各种原料的适当范围，初步确定三轴图中几个配方

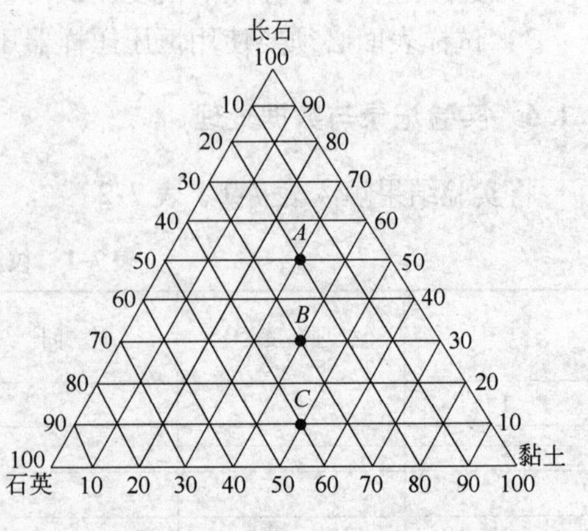

图 7-3　黏土－长石－石英三轴图

点（配方点可以在交点上，也可以在小三角形内），例如黏土－长石－石英三轴图（图7-3）中，*A*点为含长石50%、石英20%、瓷土30%；*B*点为含长石30%、石英30%、瓷土40%；*C*点为含长石10%、石英40%、瓷土50%。按照配方点组成进行配料并制成试条，测定物理特性，进行比较优选采用。三轴图不限于黏土、长石、石英三种组成，凡采用三种原料配料做试验的均可利用此图。例如一般配料中含长石30%、石英20%、黏土50%，而黏土中又将高岭土、强可塑黏土和瘠性黏土三种黏土配合使用，则可画出一个三种黏土的三轴图，在此图上选定数点做试验以求出高岭土、强可塑黏土和瘠性黏土的最佳配方。

7.2.3 实验器材

（1）各种陶瓷原料；

（2）台秤和药物天平；

（3）球磨机，2L球磨罐；

（4）烘箱，100mL容量瓶和325目（0.043mm）筛；

（5）切刀、CoO料浆（编号用）；

（6）布袋或石膏模或匣钵。

7.2.4 实验步骤

实验步骤如下：

（1）根据产品性能要求，确定所选用的原料，这些原料的化学成分、矿物组成及工艺性能一般是已知的，否则要进行分析测定；

（2）从三轴图上选取6～10个配方点，并将这些配方点的原料组成百分比算出来列在表上；

（3）按三轴图上配方点原料百分比称取投料量；

（4）以干料为基准配制1.5kg的坯料，按料：球：水＝1：（1.5～2.0）：（0.8～1.2）装磨，大小球各50%，水的用量应参考原料的特性，黏土含量高，水分也应相应增加；

（5）球磨12h后开始测定泥浆的颗粒度，以后每2h测一次，直到泥浆的颗粒度达到4%～7%通不过325目（0.043mm）筛，然后用粗网孔筛使球料分离；

（6）取50%的泥浆倒入滤布中，以便调整后续实验中泥浆中的水分，另取300mL料浆测定密度、颗粒度和含水量；

（7）将滤料放入真空练泥机中进行塑练，塑练时每隔一定时间进行泥料可塑性指标测定（参考7.4节陶瓷坯料可塑性的测定），直到可塑性指标大于2.5，陈腐备用；在实验室中如因投料量太少，不便压滤，则可利用布袋或石膏模或匣钵除去泥浆中的水分，使之成为塑性泥料；

（8）用手进行揉练，以进一步除去泥料中的空气泡并使水分分布均匀，再用模型制成10mm×10mm×120mm的试条5块，8mm×50mm×50mm试块3片；

（9）试条、试块阴干后用氧化钴浆料编号，制定干燥制度，再经干燥并检查干燥结果（如开裂、收缩、变形等），确定烧成制度，入炉（窑）烧成并测定吸水率、抗折强度及断面情况，即可得出最合适的坯料。

7.2.5　实验记录与数据处理

(1) 记录各样品的开裂、收缩及变形情况；

(2) 记录各烧成样品的吸水率、抗折强度及断面情况；

(3) 对实验数据进行处理、分析，找出最合适的坯料。

7.2.6　注意事项

(1) 陶瓷料方设计必须以产品的理化性质与使用性能要求为依据，参照已有的产品配方，并全面了解各种原料对产品品质与工艺性能的影响；

(2) 在不同的应用领域，陶瓷坯料组成表示方法不同，实验室多采用化学组成表示；

(3) 球磨坯料时应先投入硬质料如石英、长石等，数小时后再投入软质料如黏土，以提高球磨效率；

(4) 在配方设计前必须对所使用原料的化学组成、矿物组成、物理性质以及工艺性能等进行全面了解。

7.3　泥浆性能的测定

泥浆的性能通常指泥浆的水分、细度（或残渣）、比重（或密度）、流动性及触变性、吸浆速度等指标。在陶瓷生产中，泥浆的性能对陶瓷生产工艺及产品的最终性能具有重要影响。例如泥浆的细度会影响悬浮性、渗透性和坯体的抗折强度。细度过细，则会延长吃浆时间，坯体容易坍塌。如果颗粒太粗，半成品抗折强度低，加工性能变差。因此在陶瓷生产中必须对泥浆性能进行检测与控制。

7.3.1　实验目的

(1) 了解泥浆性能对陶瓷生产工艺的影响；

(2) 了解影响泥浆性能的因素；

(3) 掌握泥浆性能的测试方法及控制方法。

7.3.2　实验原理

7.3.2.1　泥浆的性能指标

A　泥浆的水分及密度

通过泥浆干燥前后质量的不同测定泥浆水分；泥浆的密度是指泥浆的质量与同体积水的质量之比，因此通过测定相同体积泥浆与水的质量，即可求出泥浆的密度。生产中为了迅速而准确地检测泥浆的水分，可以测定一系列密度与水分的对应数据，找出密度与水分的对应关系，然后列成表格。在日常的测定中，只测密度即可查出水分含量。

B　泥浆的细度

泥浆的细度通常用筛余量占泥浆全部干物料质量的百分比来表示。

C　泥浆的流动性

泥浆的流动性可用泥浆的流动度、相对和绝对黏度来表征。泥浆是黏土悬浮于水中的分散系统，是具有一定结构特点的悬浮体和胶体系统。泥浆在流动时，存在内摩擦力，内摩擦力的大小一般用黏度的大小来反映，黏度越大则流动度越小。

（1）泥浆的流动度。流动度为塑性黏度的倒数，它反映了浆体不断克服内摩擦所产生的阻碍作用而继续流动的一种性能。工艺上，常以一定体积的泥浆静置一定时间后通过一定孔径的小孔流出的时间来表征泥浆的流动度。

（2）相对黏度：利用恩格勒黏度计测定相对黏度，通常是用泥浆的流出时间与同体积水的流出时间之比值来表示。

（3）绝对黏度：用旋转黏度计测定绝对黏度是把测得的读数值乘上旋转黏度计系数表上的特定系数来表示。

D 泥浆的触变性

陶瓷工艺学上以溶胶和凝胶的恒温可逆变化，或者震动则获得流动性而静置则重新稠化的现象表征触变性或稠化性。触变性以稠化度或厚化度表示，即泥浆在黏度计中静置30min后的流出时间与静置30s后的流出时间之比值（瓷坯的稠化度1.8~2.2，精陶泥浆的稠化度在1.5~2.6范围）。

E 吸浆速度

在泥浆中固体颗粒的比表面积、泥浆浓度、泥浆温度、泥浆与石膏模间的压力差一定的条件下，单位时间内单位模型面积上所沉积的坯体质量称为吸浆速度。工艺上吸浆速度用石膏坩埚法和石膏圆柱体法测定，前者以石膏坩埚内壁单位面积上单位时间内沉积的干坯质量表示吸浆速度，后者以石膏圆柱体外表面单位面积上单位时间内聚积坯泥的质量表示吸浆速度。

7.3.2.2 影响泥浆流动性的因素以及控制流动性的意义

流动着的泥浆静置后，常会凝聚沉积稠化。泥浆的流动性与稠化性，主要取决于坯料的配方组成，特别是黏土原料的矿物组成、工艺性质、粒度分布、水分含量、使用电解质的种类与用量以及泥浆温度等。

泥浆流动度与稠化度是否恰当将影响浇注制品的质量。如何调节和控制泥浆的流动度、稠化度，对于满足生产需要，提高产品质量和生产效率均有重要意义。

7.3.2.3 调节和控制泥浆流动度、厚化度的常用方法

选择适宜的电解质和适宜的加入量。

在黏土－水系统中，黏土粒子带负电，在水中能吸附正离子形成胶团。一般，天然黏土粒子上吸附着各种盐的正离子：Ca^{2+}、Mg^{2+}、Fe^{3+}、Al^{3+}，其中Ca^{2+}为最多。

在黏土－水系统中，黏土粒子还大量吸附H^{+}。在未加电解质时，由于H^{+}离子半径小，电荷密度大，与带负电的黏土粒子作用力大，易进入胶团吸附层，中和黏土粒子的大部分电荷，使相邻同号电荷粒子间的排斥力减小，致使黏土粒子易于黏附凝聚，降低流动性；Ca^{2+}、Al^{3+}等高价离子由于其电价高（与一价阳离子相比），与黏土粒子间的静电引力大，易进入胶团吸附层，同样会降低泥浆流动性。

如加入电解质，由于电解质的阳离子离解程度大，且所带水膜厚，而与黏土粒子间的静电引力不很大，大部分仅能进入胶团的扩散层，使扩散层加厚，电动电位增大，黏土粒子间排斥力增大，从而提高泥浆的流动性，即电解质起到了稀释作用。

7.3.2.4 电解质的选择

泥浆的最大稀释度（最低黏度）与其电动电位的最大值相适应，若加入过量的电解

质，泥浆中电解质的阳离子浓度过高，会有较多的阳离子进入胶团的吸附层，中和黏土胶团的负电荷，从而使扩散层变薄，电动电位下降，黏土胶团不易移动，使泥浆黏度增加，流动性下降，因此电解质必须具备三个条件：

（1）具有水化能力的一价阳离子，如 Na^+ 等；

（2）能直接离解或水解而提供足够的 OH^-，使分散系统呈碱性；

（3）能与黏土中有害离子发生交换反应，生成难溶的盐类或稳定的配合物。

7.3.2.5　常用电解质

可分为三类：

（1）无机电解质，如水玻璃、碳酸钠、六偏磷酸钠 $(NaPO_4)_6$、焦磷酸钠 $(Na_4P_2O_7 \cdot 10H_2O)$ 等，这类电解质用量一般为干料质量的 0.3% ~0.5%；

（2）能生成保护胶体的有机盐类，如腐殖酸钠、单宁酸钠、柠檬酸钠、松香皂等，用量一般为 0.2% ~0.6%；

（3）聚合电解质，如聚丙烯酸盐、羧甲基纤维素、阿拉伯树胶等。

稀释泥浆的电解质，可单独使用或几种混合使用，其加入量必须合适。若过少则稀释作用不完全，过多则反而引起凝聚。

对于不同黏土，适当的电解质种类与合适的加入量必须通过实验来确定。

一般电解质加入量小于 0.5%（对干料而言）。采用复合电解质时，还必须注意加入的先后次序对稀释效果的影响，当 Na_2CO_3 与水玻璃或 Na_2CO_3 与单宁酸合用时，都应先加入 Na_2CO_3 后加水玻璃或单宁酸。

7.3.3　实验器材

恩格勒黏度计；NDJ－1 型旋转式黏度计；比重计；奥斯托管；石膏坩埚和石膏圆柱体；烘箱；普通天平、分析天平；电动搅拌器；滴定管、容量瓶、蒸发皿、量筒、玻棒、铁架、秒表、铜烧杯；电解质：Na_2CO_3、水玻璃、NaOH。

恩格勒黏度计包括两个相套住的圆筒形铜制容器，中心开有一圆锥形的流出孔，供悬浮体流出之用，此孔可用木棒塞住。流出孔径为 5 ~7mm（用于测定泥浆的相对黏度）。黏度计的内层容器用一带有两个小孔的盖子盖住，木棒穿过中心的小孔而将黏度计底上的流出孔塞住，旁边的小孔供插温度计用（一般注浆流动度如下：瓷坯 10 ~15s，半瓷坯10 ~20s，精陶坯 15 ~25s）。

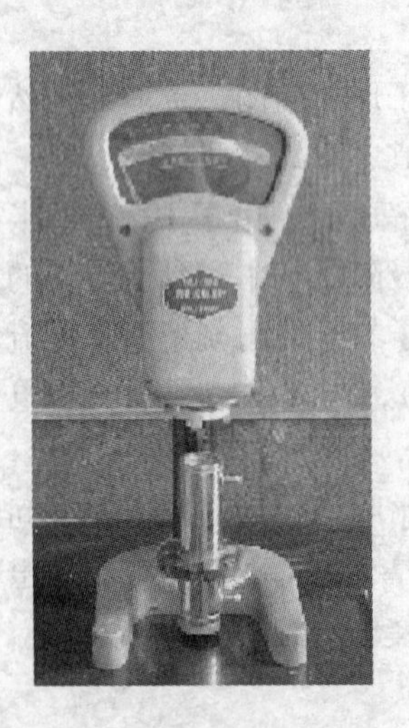

图 7-4　旋转式黏度计

改变泥浆温度对它的黏度影响很大。因此在比较两种泥浆的黏度时，必须严格控制在同一温度下进行测量。外层容器作为恒温器，用来加热泥浆到规定温度。外层容器中的温度用装在特别夹持器中的温度计来测量。为了加热外层容器中的液体，用一个环形煤气灯进行加热，此煤气灯装在搁置黏度计的三脚架的一只脚上。

旋转式黏度计如图 7-4 所示。同步电机以稳定的速度旋转，连接刻度圆盘；再通过游丝和转轴带动转子旋转。如果转子未受到泥浆的阻力，则游丝、指针与刻度圆盘同速旋转，指针在刻度盘上指出的读数为“0”。反之，如果转子受到泥浆的阻力，则游丝产生扭矩，与黏滞阻力抗衡最后达到平衡，这时与游丝连接的指针，在刻度圆盘上指示一定的读数（即游丝的扭转角）。将读数乘上特定的系数（系数值表附在黏度计表盘上），即得到泥浆的黏度（厘泊）。

按仪器不同规格附有1~4号四种转子或0~4号五种转子，可根据被测泥浆黏度的高低与转速配合使用。转速也分四档，可根据测定需要选择。

7.3.4 实验步骤

7.3.4.1 泥浆水分测定

用质量恒重的容器称取试样10~20g，在干燥器中烘至恒重为止，冷却称重。记录湿样质量 W_1、干样质量 W_2，则

$$相对水分(X)=\frac{W_1-W_2}{W_1}\times 100\%$$

$$绝对水分(Y)=\frac{W_1-W_2}{W_2}\times 100\%$$

7.3.4.2 泥浆密度测定

测试泥浆密度的方法有比重计法、比重瓶法。

（1）比重计法：使用波美比重计测试。充分搅拌泥浆，待稍微静止后，将擦拭干净的比重计慢慢放入泥浆中，直接读取读数。测定范围1.0~2.0。此方法测试速度快，但受泥浆温度、浓度等因素的影响较大（注意：使用比重计前可以在水中试验一下是否准确）。

（2）比重瓶法：称100mL容量瓶的瓶重，加水至刻度，再称重，减去瓶重得水的体积质量（数值近似瓶的容积数）G_1；倒出瓶中的水，甩干，加入泥浆至刻度，称重，减去瓶重得泥浆质量 G_2，则比重（或密度）为 G_2/G_1。使用比重瓶法既方便又准确。

7.3.4.3 泥浆细度的测定

细度的测定方法有筛析法、容量法、激光粒度分析法等。生产企业经常采用筛析法、容量法。如果考虑泥浆的颗粒分布状态对工艺的影响，可采用激光粒度分析方法。

（1）筛析法：取100mL（或100g）泥浆，逐渐倾入250目（0.061mm）或350目（0.041mm）筛中，并不断以自来水冲洗，直至水流不混浊为止。将筛上残渣倾入蒸发皿内，将蒸发皿上部清水倒出，放在烘箱内烘干，称量干料重（G）；同时取100mL（或100g）泥浆，直接烘干称重（g），则细度为（G/g）×100%。

（2）容量法：过筛方法与筛析法相同，将残渣倒入刻度管中，等到沉降后测量其体积。根据多次测定结果确定每毫升残渣量的经验数据，用于生产性测试。此方法烘干时间较短，能迅速提取数据，便于及时进行生产控制，但准确性较低。

（3）激光粒度分析法：按照激光粒度分析仪的操作规程进行操作。可以测定试样的微分质量、微分数量、微分体积。其检测速度快，结果准确，重复性好，采用超声分散可减少物料的团聚。

7.3.4.4 泥浆的流动性测定

A 奥斯托管法测定流动度

将泥浆充分搅拌均匀后倒入奥斯托管内，盖上盖，拧紧，不能漏气。将奥斯托管放置

在250mL的容量瓶上方，静置30s后，立即将奥斯托管上方的放气孔打开，同时按下秒表。记录流出100mL泥浆的时间 τ_{30s}，单位：s（注意：为了减少测量误差，流出20mL时，开始按下秒表，流出120mL泥浆时停表。通常将密度调至1.71g/cm^3，料浆温度20℃）。

B 绝对黏度的测定

（1）配制电解质标准溶液：配制质量分数为5%或10%的 Na_2CO_3、NaOH、$NaSiO_3$ 三种电解质的标准溶液。电解质应在使用时配制，尤其是水玻璃极易吸收空气中 CO_2 而降低稀释效果。Na_2CO_3 也应保存于干燥的地方，以免在空气中变成 $NaHCO_3$ 而成凝聚剂。

（2）黏土试样须经细磨、风干过100目（0.147mm）筛。

（3）泥浆需水量的测定：称取200g干黏土，用滴定管加入蒸馏水，充分搅拌至泥浆开始呈微流动为止（不同黏土的加水量范围为30%～70%），记录加水量。

（4）电解质用量初步试验：在上述泥浆中，以滴定管将配好的电解质标准溶液缓慢滴入，不断搅拌和匀，记下泥浆明显稀释时电解质的加入量。

（5）取5个泥浆杯编号，各称取试样350～400g（准确至0.1g），各加入所确定的加水量，调至呈微流动。

（6）在5个泥浆杯加入所确定的电解质量，其间隔为0.5～1mL。5个泥浆杯中所加电解质质量不同，但溶液体积相等，用电动搅拌机搅拌半小时。

（7）调整好仪器至水平位置，将选择好的转子装上旋转黏度计，并装上保护架，再一同插入搅拌好的泥浆杯中，直至转子液面标志和液面相平为止。

（8）按下指针控制杆，开启电机开关，转动变速旋钮，对准速度指示点，放松指针控制杆，使转子在液体中旋转，经多次旋转（一般20～30s），待指针趋于稳定，按下指针控制杆，使指针停在读数窗口内，再关闭电机，然后读数。

（9）当指针所指示数值过高或过低时，可变换转子和转速。读数在30～90格之间为佳。

（10）计算结果：

$$\eta = aK$$

式中 η——绝对黏度；

a——黏度计指针所指读数；

K——黏度计系数表上的特定系数。

C 相对黏度的测定

（1）配制电解质标准溶液：配制质量分数为5%或10%的 Na_2CO_3、NaOH、$NaSiO_3$ 三种电解质的标准溶液。电解质应在使用时配制，尤其是水玻璃极易吸收空气中 CO_2 而降低稀释效果。Na_2CO_3 也应保存于干燥的地方，以免在空气中变成 $NaHCO_3$ 而成凝聚剂。

（2）黏土试样须经细磨、风干过100目（0.147mm）筛。

（3）泥浆需水量的测定：称取200g干黏土，用滴定管加入蒸馏水，充分搅拌至泥浆开始呈微流动为止（不同黏土的加水量范围为30%～70%），记录加水量。

（4）电解质用量初步试验：在上述泥浆中，以滴定管将配好的电解质标准溶液缓慢滴入，不断搅拌和匀，记下泥浆明显稀释时电解质的加入量。

（5）取5个泥浆杯编好号，各称取试样300g（准确至0.1g），各加入所确定的加水量，调至呈微流动。

（6）在5个泥浆杯加入所确定的电解质量，其间隔为0.5～1mL。5个泥浆杯中所加电解质质量不同但溶液体积相等，用电动搅拌机搅拌半小时。

（7）洗净并擦干黏度计，加入蒸馏水至三个尖形标志，调整仪器水平，将具有刻度线的100mL容量瓶口对准黏度计流出孔，拔起木棒，同时记录时间，测定流出100mL水的时间，然后用木棒塞住流出孔，做三个平行实验，取平均值，作为100mL水的流出时间。

（8）将上述5个泥浆杯中的泥浆用上法各做三个平行实验，取平均值，求得相对黏度B（泥浆从流出孔流出，不要触及承受瓶的瓶颈壁，应成一股泥浆流下）。

（9）用上述方法测定其他电解质对应泥浆试样的相对黏度B。

（10）测定结果计算：

$$B=\frac{C_s}{W_s}$$

式中　B——相对黏度；

C_s——100mL泥浆流出时间；

W_s——100mL水流出时间。

D　泥浆厚化度测定

将上述已加有一定量电解质的泥浆倒入黏度计后，测定静置30min与30s后流出100mL泥浆所需时间的比值。

E　吸浆速度测定

吸浆速度的测试普遍采用石膏坩埚法和石膏圆柱体法。

（1）石膏坩埚法。

1）将泥浆注入已经除净灰尘并称过质量的石膏坩埚内，静置1h后将多余的泥浆倒出，为使多余泥浆完全流尽，可将坩埚倒置在木架上半小时。

2）将坩埚连同附在坩埚内壁的坯体一同置于105～110℃干燥至恒重。

3）用石膏坩埚法测定吸浆速度时，必须进行5个平行试验，计算平均值。

4）吸浆速度：

$$V=\frac{G_1-G_0}{At}$$

式中　V——吸浆速度，g/(cm^2·s)；

G_0——测试前石膏坩埚重，g；

G_1——测试后坩埚重＋干坯重，g；

A——坩埚内表面积，cm^2；

t——泥浆注入坩埚后静置时间，s。

（2）石膏圆柱体法。

1）将固定在架子上（或仪器上）的石膏圆柱体浸没在盛有泥浆的杯内至标志处。

2）5min后，将石膏圆柱体连同附在上面的泥层一同取出，令多余的泥浆留下(2min)。

3）石膏圆柱体连同泥层一起置于表面玻璃上，用天平立刻称出质量，准确至0.01g。

4）用石膏圆柱体测定吸浆速度，必须进行 5 个平行试验，计算平均值。

5）吸浆速度：

$$V = \frac{G_1 - G_0}{Ft}$$

式中 V——吸浆速度（泥层在石膏柱上沉积的速度），$g/(cm^2 \cdot s)$；

G_0——测试前圆柱体的质量，g；

G_1——测试后石膏柱与沉积于其上面的泥层以及被吸收的水的质量，g；

F——浸入泥浆内的石膏柱的表面积，cm^2；

t——泥层聚积的时间，s。

7.3.5 实验记录与数据处理

记录实验数据，对数据进行分析处理，写出实验报告。

7.3.6 注意事项

（1）用电动搅拌机搅拌泥浆时，电动机转速和运转时间要保持一定。在启动搅拌机前，先将搅拌叶片埋入泥浆中，以免泥浆飞溅。

（2）泥浆从流出口流出时，勿触及量瓶颈壁，否则需重做。

（3）在做静置 30min 和泥浆温度超过 30℃以上的试验时，每做一次，应洗一次黏度计流出口。

（4）每测定一次黏度，应将量瓶洗净，烘干，或用无水乙醇除掉量瓶中剩余水分。

（5）Na_2CO_3 易在潮湿空气中变为 $NaHCO_3$，后者使黏土发生凝聚作用，应注意防潮。

7.4 陶瓷坯料可塑性的测定

可塑性是陶瓷泥料的重要工艺性能，其测定方法有间接法和直接法两种，但到目前为止仍无一种方法能完全符合生产实际，因此，国内外正在积极研究适宜的定量测定方法。目前各研究单位或工厂仍广泛沿用直接法，即用可塑性指标和可塑性指数对黏土或坯料的可塑性进行初步评价。

可塑性指标是利用一定大小的泥球，测定其在受力情况下所产生的应变，以对黏土或坯料的可塑性进行初步评价，对陶瓷的成型和干燥性能进行分析。

7.4.1 实验目的

（1）了解黏土或坯料的可塑性指标对生产的指导意义；

（2）了解影响黏土可塑性指标的因素；

（3）掌握黏土或坯料可塑性指标的测定原理及测定方法。

7.4.2 实验原理

可塑性是指具有一定细度和分散度的黏土或配合料，加适量水调和均匀，成为含水率一定的塑性泥料，在外力作用下能获得任意形状而不产生裂缝或破坏，并在外力作用停止后仍能保持该形状的能力。

可塑性指标以一定大小的泥球在受力情况下所产生的应变与应力的乘积来表示：

$$S=(D-h)\cdot P \tag{7-1}$$

式中 S——可塑性指标，cm·kg；

D——泥球在试验前的直径，cm；

h——泥球受压后产生裂缝时的高度，cm；

P——泥球出现裂纹时的负荷，kg。

可塑性与调和水量，亦即与颗粒周围形成的水化膜厚度有一定的关系。一定厚度的水化膜会使颗粒相互联系，形成连续结构，加大附着力；水膜又能降低颗粒间的内摩擦力，使质点能相互沿着表面滑动而易于被塑造成各种形状，从而增加了可塑性。但加入水量过多又会产生流动，失去塑性；加入水量过少，则连续水膜破裂，内摩擦力增加，塑性变坏，甚至在不大的压力下就呈松散状态。

高可塑性黏土的可塑性指标大于3.6；中可塑性黏土的可塑性指标为2.5~3.6；低可塑性黏土的可塑性指标低于2.4。

7.4.3 实验器材

可塑性指标仪（如图7-5所示）、天平、量筒、卡尺、调泥皿、调泥刀、保湿器、0.5mm孔径筛、水平仪等。

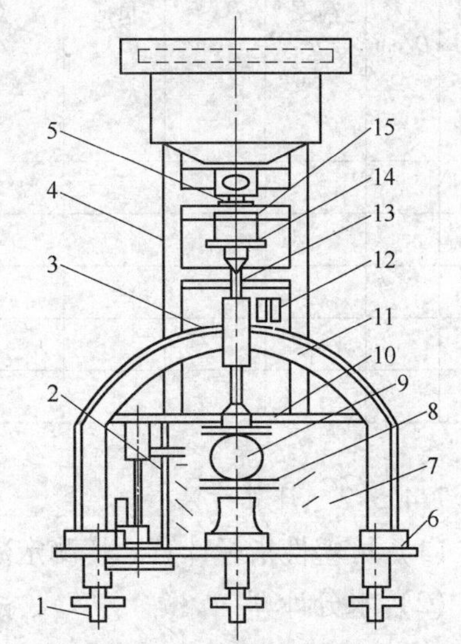

图7-5 陶瓷坯料可塑性测定仪

1—调节仪；2—游块；3—电磁铁；4—支架；5—滑板架；6—机座；7—镜子；8—座板；9—泥团；10—下压板；11—框架；12—指紧螺钉；13—中心轴；14—上压板；15—盛砂杯部分

7.4.4 实验步骤

实验步骤如下：

(1) 将400g通过0.5mm孔径筛的黏土（或直接取生产用坯料）加入适量水，充分调和捏练使其达到具有正常工作稠度的致密泥团（此时，泥团极易塑造成型而又不粘手）。将泥团铺于玻璃板上，制成厚30mm的泥饼，用直径为45mm的铁环割取5段，保存在保湿器中，随时取用。

(2) 将泥团用手搓成泥球，球面要求光滑无裂纹，球的直径（45±1)mm，为了使手掌不致吸去泥团表面水分和沾污泥球表面，实验前应先用湿毛巾擦手。

(3) 按先后顺序把圆球放在可塑性测定仪座板的中心，用左手托住中心轴，右手旋开框架上指紧螺钉，让中心轴慢慢放下，至下压板刚接触到泥球为止，锁紧指紧螺钉，从中心轴标尺上读取泥球的直径。

(4) 把砂杯放在中心轴上压板上，用左手握住压杆，右手旋开指紧螺钉12，让中心轴慢慢落下，直至不再下降为止。

(5) 打开盛铅丸漏斗开关（滑板架5），让铅丸匀速落入铅丸容器中，逐渐加压到泥球上，两眼注意观察泥球变形的情况，可以从正面或镜中细看。随着铅丸质量的增加，泥球逐渐变形至一定程度后将出现裂纹。当发现裂纹时，立即按动按钮开关，利用电磁铁迅速关闭铅丸漏斗开关，锁紧指紧螺钉，读取泥球的高度，称取铅丸质量（再加上下压板、中心轴及盛铅丸容器的质量800g 即为破坏负荷）。

（6）将泥球取下置于预先称量恒重的编好号的称量瓶中，迅速称重，然后放入烘箱中，在 105 ~110℃温度下烘干至恒重，在干燥器中冷却后称重。

7.4.5 实验记录与数据处理

7.4.5.1 测定记录

将实验结果填入表 7-3。

表 7-3 可塑性指标测定记录表

<table>
<tr><td colspan="2">试样名称</td><td colspan="3"></td><td>测定人</td><td colspan="2"></td><td colspan="2">测定日期</td><td colspan="3"></td></tr>
<tr><td colspan="2">试样处理</td><td colspan="11"></td></tr>
<tr><td rowspan="2">试样编号</td><td rowspan="2">试样直径 D/cm</td><td rowspan="2">形变后高度 h /cm</td><td rowspan="2">应变 $D-h$ /cm</td><td rowspan="2">破坏负荷 P/kg</td><td rowspan="2">可塑性指标 $S=(D-h)\cdot P$ /cm · kg</td><td colspan="6">黏土或坯泥可塑水分的测定</td><td rowspan="2">备注</td></tr>
<tr><td>称量瓶编号</td><td>称量瓶重 G_0/g</td><td>称量瓶及湿样重 G_1/g</td><td>称量瓶及干样重 G_2/g</td><td>干基含水率 /%</td><td>湿基含水率 /%</td></tr>
<tr><td>1</td><td></td><td></td><td></td><td></td><td></td><td></td><td></td><td></td><td></td><td></td><td></td><td></td></tr>
<tr><td>2</td><td></td><td></td><td></td><td></td><td></td><td></td><td></td><td></td><td></td><td></td><td></td><td></td></tr>
<tr><td>3</td><td></td><td></td><td></td><td></td><td></td><td></td><td></td><td></td><td></td><td></td><td></td><td></td></tr>
<tr><td>4</td><td></td><td></td><td></td><td></td><td></td><td></td><td></td><td></td><td></td><td></td><td></td><td></td></tr>
<tr><td>5</td><td></td><td></td><td></td><td></td><td></td><td></td><td></td><td></td><td></td><td></td><td></td><td></td></tr>
</table>

7.4.5.2 计算方法

（1）可塑性指标计算。将测定数据代入式 7-1 进行计算。

（2）水分计算：

$$\text{干基水分} = \frac{G_1 - G_2}{G_2 - G_0} \times 100\%$$

$$\text{湿基水分} = \frac{G_1 - G_2}{G_1 - G_0} \times 100\%$$

式中 G_0——称量瓶的质量，g；

G_1——称量瓶和湿样的质量，g；

G_2——称量瓶和干样的质量，g。

（3）全面表征可塑性指标的数据，应包括指标、应力、应变和相应含水率，数据应精确到小数点后一位。

（4）每种试样需平行测定 5 个。用于计算可塑性指标的数据，其相对误差不应大于 ±0.5%。

7.4.6 注意事项

（1）试样加水调和应均匀一致，水分必须是正常操作水分，搓球前必须经过充分捏练；

（2）搓球必须用润湿的掌心，搓球时间大致差不多，球表面必须光滑，滚圆无疵，球的尺寸须控制在 $\phi(4.5 \pm 0.1)$cm 范围内；

（3）试验操作必须正确，顺序不得颠倒，掌握开裂标准应该一致；

（4）如需详细研究可塑性指标与含水量的关系时，可做不同含水率的可塑性指标测定，并绘制出指标－含水率曲线图。

7.5　陶瓷烧结温度和烧结温度范围的测定

7.5.1　实验目的

（1）掌握烧结温度和烧结温度范围的测定原理与测定方法。

（2）了解影响烧结温度与烧结温度范围的复杂因素。

（3）明确烧结温度与烧结温度范围对陶瓷生产的实际意义。

7.5.2　实验原理

陶瓷坯体在烧结过程中，要发生一系列复杂的物理化学变化，如原料的脱水、氧化分解、易熔物的熔融、液相的形成、旧晶相的消失、新晶相的生成以及新生成化合物量的不断变化，液相的组成、数量和黏度的不断变化。与此同时，坯体的孔隙率逐渐降低，坯体的密度不断增大，最后达到坯体孔隙率最小，密度最大时的状态称为烧结。烧结时的温度称为烧结温度。若继续升温，升到一定温度时，坯体开始过烧，这可通过试样过烧膨胀出现气泡、角棱局部熔融等现象来确定。烧结温度和开始过烧温度之间的温度范围称为烧结温度范围。

坯料的烧成温度范围与其配方组成、化学组成及颗粒组成密切相关。根据烧成温度范围的定义，可以有多种测定方法，如可以用高温显微镜、高温热膨胀仪或材料熔融温度测定仪等测定坯体在加热过程中的高温阶段及其收缩率在最大值时相应的温度范围。

（1）高温热膨胀仪法。通过热膨胀计记录试样在加热过程中的膨胀－收缩曲线，根据曲线的上限温度点和下限温度点确定其烧结温度范围；

上限温度点：在此点，试样烧结收缩已停止，致密度最高，且尚未发生过烧膨胀或软化收缩。

下限温度点：在此点，试样烧结线收缩为1.00%，吸水率不大于0.5%。

（2）高温显微镜法。根据加热过程中试样投影尺寸的变化来确定其烧结温度范围。将试样投影收缩达最大值时的温度到试样过烧膨胀或软化前的温度定为烧结温度范围。

7.5.3　实验器材

（1）小型真空练泥机（立式或卧式）；

（2）高温显微镜或高温热膨胀仪；

（3）烘箱、干燥器；

（4）微型压机、模具；

（5）氩气保护装置；

（6）刚玉托管、刚玉托板；

（7）镊子、棉手套、石棉手套。

7.5.4　实验步骤

本实验分别采用高温显微镜法和高温热膨胀仪法测定陶瓷烧结温度和烧结温度范围。

7.5.4.1　*热膨胀仪法*

具体如下：

（1）按7.4节（陶瓷坯料可塑性的测定）中的方法，将制备好的泥浆压滤成可塑性泥料，经真空练泥机或其他方法将泥料压制成一定形状和长度的试条（试条的形状与大小应与膨胀计的顶杆和支座相结合），试条应平直，两端面平整、平行且与长轴相垂直。不应有孔洞、裂纹、残缺等影响测试结果的缺陷。

（2）将压制好的试样放入干燥箱中进行干燥至恒重。

（3）测量室温下试条的长度 L_0。

（4）将试条装入热膨胀仪中，用铂金垫片将试条与膨胀计的顶杆和支座完全隔开，并使试条平稳、牢固。在整个测试过程中，平行试验压紧力应恒定。

（5）试条在热膨胀仪中静置5min后，按热膨胀仪操作规程启动仪器。选择适当量程，确定起始记录点。

（6）按预定升温速度匀速升温。对于直径或边缘长度不大于6mm的试样，可在3～5℃/min范围内选择升温速度；对于大于6mm的试样，升温速度不大于3℃/min。

（7）测试终点以试样出现明显二次膨胀或明显开始软化收缩时止。

（8）当炉温冷却至室温时，取出试样，清洗铂金垫片。

（9）结果的表述。

1）上限温度 T_a：在膨胀－收缩曲线上，当烧结收缩停止而过烧膨胀或软化收缩刚开始时，对应温度即为 T_a；

2）下限温度 T_b：在膨胀－收缩曲线上，将上限温度 T_a 时的收缩率回推1.0%，对应的温度即为 T_b；

3）试样上、下限温度的烧结收缩率均按下式计算：

$$S = \frac{\Delta L}{L_0} \times 100\%$$

式中　S——试样烧结收缩率，%；

ΔL——试样烧结收缩量，mm；

L_0——室温时试样的原始长度，mm。

4）烧结温度以 T_a 表示，烧结温度范围以 $T_a \sim T_b$ 表示。

（10）精密度。平行试验上、下限温度允差不得大于5℃，否则，应重新测试。

7.5.4.2　*高温显微镜法*

具体如下：

（1）将7.4节（陶瓷坯料可塑性的测定）中制备好的可塑性泥料干燥，在玛瑙研钵中粉碎至全部通过0.063mm孔径筛。

（2）四分法取5g样，置于玛瑙研钵中，喷入少量水或有机黏结剂以利于试样成型。

（3）用压样器将粉料压制成边与高相等的正方体，要求试样边角规整，不准有破损。

（4）将试样放入干燥器进行干燥。

（5）接通电源打开照明灯，将准备好的试样放在有铂金垫片的氧化铝板上，把托板平稳置于试样架上，使试样与热电偶端点在同一位置。

（6）将试样架缓缓推入炉膛中央，合上炉膛。

（7）调节目镜与位移螺栓，使试样投影为一完整且清晰的正方形，并处于视域中央。

（8）启动电炉加热开关，以5～7℃/min的升温速度匀速升温。

（9）拍摄室温下试样投影照片，然后在接近烧结终点的温度开始，每隔20℃左右拍照一次，直至出现明显过烧膨胀或软化收缩时为止。在此过程中仔细观察投影形状的变化，记录试样收缩最大时的最初温度和刚开始过烧膨胀或软化收缩的温度。

（10）结果的表述。

1）上限温度 T_a：刚开始过烧膨胀（或软化收缩）时的温度即为 T_a；

2）下限温度 T_b：最初到达最大烧结收缩时的温度即为 T_b；

3）烧结温度以 T_a 表示，烧结温度范围以 $T_a \sim T_b$ 表示。

（11）精密度。平行试验，上、下限温度允差不得大于10℃，否则应重新测试。

7.5.5 实验记录与数据处理

编写实验报告，实验报告包括以下内容：

（1）样品名称、试样尺寸大小；

（2）仪器名称、型号、烧成气氛、升温速度；

（3）拍摄到的各温度下的试样形状变化照片或试样的膨胀-收缩曲线；

（4）烧结温度和烧结温度范围；

（5）其他需要说明的情况

7.5.6 注意事项

（1）操作仪器前，须阅读仪器说明书，了解仪器的适用范围及注意事项；

（2）操作仪器时，须严格按操作规程进行。

7.6 卫生陶瓷材料的成型和烧结

陶瓷的制备包括泥浆和釉浆的制备、坯体成型、施釉、烧成等主要工序。卫生陶瓷产品质量的好坏与泥釉料配方、工艺参数及工艺控制密切相关。本实验的目标是要求学生制备出陶瓷坩埚或肥皂盒等小件制品，从中体会卫生陶瓷的生产工艺技术，提高操作技能。

7.6.1 实验目的

（1）掌握坯料、釉料的制备方法；

（2）掌握和运用泥浆、釉浆、产品性能测试技术；

（3）掌握卫生陶瓷成型方法；

（4）了解卫生陶瓷烧成过程中的物理、化学变化；

（5）了解影响卫生陶瓷产品质量的因素及改进方法。

7.6.2　实验原理

根据产品性能要求，选用原料，确定配方及成型方法。确定烧成制度，烧制出合格产品。

7.6.3　实验器材

（1）釉用原料：长石、石英、高岭石、石灰石、白云石、氧化锌、锆英石粉等料若干千克，CMC 少许；

（2）泥用原料：长石、石英（或白砂岩）、生大同土、抚宁瓷石、紫木节、章村土、彰武土、苏州土、白云石、电解质（碱面、水玻璃）等；

（3）瓷磨罐，30kg 球磨机等磨制设备；普通天平（台式）、小磅秤；

（4）标准筛、烧杯、玻璃棒、恩氏黏度计、吸干速度测试工具、塑料杯、瓷盘等；

（5）石膏模型（坩埚、肥皂盒、试片）；

（6）干燥箱、电炉、测吸水率和热震稳定性装置等。

7.6.4　实验步骤

实验步骤如下：

（1）制备泥浆。

1）按照下列坯式计算坯料配方（%）：计算出各种原料的质量分数（干基）。坯式如下：

$$\left.\begin{matrix}0.207\ K_2O\\ 0.041\ Na_2O\\ 0.017\ CaO\\ 0.128\ MgO\end{matrix}\right\}\ \left.\begin{matrix}0.971\ Al_2O_3\\ 0.029\ Fe_2O_3\end{matrix}\right\}\ \begin{matrix}4.792\ SiO_2\\ 0.021\ TiO_2\end{matrix}$$

注：电解质、水为外加，电解质含量0.5%、水38%～40%（占干料量的比例）。

2）原料烘干。不烘干时计算出含水分原料的加入量。

3）按照配方准确称量各种原料的加入量。将原料、电解质、水一同装入球磨机中磨制。料：球：水 =1：1：0.4；磨制 10～15h，细度为过350目（0.041mm）筛后余2%～4%，过筛、除铁、陈腐后备用。

4）测试和记录泥浆的性能指标：水分、细度、流动性、吸浆厚度。

（2）制备釉浆。

1）按照下列釉式计算釉料配方（%）：计算出所用各种釉用原料的质量分数。釉式如下：

$$\left.\begin{matrix}0.161\ K_2O\\ 0.091\ Na_2O\\ 0.529\ CaO\\ 0.065\ MgO\\ 0.154\ ZnO\end{matrix}\right\}\ \left.\begin{matrix}0.239\ Al_2O_3\\ 0.003\ Fe_2O_3\end{matrix}\right\}\ \begin{matrix}2.555\ SiO_2\\ 0.151\ TiO_2\end{matrix}$$

2）按配料量计算各种原料的加入量。电解质（CMC）0.2% ~0.3%、水45%（外加）。

3）将各种原料、电解质、水和磨球加入瓷磨罐中，料：球：水 =1：2：0.45，在研磨设备上磨制20 ~25h，细度为过350目（0.041mm）筛后余0.02% ~0.06%，过筛、除铁后备用。

4）测试釉浆的工艺参数：水分、细度、流动性、吸干速度等。

（3）成型坯体。

1）泥浆注入石膏模型中，吃浆30 ~45min后放浆。待坯体硬化后脱模，放在平整的托板上入干燥箱干燥。坩埚内径4cm，高2cm（或皂盒）5 ~10件；50mm ×50mm ×8mm的试片6 ~10片。

2）将干坯修好，用湿布擦拭干净备用。

（4）施釉。

1）将坯体浸入釉浆中，静置一段时间，取出，控掉多余釉浆。釉层厚度大于0.5mm。注意浸釉时间应保持一致；坯体底面应无釉，以防烧成时粘连。

2）釉坯应自然干燥一段时间。

（5）烧制。

1）将釉坯放在平整的耐火托板上（无釉面接触托板）入电炉中烧制。最高烧制温度1180 ~1230℃。

2）冷却后观察制品的外观质量并记录。坩埚面上无破隙，釉面无裂纹，即说明坯釉适应性很好，坯釉间无显著应力。如果有裂隙或裂纹，即说明坯釉适应性不好。实践证明，釉层厚薄对坯釉适应性是有影响的，厚釉层较之薄釉层更容易出现裂纹或剥离现象。当然釉的高温熔体黏度及釉的高温熔体表面张力对釉面质量也有影响，如缩釉、流釉、针孔以及釉面平整光滑等均与釉的高温黏度和表面张力有关。

3）测试制品的吸水率、热震稳定性并记录。

7.6.5 实验记录与数据处理

（1）实验过程叙述；

（2）泥、釉配方计算结果；

（3）泥、釉浆测试结果；

（4）烧后制品物理性能测试结果及外观质量观察结果；

（5）实验中观察到的现象分析。

7.6.6 注意事项

（1）陶瓷料方设计必须以产品的理化性质与使用性能要求为依据，参照已有的产品配方，并全面了解各种原料对产品品质与工艺性能的影响；

（2）釉料组成要能适应坯体性能及烧成工艺要求；

（3）釉料性质应符合工艺要求；

（4）拟定一种釉料配方，应先掌握：坯体的烧成温度和它的基本化学性质；制釉原料的化学组成，含杂质的情况；对釉料的要求，如白度、透光度等方面。

7.7　莫来石质高温陶瓷材料的成型和烧结

7.7.1　实验目的

各实验小组协作完成莫来石与氧化锆复合陶瓷材料的工艺条件的实验研究（每组同学完成一种烧结制度下几种配方的试样的烧结实验），通过对不同氧化锆加入量以及不同烧结制度条件下得到的样品性能的比较（密度、抗弯强度，断裂韧性等性能的测试），得到这种复合材料的最佳配方和最佳烧结制度。

7.7.2　实验原理

7.7.2.1　成型前粉料预处理

为使粉料更适合成型工艺的要求，在需要时应对已粉碎、混合好的原料进行某些预处理：

（1）塑化：传统陶瓷材料中常含有黏土，黏土本身就是很好的塑化剂；金属粉末也有良好的塑性，一般不需要再加入塑化剂。只有对那些难以成型的原料，为提高其可塑性，才需加入一些辅助材料：

1）黏结剂。常用的黏结剂有：聚乙烯醇、聚乙烯醇缩丁醛、聚乙二醇、甲基纤维素、羧甲基纤维素、羧丙基纤维素、石蜡等。

2）增塑剂。常用的增塑剂有：甘油、酞酸二丁酯、草酸、乙酸二甘醇、水玻璃、黏土、磷酸铝等。

3）溶剂。能溶解黏结剂、增塑剂，并能和物料构成可塑物质的液体，如水、乙醇、丙酮、苯、醋酸乙酯等。

要根据成型方法、物料性质、制品性能要求、添加剂的价格以及烧结时是否容易排除等条件，来选择添加剂及其加入量。

（2）造粒：粉末越细小，其烧结性能越良好；但由于粉末太细小，其松装密度小、流动性差、装模容积大，因而会造成成型困难，烧结收缩严重，成品尺寸难以控制等困难。为增强粉末的流动性、增大粉末的堆积密度，特别是采用模压成型时，有必要对粉末进行造粒处理。常用的方法是，用压块造粒法来造粒：将加好黏结剂的粉料，在低于最终成型压力的条件下压成块状，然后粉碎、过筛。

7.7.2.2　粉料成型方法

（1）模压成型。

1）钢模压制成型：将粉末填在钢制模具的阴模中，在压力机上对阳模加压，使粉末成型。

粉末间、粉末与模具之间的摩擦力成为阳模下压的阻力，如果在单向加压情况下，会使坯体沿压力方向形成压力下降梯度，使坯体密度沿压力方向下降；除采用双向加压（采用活动双阳模）法外，还可以在粉料中加入润滑剂，如油酸、硬脂酸镁、石蜡汽油溶液等，减少粉末间及粉末与模型之间的摩擦力，提高模压成型的坯体密度的均匀性。

2）等静压成型：将粉末装填在可变形的模具（如橡胶、塑料等材料制作的模具）里，置于高压液体中，模具在高压液体的作用下变形，使粉体在各个方向上均匀受力，所以坯体密度均匀，由于压力高，坯体密度高，制品烧结后强度高。缺点是：坯体外观尺寸和形状不易控制，粗糙度偏大。

(2) 粉浆浇注成型：在粉料中加入适量的水或有机液体以及少量电解质添加剂，调成相对稳定的粉浆。将粉浆浇注到石膏模具中，静置一定时间后，靠近模具处的水分被石膏吸收，粉浆变黏稠粘在模具壁上；倒出多余的粉浆，待坯体稍干变硬后与模具分开，即可获得坯件，烘干后进行烧结。

毛坯的厚度由浇注静置时间来控制。此方法适用于薄壁制品的成型。料浆成型的主要工艺分为：空心注浆（单面浇注）、实心浇注（双面浇注）、压力浇注、离心浇注、真空浇注等。

料浆要有良好的流动性和稳定性。

(3) 挤压成型：将粉料和黏结剂、增塑剂及溶剂和成泥团（含水量为19% ~26%），排除泥团中的气体；在液压机活塞的推动下，泥团在缩小的出口处被挤压而致密并成型。挤压成型适合制作棒状和管状等异型断面的棒材和管材。

(4) 轧模成型：将和好的泥团在两轧辊间进行轧制，调整轧辊间距可获得不同厚度的板坯。

(5) 热压注：先将粉料与石蜡、少许蜂蜡及油酸加热（70 ~100℃）混匀成均匀的蜡浆（拌蜡）；用压力将熔化的蜡浆注满金属模具中，冷却后，蜡浆在模具中凝固、成型，脱模后，得到含蜡的坯料（热压注）；将坯料埋在氧化铝粉中，缓慢升温，将石蜡熔化、被氧化铝粉吸收、缓慢燃烧排除（脱蜡）；并使脱蜡后的坯件具有一定的强度；烧结后得到的制品尺寸精确、光洁度高、结构致密。适合制造形状复杂、尺寸和质量要求高的陶瓷产品。

一般采用气压0.7MPa，热压注常用石蜡为增塑剂（具有熔点低、熔化后勃度小、流动性好、易填充、不磨损模具、冷却后有一定的强度，并且石蜡冷却后体积收缩，易脱模、不与粉末反应、价格低等优点）。使用油酸和蜂蜡为表面活性物质（因为粉末表面带有电荷，具有极性，是亲水的；而石蜡是非极性，憎水的，不易与粉粒结合；表面活性物质油酸和蜂蜡表面一面具亲水基，可与粉料结合；另一面是亲油基，可与石蜡结合）。

将石蜡和蜂蜡加热熔化，逐渐加入烘干的粉料和油酸，经过几十小时不停地搅拌，直至蜡浆均匀，粉体中的气体全部被排除，才能使用。

(6) 注射成型：为使坯料更致密，尺寸更精密，现在常采用高压（10MPa）注射成型机（与塑料注射成型机类似）。陶瓷粉末与有机添加剂一起加热混炼、造粒后，常温下加入注射机内，颗粒料逐渐被加热，同时被送入挤压筒，料粒呈塑性状态，在高压下（螺旋加压或活塞加压）被挤压进入模具、成型。

常用的添加剂有：

1) 热塑性树脂：聚苯乙烯、聚乙烯、聚丙烯、醋酸纤维素、聚乙烯醇等。

2) 增塑剂：酞酸二乙酯、石蜡、酞酸二丁酯、脂肪酸酯、酞酸、二辛酯等。

3) 润滑剂：硬脂酸铝、硬脂酸镁、硬脂酸二甘酯、矿物油等。

7.7.2.3 烧结过程

烧结的实质是粉坯在适当的气氛下被加热，通过一系列的物理、化学变化，使粉粒间黏结，发生质的变化，坯块强度和密度迅速增加，其他物理、化学性能也得到明显的改善。

经过长期研究，烧结机制可归纳为：（1）黏性流动；（2）蒸发与凝聚；（3）体积扩散；（4）表面扩散；（5）晶界扩散；（6）塑性流动等。烧结是一个复杂的物理、化学变化过程，是多种机制作用的结果。

坯体在升温过程中相继会发生下列物理、化学变化：

（1）蒸发吸附水（约100℃）：除去坯体在干燥时未完全脱去的水分。

（2）粉料中结晶水排出（300～700℃）。

（3）分解反应（300～950℃）：坯料中碳酸盐等分解，排出二氧化碳等气体。

（4）碳、有机物的氧化（450～800℃）：燃烧过程，排出大量气体。

（5）晶型转变（550～1300℃）：石英、氧化铝等的相转变。

（6）烧结前期，经蒸发、分解、燃烧反应后，坯体变得更不致密，气孔率可达百分之几十。在表面能减小的推动力作用下，物质通过不同的扩散途径向颗粒接触点（颈部）和气孔部位填充，使颈部不断长大，逐步减小气孔体积；细小颗粒间形成晶界，并不断长大，使坯体变得致密化。在这个过程中，连通的气孔不断缩小，晶粒逐渐长大，直至气孔不再连通，形成孤立的气孔，分布在晶粒相交位置，此时坯体密度可达理论密度的90%。

（7）烧结后期：晶界上的物质继续向气孔扩散、填充，使孤立的气孔逐渐变小，一般气孔随晶界一起移动，直至排出，使烧结体致密化。如继续在高温下烧结，就只有晶粒长大过程。如果在烧结后期，温度升得太快，坯体内封闭气孔来不及扩散、排出，只是随温度上升而膨胀，这样，会造成制品的“胀大”，密度反而会下降。某些材料在烧结时会出现液相，加快了烧结的过程，可得到更致密的制品。

（8）降温阶段：冷却时某些材料会发生相变，因而控制冷却制度，也可以控制制品的相组成；如要获得合适相组成的部分稳定的氧化锆固体电解质，冷却阶段的温度控制是很重要的。

坯体烧结后在宏观上的变化是：体积收缩、致密度提高、强度增加，因此可以用坯体收缩率（线收缩率）、气孔率、体积密度与理论密度的比值、机械强度等指标来衡量坯体的烧结程度。

相同的坯体在不同的烧成制度下烧结，会得到生烧、正火、过烧等不同的结果；不同的升温速度也会得到不同的制品。可以根据坯体在不同的烧结制度下得到的制品的密度变化来确定最佳烧结制度（可获得最大密度制品的烧结制度为最佳）。

坯体在烧结过程的不同阶段（脱水、反应、燃烧等）会放出大量气体，如果在这一阶段升温太快，会引起强烈反应；急速排出的大量气体会使坯体开裂、起泡，造成损坏；因此，当温度上升到这些温度段时，应缓慢升温，或长时间保温，减缓反应速度。同样某些晶型转变也伴随或多或少的体积变化，也要注意控制温度，减缓变化的速度。

烧结方法分为：常压烧结、气氛烧结、热压烧结、热等静压烧结、自蔓延烧结等。常用的提高粉体烧结性能的方法有：

（1）采用超细粉末：粉体越细，粉体活性越大，表面能越高，烧结越容易。

（2）加入助烧结剂：如在氧化铝中加入氧化钛、氧化铬、氧化锰；在氮化硅中加入氧化镁、氧化钇、氧化铝。

莫来石是 $Al_2O_3 \cdot SiO_2$ 二元系中研究得最广泛的晶相，它是一种不饱和的具有有序分布氧空位的网络结构，其结构中孔隙大，比较疏松，原子堆积不紧密，因此莫来石具有较低的弹性模量（200～220MPa），较低的线膨胀系数（$5.6\times10^{-6}K^{-1}$），较低的导热系数（5.0W/(m·K)），使莫来石具有良好的抗热冲击性，但是，其常温强度和韧性很低，高温时，莫来石中会产生一些富硅的玻璃相，这些高黏度的玻璃相可松弛高温下莫来石所受应力，并使裂纹愈合，而且针状莫来石颗粒在黏度很高的玻璃相中有拔出效应，产生拔出功，所以其高温时的强度和韧性不低于常温下的性能。莫来石晶格扩散困难，致使莫来石陶瓷难以烧结，但也正是由于晶格扩散困难，其高温抗蠕变性能极优，是一种很有用的高温耐火材料。

ZrO_2 在常温下具有优越的强度和韧性，但高温力学性能明显下降，因此，ZrO_2 与莫来石复合，可望能改善莫来石的常温力学性能和氧化锆的高温力学性能。

7.7.3 实验步骤

实验步骤如下：

（1）坯料制备。

1）按化学反应 $3Al_2O_3+2SiO_2\rightarrow3Al_2O_3\cdot2SiO_2$ 的摩尔比，计算以氢氧化铝和石英粉为原料烧结得到50g 莫来石的用料配比；

2）按不同 MgO－PSZ（氧化镁部分稳定的氧化锆）加入量（分别为0%、5%、10%、15%、20%），每组完成一种配方，称重，在研钵内充分混匀（约30min）；

3）加入少许水玻璃，混匀。

（2）成型。

1）在油压机上用钢模将粉末压制成7mm×7mm×60mm的试条毛坯，缓慢烘干备用；

2）测量试条尺寸（长×宽×高），做好标记。

（3）烧结。

1）根据原材料在烧结过程中可能发生反应的温度范围，制定出莫来石复合陶瓷材料的烧结制度；

2）将试条直立放在氧化铝坩埚内，试条周围用氧化铝空心球隔开，装入高温电炉内；

3）按照电炉操作规程进行操作，按升温曲线进行烧结。

（4）测试。

1）测量烧后试条尺寸并记录；

2）测试烧后试条的气孔率、体积密度、吸水率、热震稳定性等指标。

7.7.4 实验记录与数据处理

（1）基础知识综述；

（2）实验目的；

（3）各操作步骤相应的数据记录、实验中发生的现象、实验结果；

（4）实验结果的分析。

7.7.5 注意事项

（1）实验前要大量有针对性地查阅资料、文献以充实理论与课题；

（2）充分了解各种添加剂的作用及烧成过程中的物理化学变化；

（3）充分了解各个实验环节的注意事项。

7.8　陶瓷工艺综合性实验

7.8.1　实验目的

本实验为陶瓷制备综合性课题。实验以加深学生对专业知识的理解和掌握，培养学生科研素质和提升学生综合能力为主要目的。重点培养和提高学生的学习自主性，独立思考、综合运用知识、独立分析解决问题的能力，创新能力及动手能力。

7.8.2　实验准备

（1）阅读大量文献，力求充分了解陶瓷行业国内外研究进展、研究热点及亟待解决的问题。

（2）在查阅文献的基础上结合所学知识，写出开题报告。

开题报告内容一般包括题目、课题的目的和意义、所制备材料的特点、国内外研究现状、具体方案、实施手段、测试方法、工作计划与日程安排。

（3）坯料和釉料组成设计。

（4）原料的选择和准备。

（5）坯料、釉料配方计算。

（6）成型方式的选择。

（7）烧成制度的确定。

7.8.3　陶瓷制备阶段

（1）坯料制备。

（2）成型。

（3）干燥。

（4）烧成。

（5）性能测试。

7.8.4　陶瓷工艺试验的结束阶段

（1）有针对性地进一步查阅资料以充实理论与课题。

（2）将实验得到的数据进行归纳、整理与分类并进行数据处理与分析，找出规律性，得出结论。如果认为某些数据不可靠，可补做若干实验或采用平行验证实验，对比后决定数据取舍。

（3）根据拟题方案及课题要求写出总结性实验报告。

一般来说，报告内容包括所准备（研制）陶瓷的特点、国内外生产现状、课题的目的和意义、原理、原料化学组成、配料计算结果、制备（研制）工艺、工艺制度、测试方法及有关数据、常规与微观特性检验的数据、图片或图表、试制经过及结论，并提出存在的问题。

（4）如果是论文或科研课题，要对某一专题研究的深度提出观点、论点，尽可能按科研论文要求写出论文。

7.9 普通硅酸盐玻璃配方计算和配合料制备

配方计算是根据原料化学成分和所制备的玻璃成分等计算各种原料的需要料。配合料制备就是按照配方配制并加工原料，使之符合材料高温烧制要求。

配方计算和配合料制备是玻璃乃至各种无机非金属材料新品种研制和生产必不可少的工艺过程。配方计算也是对后续玻璃熔制工艺参数的预测，配合料制备则直接影响玻璃的熔制效果和成品性能。

7.9.1 实验目的

（1）进一步掌握配方计算的方法；
（2）初步掌握配合料的制备方法和步骤；
（3）了解影响配合料均一性的因素。

7.9.2 实验原理

7.9.2.1 玻璃成分的设计

首先，要确定玻璃的物理化学性质及工艺性能，并依此选择能形成玻璃的氧化物系统，确定决定玻璃主要性质的氧化物，然后确定各氧化物的含量。玻璃系统一般为三组分或四组分，其主要氧化物的总量往往要达到90%（质量分数）。此外，为了改善玻璃某些性能还要适当加入一些既不使玻璃的主要性质变坏而同时使玻璃具有其他必要性质的氧化物。因此，大部分工业玻璃都是五六个组分以上。

相图和玻璃形成区域图可作为确定玻璃成分的依据或参考。在应用相图时，如果查阅三元相图，为使玻璃有较小的析晶倾向，或使玻璃的熔制温度降低，成分上应当趋向于取多组分，选取的成分应尽量接近相图的共熔点或相界线。在应用玻璃形成区域图时，应当选择距离析晶区与玻璃形成区分界线较远的组成点，使成分具有较低的析晶倾向。

为使设计的玻璃成分能在工艺实践中实施，即能进行熔制、成型等工序，必须要加入一定量的促进熔制、调整料性的氧化物。这些氧化物用量不多，但工艺上却不可少。同时还要考虑选用适当的澄清剂。在制造有色玻璃时，还须考虑基础玻璃对着色的影响。

以上各点是相互联系的，设计时要综合考虑。当然，要确定一种优良配方不是一件简单的工作，实际上，为成功地设计出一种具有实用意义、符合预定物化性质和工艺性能的玻璃成分，必须经过多次熔制实践和性能测定，对成分进行多次校正。

表7-4给出两种易熔的 $Na_2O-CaO-SiO_2$ 系统玻璃配方，可根据自己的要求进行修改。

表7-4 易熔玻璃的成分示例 （%）

配方编号	SiO_2	CaO	MgO	Al_2O_3	Na_2O	备 注
1	71.5	5.5	1	3	19	氧化物质量分数
2	69.5	9.5	3	3	15	

7.9.2.2 熔制温度的估计

玻璃成分确定后，为了选择合适的高温炉和便于观察熔制现象，应当估计一下熔制温度。

对于玻璃形成到砂粒消失这一阶段的熔制温度，可按 M. Volf 提出的熔化速度常数公式进行估算，即：

$$\tau=\frac{w(SiO_2)+w(Al_2O_3)}{w(Na_2O)+w(K_2O)+\frac{1}{2}w(B_2O_3)+\frac{1}{3}w(PbO)}$$

根据熔化速度常数与熔化温度的关系（表7-5），可大致确定该玻璃的熔制温度。

表7-5 熔化速度常数与熔化温度的关系

τ	6.0	5.5	4.3	4.2
T/℃	1450 ~ 1460	1420	1380 ~ 1400	1320 ~ 1340

7.9.2.3 玻璃原料的选择

在玻璃生产中选择原料是一件重要的工作，不同玻璃制品对原料的要求不尽相同，但有些共同原则。

（1）原料质量应符合技术要求，原料的结晶程度高、化学成分稳定、水分稳定、颗粒组成均匀、着色矿物（主要是 Fe_2O_3）和难熔矿物（主要是铬铁矿物）要少，便于调整玻璃成分。

（2）适于熔化和澄清。

（3）对耐火材料的侵蚀小。

玻璃熔制实验所需的原料一般分为工业矿物原料和化工原料。在研制一种新玻璃品种时，为了排除原料中的杂质对玻璃成分波动的影响，尽快找到合适的配方，一般都采用化工原料（化学纯或分析纯，也有用光谱纯）来做实验。本实验选用化工原料。

7.9.2.4 配料计算

根据玻璃成分和所用原料的化学成分（表7-6）就可以进行配合料的计算。在计算时，应认为原料中的气体物质在加热过程中全部分解逸出，而其分解后的氧化物全部转入玻璃成分中。此外，还须考虑各种因素对玻璃成分的影响，如某些氧化物的挥发、飞损等。

表7-6 原料（假设成分）成分表

原料名称	氧化物名称及质量分数/%				
	SiO_2	$CaCO_3$	$MgCO_3$	$Al(OH)_3$	$NaNO_3$
石英砂	99.78				
碳酸钙		99			
碳酸镁			99.5		
氢氧化铝				99.5	
纯碱					98.8

计算每批原料量时要根据坩埚大小或欲制得玻璃的量（考虑各性能测试所需要量）来确定，本实验以制得100g玻璃液来计算各种原料的用量，在计算每种原料的用量时要求计算到小数点后两位。

【例7-1】 欲熔制100g玻璃液所需碳酸镁的净用料量，根据表7-6的数据进行计算：

$$MgCO_3 \longrightarrow MgO + CO_2 \uparrow$$

$$84.32 \qquad 40.32$$

$$X' \qquad 1$$

$$X' = 84.32 \times 1 \div 40.32 = 2.09g$$

实际用量

$$X = 2.09 \div 99.5\% = 2.1g$$

用类似方法可算出其他原料的用量，然后按表7-7格式列出配料单。

表7-7　玻璃成分配料单

原料名称	石英砂	碳酸钙	碳酸镁	氢氧化铝	纯碱	合计
配合料1						
配合料2						
配合料3						
配合料4						

7.9.2.5　配合料的制备

按配方称量原料，粉碎、混合均匀即可。

7.9.3　实验器材

（1）研钵一个；料勺若干（每种原料1把）；

（2）天平（千分之一天平即可）；

（3）100mL高铝坩埚若干；

（4）高温电炉1台；

（5）化工原料或化学试剂：如石英砂（SiO_2），纯碱（$NaNO_3$），碳酸钙（$CaCO_3$），碳酸镁（$MgCO_3$），氢氧化铝［$Al(OH)_3$］等。

7.9.4　实验步骤

实验步骤如下：

（1）配料计算。根据给定原料成分及要求的玻璃性能计算配方。

（2）计算熔制温度。根据给定配方计算熔制温度。

（3）配合料制备。

1）为保证配料的准确性，首先将实验用原料干燥或预先测定含水量。

2）根据配料单称取各种原料（精确到0.01g）。

3）将粉状原料充分混合成均匀的配合料是保证熔融玻璃液质量的先决条件。为了便于混合均匀及防止配合料分层和飞料，先将配合料中难熔原料如石英砂等置入研钵中

（配料量大时使用球磨罐），建议先加入 4% 的水分喷湿砂子，然后加助熔的纯碱等，预混合 10 ~ 15min，再将其他原料加入混合均匀。如能将配合料粒化后再熔化，效果更好。

由于本实验为小型实验，配合料量甚小，只能在研钵中研磨混合，所以不考虑加水混合。

4）将不同的配合料装入高铝坩埚中，入高温电炉于估计的熔制温度 ±200℃ 范围内每隔 50℃ 作为熔制温度进行熔制。

5）待装有玻璃的坩埚冷却到室温后，用小铁锤尖端敲打坩埚底和内壁，使之裂成两半。研究所得的一半，观察坩埚中心、表面、底和周壁的硅酸盐形成、玻璃形成、熔透和澄清情况、气泡多少、未熔透颗粒数量、玻璃液表面是否有泡沫、颜色、透明度及玻璃液的其他特征，此外，应仔细研究坩埚壁特别是玻璃液面上的侵蚀特征。

6）根据观察结果，挑选出成分配比最佳的配合料或重新调整配合料中各成分配比，直至制备出符合要求的配合料。

7.9.5 实验记录与数据处理

详细记录实验过程及实验结果，提交实验报告。

7.9.6 注意事项

（1）玻璃配方计算时，要充分了解各种原料的组成；

（2）构成配合料的各种原料均应有一定的粒度组成；

（3）配合料中应有一定的水分；

（4）为了有利于玻璃液的均化和澄清，配合料需要一定的气体率；

（5）必须混合均匀，以保证玻璃液的均匀。

7.10 玻璃配合料均匀度的测定

玻璃配合料是不同物料混合的产物，粉体混合过程的本质是减少或者消除两种或者多种粉体之间的差异。这种差异是多方面的且是同时存在的，比如化学成分、密度、颗粒度、物质浓度、混合时间等。差异越大，混合越难；差异越小，混合越易。玻璃工业中混合的主要目的是消除不同物料间化学成分的差异，以便于熔制过程中化学反应的顺利进行。通过机械混合所得到的玻璃配合料中仍然存在着差异，而均匀度便是对这种差异的度量。配合料均匀度的测定可用筛分析、化学分析、滴定法、电导率法分析。工厂生产分析一般用电导率法。

7.10.1 实验目的

（1）了解玻璃配合料均匀度测定的意义；

（2）掌握用电导法测定玻璃配合料均匀度的原理及方法；

（3）了解玻璃配合料均匀度的变化对玻璃熔制质量的影响。

7.10.2 实验原理

均匀度实际上是通过测定玻璃配合料中纯碱（碳酸钠）的含量来检测的。常用的测试方法是容量法酸碱滴定测定碳酸钠的含量，由于酸碱滴定法操作过程复杂，终点判断不准会导致较大误差，故先用电导率法测定出配合料的电导率值，然后换算成碳酸钠的含量，从而得到均匀度值。

电导法测定配合料均匀度的原理是：将配合料溶于水中，使得配合料中的水溶盐溶解电离成为离子，在这种溶液中插入电极，当电极两极片上加上电压时，两极片间的溶液便产生电场，在电场的作用下，溶液中的阳离子移向阴极，阴离子移向阳极，此时溶液中就会有电流通过，电流的大小与电压成正比，也与溶液的电导率成正比。溶液的电导率是溶液中所有离子的导电能力的总和，每一种离子的导电能力与离子浓度、离子电荷和离子迁移速度成正比，离子迁移速度随温度上升而增大。虽然在配合料试样中各种水溶液盐含量并不严格成固定的比例，但对于某一固定的配合料，配方是严格一定的。经过混料处理，配合料中水溶盐含量的变化一般不是太大；再者，各种水溶盐离子的迁移数也差别不太大。因此，在快速测定中可以忽略此影响。由于一般工业玻璃配合料中的水溶盐都是钠盐，我们可以按配合料配方比例配制不同浓度的标准溶液，测量其电导率，做出电导率-浓度曲线，再测量配合料溶液的电导率，通过标准内插法或标准比例法计算出试样的碳酸钠含量，从而计算出玻璃配合料的均匀度。

7.10.3 实验器材

（1）电导率仪；

（2）铂黑电极；

（3）天平；

（4）基准碳酸钠：基准物质用于配制标准系列；

（5）盐酸标准溶液：0.01425mol/L（配制并标定）；

（6）7.9节制备的玻璃配合料。

7.10.4 实验步骤

实验步骤如下：

（1）试剂配制。分别准确称取干燥的基准碳酸钠1.00g、1.50g、2.00g、2.50g、3.00g、3.50g、4.00g、4.50g、5.00g，放于400mL烧杯中溶解，再分别转入1000mL容量瓶中，冲洗烧杯壁并将冲洗用水转移至容量瓶中，定容至刻度，得到配制的标准溶液系列0.0010g/mL、0.0015g/mL、0.0020g/mL、0.0025g/mL、0.0030g/mL、0.0035g/mL、0.0040g/mL、0.0045g/mL、0.0050g/mL。

盐酸标准溶液配制略。

（2）测试。在配合料料堆不同位置准确称取配合料2.0000g 3份，分别置于250mL烧杯中，准确加入100mL蒸馏水，用玻璃棒搅拌，使其中钠盐完全溶解。

调电导率仪在工作状态，测定标准系列的电导率；用蒸馏水冲洗电极，用滤纸擦干电极头，立即测试配合料试样的电导率。

（3）试样中Na_2CO_3浓度值。做出标准溶液的浓度-电导率曲线，用内插法找出对应试样电导率的浓度值，此为试样中Na_2CO_3的百分含量。

也可用标准比例法计算试样中Na_2CO_3的百分含量。

$$w(Na_2CO_3) = \frac{试样电导率 \times 标准溶液浓度 \times 10000}{试样质量 \times 标准溶液电导率}$$

选择与试样电导率接近的标准溶液电导率做标准来计算碳酸钠含量。

（4）均匀度计算。计算公式如下：

$$均匀度 = \frac{Na_2CO_{3小}}{Na_2CO_{3大}}$$

均匀度不小于95%，则配合料合格，否则不合格。

7.10.5　实验记录与数据处理

将实验结果记录于表7-8。

表7-8　电导率法测定配合料均匀度（标准内插法和标准比例法）计算结果对比

试样编号	试样质量/g	电导率值/$\mu S \cdot cm^{-1}$	标准内插法		标准比例法	
			$w(Na_2CO_3)$/%	均匀度/%	$w(Na_2CO_3)$/%	均匀度/%

7.10.6　注意事项

（1）除了保证配合料均匀度外，还要保证配合料组成稳定；

（2）要有足够的试样数。

7.11　玻璃的熔制

玻璃材料高温制备中的物理过程主要有原料吸附水的蒸发，某些组分的挥发、晶型转变以及某些组分的熔化等。化学过程主要有某些组分加热后排除结晶水、盐类的分解、各组分之间的化学反应及硅酸盐的形成。物理化学过程主要指一些物料间的固相反应，共熔体的产生，各组分间的互相熔融，物料、玻璃液相与炉内气体以及耐火材料之间的相互作用等。玻璃熔制过程中，共熔体的产生、互熔等要在很高的温度下才显著发生。

在实际生产中，玻璃熔制是关键环节。玻璃的熔制实验是一项很重要的实验。在教学、科研和生产中，往往需要设计、研究和制造玻璃的新品种，或者对传统的玻璃生产工艺进行某种改革。在这些情况下，为了寻找合理的玻璃成分，了解玻璃熔制过程中各种因素所产生的影响，摸索合理的熔制工艺制度，提出各种数据以指导生产实践等，一般都要先做熔制实验，制取玻璃样品，再对样品进行各种性能测定，判断各种性能指标是否达到预期的要求。如此反复进行，直至找到玻璃的最佳配方，满足各种性能要求为止。

7.11.1 实验目的

（1）在实验室条件下进行玻璃成分的设计、原料的选择、配料计算、配合料的制备、用小型坩埚进行玻璃的熔制、玻璃试样的成型等，完成一整套玻璃材料制备过程的基本训练；

（2）了解熔制玻璃的设备及其测试仪器，掌握其使用方法；

（3）观察熔制温度、保温时间和助熔剂含量对熔化过程的影响；

（4）根据实验结果分析玻璃成分、熔制制度是否合理。

7.11.2 实验原理

玻璃的熔制过程是一个相当复杂的过程，它包括一系列物理的、化学的、物理化学的现象和反应。

物理过程：指配合料加热时水分的排除，某些组分的挥发，多晶转变以及单组分的熔化过程。

化学过程：指各种盐类被加热后结晶水的排除，盐类的分解，各组分间的互相反应以及硅酸盐的形成等过程。

物理化学过程：包括物料的固相反应，共熔体的产生，各组分生成物的互熔，玻璃液与炉气之间、玻璃液与耐火材料之间的相互作用等过程。

由于有了这些反应和现象，由各种原料通过机械混合而成的配合料才能变成复杂的、具有一定物理化学性质的熔融玻璃液。

应当指出，这些反应和现象在熔制过程中常常不是严格按照某些预定的顺序进行的，而是彼此之间有着相互密切的关系。例如，在硅酸盐形成阶段伴随着玻璃形成过程，在澄清阶段同样包含玻璃液的均化过程。为便于学习和研究，常可根据熔制过程中的不同实质而将其分为硅酸盐的形成、玻璃的形成、玻璃液的澄清、玻璃液的均化、玻璃液的冷却五个阶段。

纵观玻璃熔制的全过程，就是把合格的配合料加热熔化使之成为合乎成型要求的玻璃液。其实质就是把配合料熔制成玻璃液，把不均质的玻璃液进一步改善成均质的玻璃液，并使之冷却到成型所需要的黏度。因此，也可把玻璃熔制的全过程划分为两个阶段，即配合料的熔融阶段和玻璃液的精炼阶段。

7.11.3 实验器材

（1）高温电炉 1 台及其附属设备（调压器 1 台，电流表 1 只，热电偶 1 只，电位差计 1 台）；

（2）高铝坩埚（100mL 或 150mL）；

（3）研钵 1 个；

（4）百分之一天平（也可用千分之一天平）；

（5）坩埚钳，石棉手套；

（6）浇注玻璃样品的模具；

（7）退火用马弗炉（附控温仪表）；

(8) 化工原料：石英砂(SiO_2)、纯碱(Na_2CO_3)、碳酸钙($CaCO_3$)、碳酸镁($MgCO_3$)、氢氧化铝［$Al(OH)_3$］等。

7.11.4　实验步骤

实验步骤如下：

(1) 按7.9节所述配制配合料。

(2) 把配合料分别装入3只高铝坩埚中。为防止坩埚意外破裂造成电炉损坏，可在浅的耐火匣钵底部垫以Al_2O_3粉，再将坩埚放入匣钵中，然后推入电炉的炉膛。给电炉通电，以4~6℃/min的升温速度升温到900℃。这种加料方法称为“常温加料法”。

(3) 在科研和生产中，玻璃熔制一般多采用“高温加料法”。即先将空坩埚放入电炉内，给电炉通电，以4~6℃/min的升温速度升温到加料温度（即900℃）后，再将配合料装入坩埚，保温0.5h。

为了得到较多的玻璃料（样品)，必须在此温度下多次加料，以充分利用坩埚的容积或减少配合料中低熔点物料的挥发。

(4) 最后一次加料并保温1h后，从炉中取出一只坩埚，放入已经加热到500~600℃的马弗炉中退火。

(5) 以3℃/min的升温速度，继续升温到1200℃，保温1h，从炉中再取出一只坩埚，放入马弗炉中退火。

(6) 以3℃/min的升温速度，继续升温到1300℃，保温2h。玻璃保温温度和保温时间因玻璃配方不同而异，本实验的熔制温度在1300~1450℃之内，保温2~3h，使玻璃液完成均化和澄清过程。

对于未知熔制温度的新配方玻璃的熔制，可以根据有关文献初步确定玻璃的熔制温度，实验中可在此温度上下约100℃的范围内，每隔20~30℃取出一只坩埚，据此确定玻璃的熔制温度和保温时间。

(7) 保温结束后，从炉中取出最后一只坩埚，放入退火炉中退火，关上退火炉门，保温10min，断电，让其自然冷却。

在实验室中，玻璃的成型一般采用“模型浇注法”或“坩埚法”。在完成上述的熔制后，玻璃液连同坩埚一起冷却并退火，冷却后再除去坩埚，得到所需要的试样是“坩埚法”。将完成熔制的高温玻璃液倾注入经预热过的金属或耐火材料模具中，然后立即置入预热至500~600℃的马弗炉中，按一定的温度制度缓慢降温则是“模型浇注法”。浇铸成一定形状的玻璃可以做理化性能和工艺性能测试用的样品。

(8) 观察熔制玻璃的外观及内部结构，以确定配合料的成分配比及熔制温度是否合理。

7.11.5　实验记录与数据处理

待装有玻璃的坩埚冷却到室温后，用小铁锤尖端敲打坩埚底和内壁，使之裂成两半。研究所得的一半，观察坩埚中心、表面、底和周壁的硅酸盐形成、玻璃形成、熔透和澄清情况、气泡多少、未熔透颗粒数量、玻璃液表面有否泡沫、颜色、透明度及玻璃液的其他特征，此外，应仔细研究坩埚壁特别是玻璃液面上的侵蚀特征。

实验结果填入表 7-9。

表 7-9 玻璃高温制备实验情况记录分析表

项 目		最高熔制温度								
		900℃			1200℃			1300℃		
保温时间										
玻璃熔制情况分析	熔透程度									
	澄清情况									
	透明度及颜色									
	其他特征									
	坩埚侵蚀情况									
研究结论										

7.11.6 注意事项

(1) 在加料前应佩戴好防尘口罩、劳保眼镜、绝缘手套等劳保用品；

(2) 加料人员必须勤观察炉内配合料的熔化情况和勤计算加料数量；

(3) 加料时要做到勤加少加；

(4) 加料时应注意液面的高度，均匀加料，不得忽快忽慢，保持液面的稳定。

7.12 旋转柱体法测定玻璃熔体的高温黏度

黏度是玻璃的重要工艺性能之一。玻璃熔炼中的澄清与均化过程，很大程度上取决于它的高温黏度值。选择黏度较小的玻璃组成，可以提高熔化率和节省能耗。玻璃成型时要求有一定的黏度－温度特性，以适应一定的成型机和机速的严格要求。玻璃黏度随组成、温度、时间的变化情况，还反映了玻璃内部的结构特征，因此黏度测量也是一种研究玻璃结构的手段。

玻璃的高温黏度计一般根据自由落球或旋转同心圆筒原理设计制成，因此，常用的测定玻璃的高温黏度的方法有落球法和旋转法。本实验采用旋转柱体法。

7.12.1 实验目的

(1) 熟悉熔体黏度测定的原理，仪器结构；

(2) 正确掌握测试方法，要求会操作、会记录、会整理资料，并能正确绘制黏度－温度曲线。

7.12.2 实验原理

钢丝悬挂的内圆柱体在高温熔体中以慢速度旋转，在钢丝两端由于层流性质的熔体的内摩擦力而产生一个扭角 ϕ，在钢丝弹性范围内扭角的大小与熔体的黏度、自身的角速度 ω 有如下关系：

$$\phi = k\omega \times \eta$$

在角速度 ω 一定的情况下，则有：

$$\eta = K \times \phi$$

式中　ϕ——钢丝扭角；

k——常数；

η——熔体黏度；

K——仪器常数。

测量钢丝的扭角，是利用光电管接收光信号的先后产生两个不同步的电流信号，再经过转换器变成时间，测量时间即可。当圆柱体在熔体中旋转平稳后，所测得的时间差便也成为一个定值。由此，可以得到以下关系式：

$$\phi = \omega \times t$$

式中　ϕ——钢丝扭角；

ω——电机自转的角速度；

t——光电管所测得的时间差。

由此得到下式：

$$\eta = Kt$$

仪器常数 K 可用已知标准黏度液体进行标定，得出 K 值。通过测定一定温度下的 t 值，就可计算出被测熔体的黏度值。

上述公式是假设所受的黏滞力矩全部来自被测液体。实际上由于空气的黏滞力和吊丝材料的内摩擦，吊挂系统即使在空转时也会有一定的扭转，这一本底值在测量中会叠加到待测值上去。为此必须将公式修正如下：

$$\eta = K(t - t_0)$$

式中，t_0 表示仪器在空气中运转时毫秒计指示值。t_0 的来源有两个：一是自身圆盘上通光孔未完全重合；二是在空转过程中旋转体与周围空气的摩擦。

利用两种已知黏度的液体进行标定，求出仪器常数 K 和 t_0。

7.12.3　实验器材

高温旋转黏度计，智能温度控制仪，竖式高温管状炉，高铝坩埚，已知黏度的标准参照玻璃 No. 710，7.11 节熔制的玻璃，熔体的熔制温度参照 7.11 节。

7.12.4　实验步骤

7.12.4.1　t_0 的测量

将高铝坩埚放入管式电阻炉中，打开电源开始升温，至设定温度后保温 5min，将铂转子悬空放入坩埚中，然后开动马达，使转子在坩埚中旋转，由转矩测量头读出时间差，此值即为 t_0。

7.12.4.2　仪器常数 K 的标定

（1）利用已知黏度值的标准参照玻璃，来标定仪器常数 K，各个仪器有各自不同的 K 值。生产中一般选用美国标准局公布的黏度标准参照玻璃 No. 710，它的黏度－温度特性见表 7-10。该标准玻璃的优点为：理化性能稳定，黏度对应的温度范围大。根据国外经验，采用该玻璃作为标定仪器常数的标准样品，效果较好。

表 7-10 标准参照玻璃的黏度-温度特性

$\lg\eta$	2.00	2.10	2.25	2.50	2.75	3.00	3.50
T/℃	1434.3	1402.9	1358.9	1292.7	1234.0	1181.7	1092.4
$\lg\eta$	4.00	4.50	5.00	5.50	6.00	6.50	7.00
T/℃	1019.6	957.5	905.3	860.5	821.5	787.3	757.1

也可参照 No.710 的成分组成自己熔制 No.710 玻璃，要求质量稳定，无气泡、结石、条纹等缺陷，No.710 玻璃的成分组成见表 7-11。

表 7-11 标准参照玻璃 No.710 的化学成分组成 (%)

SiO_2	Na_2O	K_2O	CaO	Sb_2O_3	SO_3	R_2O_3
70.5	8.7	7.7	11.6	1.1	0.2	0.2

（2）将标准玻璃试样放入坩埚中，熔体温度升至设定炉温并保温 30min，此时将旋转黏度计测量头放入玻璃液内，再保持 5min，然后开动马达，使转子在坩埚中旋转，由测量头读出数据，通过公式计算出 K 值。

7.12.4.3 试样黏度测量

试样应无气泡、条纹结石等缺陷。将待测玻璃试样放入坩埚中，在电炉中将放有试样的坩埚于测量温度保持 30min，将旋转黏度计测量头放入玻璃液内，再保持 5min，然后开动马达，开始测量并进行数据采集，每降 10℃，保温 30min 后进行连续读数，并取其平均数。根据公式计算出试样黏度。

7.12.5 实验记录与数据处理

将实验数据填于表 7-12。

表 7-12 实验数据记录表

测试温度	项目			
	K	t_0	t	η

7.12.6 注意事项

（1）玻璃液稳定之后，测量并记录数据；

（2）至少测量 5 个温度点以上的“扭矩-温度”数据。

7.13 玻璃工艺综合性实验

7.13.1 实验目的

本实验为玻璃制备综合性课题。实验以加深学生对专业知识的理解和掌握，培养学生科研素质和提升学生综合能力为主要目的。重点培养和提高学生的学习自主性，独立思考、综合运用知识、独立分析解决问题的能力，创新能力及动手能力。

7.13.2 实验准备

（1）查阅资料。阅读大量文献，力求充分了解玻璃行业国内外研究进展、研究热点及亟待解决的问题。

（2）在查阅文献的基础上结合所学知识，写出开题报告。开题报告内容一般包括题目名称、课题的目的和意义、所制备材料的特点、国内外研究现状、具体方案、实施手段、测试方法、工作计划与日程安排。

（3）玻璃组成的设计。在明确玻璃中各氧化物的作用和玻璃组成设计原则的基础上，根据玻璃性能，设计玻璃组成。

（4）原料的选择和准备。玻璃熔制实验所需的原料一般分为工业原料和化工原料。在进行玻璃新品种和性能研究时，为了排除玻璃原料成分波动的影响，一般采用化工原料，甚至是化学试剂作为实验原料。当实验室研究完成，进入中试和工业性实验时，为了适应工业生产的需要，一般采用矿物原料进行熔制实验。

常用的玻璃原料有：石英砂、碳酸钙、纯碱、长石、芒硝、炭粉等。

（5）坩埚的选择和使用。实验室常用的坩埚一般有耐火黏土质、莫来石质、刚玉质和铂金等。当配合料为酸性时，一般使用石英坩埚。熔化含有硼、氟、磷、铅、钡及碱金属氧化物的玻璃时，应利用刚玉坩埚，根据配合料熔制温度的要求，进一步考虑使用何种工艺、何种材质的坩埚。有时为了避免因耐火材料引入的杂质而影响实验结果，可使用铂金坩埚。铂金坩埚在高温时不能与单质砷、硅、磷、钾、钠、硼、钙、镁、硫、碳接触。高温下不能使用铁质坩埚钳，在坩埚底部和坩埚底与炉膛接触处最好使用 Al_2O_3 粉作为填料。坩埚用完后只能用 HF 加以清洗，不能用硬质东西敲打。

（6）配料计算。以 100g 玻璃为计算基准，根据所选坩埚大小计算出料方。

（7）工艺制度的确定。

1）熔制温度的确定。影响熔制温度的因素很多，可综合以下三种方法来确定：①用 τ 值估算；②用黏度计算；③参考实际玻璃的熔制温度。

2）熔制气氛的确定。

3）热处理制度（退火制度、晶化处理制度）的确定。

（8）拟定各项实验的顺序，熟悉各项实验的原理、步骤等。

7.13.3 实验阶段

（1）配备合格的配合料。为保证配料的准确性，首先须将原料干燥或预先测定含水量。根据配料单称取各种原料（精确到 0.01g）。将配合料中难熔原料如石英砂等先置入研钵中（配料量大时使用球磨罐），加入 4% 的水和纯碱等，预混合 10 ~ 15min，再将其他原料加入混合均匀。

（2）熔制玻璃。

（3）玻璃性能测试。按所设计的玻璃品种，根据有关标准，进行有关的玻璃性能测试

7.13.4 玻璃工艺试验的结束阶段

（1）有针对性地进一步查阅资料以充实理论与课题。

（2）将实验得到的数据进行归纳、整理与分类并进行数据处理与分析，找出规律性，得出结论。如果认为某些数据不可靠可补做若干实验或采用平行验证实验，对比后决定数据取舍。

（3）根据拟题方案及课题要求写出总结性实验报告。

一般来说，报告内容包括所准备（研制）玻璃的特点、国内外生产现状、课题的目的和意义、原理、原料化学组成、配料计算结果、制备（研制）工艺、工艺制度、测试方法及有关数据、常规与微观特性检验的数据、图片或图表、试制经过及结论，并提出存在的问题。

（4）如果是论文或科研课题，要对某一专题研究的深度提出观点、论点，尽可能按科研论文要求写出论文。

7.14 水泥原料易磨性的测定

水泥原料的性能直接影响产品的质量和消耗定额。世界各大水泥公司对原料性能的研究都很重视，其中最主要的是原料的易磨性和易烧性。

不同国家对水泥原料或其他矿石易磨性的试验方法也不同。如前苏联用 ϕ400mm × 500mm 球磨机粉磨不同物料至 4900 孔筛筛余为 10% 时所需要的时间与粉磨标准熟料所需时间之比值，作为易磨性系数。美国的哈德格罗夫法则是根据在特定的粉磨设备内将物料粉磨相同时间所获得 74μm 的产品量，计算出表示可磨性的哈氏指数。这两种方法均以一个相对的系数表示，不直接反映粉磨时能量消耗的大小。德国的蔡赛法则利用类似哈氏指数测定法的仪器，通过粉磨时研磨碗扭矩的大小测定出能量消耗，从而利用实验室设备测量出粉磨一定产品时能量消耗的大小。米塔格法是利用实验室的球磨机测定获得一定粉磨细度产品的扭矩，再计算出耗能量。邦德法以第三粉碎理论为依据，用粉磨功指数表示物料的易磨性，将实验室测定的物料粉磨功指数和经验数据结合起来作为判断粉磨过程功耗的依据。在世界范围内，以邦德法评价物料易磨性的方法被普遍采用，我国 1988 年发布实施的《水泥原料易磨性试验方法》（GB9964—88）也基于这一原理。以邦德（Bond）粉磨功指数表征的物料易磨性，已广泛用于我国水泥生产和设计。

7.14.1 实验目的

（1）了解水泥易磨性对水泥产品质量和能耗的影响；

（2）掌握水泥原料易磨性的测定方法。

7.14.2　实验原理

用规定的球磨机对试样进行间歇式循环粉磨，根据平衡状态下的磨机产量和成品粒度，以及试样粒度和成品筛孔径，求得试样粉磨功指数，用来表征试样的易磨性。

邦德第三粉碎理论认为“施加到一定质量的均匀破裂的物料上的、并对破裂有用的总功与产品粒径的平方根成反比”，即：

$$W_t = \frac{K}{\sqrt{P}}$$

式中　W_t——有用功；

P——产品粒径，以 80% 通过的筛网尺寸表示；

K——比例常数。

上式表示将无穷大粒度的物料破碎至粒度为 P 时所需的功。如果物料粒度为 F，使之破碎至 P 时，其相应的需用功计算如下：

$$W_{tF} = \frac{K}{\sqrt{F}};\ W_{tP} = \frac{K}{\sqrt{P}}$$

则净需用功 W 为：

$$W = W_{tP} - W_{tF} = \frac{K}{\sqrt{P}} - \frac{K}{\sqrt{F}} = K\left(\frac{1}{\sqrt{P}} - \frac{1}{\sqrt{F}}\right)$$

邦德将无穷大的物料破碎至粒度为 80% 通过 100μm 的筛子时，即 $F = \infty$，$P = 100\mu m$，所需的有用功定义为物料的粉磨功指数 W_i，即：

$$W_i = K\frac{1}{\sqrt{100}} \qquad K = 10W_t$$

代入上式，得：

$$W = W_i\left(\frac{10}{\sqrt{P}} - \frac{10}{\sqrt{F}}\right)$$

W_i 表示物料对破裂的阻碍能力，它反映了在不同尺寸时破裂特征的差异，以及不同设备与不同操作在效率上的差异。

为测定 W_i，邦德在 ϕ305mm × 305mm 试验磨机上进行了大量的粉磨试验，确定了测定 W_i 的方法与计算公式。为了将测定数据与工业球磨机实际功耗联系起来，邦德选择以 ϕ2440mm 的溢流式球磨机在湿法闭路粉磨时驱动电动机的输出功率为计算依据，找出试验磨机每转生成产品量 G 与 W_i 之间的关系式：

$$W_i = \frac{44.5 \times 1.10}{P_1^{0.23} \times G^{0.82} \times \left(\frac{10}{P_{80}} - \frac{10}{F_{80}}\right)}$$

式中　W_i——试样粉磨功指数，kW · h/t；

P_1——试验用成品筛筛孔尺寸，μm，我国标准值为 $P_1 = 80\mu m$；

G——试验磨机每转生成产品量，g/r；

P_{80}——成品 80% 通过的筛孔大小，μm；

F_{80}——入磨物料80%通过的筛孔大小，μm。

这样，W_i 可利用试验磨机测定，此方法适用于28～325目范围内的磨矿产品。当原料的自然粒度小于3.35mm而无需破碎制备试样时，F_{80}用2500代替。

7.14.3　实验器材

不同孔径的筛子；筛孔尺寸等于80μm的筛子；ϕ305mm×305mm球磨机；颚式破碎机；专用漏斗和量筒（用于测定试样松散密度，如图7-6所示）；水泥原料（石灰石、黏土、铁矿粉）。

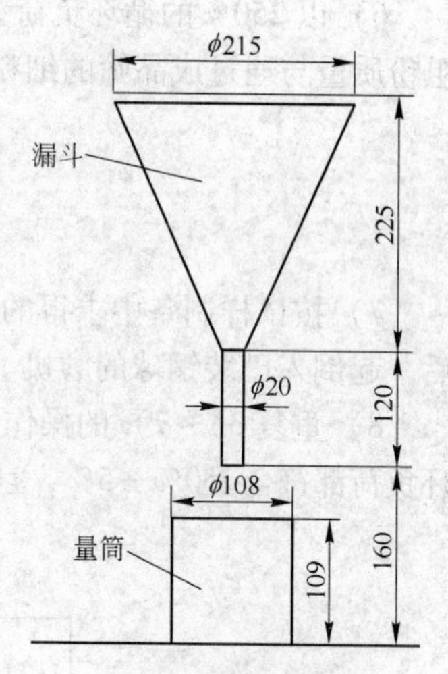

图7-6　用于测定试样松散密度的漏斗和量筒（单位为mm）

7.14.4　实验步骤

实验步骤如下：

（1）试样制备。

1）将各原料按比例混合，在颚式破碎机上破碎至粒径小于3.35mm的干燥试样约10kg；

2）用专用漏斗和量筒测定1000mL松散试样的质量，求得700mL松散试样的质量；

3）用筛孔尺寸为1mm的试验筛将全部试样筛分成粗细两部分，称量求得两部分试样的质量比；

4）将粗细两部分试样各铺成一长形料堆，铺料沿纵向往复多层，取料从一端横向截取。

（2）易磨性测定。

1）按试样制备中求得的质量比分别称取粗细两部分试样，总质量500g，用筛分法测定其粒度分布，求试样的80%通过时对应的粒度。

2）按试样制备中求得的质量比称取粗细两部分试样，总量为700mL松散试样的质量，稍做混拌后倒入已装钢球的磨机；根据经验选定磨机第一次运转的转数（通常为100～300r）。

3）运转磨机至预定的转数，将磨机内物料连同钢球一起卸出，扫清磨机内残留物料。

4）用成品筛筛分所有卸出的物料，称得筛上粗粉质量。

5）按下式计算磨机每转产生的成品质量：

$$G_j = \frac{(w - a_j) - (w - a_{j-1})m}{N_j}$$

式中　G_j——第j次粉磨后磨机每转产生的成品质量，g/r；

w——700mL松散试样的质量，g；

a_j——第j次粉磨后，卸出磨机的全部物料经筛分未通过成品筛的粗粉质量，g；

a_{j-1}——$j-1$次粉磨后，卸出磨机的全部物料经筛分未通过成品筛的粗粉质量，当$j=1$时，a_{j-1}为0，g；

m——试样中由破碎作用导致的可通过成品筛的细粉含量；当原料的自然粒度小于 3.35mm 而无需破碎制备试样时，m 为 0，%；

N_j——第 j 次粉磨的磨机转数，r。

6）以 250% 的循环负荷为目标（循环负荷是指卸出磨机的物料中，需要返回磨机的粗粉质量与通过成品筛的细粉质量之比），按下式计算磨机下一次运转的转数：

$$N_{j+1} = \frac{\dfrac{w}{2.5+1} - (w - a_j)m}{G_j}$$

7）按试样制备中求得的质量比称取粗细两部分试样总量 $w - a_j$，与筛上粗粉 a_j 混合后一起倒入已装钢球的磨机。

8）重复 3）~7）的操作，直至平衡状态（图 7-7）。平衡状态是指连续三次粉磨的循环负荷都符合 250% ±5%，且磨机每转产生的成品质量的极差小于其平均值的 3%。

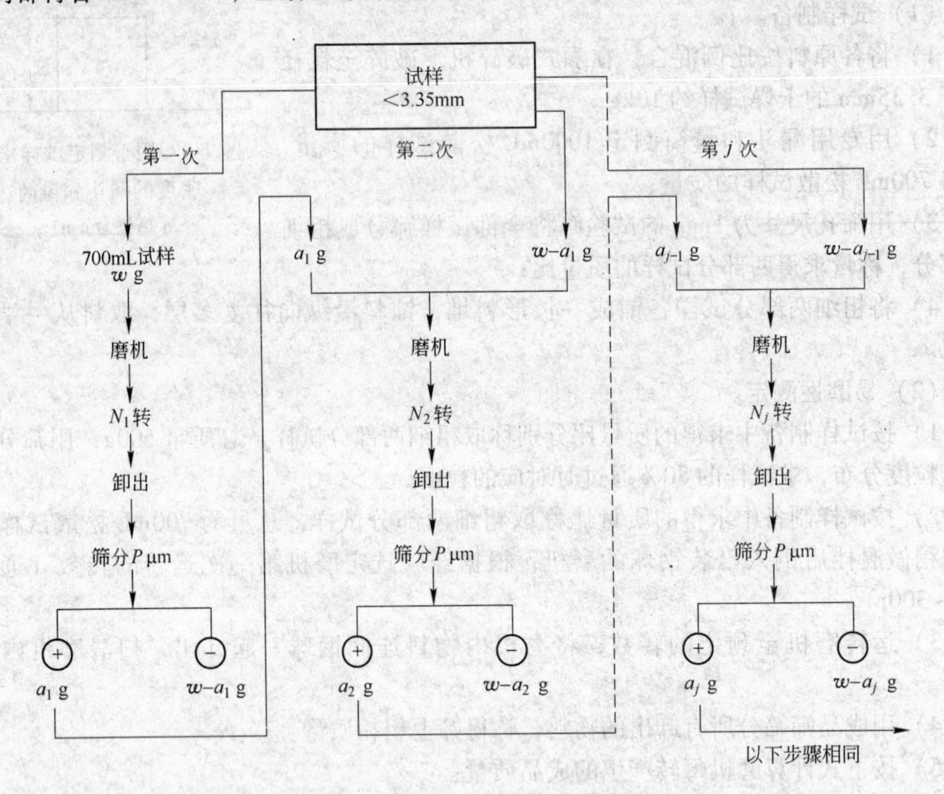

图 7-7　试验步骤示意图

9）计算平衡状态下 3 个 G_j 的平均值。

10）将平衡状态下粉磨所得的成品一起混匀，测定其粒度分布，求成品的 80% 通过时对应的粒度。

7.14.5　实验结果

（1）计算方法。按实验原理中所示 W_i 的计算式计算粉磨功指数，即：

$$W_i = \frac{44.5 \times 1.10}{P_1^{0.23} \times G^{0.82} \times \left(\frac{10}{P_{80}} - \frac{10}{F_{80}}\right)}$$

（2）表示方法。粉磨功指数的表示应包括成品筛的筛孔尺寸。以成品筛的筛孔尺寸为80μm为例，某粉磨功指数可表示为：59.8MJ/t（P=80μm）。

7.14.6 注意事项

（1）邦德方法测定粉磨功指数需要特制的试验磨机（ϕ305mm×305mm）；

（2）我国所取成品筛孔径 P_1 的标准值为80μm；

（3）邦德法测定的粉磨功指数随产品细度而变化，因此，邦德法对于细度取值存在一个范围。

7.15 水泥生料易烧性测定

7.15.1 实验目的

（1）熟悉熟料的率值概念，了解各率值的物理意义，并初步学会率值的确定方法；

（2）掌握原料、煤灰化学成分的测定，煤的工业分析测定，煤的热值测定；

（3）明确热耗的定义，并根据生产条件确定热耗；

（4）掌握配料计算方法；

（5）掌握在实验室进行生料粉磨及熟料煅烧的方法；

（6）掌握生料细度、比表面积、颗粒级配的测定；

（7）掌握熟料中f-CaO的含量的测定，并会判断生料的易烧性；

（8）了解影响生料易烧性的因素。

7.15.2 实验原理

按一定的煅烧制度对一种水泥生料进行煅烧后，测定其游离氧化钙（f-CaO）含量；用该游离氧化钙含量表示该生料的煅烧难易程度。游离氧化钙含量越低，易烧性越好。

影响生料易烧性的因素主要有：生料的化学成分（率值）；生料的细度及均匀性等。

7.15.3 实验器材

（1）ϕ305mm×305mm试验球磨机；

（2）预烧用高温炉：额定温度大于1000℃；

（3）煅烧用高温炉：额定温度大于1600℃，控制仪表精度高于1.0级；

（4）电热干燥箱；

（5）平底耐高温容器、坩埚夹钳；

（6）分析天平，量程大于200g，最小分度值小于0.1g；

（7）试体成型模具，材质为45号钢；

（8）负压细度筛；

（9）压力机：最大压力50kN，精度0.1kN；

（10）f－CaO 测定仪；

（11）各种原料（石灰石、黏土、砂岩、铁粉）。

7.15.4　实验步骤

实验步骤如下：

（1）试样制备。

1）做原料的成分全分析；

2）根据熟料率值进行配料计算；

3）配料：按配料计算结果，称取各种原料；

4）生料粉磨：使用 ϕ305mm × 305mm 的试验球磨机制备生料；一次制备一种生料约 1.5kg，控制细度 80μm 筛余为 10% ±1%，其 200μm 筛余不大于 1.5%；

5）测生料细度；

6）取同一配比同一细度的均匀生料 100g，置于洁净容器中，边搅拌边加入 10mL 蒸馏水，拌和均匀；

7）每次取湿生料（3.6 ± 0.1）g，放入试体成型模具内，使用压力机以 10.6kN 的力制成 ϕ13mm 的小试体；

8）将试体置入已恒温至 105 ~ 110℃的电热恒温干燥箱内烘 60min 以上。

（2）试验温度。试体煅烧可按下列温度进行：1350℃、1400℃、1450℃。有特殊需要时，也可增加其他温度。各种温度均按以下“煅烧试验”步骤进行试验。

（3）煅烧试验。

1）取 6 个相同试体为一组，均匀且不重叠地直立于平底耐高温容器内。

2）将盛有试体的容器放入 950℃恒温的预烧高温炉内，恒温预烧 30min。

3）将预烧完毕的试体随同容器立即转放到恒温至试验温度的煅烧高温炉内，恒温煅烧 30min。容器尽可能放置在热电偶端点的正下方。煅烧时间从放样开门起计到取样开门止。

4）煅烧后立即取出试体置于空气中自然冷却。

5）将冷却后的 6 个试体一起研磨至全部通过 80μm 筛，装入贴有标签的磨口小瓶中，放入干燥器内，三天内按 GB/T 176 测定游离氧化钙含量。

（4）试验结果及表示方法。

1）易烧性试验结果以试样在各试验温度煅烧后的游离氧化钙含量表示，同时标注熟料三率值（KH、SM、AM）。

2）两次对比实验结果的允许误差如下：

w(f－CaO)/%	允许绝对误差/%
≤3.0	0.30
>3.0	0.40

7.15.5　实验记录与数据处理

将试验结果填入表 7-13，将原料配比填入表 7-14。

表 7-13 水泥熟料中游离氧化钙含量

序号	熟料率值			细度/%	$w(f-CaO)/\%$
	KH	AM	SM		
1					
2					
3					
4					
5					
6					

表 7-14 原料的配比成分表 (%)

原料名称	烧失率	SiO_2	Al_2O_3	Fe_2O_3	CaO	MgO	Σ
石灰石							
黏 土							
砂 岩							
铁 粉							

7.15.6 注意事项

(1) 生料细度会影响易烧性;

(2) 原料的物理和化学特性及生料的配料方案影响易烧性;

(3) 易烧性还受多种因素影响。

7.16 水泥生料中碳酸钙滴定值的测定

7.16.1 实验目的

(1) 掌握碳酸钙滴定值测定的原理及方法;

(2) 学习返滴定法的应用和计算方法;

(3) 初步掌握用酸分解试样的方法。

7.16.2 实验原理

水泥生料是由石灰石、黏土和少量铁矿石按一定比例配成的。为了迅速了解各种原料在生料中的配比情况是否符合配料要求，现仍沿用测定生料中碳酸钙滴定值的方法，借此了解生料配比的变动情况，以便及时调整生料配比，控制生产。

测定水泥生料中的碳酸钙滴定值是采用返滴定法，即在水泥生料的悬浊液中加入已知浓度的过量盐酸，使之与其中的碳酸盐作用（实际上是 $CaCO_3$、$MgCO_3$ 及其他消耗酸的物质），待反应完全后，以酚酞为指示剂，用 NaOH 标准溶液滴定过量的 HCl 溶液。主要化学反应如下:

$$CaCO_3 + 2HCl \longrightarrow CaCl_2 + H_2O + CO_2 \uparrow$$

$$MgCO_3 + 2HCl \rightleftharpoons MgCl_2 + H_2O + CO_2 \uparrow$$

过量的 HCl 溶液用 NaOH 溶液滴定：

$$NaOH + HCl \rightleftharpoons NaCl + H_2O$$

综观反应过程，碳酸钠与盐酸反应的摩尔比是 1∶2，根据此计算关系及实际消耗的盐酸的量计算碳酸钙的滴定值，其结果以 $w(CaCO_3)$ 表示。

7.16.3　实验器材

仪器：分析天平、干燥器、称量瓶、锥形瓶、酸式滴定管、碱式滴定管、洗瓶。

试剂：HCl 标准溶液 0.5mol/L（浓度已标定）；NaOH 标准溶液 0.25mol/L（浓度已标定）；酚酞 1% 乙醇溶液；水泥生料。

7.16.4　实验步骤

实验步骤如下：

（1）方法提要。在生料中加入过量的 HCl 标准溶液，加热煮沸使生料中碳酸盐完全反应，剩余的 HCl 标准溶液用酚酞作为指示剂，用 NaOH 标准滴定溶液返滴定。根据 HCl 标准溶液的实际消耗量计算 $CaCO_3$ 的含量。

（2）操作过程。

1）用差减法准确称取 0.5g 左右的试样各 3 份，分别置于 3 个 250mL 锥形瓶中，用少量水将试样润湿。

2）从滴定管中准确加入 HCl 标准溶液 20.00mL（加入量的多少，由生料中 $CaCO_3$ 含量的高低而定），待反应至停止冒出气泡后，用水冲洗瓶壁，并加入约 30mL 蒸馏水，在电炉上加热煮沸 1 ~ 2min（加热时一定要微沸，温度不宜过高，以免盐酸蒸发损失而使结果偏高），立即取下，用洗瓶冲洗瓶壁，冷却至室温。

3）加酚酞指示剂 4 ~ 5 滴，用 NaOH 标准溶液滴定至微红色，半分钟不褪色即为终点。记录消耗的 NaOH 溶液的体积，根据所用的 HCl 和 NaOH 溶液的体积与浓度计算出 $CaCO_3$ 的质量分数。

7.16.5　实验记录与数据处理

将实验数据填入表 7-15。

表 7-15　实验数据记录表

天平零点	称量前	称量后	
记录项目 \ 数据 \ 滴定号码	Ⅰ	Ⅱ	Ⅲ
w_1/g			
w_2/g			
w/g			
V(HCl)/mL			
V(NaOH)/mL			

续表 7-15

天平零点	称量前	称量后	
滴定号码 数据 记录项目	Ⅰ	Ⅱ	Ⅲ
$\overline{w}(CaCO_3)/\%$			
$w(CaCO_3)/\%$			
相对偏差/%			
平均相对偏差/%			

7.16.6 注意事项

（1）标准滴定溶液要随用随配；

（2）标准溶液的标定，均用中和后的沸水做溶剂及稀释用，为与测定条件一致，都应煮沸后加入酚酞做指示剂进行标定，若未煮沸就进行标定，其终点会延长，造成误差。

7.17 水泥生料中氧化铁含量的测定

7.17.1 实验目的

（1）掌握水泥生料中氧化铁含量的测定方法。

（2）了解氧化还原法测定铁含量的原理及影响测定结果准确性的因素。

（3）学会用氧化还原滴定法测定水泥生料中氧化铁含量的操作过程。

7.17.2 实验原理

水泥生料中的铁元素以 Fe^{3+}（少量 Fe^{2+}）形式存在，用高锰酸钾－磷酸混合溶液溶解：

$$Fe(\text{Ⅱ},\text{Ⅲ}) \xrightarrow{KMnO_4 + H_3PO_4} Fe^{3+}(aq)$$

过量的高锰酸钾用盐酸除去：

$$2KMnO_4 + 16HCl \xrightarrow{\triangle} 2MnCl_2 + 2KCl + 5Cl_2 \uparrow + 8H_2O$$

用金属铝将 Fe^{3+} 还原成 Fe^{2+}：$3Fe^{3+} + Al \longrightarrow 3Fe^{2+} + Al^{3+}$

过量的金属铝用盐酸除去： $2Al + 6HCl \longrightarrow 2AlCl_3 + 3H_2 \uparrow$

Fe^{2+} 含量的测定：以二苯胺磺酸钠溶液为指示剂，用重铬酸钾标准溶液滴定至紫红色，达到终点。

$$6Fe^{2+} + Cr_2O_7^{2-} + 14H^+ \longrightarrow 6Fe^{3+}2Cr^{3+} + 7H_2O$$

7.17.3 实验试剂

磷酸（$\rho = 1.70g/cm^3$）；5% $KMnO_4$ 溶液；盐酸（1∶1）；金属铝丝（或铝箔）；0.01250mol/L $K_2Cr_2O_7$ 标准溶液；1%二苯胺磺酸钠溶液。

7.17.4　实验步骤

实验步骤如下：

(1) 准确称取 2.0g 水泥生料，置于 250mL 锥形瓶中；

(2) 加入 5% $KMnO_4$ 溶液 6mL，边摇动锥形瓶，边滴加磷酸（$\rho = 1.70g/cm^3$）4mL（否则水泥生料容易结块黏附于瓶底），放在电炉上加热煮沸 10min 至试样充分溶解（此时溶液为紫色，呈现糊状）；

(3) 取下稍冷，沿瓶口缓慢加入 20mL 盐酸（1∶1，6mol/L），在不断摇动下煮沸，以除去生成的氯气，此时体系为淡黄色；

(4) 加入 0.25g 以上的铝丝（或铝箔），继续加热保持微沸，至金属铝丝全部溶解，此时溶液为淡黄绿色；

(5) 取下冷却，用蒸馏水冲洗瓶壁，并稀释至 150mL，加入 1% 二苯胺磺酸钠溶液（指示剂）3 ~ 5 滴，溶液几乎无色；

(6) 用 0.01250mol/L $K_2Cr_2O_7$ 标准溶液滴定到溶液显紫色，30s 内不褪色为止；

(7) 氧化铁质量分数的计算：

$$w(Fe_2O_3) = \frac{C \times V \times 3 \times 159.69}{W} \times 100\%$$

式中，C 为 $K_2Cr_2O_7$ 标准溶液的浓度；V 为滴定时消耗的 $K_2Cr_2O_7$ 标准溶液的体积；W 为水泥生料的质量。

7.17.5　实验记录与数据处理

将实验数据记录于表 7-16。

表 7-16　实验数据记录表

编　号	1	2	3
水泥质量			
$C(K_2Cr_2O_7)$			
起始读数			
终点读数			
$V(K_2Cr_2O_7)$			
$w(Fe_2O_3)/\%$			
$\overline{w}(Fe_2O_3)/\%$			
相对平均偏差			

7.17.6　注意事项

(1) 空白值主要来源于指示剂的氧化以及金属铝和磷酸中含有的少量杂质铁。在指示剂、金属铝和磷酸加入量固定不变的条件下，空白值基本上是一个恒定值。因此，要做空白试验对 Fe_2O_3 测定结果进行校正。如果更换铝片、磷酸，则要重新测定空白值。

(2) 待铝片全部溶解后，取下，用水稍冷，再加水将溶液稀释至约 150mL，然后加指示剂滴定。测定完生料中 Fe_2O_3 含量后，再测定生料中 CaO 含量。

7.18 水泥生料中氧化钙含量的测定

7.18.1 实验目的

（1）掌握水泥生料中氧化钙含量的测定方法；

（2）学习用 EDTA 配位滴定法测定水泥生料中氧化钙含量的操作过程；

（3）了解影响氧化钙含量测定的因素及干扰消除方法。

7.18.2 实验原理

钙的配合滴定需要在碱性条件下进行。钙离子与酸性铬蓝 K 指示剂配合生成红色配合物，该有色配合物不如 EDTA 与钙离子形成的无色配合物稳定。因此，用 EDTA 标准溶液进行滴定时，酸性铬蓝 K 配合的钙离子逐步被 EDTA 夺取，当钙离子全部被 EDTA 配合后，指示剂游离出来呈现蓝色，表示滴定达到终点。

$$\text{Ca}-\text{酸性铬蓝 K(红色)}+\text{EDTA}\longrightarrow\text{Ca}-\text{EDTA}+\text{酸性铬蓝 K(蓝色)}$$

水泥生料中含有钙、硅、铝、铁、镁等元素，用酸溶解时，钙、铁、镁和部分铝元素转化为水溶性离子，硅元素以胶态形式析出。胶状的硅酸强烈吸附金属离子和有机指示剂，影响测定结果；铁离子与 EDTA 形成非常稳定的螯合物，干扰测定；铝离子与 EDTA 形成螯合物的反应缓慢，但是形成的螯合物的稳定常数远远大于 Ca－EDTA 的稳定常数，干扰测定。因此，这些干扰物质必须在滴定分析前除去。方法如下：

水泥样品用盐酸溶解，加入适量的氨水调节 pH 值，使硅、铝、铁等元素形成氢氧化物沉淀（若铝、铁的含量不高，可以用三乙醇胺将其掩蔽。若镁的含量很高，可以加入聚乙烯醇，然后调节 pH 值）。过滤除去沉淀，反复洗涤沉淀 5 次以上，合并滤液和洗涤液，分析其中的钙含量。

$$\text{水泥样品}+HCl\longrightarrow Ca^{2+}+Fe^{3+}+Mg^{2+}+Al^{3+}\text{（部分）}+H_2SiO_3+\cdots$$

$$Fe^{3+}+NH_3\cdot H_2O\longrightarrow Fe(OH)_3\downarrow+3NH_4^+$$

$$Al^{3+}+3NH_3\cdot H_2O\longrightarrow Al(OH)_3\downarrow+3NH_4^+$$

7.18.3 实验试剂

盐酸（1∶1，1∶4）；1% 甲基红；氨水（1∶1）；三乙醇胺（1∶1）；酸性铬蓝 K 指示剂（1∶100 NaCl）；0.02000mol/L EDTA 标准溶液。

7.18.4 实验步骤

实验步骤如下：

（1）准确称取 0.2g 水泥生料，置于 100mL 烧杯中，加入少量蒸馏水，摇匀后加入 10mL 1∶4 盐酸，加热微沸 10min（可加入 2mL 1∶1 盐酸提高反应速度）；

（2）取下烧杯，加入 10mL 蒸馏水，2 滴 1% 甲基红指示剂，滴加 1∶1 氨水调节 pH 值，至溶液显黄色（生成氢氧化物沉淀）；

（3）过滤，滤液盛于 100mL 容量瓶中，用热蒸馏水洗涤沉淀 5～6 次，合并滤液和洗涤液，定容；

（4）用20mL移液管移取试液置于250mL锥形瓶中，加入1：1盐酸3～5滴，摇匀后加入1：1三乙醇胺6mL，然后加入1：1氨水3～4mL；

（5）加入适量的酸性铬蓝K指示剂（溶液红色），用0.02000mol/L EDTA标准溶液滴定至蓝色终点；

（6）氧化钙质量分数的计算：

$$w(\mathrm{CaO}) = \frac{C \times V \times M_{\mathrm{CaO}} \times 5}{W} \times 100\%$$

式中 C——EDTA标准溶液的浓度；

V——滴定时消耗的EDTA标准溶液的体积；

M_{CaO}——氧化钙的摩尔质量；

W——水泥生料的质量。

7.18.5 实验记录与数据处理

将实验数据记录于表7-17。

表7-17 实验数据记录表

编 号	1	2	3
水泥质量			
C(EDTA)			
起始读数			
终点读数			
V(EDTA)			
w(CaO)/%			
$\overline{w}$(CaO)/%			
相对平均偏差			

7.18.6 注意事项

（1）水泥生料用酸溶解的过程中不能结块，不能溅出；

（2）洗涤沉淀的方法：少量多次（热蒸馏水），并使滤液和洗涤液的总量不超过100mL；

（3）当水泥生料中镁的含量较高时，可以考虑更换指示剂，以减少氢氧化镁沉淀对指示剂的吸附，影响终点变色。

7.19 水泥熟料的烧成

硅酸盐水泥主要由熟料组成。熟料的煅烧过程直接决定水泥的产量。生料在煅烧过程中经过一系列的原料脱水、分解、各氧化物固相反应，通过液相 C_2S 和 CaO 反应烧成 C_3S，温度降低，液相凝固形成熟料。熟料的质量除与水泥生料的质量（原料的配料、均匀性）有关外，主要取决于煅烧设备和熟料的煅烧质量。因此，在水泥研究与生产中往往通过实验来了解和研究熟料的煅烧过程，为优质、高产、低耗提供依据。

7.19.1 实验目的

（1）了解水泥熟料烧成的发展历史；
（2）掌握实验室常用高温实验设备、仪器的使用方法；
（3）按照确定的配方和所用原料的化学成分进行配料计算；
（4）掌握水泥烧成实验方法，了解水泥熟料烧成过程；
（5）了解升温速率、保温时间、冷却制度对不同熟料质量的影响。

7.19.2 实验原理

硅酸盐水泥高温制备的实质，是具有一定化学组成的水泥生料，经磨细、混合均匀在从常温到高温的煅烧过程中，随着温度的升高，水泥生料经过原料水分蒸发、黏土矿物脱水、碳酸盐分解、固相反应等过程。当到达最低共熔温度（约1300℃）后，物料开始出现液相（主要由铝酸钙和铁铝酸钙等组成），进入熟料烧成阶段。随着温度继续升高，液相量增加，黏度降低，物料经过一系列物理化学变化后，最终生成以硅酸盐矿物（C_3S，C_2S）为主的熟料。

在煅烧过程中出现液相后，$\beta-C_2S$ 和游离石灰都开始溶于液相中，并以 Ca^{2+} 与 SiO_4^{4-} 离子状态进行扩散。通过离子扩散与碰撞，一部分 Ca^{2+} 与 SiO_4^{4-} 离子参与 $\beta-C_2S$ 的再结晶，另一部分 Ca^{2+} 与 SiO_4^{4-} 离子则参与 $\beta-C_2S$ 吸收游离石灰形成 C_3S：

$$C_2S(\text{液})+CaO(\text{液})\longrightarrow C_3S(\text{固})$$

在1300～1450℃的升温过程中，C_3S 晶核形成、晶体长大，并伴随熟料结粒。C_3S 的形成受游离石灰的溶解过程控制。

在1450～1300℃的冷却过程中，C_3S 晶体还将继续长大和完善。随着温度的降低，熟料相继进行液相的凝结与矿物的相变。因此，在冷却过程中要根据熟料的组成与性能的关系决定熟料的冷却制度。为了保证熟料的质量，多采用稳定剂和适当快冷的办法来防止 C_3S 的分解和 $\beta-C_2S$ 向 $\gamma-C_2S$ 的转变。

7.19.3 实验器材

（1）天平（感量0.001g）；
（2）高温电阻炉（最高温度大于1500℃）；
（3）球磨罐（或研钵）；
（4）成型模具、压力机；
（5）高铝匣钵、垫砂（刚玉砂）；
（6）坩埚钳、石棉手套、长钳、护目镜等。

7.19.4 实验步骤

实验步骤如下：
（1）试样制备。
1）可采用纯化学试剂，也可用已知化学成分的工业原料配料。

2）确定水泥的品种、熟料的组成和选用的原料。

3）进行配料计算：求熟料的石灰饱和系数 KH、硅率 SM、铝氧率 IM，计算原料配合比、液相量 P，确定煅烧最高温度。

4）将已配好的原料在研钵中研磨，或置入球磨罐中充分混磨，直至全部通过 0.080mm 的方孔筛。

5）按配方称好的粉料加入 5%～7% 的水，放入成型模具中，置于压力机机座上以 30～35MPa 的压力压制成块，压块厚度一般不大于 25mm。

6）块状试样在 105～110℃下缓慢烘干。

（2）水泥熟料烧成实验。

1）检查高温炉是否正常，并在高温炉中垫隔离垫料（刚玉砂等）。

2）将干燥试样置入高温匣钵中，试样与匣钵间以混合均匀的生料粉或煅烧过的 Al_2O_3 粉隔离。

3）将匣钵放入高温炉中，以 350～400℃/h 的速度升温至 1450℃左右，保温 1～4h 后停止供电。

水泥烧成温度和保温时间与水泥生料的组分、率值有关。一般工业原料配置的生料在 1450℃左右时需保温 1h 左右。

4）保温结束后，戴上石棉手套和护目镜，用坩埚钳从电炉中拖出匣钵，稍冷后取出试样，立即用风扇吹风冷却（在气温较低时在空气中冷却），防止 C_3S 分解及 $\beta-C_2S$ 向 $\gamma-C_2S$ 转变，并观察熟料的色泽等。

5）将冷却至室温的熟料试块砸碎磨细，装在编号的样品袋中，置于干燥器内。

（3）重烧。取一部分样品，用甘油乙醇法测定游离氧化钙含量，以分析水泥熟料的煅烧程度。若游离氧化钙含量较高，需将熟料磨细后重烧。

在实验室研究中，为了使矿物充分合成，也需将第一次合成的产物磨细后，再按上述步骤进行第二次合成。

7.19.5　实验记录与数据处理

（1）实验记录。实验数据和观察情况记录于表 7-18 中。

表 7-18　水泥制备实验记录表

试样名称		测试人		实验日期	
加料方式				保温时间	
升温方式/℃	0～600	600～900	900～1200	>1200	
升温速率					
冷却制度					
熟料观察	色泽	熔融态	密实性		
	KH	SM	ZM	P	KH^-
产率及液相量					
分析					

（2）熟料成分分析。取一部分样品，用 X 射线衍射法或光学显微镜物相分析等方法测定熟料的物相情况。

7.19.6　注意事项

（1）生料的细度必须综合平衡，优化控制生料细度；

（2）熟料需急速冷却。

7.20　水泥熟料中游离氧化钙含量的测定

在水泥熟料的煅烧过程中，绝大部分 CaO 均能与酸性氧化物合成 C_2S、C_3S、C_3A、C_4AF 等矿物，但由于原料成分、生料细度、生料均匀性及煅烧温度等因素的影响，仍有少量 CaO 以游离状态存在。游离氧化钙是水泥熟料中的有害成分。通常认为煅烧温度下生成的游离氧化钙呈死烧状态，水化速度很慢，在水泥水化硬化并具有一定强度后，游离氧化钙才开始水化，产生体积膨胀，致使水泥强度下降、开裂，甚至崩溃。熟料中游离氧化钙的含量超过一定数值时，会造成水泥安定性不良。

检验熟料中游离氧化钙含量，不但可以鉴定配料成分是否合理，还可以在一定程度上鉴别整个工艺过程是否完善，热工工艺制度是否稳定。

水泥熟料中游离氧化钙含量的测定方法大致可分为两类，一是物理法，即是用光学显微镜，观察游离氧化钙相，通过估算后，算出其大概含量；另一类是化学法，即利用游离氧化钙在某些有机溶剂内的溶解性，用滴定等方法，测定溶于有机溶剂内的游离氧化钙。化学法通常可按溶剂进行分类，主要有甘油－乙醇法、乙二醇法和乙烯乙酸乙酯－异丁醇法。本实验采用甘油－乙醇法测定游离氧化钙含量。

7.20.1　实验目的

（1）了解游离氧化钙的来源及其测定方法；

（2）了解甘油－乙醇法测定水泥熟料中游离氧化钙含量的基本原理；

（3）掌握甘油－乙醇法测定水泥熟料中游离氧化钙含量的方法。

7.20.2　实验原理

熟料试样与甘油乙醇溶液混合后，熟料中的石灰与甘油化合（MgO 不与甘油发生反应），生成弱碱性的甘油酸钙，并溶于溶液中，酚酞指示剂使溶液呈现红色。用苯甲酸（弱酸）乙醇溶液滴定生成的甘油酸钙至溶液退色。由苯甲酸的消耗量可求出石灰含量。反应式如下：

$$CaO + C_3H_8O_3 \xrightarrow{Sr(NO_3)_2} CaC_3H_6O_3 + H_2O$$

$$CaC_3H_6O_4 + 2C_6H_5COOH \xrightarrow{\text{酚酞指示}} C_3H_8O_3 + Ca(C_6H_5COO)_2$$

7.20.3　实验器材与试剂

（1）实验器材。

1）回流冷凝器。

2）玛瑙研钵、方孔筛、磁铁、干燥器。

3）盘式电炉。

4）滴定管等。

（2）试剂。

1）无水乙醇，含量不低于99.5%。

2）0.01mol/L 氢氧化钠无水乙醇溶液。

3）甘油无水乙醇溶液。

4）0.1mol/L 苯甲酸无水乙醇标准溶液。

7.20.4 实验步骤

实验步骤如下：

（1）试剂制备。

1）氢氧化钠无水乙醇溶液（0.01mol/L）的制备（参考化学教材）。

2）甘油无水乙醇溶液的配制（参考化学教材）。

3）苯甲酸无水乙醇标准溶液（0.1mol/L）的配制（参考化学教材）。

4）标定：准确称取0.04～0.05g 氧化钙，置于150mL 干燥的锥形瓶中，加入15mL 甘油无水乙醇溶液，装上回流冷凝器，在有石棉网的电炉上加热煮沸，至溶液呈深红色后取下锥形瓶，立即以0.1mol/L 苯甲酸无水乙醇标准溶液滴定至微红色消失。再将冷凝器装上，继续加热煮沸至微红色出现，再取下滴定。如此反复操作，直至在加热10min 后不出现微红色为止。

苯甲酸无水乙醇标准溶液对氧化钙的滴定度按下式计算：

$$m(\mathrm{CaO}) = \frac{G \times 100}{V}$$

式中 $m(\mathrm{CaO})$——每毫升苯甲酸无水乙醇标准溶液相当于氧化钙的质量，mg/mL；

G——氧化钙的质量，g；

V——滴定时消耗0.1mol/L 苯甲酸无水乙醇标准溶液的总体积，mL。

（2）试样制备。熟料磨细后，用磁铁吸除样品中的铁屑，分析前，将试样混合均匀，以四分法缩减至25g，然后取出5g 左右放在玛瑙研钵中研磨至全部通过0.080mm 方孔筛，再将样品混合均匀。

（3）测定。

1）准确称取熟料约0.5g，置于150mL 干燥的锥形瓶中，加入15mL 甘油无水乙醇溶液，摇匀。

2）装上回流冷凝器，在放有石棉网的电炉上加热煮沸至溶液呈红色数分钟之后取下锥形瓶，立即以0.1mol/L 苯甲酸无水乙醇标准溶液滴定至微红色消失。

3）再将锥形瓶装在冷凝器上，继续加热煮沸至红色出现，再取下滴定。如此反复操作，直至在加热10min 后不出现红色为止。记下消耗的苯甲酸无水乙醇标准溶液的体积。

7.20.5 实验记录与数据处理

（1）数据记录。将实验数据记录于表7-19。

表 7-19 实验数据记录表

序号	试样称重 G /g	标准溶液滴定度 T_{CaO} /mg·mL^{-1}	标准溶液消耗量/mL	游离氧化钙 w(f-CaO) /%	实验结果 /%
1					
2					

(2) 游离氧化钙含量的计算。游离氧化钙的含量按下式计算：

$$w(\mathrm{CaO}) = \frac{m(\mathrm{CaO}) \times V}{1000 \times G} \times 100\%$$

式中 $w(\mathrm{CaO})$——游离氧化钙含量，%；

$m(\mathrm{CaO})$——每毫升苯甲酸无水乙醇标准溶液相当于氧化钙的质量，mg/mL；

G——试样的质量，g。

(3) 实验结果检验。

1) 在进行游离氧化钙含量测定的同时，必须进行空白试验，并对游离氧化钙含量的测定结果加以校正。

2) 每个试样应分别进行两次测定。当游离氧化钙含量小于2%时，两次结果的绝对误差应在0.20以内，如超出以上范围，须进行第三次测定。所得测定结果与前两次或任一次测定结果的差值，符合上述规定时，则取其平均值作为测定结果。否则应查找原因，重新按上述规定进行测定。

7.20.6 注意事项

(1) 试验所用容器必须干燥，试剂必须是无水的，保存期间应注意密封，因为水分与 C_3S 等反应将生成 $Ca(OH)_2$，会使分析结果偏高；

(2) 分析游离氧化钙含量的试样必须充分磨细至全部通过0.080mm方孔筛。熟料中游离氧化钙除分布于中间体外，尚有部分游离氧化钙以矿物的包裹体形式存在，被包裹在A矿等矿物晶粒内部。若试样较粗，这部分游离氧化钙将难以与甘油反应，测定时间拉长，测定结果偏低。此外，煅烧温度较低的欠烧熟料，游离氧化钙含量较高，但却较易磨细。因此，制备试样时，应把试样全部磨细过筛并混匀，不能只取其中容易磨细的试样进行分析，而把难磨的试样抛去。

(3) 甘油无水乙醇溶液必须用0.01mol/L NaOH溶液中和至微红色（酚酞指示），使溶液呈弱碱性，以稳定甘油酸钙。若试剂存放一定时间，吸收了空气中的 CO_2 等使微红色退去时，必须再用NaOH溶液中和至微红色。

(4) 甘油与游离钙反应较慢，在甘油无水乙醇溶液中加入适量的无水硝酸锶可起催化作用。无水氯化钡、无水氯化锶也是有效的催化剂。甘油无水乙醇溶液中的乙醇是助溶剂，促进石灰和甘油钙溶解。

(5) 沸煮的目的是加速反应，加热温度不宜太高，微沸即可，以防试液飞溅。若在锥形瓶中放入几粒小玻璃球珠，可减少试液的飞溅。

(6) 甘油吸水能力强，沸煮后要抓紧时间进行滴定，防止试剂吸水。沸煮尽可能充分些，尽量减少滴定次数。

7.21　水泥中三氧化硫含量的测定

熟料中的三氧化硫（SO_3）以 $CaSO_4$ 形态存在，它主要由煤带入。水泥中的 SO_3 除熟料带入外，主要由作为缓凝剂的石膏带入。适量的 SO_3 可调节水泥的凝结时间，并可增加水泥的强度，降低收缩性，改善抗冻、耐蚀和抗渗性等物理性能。但 SO_3 超过一定限量后，会引起水化后水泥的体积膨胀，破坏水泥石的结构。因此，水泥中三氧化硫含量是水泥重要的质量指标，在生产中必须予以严格控制。

由于水泥中石膏的存在形态及其性质不同，测定水泥中三氧化硫的方法有很多种，如经典的硫酸钡质量法、离子交换法、燃烧法、分光光度法、离子交换分离 - EDTA 配位滴定法等。目前多采用硫酸钡质量法、离子交换法。经典的硫酸钡质量法较准确，常作为仲裁分析。

7.21.1　实验目的

（1）了解硫酸钡质量法测定 SO_3 的原理及方法；

（2）测定水泥中 SO_3 的含量。

7.21.2　实验原理

硫酸钡质量法是通过氯化钡与硫酸根结合成难溶的硫酸钡沉淀，以硫酸钡的质量折算水泥中的 SO_3 含量。将水泥试样经酸溶后，一次分离不溶残渣，加入适量的 $BaCl_2$ 溶液，使溶液中的 SO_4^{2-} 和 Ba^{2+} 形成 $BaSO_4$ 沉淀。

$$SO_4^{2-} + Ba^{2+} \longrightarrow BaSO_4 \downarrow$$

沉淀经过溶解、再沉淀、过滤、洗涤、灰化、灼烧和称量后，即可得到硫酸钡的质量，进而可计算出水泥中 SO_3 的含量。

7.21.3　实验器材与试剂

（1）仪器与材料。

1）万分之一分析天平；

2）可调速磁力搅拌器；

3）盘式电炉；

4）高温炉（800℃）；

5）坩埚、烧杯、量筒、干燥器、定量滤纸、过滤漏斗等。

（2）试剂。

1）盐酸（1∶1）；

2）氯化钡溶液（质量浓度为10%）；

3）硝酸银溶液（质量浓度为10%）。

7.21.4　实验步骤

实验步骤如下：

（1）样品溶解。称取约 0.5g 试样（精确至 0.0001g）置于 200mL 烧杯中，加入约

40mL 水，搅拌使试样完全分散，搅拌状态下加入 10mL 盐酸，加热煮沸并保持微沸约 5min，用滤纸过滤，热水洗涤至使用硝酸银溶液检测不到氯离子，将滤液及洗涤液收集于 400mL 烧杯中。

（2）沉淀。将上述滤液加热微沸，搅拌状态下加入氯化钡溶液，并继续微沸数分钟，然后在常温下静置 12 ~ 14h。

（3）过滤、洗涤沉淀。用慢速定量滤纸过滤，以温水洗至无氯根反应（用硝酸银溶液检测）。

（4）灰化、灼烧和称量。将沉淀及滤纸一并移入已灼烧恒量的陶瓷坩埚中，灰化后在 800℃灼烧 30min。取出坩埚，置于干燥器中冷却至室温，称量。如此反复灼烧，直至恒量。

每个试样必须分别进行两次测定。同时，必须进行空白试验。

7.21.5 实验记录与数据处理

首先，用空白试验数值对 SO_3 测定结果加以校正。

SO_3 的含量按下式计算：

$$w(SO_3) = \frac{m_1 \times 0.3430}{m} \times 100\%$$

式中 $w(SO_3)$——SO_3 的质量分数，%；

m_1——灼烧后沉淀的质量，g；

m——试样质量，g；

0.3430——硫酸钡对 SO_3 的换算系数。

7.21.6 注意事项

两次测量结果的绝对误差应在 0.10 内。如果超出此范围，须进行第三次测定，所得结果与前两次或任一次测定结果之差符合以上规定时，则取其平均值作为测定结果。否则应查找原因，重新按上述规定进行分析。

7.22 水泥细度检验（45μm 筛筛析法）

筛析法是水泥生产中检验细度最常用的方法。1977 年以前我国水泥的筛析均采用手工筛析，1977 年以后采用了水筛法，1990 年后又增加了负压筛析法。这在减小劳动强度，改善试验环境卫生，提高工效和试验结果的准确性等方面都有长足的进步。目前在水泥生产中推广使用 45μm 方孔筛筛析法，用 45μm 方孔筛控制水泥细度，而逐渐取消用 80μm 方孔筛控制水泥细度。

7.22.1 实验目的

（1）了解水泥细度对水泥早期强度的影响；

（2）了解水泥细度的表述方法；

（3）掌握筛析法检验水泥细度的方法。

7.22.2　实验原理

采用45μm方孔标准筛对水泥试样进行筛析试验，用筛网上所得筛余物的质量占试样原始质量的百分数来表示水泥样品的细度。

7.22.3　实验器材

手工筛（筛框高度50mm，筛子直径150mm）；天平（最小分度值小于0.01g）；缩分器；水泥试样。

7.22.4　实验步骤

实验步骤如下：

（1）样品制备：用缩分法将水泥样品缩分至20g左右，缩分样品应全部通过0.9mm方孔筛；

（2）准确称取水泥试样10g，倒入手工筛内；

（3）用一只手持筛往复摇动，另一只手轻轻拍打，往复摇动和拍打过程应保持近于水平。拍打速度每分钟约120次，每40次向同一方向转动60°，使试样均匀分布在筛网上，直至每分钟通过的试样量不超过0.03g为止，称量全部筛余物。

7.22.5　实验记录与数据处理

水泥试样筛余百分数按下式计算：

$$F = \frac{R_t}{W} \times 100\%$$

式中　F——水泥试样的筛余百分数，%；

R_t——水泥筛余物的质量，g；

W——水泥试样的质量，g。

将计算结果精确至0.1%。

7.22.6　注意事项

（1）试验前所用试验筛应保持清洁，手工筛应保持干燥；

（2）为保持筛孔的标准度，所用的试验筛应用已知筛余的标准样品来标定；

（3）试验筛必须经常保持洁净，筛孔通畅。使用10次后要进行清洗。金属框筛、铜丝网筛清洗时应用专门的清洗剂，不可用弱酸浸泡。

7.23　水泥工艺综合性实验

7.23.1　实验目的

本实验为水泥制备综合性课题。实验以加深学生对专业知识的理解和掌握，培养学生科研素质和提升学生综合能力为主要目的。重点培养和提高学生的学习自主性，独立思考、综合运用知识、独立分析解决问题的能力，创新能力及动手能力。

7.23.2 实验准备

（1）文献阅读。阅读大量文献，力求充分了解水泥行业国内外研究进展、研究热点及亟待解决的问题。

（2）题目的选定。

1）立题依据：如理论基础，现实意义，预期的社会效益和经济效益，实验的可行性等；

2）立题报告：包括题目名称、具体方案、实施手段、测试方法、工作计划与日程安排等；

3）立题答辩：组织指导老师及其他任课老师、实验全体同学召开立题答辩会，答辩通过者方可立题。

（3）原料的准备。

1）选用天然矿物原料及工业废渣或化学试剂做原料。

① 石灰石；

② 黏土；

③ 铁粉；

④ 校正与辅助原料：要根据主要原料成分是否满足要求决定取舍，包括制备特种水泥所需原料。

2）石膏与混合材料。

① 石膏；

② 混合材料：包括粒状高炉矿渣、火山灰质混合材料、粉煤灰等。

3）燃料。

（4）原料处理。各种原材料根据需要进行烘干、破碎、粉磨等前期处理，处理过的原材料要用桶或塑料袋等封好，并编号贴上标签。各种原材料一般都需做化学全分析，需要时还应做某些物理性质检验。固体燃料要做工业分析、水分与热值分析。

7.23.3 水泥制备阶段

7.23.3.1 制备合格的生料

具体如下：

（1）根据各原材料的分析数据，进行配料计算，要考虑如下问题：

1）生料化学组成与原料配合是否协调；

2）原料的易碎性和易磨性试验效果；

3）生料化学组成与其反应活性的影响因素、细度最佳范围与生料均化措施；

4）生料率值的选择与确定原则；

5）根据试验项目与组数预先计划好生料用量。

（2）制备生料的试验工作。

1）生料粉磨及细度检验（需要时还应检验生料的易磨性）；

2）生料碳酸钙滴定值测定；

3）生料化学成分全分析（包括烧失量）；

4）生料易烧性试验；

5）立窑生料还要做可塑性试验以及料球水分、料球强度、炸裂温度及含煤量等检验。

（3）生料的成型。为便于固相反应－液相扩散以获得优质熟料，必须将生料制成料饼或料球。料饼可在压力机上一定压力下用圆试模加压成型；料球可在成球盘上成球或用人工成球。制成的料球或料饼均应干燥后再入炉煅烧，以免在高温炉内炸裂。

7.23.3.2　熟料的制备与质量检验

具体如下：

（1）熟料煅烧用仪器、设备及器具。

1）放置生料饼或料球的器具：一般可根据生料易烧性确定最高煅烧温度及范围，选用坩埚或耐火匣钵。煅烧温度：刚玉坩埚可耐1350～1480℃；高铝坩埚可耐1350℃。坩埚在烧成过程中不应与熟料起反应。耐火器具的选择应确保在煅烧温度下不会炸裂。

2）高温电炉：根据最高烧成温度选用。常用电炉的发热元件为硅钼棒或硅碳棒，煅烧温度以硅钼棒为最高，可耐1500℃以上。

3）热电偶：用标准热电偶在一定条件下校正。

4）供熟料冷却、炉子降温和散热用的吹风装置及取熟料用的长柄钳子、石棉手套、防护眼镜或面具，以及干燥器或料桶等。

（2）正确选择热工制度，为获得优质高产低消耗的熟料要考虑如下问题：

1）熟料的矿物组成与生料化学成分的关系；

2）熟料反应机制和反应动力学有关理论知识；

3）固相反应的活化能及固相反应扩散系数等；

4）熟料液相烧结与相平衡的关系；

5）微量元素对熟料烧成的影响，矿化剂与助溶剂的作用和效果；

6）熟料易烧性与熟料烧成制度的关系；

7）熟料煅烧的热工制度对熟料质量的影响；

8）熟料的冷却制度对其质量的影响。

（3）熟料质量检验。

1）熟料成分全分析，并根据分析数据计算熟料矿物组成；

2）熟料岩相检验；

3）熟料中游离氧化钙含量的测定；

4）熟料易磨性检验；

5）掺适量石膏于熟料中，磨细至要求的粒度后，做全套物理检验，包括标准稠度用水量、凝结时间和安定性及强度检验。

7.23.4　水泥品种及水泥性能检验

（1）将煅烧的熟料，按所设计的水泥品种，根据有关标准，进行试验，以确定水泥品种和标号，适宜的添加物（如石膏和混合材等）掺量和粉磨细度等。如是硅酸盐水泥熟料，则除了可掺适量石膏制成Ⅰ型硅酸盐水泥外，还可通过控制掺加混合材的类别和数量，制成Ⅱ型硅酸盐水泥、普通硅酸盐水泥、矿渣硅酸盐水泥、火山灰质硅酸盐水泥、粉煤灰硅酸盐水泥、复合硅酸盐水泥和石灰石硅酸盐水泥等。硫铝酸盐熟料则可通过调节外掺石膏数量制成膨胀硫铝酸盐水泥、自应力硫铝酸盐水泥或快硬硫铝酸盐水泥。同一种熟料可根据不同的需求研制同系列不同品种的水泥。

（2）除按有关标准检验外，也可根据课题性质，自行设计试验检测水泥性能，这尤其适用于进行科学研究和开发新品种水泥。

（3）一些特种水泥除常规检验项目外，还需进行特性检验。如中热水泥和低热矿渣水泥需测定水泥的水化热；道路水泥需检验水泥的耐磨性；膨胀水泥需测定水泥净浆的膨胀率，必要时还需做微观测试项目的检测。

7.23.5 水泥工艺试验的结束阶段

（1）有针对性地进一步查阅资料以充实理论与课题。

（2）将实验得到的数据进行归纳、整理与分类并进行数据处理与分析，找出规律性，得出结论。如果认为某些数据不可靠可补做若干实验或采用平行验证实验，对比后决定数据取舍。

（3）根据拟题方案及课题要求写出总结性实验报告。

一般来说，报告内容包括所准备（研制）水泥的特点、国内外生产现状、课题的目的和意义、原理、原料化学组成、配料计算结果、制备（研制）工艺、工艺制度、测试方法及有关数据、常规与微观特性检验的数据、图片或图表、试制经过及结论，并提出存在的问题。

（4）如果是论文或科研课题，要对某一专题研究的深度提出观点、论点，尽可能按科研论文要求写出论文。

本章小结

玻璃、水泥、陶瓷制备工艺都要经过配合料制备和烧成两个重要工序，很多矿物原料在受热或冷却过程中都会发生物理化学变化，这些变化将会影响制备工艺的每一个环节，掌握不好往往导致生产不出合格产品，因此，在根据使用要求进行产品的工艺设计时，必须对原料的性能有充分了解，在此基础上才能制定各工艺参数。

配合料（或配料）制备是采用一定的工艺措施，使物料化学成分均匀一致的过程。对配合料的基本要求是配方准确、组分均匀、细度均匀合理、水分和气孔合理。配合料均匀性是保证产品质量、降低消耗的基本措施和前提条件。

烧成过程非常复杂，无论是玻璃配合料的熔化，还是陶瓷坯料的烧结及水泥生料的煅烧，都要经过蒸发、脱水、分解、化合、熔融、固相反应等一系列反应。合理的烧成制度是获得优良产品的必要条件。

思考题

7-1 高岭土在热处理过程中发生了哪些化学变化，这些变化对其粒度改变有何影响？

7-2 粉末样品表面不平整时，对白度的测量有何影响？

7-3 热处理温度是如何影响高岭土的白度的？

7-4 影响陶瓷制品质量的内因和外因是什么，坯料配方实验要解决什么问题？

7-5　指导坯料配方的基本理论是什么？

7-6　进行坯料配方实验时要考虑哪些问题？

7-7　陶瓷坯料配方与制造工艺、显微结构、理化性能的关系怎样？

7-8　在一般情况下，如何找出最适合的配料公式（用坯式表示）？

7-9　测试泥浆性能时所用的电解质应具备哪些条件？

7-10　电解质稀释泥浆的机理是什么？

7-11　对 H－黏土而言应加入哪种电解质为宜，为什么？

7-12　泥浆黏度和厚化度测定对生产有何指导作用？

7-13　为什么做电解质不用固体 Na_2SiO_3 而用水玻璃？

7-14　什么是可塑性？测定黏土可塑性有哪几种方法，在生产中有何指导意义？

7-15　影响黏土可塑性的主要因素有哪些？

7-16　可塑性对生产配方的选择，可塑泥料的制备，坯体的成型、干燥、烧成有何重要意义？

7-17　如何根据膨胀－收缩曲线来决定坯料的烧结温度范围？

7-18　如何从外貌特征来判断坯料的烧结程度及原料的质量？

7-19　烧结温度与烧结温度范围在陶瓷工艺上有何重大意义，影响黏土或坯料烧结温度与烧结温度范围的因素是什么？

7-20　陶瓷最高烧成温度确定的原则是什么？

7-21　如何判定陶瓷制品的烧成质量？

7-22　造成釉面针孔，桔釉、缩釉、流釉的原因是什么？

7-23　釉式中哪些成分会影响釉面光泽度、透光度、白度？

7-24　从坯釉结合出发，分析在釉面发生显著缺陷的原因。

7-25　莫来石质陶瓷烧结过程中发生哪些反应？

7-26　莫来石质高温陶瓷材料各种成型方法对制品性能的影响有哪些？

7-27　烧成温度及保温时间对莫来石质高温陶瓷制品性能的影响有哪些？

7-28　制备普通硅酸盐玻璃的原料中含有在高温下挥发的组分时（如 B_2O_3）应如何计算配方？

7-29　影响硅酸盐玻璃配合料均一性的因素有哪些，应如何避免？

7-30　配合料熔制过程中发生哪些化学反应？

7-31　造成玻璃液中一、二次气泡形成的原因有哪些？

7-32　配合料均匀度的测定方法有哪些，对指导生产有何意义？

7-33　影响配合料均匀度测定结果的因素有哪些，应如何避免？

7-34　配合料的最佳混合时间由什么来确定？

7-35　利用电导率法主要测定配合料中哪一种组成的均匀度？

7-36　玻璃熔制中，有高温加料和常温加料两种，哪个优越？

7-37　本实验拟定 900℃、1200℃和 1300℃拿出熔制玻璃的坩埚，这有什么意义？

7-38　在实际生产中如何制定玻璃的熔制制度？

7-39　玻璃最高熔制温度和均化澄清时间确定的原则是什么？

7-40　高温熔体黏度测定方法有哪些？

7-41　多数情况下，测定玻璃熔体的高温黏度时误差产生的主要原因是什么？

7-42　黏度－温度－玻璃质量之间的关系是怎样的？

7-43　水泥原料易磨性的影响因素有哪些，如何改善易磨性？

7-44　用邦德方法测定的粉磨功指数评价原料易磨性存在哪些不足，对这些不足提出自己的改进意见。

7-45　分析讨论硅率对水泥生料易烧性的影响。

7-46　分析讨论细度对水泥生料易烧性的影响。

7-47　用返滴定法测定 $CaCO_3$ 含量滴定原理是什么，结果如何计算？

7-48　样品中加入 HCl 溶液后为什么要加热，酸溶样应注意些什么问题？

7-49　控制水泥生料中氧化铁含量的意义是什么？

7-50　氧化铁含量的测定过程中铝为什么必须过量，反应完全后铝为何必须全部溶解？

7-51　能否用 $KMnO_4$ 溶液代替 $K_2Cr_2O_7$ 标准溶液进行滴定分析？

7-52　如何消除氧化钙含量测定的过程中铁、铝对测定结果的干扰？

7-53　滴定前加入盐酸，再加入三乙醇胺的作用是什么？

7-54　水泥的 KH、IM、SM 及液相量对熟料煅烧质量有何影响？

7-55　如何判定水泥烧成质量？

7-56　水泥烧成制度对水泥烧成有何影响？

7-57　详述水泥熟料烧成过程中发生的化学变化。

7-58　碱性氧化物对水泥熟料的烧成、相组成及强度有何影响？

7-59　硅酸盐水泥熟料烧成后进行冷却的目的是什么？

7-60　甘油－乙醇法所用的试样、试剂、器皿为什么要求无水？

7-61　试验过程中，为什么要求加热，并且要求处于微沸状态？

7-62　用质量法测定水泥中的 SO_3 含量时，为什么要加热和陈化处理？

7-63　用质量法测定水泥中的 SO_3 含量时，为什么要将溶液酸度定为 0.2～0.4mol/L？

7-64　分析讨论水泥细度对水泥早期强度的影响。

7-65　水泥细度的表述有哪些？评价各表述方法的优劣。

8 无机材料使用性能测试实验

内容提要：

材料使用性能是材料科学四要素之一，主要体现在材料服役过程中所体现的物理化学性能，在新材料发展过程中处于重要地位，使用性能的好坏直接影响材料结构、组成的优化，材料性能的改善。材料的使用性能包括了材料的热物理性能、机械力学性能、光学性能、电学性能以及水泥、玻璃、陶瓷等无机非金属材料在使用过程中所要求的特定的物理化学性能。本章实验内容包括了无机材料热物理性能、机械力学性能、材料的稳定性（安定性）、无机材料的光学性能等20个实验，从熟练掌握实验操作技巧和数据分析中进一步理解和应用知识点。

8.1 陶瓷线收缩率和体收缩率的测定

8.1.1 实验目的

（1）掌握黏土或坯料干燥及烧成收缩率的测定方法；

（2）为陶瓷制品生产过程中所用工模刀具的放尺率提供依据；

（3）由黏土或坯料的干燥和烧成收缩率以及由收缩所引起的开裂变形等缺陷的出现，为确定配方、制定干燥制度和烧成制度提供合理的工艺参数依据；

（4）了解黏土或坯料产生干燥和烧成收缩的原因与调节收缩的措施。

8.1.2 实验原理

可塑状态的黏土或坯料在干燥过程中，随着温度的提高和时间的增长，水分不断向外扩散和蒸发，体积和孔隙不断发生变化。开始加热阶段坯体体积基本不变，当温度升至湿球温度时，干燥速度增至最大时即转入等速干燥阶段，干燥速度固定不变，坯体表面温度也不变，坯体体积迅速收缩，是干燥过程中最危险的阶段；降速干燥阶段，体积收缩造成内扩散阻力增大，使干燥速度开始下降，坯体的平均温度上升。由等速阶段转为降速阶段的转折点叫临界点，此时坯体的水分即为临界水分。降速阶段坯体体积收缩基本停止。在同一加工条件下，坯料的性质不同，在干燥过程中水分蒸发的速度和收缩速度以及临界水分也不同，有的坯料干燥时蒸发很快，收缩很大，临界水分很低；有的坯料干燥时，水分蒸发较慢，收缩较小，临界水分较高，这是坯料的干燥特征。因此测定坯料在干燥过程中的收缩、失重和临界水分，对于鉴定坯料的干燥特征，为制定干燥工艺提供依据具有实际意义。在烧成过程中，由于产生一系列物理化学变化，如氧化分解，气体挥发，易熔物熔融成液相并填充于颗粒之间，粒子进一步靠拢，进一步产生线性尺寸收缩与体积收缩。

黏土或坯料在干燥过程中线性尺寸的变化与原始试样长度之比值称为干燥线收缩率；烧成过程中线性尺寸变化与干燥试样长度之比值称为烧成线收缩率。坯体总的线性尺寸变化与原始试样长度之比值称为总线收缩率。一般采用卡尺或工具显微镜进行度量和测定。

黏土或坯料在干燥过程中体积的变化和原始试样体积之比值称为干燥体积收缩率。烧成过程中体积的变化与干燥试样体积之比值称为烧成体积收缩率。总的体积变化与原始试样体积之比值称为总体积收缩率。

黏土或坯料在干燥和烧成过程中所产生的线性尺寸、体积的变化与坯料的组成、含水量、颗粒形状、粒径大小、黏土矿物类型、有机物含量、成型方法、成型压力方向以及烧成温度与气氛等因素有关。

黏土或坯料的干燥收缩对制定干燥工艺规程有着极其重要的意义。干燥收缩大，干燥过程中就容易产生开裂变形等缺陷，干燥过程（尤其是等速干燥阶段）就应缓慢平稳。工厂根据干燥收缩率确定毛坯、模具及挤泥机出口的尺寸，根据强度的高低选择生坯的运输和装窑方式。

线收缩的测定比较简单，对于在干燥过程中易发生变形歪扭的试样，必须测定体积收缩。

烧结试样的体积可根据阿基米德原理测定在水中减轻的质量计算求得。干燥前后的试样体积可根据阿基米德原理测定其在煤油中减轻的质量计算求得。

8.1.3 实验仪器和试剂

卡尺（精确度 0.02mm）；

工具显微镜；

试样压制切制模具、划线工具；

烘箱、电炉；

玻璃板（400mm × 400mm × 4mm）、碾棒（铝质或木质）；

煤油、蒸馏水、丝绸布。

8.1.4 实验步骤

实验步骤如下：

（1）线收缩测定。

1）试样制备：称取陶瓷原料混合粉 1kg，置于调泥容器中，加水拌和至正常操作状态，充分捏练后，密闭陈腐 24h 备用，或直接取用生产上真空练泥机挤出的塑性泥料。

2）把塑性泥料放在铺有湿绸布的玻璃板上，上面再盖一层湿绸布，用专用碾棒进行碾滚。碾滚时，注意变换方向，使各方面受力均匀，最后轻轻滚平，用专用模具切成 50mm × 50mm × 8mm 试块 5 块，小心地置于垫有薄纸的玻璃板上，随即用划线工具在试块的对角线上安上互相垂直相交的长 60mm 的两根线条记号，并编号，记下长度 l_0。

3）制备好的试样在室温下阴干 1 ~ 2 天，阴干过程中要翻动，使试块不会紧贴玻璃板影响收缩。待试块发白后放入烘箱，在 105 ~ 110℃ 下烘干 4h。冷却后用小刀刮去记号边缘的毛刺，用卡尺或工具显微镜量取记号长度 l_1。

4）将测量过干燥收缩的试样装入电炉中焙烧（装烧时应选择平整的垫板并在垫板上撒上石英砂或 Al_2O_3 粉或刷上 Al_2O_3 浆），烧成后取出，再用卡尺或工具显微镜量取试块上记号间的长度 l_2。

（2）体收缩测定。

1）试样制备：取充分捏练后的泥料或取生产用的塑性泥料，碾滚成厚 10mm 的泥块（碾滚方法与线收缩试样同），切成 25mm × 25mm × 10mm 的试块 5 块，编号。

2）制备好的试样用天平迅速称量（准确至 0.005g），然后放入煤油中称量其在煤油中的质量和吸饱煤油后在空气中的质量，而后置于垫有薄纸的玻璃板上阴干 1 ~ 2 天，待试样发白后，放入烘箱中，在 105 ~ 110℃下烘干至恒重，冷却后称量其在空气中的质量（准确至 0.002g）。

3）把空气中称重后的试样，放入抽真空装置中，在相对真空度不小于 95% 的条件下，抽真空 1h，然后放入煤油中（至浸没试样），再抽真空 1h，取出称量其在煤油中的质量和吸饱煤油后在空气中的质量（准确至 0.002g），称量时应抹去试样表面多余的煤油。在没有真空装置的条件下，可把试样放在煤油中浸泡 24h。

4）将测定过干燥体收缩的试样装入电炉中熔烧，烧后取出刷干净，称取其在空气中的质量（准确至 0.005g），然后放入抽真空装置中，在相对真空度不小于 95% 的条件下，抽真空 1h，放入蒸馏水中（至浸没试样）再抽真空 1h，取出称量其在水中的质量和吸饱水后在空气中的质量（准确至 0.005g）。如无真空装置，也可用煮沸法煮沸 4h，冷却静置 20h，进行称重。

8.1.5　实验记录与数据处理

（1）线收缩率测定。线收缩率的测定结果记录在表 8-1。

表 8-1　线收缩率的测定记录表

试样名称			测　定　人		测定日期	
试样处理						
编号	湿试样记号间距离 l_0 /mm	干试样记号间距离 l_1 /mm	烧成试样记号间距离 l_2 /mm	干燥线收缩率 /%	干燥线收缩率 /%	干燥线收缩率 /%	备　注

（2）体收缩率测定。体收缩率的测定结果记录在表 8-2。

表 8-2　体收缩率的测定记录表

试样名称						测定人			测定日期							
试样处理																
编号	湿试样				干试样				烧结试样				干燥体积收缩率/%	烧成体积收缩率/%	体积收缩率/%	备注
	在空气中重 G_0	在煤油中重 G_1	吸饱煤油重 G_2	体积 V_0	在空气中重 G_3	在煤油中重 G_4	吸饱煤油重 G_5	体积 V_1	在空气中重 G_6	在煤油中重 G_7	吸饱煤油重 G_8	体积 V_2				

（3）计算

1）线收缩率计算。

$$y_{dl} = \frac{l_0 - l_1}{l_0} \times 100\% \tag{8-1}$$

$$y_{sl} = \frac{l_1 - l_2}{l_1} \times 100\% \tag{8-2}$$

$$y_{al} = \frac{l_0 - l_2}{l_0} \times 100\% \tag{8-3}$$

式中 y_{dl}——干燥线收缩率，%；

y_{sl}——烧成线收缩率，%；

y_{al}——总线收缩率，%；

l_0——湿试样记号间距离，mm；

l_1——干试样记号间距离，mm；

l_2——烧结试样记号间距离，mm。

2）体收缩率计算。

$$y_{db} = \frac{V_0 - V_1}{V_0} \times 100\% \tag{8-4}$$

$$y_{sb} = \frac{V_1 - V_2}{V_1} \times 100\% \tag{8-5}$$

$$y_{ab} = \frac{V_0 - V_2}{V_0} \times 100\% \tag{8-6}$$

式中 y_{db}——干燥体收缩率，%；

y_{sb}——烧成体收缩率，%；

y_{ab}——总体收缩率，%；

V_0——湿试样体积，cm^3；

V_1——干试样体积，cm^3；

V_2——烧结试样体积，cm^3。

3）线收缩率和体收缩率之间有如下关系：

$$线收缩率 = [1 - (1 - 体积收缩率)^{1/3}] \times 100\% \tag{8-7}$$

8.1.6 注意事项

（1）测定线收缩率的试样应无变形等缺陷，否则应重做。

（2）测定体收缩率的试样，其边棱角应无碰损等缺陷，否则应重做。

（3）擦干试样表面煤油（或水）的操作应前后一致。

（4）试样的湿体积应在成型后 1h 以内进行测定。

（5）试样的成型水分不可过湿，以免收缩过大。

（6）在试样表面刻划记号时，不可用手挪动试样。

8.2 玻璃析晶性能的测定

8.2.1 实验目的

（1）用梯温法测定某组成玻璃的析晶性能；

（2）掌握梯温法测定玻璃析晶温度的原理和测试技术；

（3）了解玻璃析晶上限温度与下限温度在玻璃熔制过程中的意义。

8.2.2　实验原理

一般从玻璃态中出现析晶，是在黏度为 $10 \sim 10^5 Pa \cdot s$（$10^2 \sim 10^6 P$）左右的温度范围（该玻璃系统液相线温度以下）内进行的。根据塔曼（Tamman）理论，析晶主要取决于晶核形成速率、晶核成长速度以及熔体的黏度，同时与玻璃液在该温度下的保温时间有关（图 8-1）。晶核形成的最大速率和长大的最大速度分别在两个不同的温度范围内出现，只有在两者都较大的温度下最易析晶。

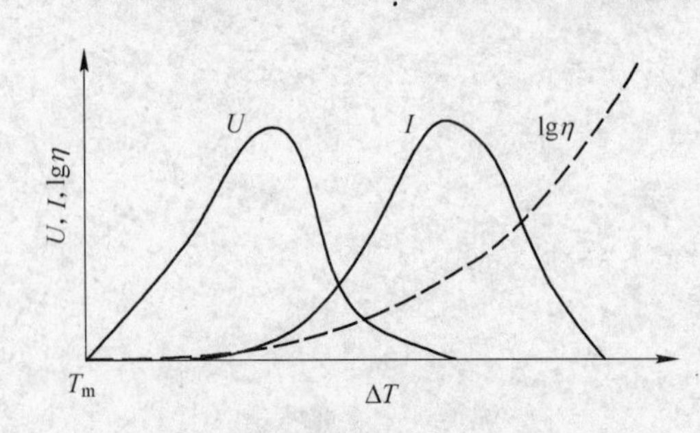

图 8-1　晶核形成、晶核生长、黏度与保温时间的关系图

对于高黏度的无机玻璃，测定晶核形成速率、晶核成长速度很困难。但是，生产上测定析晶性能常常只需要知道玻璃的析晶温度区域和在不同温度下玻璃的析晶强度就可以了。因此，可以用简便的方法来测定玻璃的析晶性能。

本实验利用梯温炉来测定玻璃的析晶温度。在梯温炉中，由于炉中心部分的温度最高，两边的温度有规律地降低，因此总有一个温度范围是玻璃的结晶化温度。当试样在炉内恒温一定时间后，晶相和玻璃相之间就可能建立热平衡而出现析晶，这时将试样取出并迅速冷却。用眼睛或在显微镜下观察析晶程度，就可确定玻璃表面出现结晶化合物的临界温度，即析晶上、下限温度。根据所测玻璃析晶温度范围，可制定合理的成型与热加工制度，避免产生析晶，得到理想的玻璃；或者通过控制结晶，得到符合要求的微晶玻璃。

8.2.3　实验器材

（1）析晶测定仪，1 台；

（2）金相显微镜或偏光显微镜，1 台；

（3）电位差计，1 台；

（4）铂铑热电偶，2 只；

（5）瓷舟（或白金舟），若干；

（6）玻璃条或淬火后的玻璃碎块。

析晶测定装置由梯温电炉、自动控温仪等组成，如图 8-2 所示。

8.2.4　实验步骤

实验步骤如下：

（1）把瓷舟内表面刷净。

（2）将已制备好的试样均匀地放在瓷舟中。

（3）接通电源，升温，使炉管中心温度达到 1150℃，保温。

（4）把装有试样的瓷舟慢慢地从炉口推入中心。

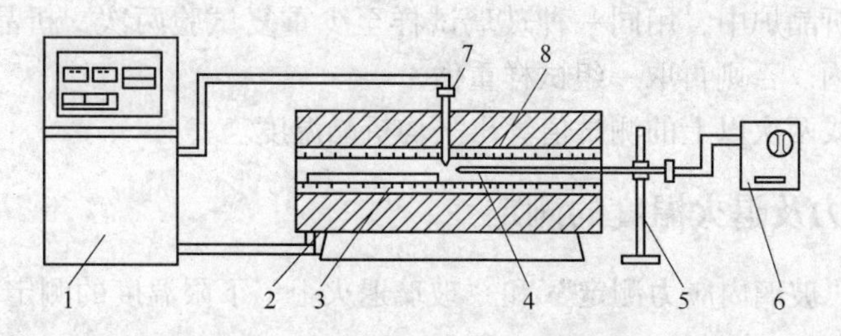

图 8-2 测定玻璃析晶性能的装置图

1—自动控温仪；2—梯温电炉；3—瓷舟；4—热电偶；5—导管与支架；
6—电位差计；7—电热偶；8—电热丝

（5）使试样在炉中保温 1h。

（6）保温结束后，将瓷舟迅速取出，冷却至室温。

（7）将瓷舟与梯温曲线相对照，根据在瓷舟周边做出的析晶上、下限标记的位置，查出所对应的温度值，即为玻璃的析晶上、下限温度。

8.2.5 实验记录与数据处理

（1）数据记录。实验数据记录在表 8-3 和表 8-4。

表 8-3 实验基本数据记录表

试样	最高温度	保温时间	析晶下限温度	析晶上限温度
玻璃条				

表 8-4 炉长 - 温度测定数据记录表

炉长/cm	40	39	38	37	36	35	34	33	32	31
温度/℃										
炉长/cm	30	29	28	27	26	25	24	23	22	21
温度/℃										
炉长/cm	20	19	18	17	16	15	14	13	12	11
温度/℃										
炉长/cm	10	9	8	7	6	5	4	3	2	1
温度/℃										

（2）绘制梯温曲线。将测得的各点温度值在直角坐标纸上（比例为 1∶1）或用 Excel 和 Origin 画出“温度 - 炉长”曲线，即梯温曲线。

（3）将瓷舟排列在直角坐标纸所做的梯温曲线图上，确定析晶的上、下限温度。

从瓷舟上的析晶上、下限标记点做垂线，使之与梯温曲线相交，再从这两个交点做水平线与纵轴相交，纵轴相交点所对应的温度值就是玻璃的析晶上、下限温度。

虽然用 Excel 和 Origin 不可能以 1∶1 的比例作图，但用 Excel 作图可得梯温曲线的拟合公式，若将析晶在炉长中的位置输入公式中则可获得比较精确的结果。

（4）在同一析晶炉中，用同一种玻璃试样至少重复试验两次，析晶温度测试值的误差要求在10℃以内。否则再取一组试样重做。

（5）由两次或两次以上的测试值算出平均析晶温度。

8.3 玻璃内应力及退火温度的测定

本实验包括“玻璃内应力测定”和“玻璃退火上、下限温度的测定”两个测试项目。

8.3.1 玻璃内应力测定

8.3.1.1 实验目的

本实验的目的为：

（1）进一步了解玻璃内应力产生的原因；

（2）掌握测定玻璃内应力的原理和方法。

8.3.1.2 实验原理

A 玻璃中的内应力与光程差

包括玻璃与塑料在内的许多透明材料通常是一种均质体，具有各向同性的性质，当单色光通过其中时，光速与其传播方向和光波的偏振面无关，不会发生双折射现象。但是，由于外部的机械作用或者玻璃成型后从软化点以上的不均匀冷却，或者玻璃与玻璃封接处存在膨胀失配而使玻璃具有残余应力时，各向同性的玻璃在光学上就成为各向异性体，单色光通过玻璃时就会分离为两束光，如图8-3所示。O光在玻璃内的光速、传播方向、光波的偏振面都不变，所以仍沿原来的入射方向前进，到达第二个表面时所需的时间较少，所经过的路程较短；E光在玻璃内的光速与其传播方向、光波的偏振面都发生变化，因此偏离原来的入射方向，到达第二个表面时所需的时间较多，所经过的路程较长。O光和E光的这种路程之差称为光程差。测出这种光程差的大小，就可计算玻璃的内应力。

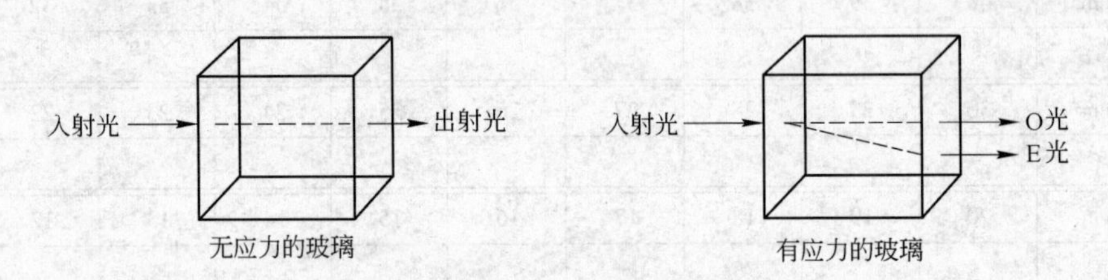

图8-3 光线通过有应力玻璃时的双折射现象

布鲁斯特（Brewster）等研究得出，玻璃的双折射程度与玻璃内应力强度成正比，即：

$$R = B\sigma \tag{8-8}$$

式中 R——光程差，nm；

B——应力光学常数，$1B = 1.0 \times 10^{-12}\text{Pa}^{-1}$；

σ——单向应力，Pa。

B 光程差的测量方法

光程差的测量方法有偏光仪观测法、干涉色法和补偿器测定法等几种。第一种方法可以粗略地估计光程差的大小，不便于定量测定。第二种能进行定量测定，但精度不高。只有第三种能进行比较精密的测量，本实验采用这种方法。

补偿器测定法的基本原理如图 8-4 所示。由光源 1 发出的光经起偏镜 2 后，变成平面偏振光（假设其振动方向为垂直方向），当旋转检偏镜 5 与之正交时，偏振光不能通过，用眼睛 6 观察时视场呈黑色。若在光路中放入有应力的玻璃试样 3 时，该偏振光通过玻璃后被分解为具有光程差的水平偏振光和垂直偏振光。当两束偏振光通过 1/4 波片 4 后，被合成为平面偏振光，但此时的平面偏振光的偏振面相对起偏镜产生的平面偏振光的振动方向有一个 θ 角的旋转。因此，在视场中可看到两条黑色条纹隔开的明亮区。旋转检偏镜，重新使玻璃中心变黑，根据检偏镜的角度差 θ，就可计算玻璃的光程差。

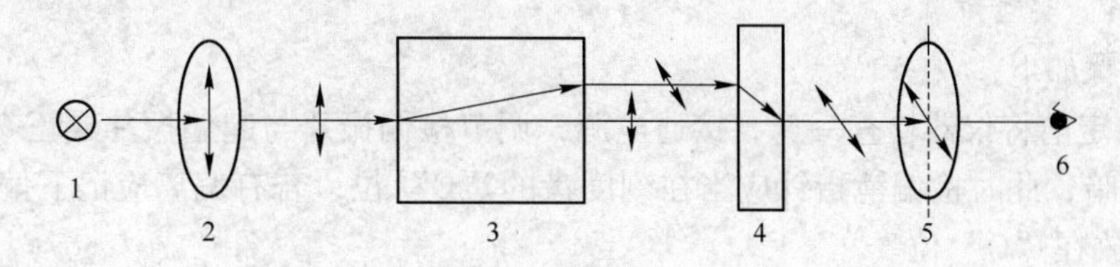

图 8-4 补偿器测定法原理

1—光源；2—起偏镜；3—有应力的玻璃试样；4—1/4 波片；5—检偏镜；6—眼睛

由理论推导可知，玻璃试样的光程差与偏转角 θ 成正比，即：

$$R=\lambda\theta/\pi \tag{8-9}$$

式中 R——玻璃的光程差，nm/m；

λ——照射光源的波长，nm；

π——弧度，$\pi=180°$。

当以白光灯为光源时，$\lambda=540$nm，则：

$$R=3\theta \tag{8-10}$$

在精密测定时，以钠光灯为光源，$\lambda=589.3$nm，则：

$$R=3.27\theta \tag{8-11}$$

通常，用单位长度的光程差来表示玻璃的内应力：

$$\delta=R/d \tag{8-12}$$

式中 δ——单位长度的光程差，nm/cm；

d——光在玻璃中的行程长度，cm。

将以上结果代入式 8-8，就可得到玻璃内应力计算公式，即：

$$\sigma=\delta d/B \tag{8-13}$$

对于普通工业玻璃，应力光学常数为 2.55B。这样，就可由式 8-13 计算出玻璃的内应力值。

8.3.1.3 实验器材

（1）双折射仪一台。测定玻璃内应力最广泛的方法是采用偏光仪，即双折射仪来测定光程差。仪器由镇流器箱、光源及起偏片、载物台、检偏振片和目镜等组成，如图 8-5 所示。

（2）玻璃试样若干。(10~20)mm×(100~200)mm 长方条玻璃。

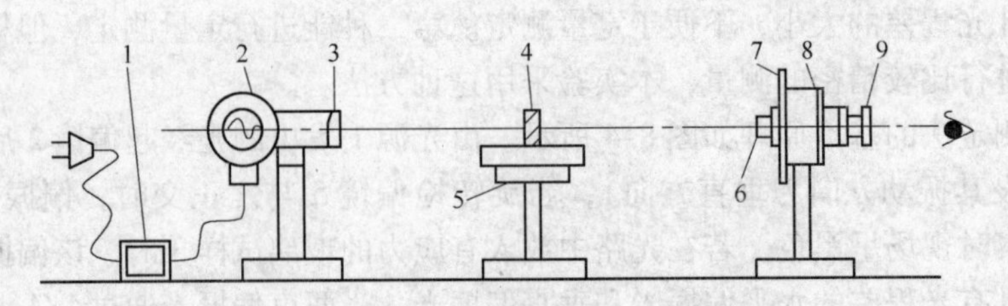

图 8-5　偏光仪测定玻璃内应力的装置图

1—镇流器箱；2—光源；3—起偏振片；4—试样；5—载物台；6—1/4 波片；7—1/4 波片长度盘；8—检偏振片度盘；9—检偏振片

8.3.1.4　实验步骤

实验步骤如下：

（1）测定前将仪器检查一遍，接通电源，调节检偏振片与起偏振片成正交消光位置，使视野为黑暗，此时检偏镜指针应当在刻度盘的“O”位，若有偏离应记下偏离角度 ϕ_0，1/4 波片也放在“O”位。

（2）将具有内应力的玻璃试样放在载物台（若端面粗糙需抛光或浸在汽油或煤油里），其定位应使偏振光束垂直通过试样的端面。

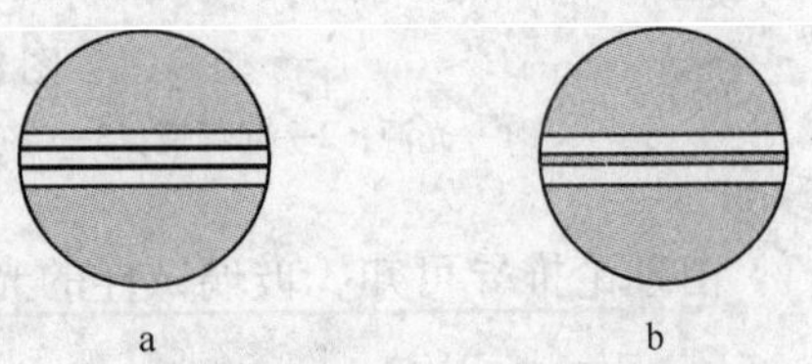

图 8-6　有残余应力的玻璃片

a—分离应力线；b—集合应力线

（3）观察检偏器的视场，可以看到片状试体端面有两条平行的黑线，如图 8-6a 所示，说明此位置不存在应力，而在黑线两侧有灰色背景，这就是双折射引起的干涉色，沿两条线的外侧是压应力，内侧是张应力。慢慢向反方向旋转检偏镜，在两条暗线之间就会形成一小小间隙，然后接触，使两条黑线集合成一条棕褐色的线，见图 8-6b，即由应力产生的双折射已被检偏镜补偿。记下旋转的角度 ϕ。

8.3.1.5　实验记录及数据处理

应力测定的原始数据可按表 8-5 的方式进行记录。单位长度的光程差可按下式计算：

$$\delta = 3(J - J_0)/d \tag{8-14}$$

式中　$J - J_0$——引入玻璃试样前后检偏镜的旋转角度之差，(°)；

d——通过试体内的行程长度（即试体的宽度，测其三点，取平均值），cm。

根据光程差，按式 8-13 计算试体中心的最大残余应力值。

表 8-5　玻璃内应力测定记录及结果计算表

试样编号	试样尺寸/cm		检偏镜刻度盘读数/(°)		单位光程差/nm · m^{-1}	应力值/Pa
	厚度 h	宽度 d	无试样 J_0	有试样 J	$\delta = 3(J - J_0)/d$	$\sigma = \delta d/B$
1						
2						
3						
4						

8.3.2 玻璃退火温度的测定

8.3.2.1 实验目的

本实验的目的为：

（1）进一步了解玻璃退火的实质；

（2）掌握测定玻璃退火温度的原理和方法。

8.3.2.2 实验原理

玻璃中内应力的消除与玻璃黏度有关，黏度越小，应力松弛得越快，应力消除得也越快。退火处理的安全温度，常称为最高退火温度或退火点，它是指在此温度下维持3min能使玻璃内的应力消除95%，相当于玻璃黏度为10^{12}Pa·s时的温度。最低退火温度是指在此温度下维持3min仅能使应力消除5%，即相当于玻璃黏度为10^{15}Pa·s时的温度。玻璃退火温度与化学组成有关，普通工业玻璃的最高退火温度约为400～600℃，一般采用的最低退火温度比这个温度低50～150℃。

理论和实验都证明，在玻璃的退火温度范围内，玻璃试样退火时的剩余应力δ_i与初始应力δ_0的比值δ_i/δ_0，与温度呈线性关系，因此根据上述定义就可以求出玻璃的最高退火温度和最低退火温度，如图8-7所示。

8.3.2.3 实验器材

测定玻璃最高退火温度和最低退火温度的装置与测定玻璃内应力的装置相同。所有设备及需要增加的附件如下：

（1）双折射仪（偏光仪），1台；

（2）管式电炉，1台；

（3）电位差计，1台；

（4）时钟或秒表，1只；

（5）自耦变压调压器，1台；

（6）热电偶1支（镍铬－镍铝热电偶）；

（7）待测试样：10mm×10mm的方块状玻璃；或者ϕ6mm×30mm的棒状玻璃。

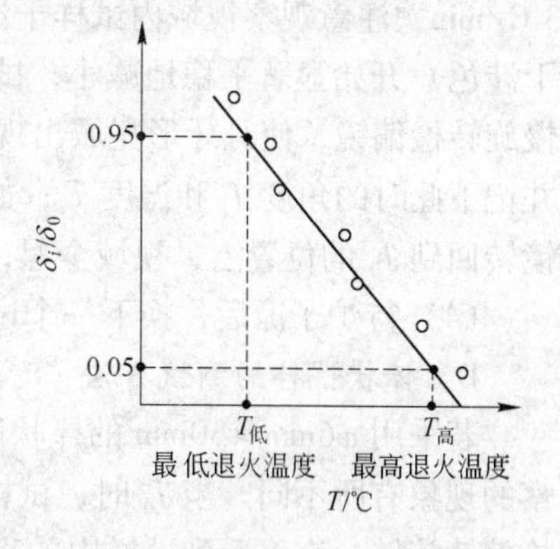

图8-7 玻璃退火温度的图解方法

8.3.2.4 实验步骤

A 试样制备

（1）块状试样的制备。用玻璃刀或切片机将待测玻璃切成尺寸为10mm×10mm的方块状玻璃，选取无砂子、条纹、气泡、裂纹等缺陷的小块为试块。试块需经淬火处理，即将选取的试块置于马弗炉中，在稍高于玻璃退火温度下保温0.5～1h，取出在空气中自然冷却到室温。

（2）棒状试样的制备。若试样为棒状时，可选取ϕ6mm的玻璃棒为试样。用薄砂轮片将玻璃棒切成约30mm长的棒状试体，然后按上述方法进行淬火处理。

B 仪器的调整

在前述的偏光仪（图8-5）中，将管式退火炉替代载物台，并进行调整，使炉管的中轴和光学系统的轴一致。

C 块状试样的测试方法

（1）在试样支架上装上玻璃试体（即被测试样），推入炉管中央，一边调整支架的位置，一边观察试样，直至试样的四周边缘出现四个月牙形的亮区（图 8-8）为止，此时检偏镜所转角度为 J_0。按照上述测定内应力的方法测出内应力最大时对应的光程差，即旋转检偏镜使试体左右两侧边缘出现月牙形小亮域（上、下无月牙形），测定出应力值最大时的初始角度 J_{max}。

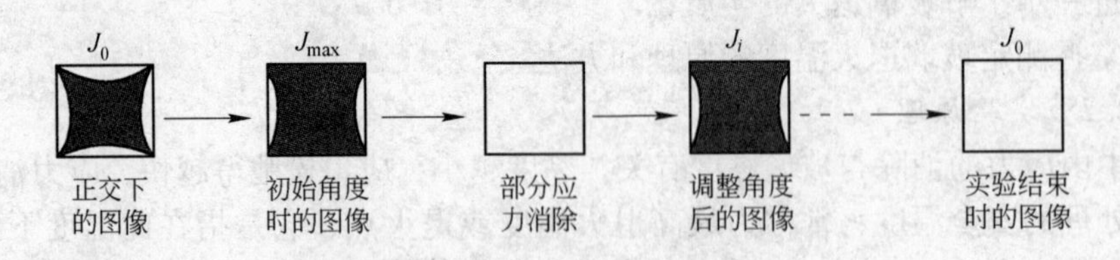

图 8-8　试样在仪器视域中的图像

（2）炉温用校正好的镍铬－镍铝热电偶及电位差计组合测定，热电偶的热端刚好置于试样的顶上，尽量靠近试样，但不要接触试样，用调压器控制升温速度。

（3）检查管式电炉，接通电源，从室温至退火温度以下 150℃左右（对工业玻璃来说，约在 350℃以下），升温速度不限制，当达 300℃以后，开始用调压器控制升温速度为 3℃/min，注意观察视域内试样干涉色的变化。当试体进入最低退火温度时，光程差（即干涉色）开始显著平稳地减小，试样两侧的月牙形小亮域往边部移动。此时，每 3min 慢慢旋转检偏镜，使月牙形亮域出现于试体边部两侧，以保持原始 J_{max} 时月牙亮域的大小，并记下此时的角度 J_i 和温度 T_i；如此下去，直到试体内的光程差为“0”，此时正好检偏镜转回到 J_0 的位置上，视域全黑，即应力完全消除。

（4）待炉子凉后，换下一个试样，重复试验一次。

D　棒状试样的测试方法

若采用 ϕ6mm × 30mm 的棒状试体，其退火温度的测定步骤同上述步骤一样，只是观察的现象有所不同。当 J_0 时，试样周围视场呈“深灰色”，试样中央呈现一条最亮线。将检偏镜旋转，直至看到试样中的亮线变成原来视域所呈现的“深灰色”为止，测出检偏镜刻度盘上的角度为 J_{max}。控制升温速度为 3℃/min，当接近最低退火温度时，开始观察试样干涉色的变化。旋转检偏镜以维持中央的原始“深灰色”，每 3min 观察记录一次，直到视场与试样呈现相同颜色为止。此时，检偏镜刻度盘的位置正好回到 ϕ_0 的位置，应力全部消除。

8.3.2.5　实验记录及数据处理

A　数据记录

退火温度测定的原始数据可按表 8-6 的形式记录。

表 8-6　玻璃退火温度范围测定记录及结果计算表

实验持续时间		炉内温度/℃	检偏镜刻度盘的读数		温度 T 时检偏镜的转角	试样加热前所存在的光程差	试样加热的光程差	δ_i/δ_0
			J_0	J_{max}	J_i	δ_0	δ_i	

B　图解法

在直角坐标纸上以温度为横坐标，δ_i/δ_0 为纵坐标作图。在 $\delta_i/\delta_0 - T$ 直线上，δ_i/δ_0 为 0.95 和 0.05 的点所对应的温度值即分别为该玻璃的最低退火温度和最高退火温度。

8.4　平板玻璃波筋的测定

8.4.1　实验目的

（1）进一步了解平板玻璃波筋的实质；

（2）掌握测定平板玻璃波筋的原理和方法。

8.4.2　实验原理

测试原理：在黑暗的房间里，当用一束与玻璃样品表面成一定角度的光线透过玻璃时，由于玻璃存在波筋，在其后面的白色屏幕上将会出现明暗不同的条纹影像，将条纹明暗程度与标准样板进行比较，可以按标准规定划分出普通平板玻璃波筋的质量等级，从而起到控制、指导生产的作用。

本实验采用 DG－1 型“点光源”检测装置来检测普通平板玻璃的波筋，如图 8-9 所示。

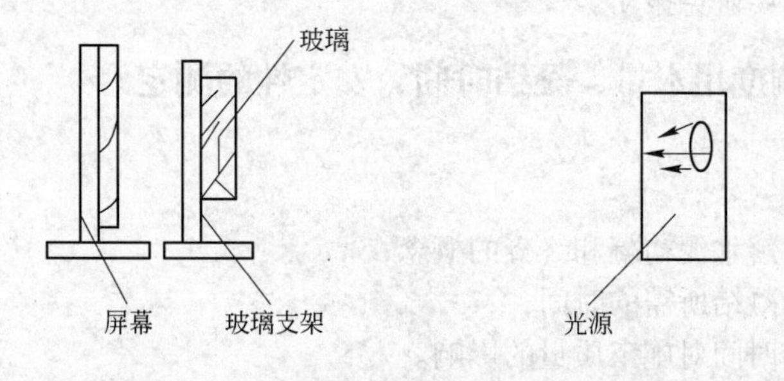

图 8-9　“点光源”检测装置结构示意图

“点光源”检测装置主要由屏幕、玻璃支架、光源和标准样板构成。

屏幕：由无反光的白色或灰色材料构成。

玻璃支架：由能垂直放置玻璃和移动玻璃的框架构成。

光源：由大于 150W 的光源构成，电压 24V。

测试示意图如图 8-10 所示，测试条件为：

（1）光源与玻璃样品的入射角：(60 ±2)°。

（2）光源距屏幕：(6750 ±50)mm。

（3）玻璃样品距屏幕（700 ±10)mm。

（4）屏幕为白色或灰色无光泽的平面。

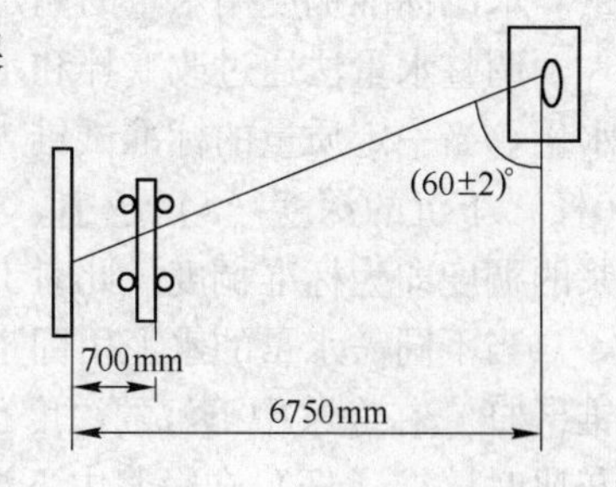

图 8-10　测试示意图

8.4.3　样品准备

（1）选择表面无擦伤、划痕及无结石、气泡等缺陷的平板玻璃，将其切割成

120mm × 120mm 尺寸大小作为试样。

（2）用乙醚或无水酒精擦洗玻璃表面，烘干后备用。

8.4.4　实验步骤

实验步骤如下：

（1）放上玻璃样品。

（2）打开光源开关。

（3）关闭房间照明用灯。

（4）将标准样板与玻璃样品在屏幕上出现的明暗不同的条纹影像进行比较，确定玻璃波筋等级；

（5）打开房间照明用灯。

（6）关闭光源开关。

（7）将玻璃样品收下放好。

8.4.5　注意事项

（1）要保持仪器干燥，防止受潮。

（2）测定时，电源电压要稳定。

（3）测定时，要避免振动。

8.5　水泥标准稠度用水量、凝结时间、安定性的测定

8.5.1　实验目的

（1）进一步了解水泥初凝和终凝的概念；

（2）测定水泥凝结所需的时间；

（3）分析凝结时间对施工质量的影响。

8.5.2　实验原理

通过试验不同含水量水泥净浆的穿透性，以确定水泥标准稠度净浆中所需加入的水量。水泥标准稠度用水量的测定有调整水量和固定水量两种方法。

调整水量法通过改变拌和水量，找出使拌制成的水泥净浆达到特定塑性状态所需要的水量。当一定质量的标准试锥（杆）在水泥净浆中自由降落时，净浆的稠度越大，试锥（杆）下沉的深度（S）越小。当试锥（杆）下沉深度达到规定值 $S = (28 \pm 2)$ mm 时，净浆的稠度即为标准稠度。此时 100g 水泥净浆的调水量即为标准稠度用水量（P）。

当不同需水量的水泥用固定水灰比的水量调制净浆时，所得的净浆稠度必然不同，试锥（杆）在净浆中下沉的深度也会不同。固定水量法根据净浆标准稠度用水量与固定水灰比时试锥（杆）在净浆中下沉深度的统计公式，用试锥（杆）下沉深度算出水泥标准稠度用水量。

8.5.3　实验器材

（1）水泥净浆搅拌机。

（2）标准法维卡仪、标准稠度测定用试杆，有效长度为（50±1）mm，由直径ϕ(10±0.05)mm 的圆柱形耐腐蚀金属制成。测定凝结时间时取下试杆，用试针代替试杆。试针由钢制成，其有效长度初凝针为（50±1）mm、终凝针为（30±1）mm、直径为ϕ(1.13±0.05)mm 的圆柱体。滑动部分的总质量为（300±1）g。盛装水泥净浆的试模应由耐腐蚀的、有足够硬度的金属制成，试模为深（40±0.2）mm，顶内径ϕ（65±0.5）mm、底内径ϕ(75±0.5)mm 的截顶圆锥体。每只试模应配备一个大于试模、厚度不小于2.5mm 的平板玻璃底板。

（3）代用法维卡仪。

（4）雷氏夹。

（5）沸煮箱。

（6）雷氏夹膨胀测定仪。

（7）量水器：最小刻度0.1mL，精度1%。

（8）天平：最大称量不小于1000g，分度值不大于1g。

8.5.4 实验步骤

8.5.4.1 标准稠度用水量的测定

具体步骤如下：

（1）试验前必须做到：维卡仪的金属棒能自由滑动；调整至试杆接触玻璃板时指针对准零点；搅拌机运行正常。

（2）水泥净浆的拌制。用水泥净浆搅拌机搅拌，搅拌锅和搅拌叶片先用湿布擦过，先将拌和水倒入搅拌锅内，然后在5~10s 内小心将称好的500g 水泥加入水中，防止水和水泥溅出；拌和时，先将锅放在搅拌机的锅座上，升至搅拌位置，启动搅拌机，低速搅拌120s，停15s，同时将叶片和锅壁上的水泥浆刮入锅中间，接着高速搅拌120s 停机。

（3）标准稠度用水量的测定步骤。拌和结束后，立即将拌制好的水泥净浆装入已置于玻璃底板上的试模中，用小刀插捣，轻轻振动数次，刮去多余的净浆；抹平后迅速将试模和底板移到维卡仪上，并将其中心定在试杆下，降低试杆直至与水泥净浆表面接触，拧紧螺丝1~2s 后，突然放松，使试杆垂直自由地沉入水泥净浆中。在试杆停止沉入或释放试杆30s 时记录试杆与底板之间的距离，升起试杆后，立即擦净；整个操作应在搅拌后1.5min 内完成。以试杆沉入净浆并距底板（6±1）mm 处的水泥净浆为标准稠度净浆。其拌和水量为该水泥的标准稠度用水量（P），按水泥质量的百分比计。

8.5.4.2 凝结时间的测定

具体如下：

（1）测定前准备工作：调整凝结时间测定仪的试针接触玻璃板时，指针对准零点。

（2）试件的制备：将以标准稠度用水量制成的标准稠度净浆一次装满试模，振动数次后刮平，立即放入湿气养护箱中。将水泥全部加入水中的时间作为凝结时间的起始时间。

（3）初凝时间的测定：试件在湿气养护箱中养护至加水后30min 时进行第一次测定。测定时，从湿气养护箱中取出试模放到试针下，降低试针直至与水泥净浆表面接触。拧紧螺丝1~2s 后，突然放松，试针垂直自由地沉入水泥净浆。观察试针停止下沉或释放试针30s 时指针的读数。当试针沉至距底板（4±1）mm 时，水泥达到初凝状态；从水泥全部加入水中至初凝状态的时间为水泥的初凝时间，用“min”表示。

（4）终凝时间的测定：为了准确观测试针沉入的状况，在终凝针上安装了一个环形附件。在完成初凝时间测定后，立即将试模连同浆体以平移的方式从玻璃板取下，翻转180°，直径大端向上，小端向下放在玻璃板上，再放入湿气养护箱中继续养护，临近终凝时间时每隔15min测定一次，当试针沉入试体0.5mm时，即环形附件开始不能在试体上留下痕迹时，为水泥达到终凝状态，从水泥全部加入水中至终凝状态的时间为水泥的终凝时间，用“min”表示。

（5）测定时应注意，在最初进行测定操作时应轻轻扶持金属柱，使其徐徐下降，以防试针被撞弯，但结果以自由下落为准；在整个测试过程中试针沉入的位置至少要距试模内壁10mm。临近初凝时，每隔5min测定一次，临近终凝时每隔15min测定一次，到达初凝或终凝时应立即重复测一次，当两次结论相同时才能定为到达初凝或终凝状态。每次测定不能让试针落入原针孔，每次测试完毕须将试针擦净并将试模放回湿气养护箱内，整个测试过程要防止试模受振。

8.5.4.3　安定性的测定

使用标准法（ISO 法）测定试样的安定性。

（1）测定前的准备工作。每个试样需成型两个试件，每个雷氏夹需配备质量约75～85g的玻璃板两块，凡与水泥净浆接触的玻璃板和雷氏夹内表面都要稍稍涂上一层油。

（2）雷氏夹试件的成型。将预先准备好的雷氏夹放在已稍擦油的玻璃板上，并立即将已制好的标准稠度净浆一次装满雷氏夹，装浆时一只手轻轻扶持雷氏夹，另一只手用宽约10mm的小刀插捣数次，然后抹平，盖上稍涂油的玻璃板，接着立即将试件移至湿气养护箱内养护（24±2）h。

（3）沸煮。

1）调整好沸煮箱内的水位，既能保证在整个沸煮过程中水位都超过试件，不需中途添补试验用水，同时又能保证在（30±5）min内升至沸腾。

2）脱去玻璃板取下试件，先测量雷氏夹指针尖端间的距离（A），精确至0.5mm，接着将试件放入沸煮箱水中的试件架上，指针朝上，然后在（30±5）min内加热至沸腾并恒沸（180±5）min。

3）结果判别：沸煮结束后，立即放掉沸煮箱中的热水，打开箱盖，待箱体冷却至室温后，取出试件进行判别。测量雷氏夹指针尖端的距离（C），准确至0.5mm，当两个试件煮后增加距离（$C-A$）的平均值不大于5.0mm时，即认为该水泥安定性合格，当两个试件的$C-A$值相差超过4.0mm时，应用同一样品立即重做一次试验，再如此，则认为该水泥安定性不合格。

8.5.5　实验记录与数据处理

（1）标准法（ISO 法）测试结果记录在表8-7中。

表8-7　标准法（ISO 法）测试记录

编号	试样质量/g	加水量/mL	慢搅时间/s	停搅时间/s	快搅时间/s	试杆下沉距底板的高度/mm
1						
2						

ISO 法测定时以试杆沉入净浆并与底板的距离 S 为（6 ± 1）mm 的水泥净浆为标准稠度净浆，其拌和水量为该水泥的标准稠度用水量（P），因稠度仪试杆下沉深度为 7mm，符合（6 ± 1）mm，所以：

$$P = (\text{拌和水用量}/\text{水泥质量}) \times 100\% \tag{8-15}$$

（2）代入法。

1）调整水量法。

$$P = (\text{拌和水用量}/\text{水泥质量}) \times 100\%$$

2）固定水量法。代入经验公式：

$$P = 33.4 - 0.185 S_1 \tag{8-16}$$

8.6　水泥压蒸安定性的测定

8.6.1　实验目的

（1）进一步了解水泥安定性的概念；
（2）掌握水泥压蒸安定性测定方法；
（3）了解水泥体积安定性评价标准。

8.6.2　实验原理

压蒸是指在温度大于 100℃的饱和水蒸气条件下的处理工艺。为了使水泥中的方镁石在短时间里水化，用 215.7℃的饱和水蒸气处理 3h，其对应压力为 2.0MPa。

水泥熟料中的 MgO 经高温死烧后，大多数形成结构致密的方镁石，方镁石在已硬化的水泥中的水化反应极慢，水化后固相体积增大 2.48 倍，从而产生极大的破坏应力，造成混凝土的体积安定性不良。

在饱和水蒸气条件下提高温度和压力使水泥中的方镁石在较短的时间内绝大部分水化，用试件的形变来判断水泥浆体积安定性。适用于测定硅酸盐水泥、普通硅酸盐水泥、矿渣硅酸盐水泥、火山灰质硅酸盐水泥、粉煤灰硅酸盐水泥等主要因方镁石水化可能造成的水泥体积不均匀变化。

8.6.3　实验器材

（1）25mm × 25mm × 280mm 试模、钉头、捣棒和比长仪。

（2）压蒸釜为高压水蒸气容器，装有压力自动控制装置、压力表、安全阀、放汽阀和电热器。电热器应能在最大试验载荷条件下，45 ~ 75min 内使锅内蒸汽压升至表压 2.0MPa，恒压时要尽量不使蒸汽排出。压力自动控制器应能将锅内压力控制在（2.0 ± 0.05）MPa（相当于 215.7 ± 1℃）范围内，并保持 3h 以上。压蒸釜在停止加热后 90min 内能使压力从 2.0MPa 降至 0.1MPa 以下。放汽阀用于加热初期排除锅内空气和在冷却后排出釜内剩余水汽。压力表的最大量程为 4.0MPa，最小分度值不得大于 0.05MPa。压蒸釜盖上还应备有温度测量孔，插入温度计后能测出釜内的温度。

8.6.4　实验步骤

实验步骤如下：

（1）试样的制备。

1）试样应通过 0.9mm 的方孔筛。

2）试样的沸煮安定性必须合格。为减少 f – CaO 对压蒸结果的影响，允许试样摊开在空气中存放不超过一周再进行压蒸试件的成型。

（2）实验条件。成型试件前试样的温度应在 17 ~ 25℃范围内。水泥安定性试验所用压蒸釜压蒸试验室应不与其他试验共用，并备有通风设备和自来水源。试件长度测量应在成型试验室或温度恒定的试验室里进行，比长仪和校正杆都应与试验室的温度一致。

（3）试件的成型。

1）试模的准备：试验前在试模内涂上一薄层机油，并将钉头装入模槽两端的圆孔内，注意钉头外露部分不要沾染机油。

2）水泥标准筒度净浆的制备：每个水泥样应成型两条试件，需称取水泥 800g，用标准稠度水量拌制。

3）试体的成型：将已拌和均匀的水泥浆体，分两层装入已准备好的试模内。第一层浆体装入高度约为试模高度的五分之三，先以小刀划实，尤其钉头两侧应多插几次，然后用 23mm × 23mm 捣棒由钉头内侧开始，在两钉头尾部之间，从一端向另一端顺序地捣压 10 次，往返共捣压 20 次，用缺口捣棒在钉头两侧各捣压 2 次，然后再装入第二层浆体，浆体装满试模后，用刀划匀，刀划的深度应透过第一层胶砂表面，再用捣棒在浆体上顺序地捣压 12 次，往返共捣压 24 次。每次捣压时，应先将捣棒接触浆体表面，再用力捣压。捣压必须均匀，不得打击。捣压完毕后将剩余浆体装到模上，用刀抹平，放入湿气养护箱中养护 3 ~ 5h 后，将模上多余浆体刮去，使浆体面与模型边平齐。然后记上编号，放入湿气养护箱中养护至成型后 24h 脱模。

（4）试件的沸煮。

1）初长的测量：试件脱模后即测其初长。测量前要用校正杆校正比长仪百分表零读数，测量完毕也要核对零读数，如有变动，试件应重新测量。试件在测长前应将钉头擦干净，为减少误差，试件在比长仪中的上下位置在每次测量时应保持一致，读数前应左右旋转，待百分表指针稳定时读数（L_0），结果记录至 0.001mm。

2）沸煮试验：将测完初长的试件平放在沸煮箱的试架上进行沸煮。如果需要，沸煮后的试件也可进行长度测量。

（5）试件的压蒸。

1）沸煮后的试件应在四天内完成压蒸。试件在沸煮后压蒸前这段时间里应放在（20 ±2）℃的水中养护。压蒸前将试件在室温下放在试件支架上。试件间应留有间隙。为了保证压蒸时压蒸釜内始终保持饱和水蒸气压，必须加入足量的蒸馏水，加入量一般为锅容积的 7% ~10%，但试件应不接触水面。

2）在加热初期应打开放汽阀，让釜内空气排出直至看见有蒸汽放出后关闭，接着提高釜内温度，使其从加热开始经 45 ~ 75min 达到表压（2.0 ± 0.05）MPa，在该压力下保持 3h 后切断电源，让压蒸釜在 90min 内冷却至釜内压力低于 0.1MPa。然后微开放汽阀排出釜内剩余蒸汽。

3）打开压蒸釜，取出试件立即置于 90℃以上的热水中，然后在热水中均匀注入冷水，在 15min 内使水温降至室温，注水时不要直接冲向试件表面。再经 15min 取出试件擦净，按上面的方法测长（L_1）。如发现试件弯曲、过长、龟裂等应做记录。

8.6.5 实验记录与数据处理

（1）测试结果记录在表 8-8 中。

表 8-8 水泥压蒸安定性测试结果记录表

编号	试样质量 m/g	有效长度 L/mm	试件脱模后初长 L_0/mm	试件压蒸后长度 L_1/mm	试件压蒸膨胀率 /%
1					
2					

注：当普通硅酸盐水泥、矿渣硅酸盐水泥、火山灰质硅酸盐水泥、粉煤灰硅酸盐水泥的压蒸膨胀率不大于 0.50%，硅酸盐水泥压蒸膨胀率不大于 0.80% 时，为体积安定性合格，反之为不合格。

（2）结果计算。水泥净浆试件的膨胀率以百分数表示，取两条试件的平均值，当试件的膨胀率与平均值相差超过 ±10% 时应重做。试件压蒸膨胀率按下式计算：

$$L_A = \frac{L_1 - L_0}{L} \times 100\% \tag{8-17}$$

式中 L_A——试件压蒸膨胀率，%；

L——试件有效长度，250mm；

L_0——试件脱模后初长读数，mm；

L_1——试件压蒸后长度读数，mm，计算结果保留至 0.01%。

8.7 水泥胶砂强度的检验

8.7.1 实验目的

（1）了解水泥胶砂强度测定原理；

（2）测定水泥胶砂强度，对水泥标号进行评定。

8.7.2 实验原理

水泥胶砂成型后，利用抗折实验机和抗折夹具测定其强度。

8.7.3 实验器材

（1）胶砂搅拌机；

（2）胶砂振实台；

（3）试验模，模具尺寸规格 400mm × 40mm × 160mm；

（4）抗折实验机；

（5）抗压实验机和夹具，抗压实验机吨位 200 ~ 300kN，误差不大于 2.1%；夹具材质为硬质钢，上下压板长度（40 ± 0.1）mm，面积 40mm × 40mm。

8.7.4 实验步骤

实验步骤如下：

(1) 称取水泥 (450 ±2)g，标准砂 (1350 ±5)g，水量 (225 ±1)mL。

(2) 在胶砂搅拌机内低速搅拌30s后加入砂子，30s内加料完毕，转入高速搅拌30s，停拌90s，用刮刀处理叶片和锅壁上的胶砂后，再高速搅拌60s。

(3) 把胶砂装入模具内，在振动台上振动120s。

(4) 取下模具，用刮刀刮平，编号后放入养护箱内，养护24h后，取出脱模，然后放入标准护水池内进行养护。

(5) 在一定龄期内，取出试块，在抗折实验机和压力机上进行测试，龄期分别取1天、2天、3天、7天、28天以及大于28天。

8.7.5 实验记录与数据处理

按规定方法计算试体的抗压强度和抗折强度，对水泥标号进行评定。

(1) 强度计算。

$$R_f = 1.5F_fL/b^3$$

式中 R_f——抗折强度，MPa；

F_f——施加于试验中部的载荷，N；

L——支撑柱之间的距离，mm；

b——试验截面边长，mm。

(2) 抗压强度计算。

$$R_c = F_c/b^2$$

式中 R_c——抗压强度，MPa；

F_c——试验破坏时的最大载荷，N；

b——试验截面边长，mm。

8.7.6 注意事项

(1) 所有实验模具必须用湿布擦干净；

(2) 刮平时，要先用刮刀切割10~12下，要掌握刮刀的角度；

(3) 养护条件一定要符合标准；

(4) 测定强度时，加荷速度不能太快，也不能太慢；

(5) 应根据规定对测定数据进行取舍。

8.8 水泥水化热的测定

8.8.1 实验目的

(1) 了解水泥水化热的概念；

(2) 了解测定水泥水化热的实际意义；

(3) 掌握测定水泥水化热的原理和方法，并能熟练应用。

8.8.2 实验原理

本方法是根据热化学盖斯定律，化学反应的热效应只与体系的初态和终态有关而与反应的途径无关提出的。它是在热量计周围温度一定的条件下，将未水化的水泥与水化一定龄期的水泥分别在一定浓度的标准酸溶液中溶解，测得溶解热之差，作为该水泥在该龄期内所放出的水化热。

8.8.3 实验器材

（1）溶解热测定仪。由恒温水槽、内筒、广口保温瓶、贝克曼差示温度计或量热温度计、搅拌装置等主要部件组成。另配一个曲颈玻璃加料漏斗和一个直颈加酸漏斗。有单筒和双筒两种，双筒溶解热测定仪如图 8-11 所示。

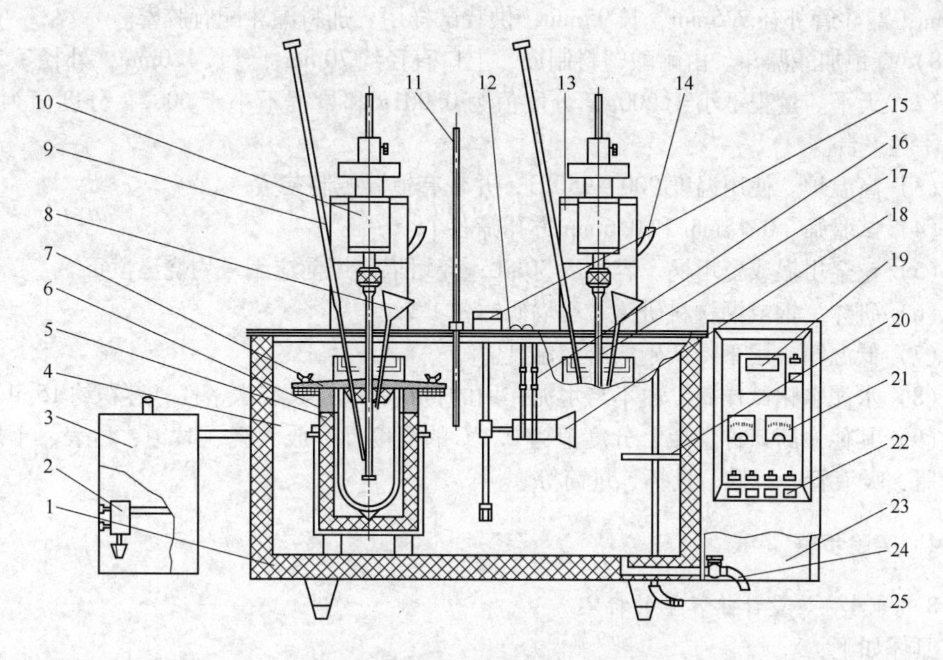

图 8-11 溶解热测定仪

1—水槽壳体；2—电机冷却水泵；3—电机冷却水箱；4—恒温水槽；5—实验内筒；6—广口保温瓶；7—筒盖；8—加料漏斗；9—贝氏温度计或量热温度计；10—轴承；11—标准温度计；12—电机冷却水管；13—电机横梁；14—锁紧手柄；15—循环水泵；16—支架；17—酸液搅拌棒；18—加热管；19—控温仪；20—温度传感器；21—控制箱面板；22—自锁按钮开关；23—电气控制箱；24—水槽进排水管；25—水槽溢流管

1）恒温水槽。水槽内外壳之间装有隔热层，内壳横断面为椭圆形的金属筒，横断面长轴 750mm，短轴 450mm，深 310mm，容积约 75L，并装有控制水位的溢流管。溢流管高度距底部约 270mm，水槽上装有两个用于搅拌保温瓶中酸液的搅拌器，水槽内装有两个放置试验内筒的筒座，进排水管、加热管与循环水泵等部件。

2）内筒。筒口为带法兰的不锈钢圆筒，内径 150mm，深 210mm，筒内衬有软木层或泡沫塑料，筒口上镶嵌有橡胶圈以防漏水，盖上有三个孔，中孔安装酸液搅拌棒，两侧的孔分别安装加料漏斗和贝克曼差示温度计或量热温度计。

3）广口保温瓶。配有耐酸塑料筒，容积约为 600mL，当盛满比室温高约 5℃的水静置 30min 时，其冷却速率不得大于 0.001℃/min。

4）贝克曼差示温度计（以下简称贝氏温度计）。分度值为 0.01℃，最大差示温度为

5.2℃，插入酸液部分须涂以石蜡或其他耐氢氟酸的材料。试验前应用量热温度计将贝氏温度计零点调整到约为14.50℃。

5）量热温度计。分度值为0.01℃，量程14～20℃，插入酸液部分须涂以石蜡或其他耐氢氟酸的材料。

6）搅拌装置。酸液搅拌棒直径ϕ6.0～6.5mm，总长约280mm，下端装有两片略带轴向推进作用的叶片，插入酸液部分必须用耐氢氟酸的材料制成。水槽搅拌装置使用循环水泵。

7）曲颈玻璃加料漏斗。漏斗口与漏斗管的中轴线夹角约为30°，口径约为70mm，深100mm，漏斗管外径7.5mm，长95mm，供装试样用。加料漏斗配有胶塞。

8）直颈加酸漏斗。由耐酸塑料制成，上口直径约70mm，管长120mm，外径7.5mm。

（2）天平。量程不小于200g，分度值为0.001g和量程不小于600g，分度值为0.1g的天平各1台。

（3）高温炉。使用温度900～950℃，并带有恒温控制装置。

（4）试验筛。0.15mm和0.6mm方孔筛各1个。

（5）铂金坩埚或瓷坩埚。容量约30mL，瓷坩埚使用前应编号灼烧至恒重。

（6）研钵。钢或铜材料研钵、玛瑙研钵各1个。

（7）低温箱。用于降低硝酸溶液温度。

（8）水泥水化试样瓶。由不与水泥作用的材料制成，具有水密性，容积约15mL。

（9）其他。磨口称量瓶、分度值为0.1℃的温度计、放大镜、时钟、秒表、干燥器、容量瓶、吸液管、石蜡、量杯、量筒等。

8.8.4　实验步骤

8.8.4.1　热量计热容量的标定

具体如下：

（1）贝氏温度计或量热温度计、保温瓶及塑料内衬、搅拌棒等应编号配套使用。使用贝氏温度计试验前应用量热温度计检查贝氏温度计零点。如果使用量热温度计，不需调整零点，可直接测定。

（2）在标定热量计热容量的前24h应将保温瓶放入内筒中，酸液搅拌棒放入保温瓶内，盖紧内筒盖，再将内筒放入恒温水槽内。调整酸液搅拌棒悬臂梁，使夹头对准内筒中心孔，并将酸液搅拌棒夹紧。在恒温水槽内加水使水面高出试验内筒盖（由溢流管控制高度），打开循环水泵等，使恒温水槽内的水温调整并保持到（20±0.1）℃，然后关闭循环水泵备用。

（3）试验前打开循环水泵，观察恒温水槽温度使其保持在（20±0.1）℃，从安放贝氏温度计的孔插入直颈加酸漏斗，用500mL耐酸的塑料杯称取（13.5±0.5）℃的(2.00±0.02)mol/L硝酸溶液约410g，量取8mL 40%氢氟酸加入耐酸塑料量杯内，再加入少量剩余的硝酸溶液，使两种混合溶液总质量达到（425±0.1）g，用直颈加酸漏斗加入到保温瓶内，然后取出加酸漏斗，插入贝氏温度计或量热温度计，中途不应拔出以避免温度散失。

（4）开启保温瓶中的酸液搅拌棒，连续搅拌20min后，在贝氏温度计或量热温度计上读出酸液温度，此后每隔5min读一次酸液温度，直至连续15min，每5min上升的温度差值相等时（或三次温度差值在0.002℃内）为止。记录最后一次酸液温度，此温度值即为初测读数θ_0，初测期结束。

（5）初测期结束后，立即将事先称量好的（7±0.001）g氧化锌通过加料漏斗徐徐地加入保温瓶酸液中（酸液搅拌棒继续搅拌），加料过程须在2min内完成，漏斗和毛刷上均不得残留试样，加料完毕盖上胶塞，避免试验中温度散失。

（6）从读出初测读数θ_0开始分别测读20min、40min、60min、80min、90min、120min时贝氏温度计或量热温度计的读数，这一过程为溶解期。

（7）热量计在各时间内的热容量按下式计算，计算结果保留至0.1J/℃。

$$C=\frac{G_0[1072.0+0.4(30-t_a)+0.5(t+t_a)]}{R_0} \tag{8-18}$$

式中 C——热量计热容量，J/℃；

G_0——氧化锌质量，g；

t——氧化锌加入热量计时的室温，℃；

t_a——溶解期第一次测读数θ_a加贝氏温度计0℃时相应的摄氏温度（如使用量热温度计时，t_a的数值等于θ_a的读数），℃；

R_0——经校正的温度上升值，℃；

1072.0——氧化锌在30℃时的溶解热，J/g；

0.4——溶解热负温比热容，J/(g·℃)；

0.5——氧化锌的比热容，J/(g·℃)。

R_0值按下式计算，计算结果保留至0.001℃：

$$R_0=(\theta_a-\theta_0)-\frac{a}{b-a}(\theta_b-\theta_a) \tag{8-19}$$

式中 θ_0——初测期结束时（即开始加氧化锌时）的贝氏温度计或量热温度计读数，℃；

θ_a——溶解期第一次测读的贝氏温度计或量热温度计的读数，℃；

θ_b——溶解期结束时测读的贝氏温度计或量热温度计的读数，℃；

a，b——测读θ_a、θ_b时距离初测读数θ_0所经过的时间，min。

（8）为了保证实验结果的精度，热量计热容量对应θ_a、θ_b的测读时间a、b应分别与不同品种水泥所需要的溶解期测读时间对应，不同品种水泥的具体溶解期测读时间按表8-9的规定。

表8-9 各品种水泥测读温度的时间

水泥品种	距初测期温度θ_0的时间/min	
	a	b
硅酸盐水泥	20	40
中热硅酸盐水泥		
低热硅酸盐水泥		
普通硅酸盐水泥	40	60

续表 8-9

水泥品种	距初测期温度 θ_0 的时间/min	
	a	b
矿渣硅酸盐水泥	60	90
低热矿渣硅酸盐水泥		
火山灰硅酸盐水泥		
粉煤灰硅酸盐水泥	80	120

注：在普通水泥、矿渣水泥、低热矿渣水泥中掺有大于10%（质量分数）的火山灰质或粉煤灰时，可按火山灰质水泥或粉煤灰水泥规定的测读期。

（9）热量计热容量应平行标定两次，以两次标定值的平均值作为标定结果。如果两次标定值相差大于5.0J/℃时，应重新标定。

（10）在下列情况下，热容量应重新标定：

1）重新调整贝氏温度计时；

2）当更换温度计、保温瓶、搅拌棒或重新涂覆耐酸涂料时；

3）当新配制的酸液与标定热量计热容量的酸液浓度变化大于±0.02mol/L时；

4）对试验结果有疑问时。

8.8.4.2　未水化水泥溶解热的测定

具体如下：

（1）按8.8.4.1中（1）~（4）进行准备工作和初测期实验，并记录初测温度 θ_0'。

（2）读出初测温度 θ_0' 后，立即将预先称好的四份（3±0.001）g未水化水泥试样中的一份在2min内通过加料漏斗徐徐加入酸液中，漏斗、称量瓶及毛刷上均不得残留试样，加料完毕盖上胶塞。然后按表8-9规定的各品种水泥测读温度的时间，准时记录贝氏温度计读数 θ_a' 和 θ_b'。第二份试样重复第一份的操作。

（3）余下两份试样置于900~950℃下灼烧90min，灼烧后立即将盛有试样的坩埚置于干燥器内冷却至室温，并快速称量。灼烧质量 G_1 由两份试样灼烧后的质量平均值确定，如两份试样的灼烧质量相差大于0.003g时，应重新补做。

（4）未水化水泥试样的溶解热以两次测定值的平均值作为测定结果，如两次测定值相差大于10.0J/g时，应进行第三次试验，其结果与前试验中一次结果相差小于10.0J/g时，取其平均值作为测定结果，否则应重做试验。

8.8.4.3　部分水化水泥溶解热的测定

具体如下：

（1）在测定未水化水泥试样溶解热的同时，制备部分水化水泥试样。测定两个龄期水化热时，称取100g水泥加40mL蒸馏水，充分搅拌3min后，取近似相等的浆体两份或多份，分别装入符合8.8.3实验器材中（8）要求的试样瓶中，置于（20±1）℃的水中养护至规定龄期。

（2）按8.8.4.1中（1）~（4）进行准备工作和初测期实验，并记录初测温度 θ_0''。

（3）从养护水中取出一份达到试验龄期的试样瓶，取出水化水泥试样，迅速用金属研钵将水泥试样捣碎并用玛瑙研钵研磨至全部通过0.60mm方孔筛，混合均匀放入敞口称量瓶中，并称出（4.200 ± 0.050）g（精确至 0.001g）试样四份，然后存放在湿度大于 50% 的密闭容器中，称好的样品应在 20min 内进行试验。两份进行溶解热测定，另两份进行灼烧。从开始捣碎至放入称量瓶中的全部时间应不大于 10min。

（4）读出初测期结束时的温度 θ''_0 后，立即将称量好的一份试样在 2min 内通过加料漏斗徐徐加入酸液中，漏斗、称量瓶及毛刷上均不得残留试样，加样完毕盖上胶塞，然后按表 8-9 规定的不同水泥品种的测读时间，准时记录贝氏温度计或量热温度计读数 θ''_a 和 θ''_b。第二份试样重复第一份的操作。

（5）将余下两份试样进行灼烧，灼烧质量 G_2 按 8.8.4.2 中第（3）条进行。

（6）部分水化水泥试样的溶解热测定结果按 8.8.4.2 中第（4）条的规定进行。

（7）每次试验结束后，将保温瓶中的耐酸塑料筒取出，倒出筒内废液，用清水将保温瓶内筒、贝氏温度计或量热温度计、搅拌棒冲洗干净，并用干净纱布擦干，供下次试验用。涂蜡部分如有损伤、松裂或脱落应重新处理。

（8）部分水化水泥试样溶解热测定应在规定龄期的 ±2h 内进行，以试样加入酸液时间为准。

8.8.5 实验记录与数据处理

（1）未水化水泥的溶解热按下式计算，计算结果保留至 0.1J/g：

$$q_1 = \frac{R_1 C}{G_1} - 0.8(T' - t'_a) \tag{8-20}$$

式中 q_1——未水化水泥试样的溶解热，J/g；

C——对应测读时间的热量计热容量，J/℃；

G_1——未水化水泥试样灼烧后的质量，g；

T'——未水化水泥试样装入热量计时的室温，℃；

t'_a——未水化水泥试样溶解期第一次测读数 θ'_a 加贝氏温度计 0℃时相应的摄氏温度（如使用量热温度计时，t'_a 的数值等于 θ'_a 的读数），℃；

R_1——经校正的温度上升值，℃；

0.8——未水化水泥试样的比热容，J/(g · ℃)。

R_1 值按下式计算，计算结果保留至 0.001℃：

$$R_1 = (\theta'_a - \theta'_0) - \frac{a'}{b' - a'}(\theta'_b - \theta'_a) \tag{8-21}$$

式中 θ'_0，θ'_a，θ'_b——未水化水泥试样初测期结束时的贝氏温度计读数、溶解期第一次和第二次测读时的贝氏温度计读数，℃；

a'，b'——未水化水泥试样溶解期第一次测读时 θ'_a 与第二次测读时 θ'_b 距初读数 θ'_0 的时间，min。

（2）经水化某一龄期后水泥的溶解热按下式计算，计算结果保留至 0.1J/g：

$$q_2 = \frac{R_2 \cdot C}{G_2} - 1.7(T'' - t''_a) + 1.3(t''_a - t'_a) \tag{8-22}$$

式中 q_2——经水化某一龄期后水化水泥试样的溶解热，J/g；

C——对应测读时间的热量计热容量，J/℃；

G_2——某一龄期水化水泥试样灼烧后的质量，g；

T''——水化水泥试样装入热量计时的室温，℃；

t''_a——水化水泥试样溶解期第一次测读数 θ''_a 加贝氏温度计 0℃ 时相应的摄氏温度，℃；

R_2——经校正的温度上升值，℃；

1.7——水化水泥试样的比热容，J/(g · ℃)；

1.3——温度校正比热容，J/(g · ℃)。

R_2 值按下式计算，计算结果保留至 0.001℃：

$$R_2 = (\theta''_a - \theta''_0) - \frac{a''}{b'' - a''}(\theta''_b - \theta''_a) \quad (8\text{-}23)$$

式中，θ''_0、θ''_a、θ''_b、a''、b''与前述相同，但在这里是代表水化水泥试样。

（3）水泥水化热结果计算。水泥在某一水化龄期前放出的水化热按下式计算，计算结果保留至 1J/g：

$$q = (q_1 - q_2) + 0.4(20 - t'_a) \quad (8\text{-}24)$$

式中 q——水泥试样在某一水化龄期放出的水化热，J/g；

q_1——未水化水泥试样的溶解热，J/g；

q_2——水化水泥试样在某一水化龄期的溶解热，J/g；

t'_a——未水化水泥试样溶解期第一次测读数 θ'_0 加贝氏温度计 0℃ 时相应的摄氏温度，℃；

0.4——溶解热的负温比热容，J/(g · ℃)。

8.9 水泥胀缩性(干缩率)的测定

8.9.1 实验目的

（1）测定水泥胶砂干缩率，评定水泥干缩性能；

（2）掌握测定干缩性的原理和方法。

8.9.2 实验原理

水泥砂浆和混凝土在水化与硬化过程中，水泥浆体中水分蒸发会引起干燥收缩，或者空气中含有一定比例的 CO_2，在一定相对湿度下使水泥硬化浆体的水化产物（例如 $Ca(OH)_2$/水化硅（铝）酸钙/水化硫铝酸钙）分解，并放出水分引起碳化收缩，以及温度变化会引起冷收缩等。

采用两端有球形钉头的 25mm × 25mm × 280mm 的 1 : 2 胶砂试体，在一定温度、一定湿度的空气中养护后，用比长仪测量不同龄期试体的长度变化，以确定水泥胶砂的干缩性能。

8.9.3 实验器材

（1）JJ－195－B 水泥胶砂搅拌机。

（2）NLD－2 水泥胶砂流动度测定仪、截锥圆模、模套、圆柱捣棒、游标卡尺等。

（3）试模：试模为三联模，由互相垂直的隔板、端板、底座以及定位用螺丝组成，结构如图8-12所示。各组件可以拆卸，组装后每联内壁尺寸为25mm×25mm×280mm。端板有3个安置测量钉头的小孔，其位置应保证成型后试体的测量钉头在试体的轴线上。

1）测量钉头用不锈钢或铜制成。成型试体时测量钉头伸入试模板的深度为（10±1）mm。

2）隔板和端板用45号钢制成，表面粗糙度不大于6.3μm。

3）底座用灰口铸铁加工，底座上表面粗糙度不大于6.3μm，底座非加工面经涂漆无留痕。

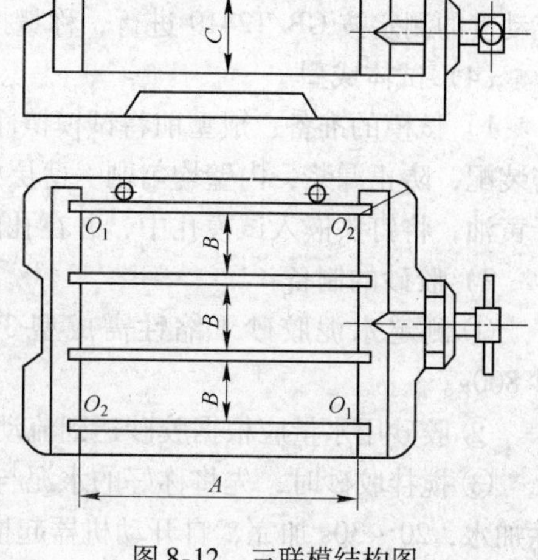

图8-12 三联模结构图
（$A=280$mm，$B=25$mm，$C=25$mm）

（4）捣棒：捣棒包括方捣棒和缺口捣棒两种，缺口捣棒用于捣固测定钉头两侧的胶砂。

（5）刮砂板：用不易锈蚀和不被水泥浆腐蚀的金属材料制成，规格为50mm×39mm×2mm。

（6）三棱刮刀。

（7）水泥胶砂干缩养护湿度控制箱：用不易被药品腐蚀的塑料制成，其最小单位能养护6条试体并自成密封系统。有效容积340mm×220mm×200mm，有5根放置试体的箅条，分为上、下面两个部分，箅条宽10mm，高15mm，相互间隔45mm。箅条上部放置试体的空间高度为65mm，箅条下部放置控制单元湿度用的药品盘，药品盘由塑料制成，大小应能从单元下部自由进出，容积约2.5L。

（8）比长仪：由百分表、支架及校正杆组成，百分表分度值为0.01mm，最大基长不小于300mm，量程为10mm，校正杆中部用于接触部分硬套上绝热层。

8.9.4 实验步骤

实验步骤如下：

（1）实验材料。水泥试样应事先通过0.9mm方孔筛，记录筛余物，并充分搅拌；试验用砂为符合GB/T 17671—1999规定的粒度范围在0.5~1.0mm的标准砂；试验用水应是洁净的淡水。

（2）实验室温度和湿度。

1）成型实验室温度应保持在（20±2）℃，相对湿度应不低于50%。

2）实验设备和材料温度应与实验室温度一致。

3）带模养护的养护箱或雾室温度保持在（20±1）℃，相对湿度不低于90%。

4）养护池水温应在（20±1）℃范围内。

5）干缩养护箱温度（20±3）℃，相对湿度（50±4）%。

（3）胶砂组成。

1）灰砂比：胶砂中水泥与标准砂的比例为1∶2。测定水泥胶砂的干缩性应成型3条试体，成型时应称取水泥试样400g，标准砂800g。

2）胶砂用水量：胶砂的用水量按制成胶砂的流动度达到 130 ~ 140mm 来确定。胶砂流动度的测定按 GB/T2419 进行，称量按上述进行。

（4）试体成型。

1）试模的准备：成型前将试模擦净，四周的模板与底座的接触面上应涂干黄油，紧密装配，防止漏浆，内壁均匀刷一薄层机油。然后将钉头擦净，在钉头的圆头端沾上少许干黄油，将钉头嵌入试模孔中，并在孔内左右转动，使钉头与孔准确配合。

2）胶砂的制备：

① 测定水泥胶砂干缩性需成型 3 条试体，每 3 条试体需称水泥试样 400g，标准砂 800g。

② 胶砂用水量应根据胶砂达到流动度要求时的水灰比计算并量取拌和水量。

③ 搅拌胶砂时，先将称好的水泥与标准砂倒入搅拌锅内，开动搅拌机，拌和 5s 后徐徐加水，20 ~ 30s 加完，自开动机器起搅拌（180 ± 5）s 停车。在 90s 静停时间的头 30s 内将搅拌锅放下，用餐刀将粘附在搅拌机叶片上的胶砂刮到锅中。再用料勺混匀砂浆，特别是锅底砂浆。

3）试体的成型：将已制备好的砂浆分两层装入两端已装有钉头的试模内。第一层胶砂装入试模后，先用小刀来回划实，尤其是钉头两侧，必要时可多划几次，再用刮砂板刮去高于试模高度 3/4 的胶砂，然后用 23mm × 23mm 方捣棒从钉头内侧开始，从一端向另一端顺序地捣 10 次，返回捣 10 次，共捣压 20 次，再用缺口捣棒在钉头两侧各捣压 2 次，然后将余下的胶砂装入模内，同样用小刀划匀，刀划得深度应透过第一层胶砂表面，再用 23mm × 23mm 捣棒从一端开始顺序地捣压 12 次，往返捣压 24 次（每次捣压时，先将捣棒接触胶砂表面再用力捣压。捣压应均匀稳定，不得冲压）。捣压完毕，用小刀将试模边缘的胶砂拨回试模内并用三棱刮刀刮平，然后编号，放入温度为（20 ± 3）℃，相对湿度 90% 以上的养护箱内养护。

（5）试体养护、存放和测量。

1）试体自加水时算起，养护（20 ± 2）h 后脱模，然后将试体放入温度为（20 ± 1）℃的水中养护。如脱模有困难时，可延长脱模时间，所延长的时间应在实验报告中注明，并从水养时间中扣除。

2）试体在水中养护 2 天后，由水中取出，用湿布擦去表面水分和钉头上的污垢，用比长仪测定初始读数 L_0。比长仪使用时应用校正杆进行校准，确认其零点无误的情况下才能用于试体测量（零点是一个基准数，不一定是零）。测完初始读数后应用校正杆重新检查零点，如零点变动超过 ± 1 格，则整批试体应重新测定。接着将试体移入干缩养护湿度控制箱的箅条上养护，试体之间应留有间隙，同一批出水试体可以放在一个养护单元里，最多可以放置两组同时出水的试体，药品盘上按每组 0.5kg 放置控制相对湿度的药品。药品一般可使用硫氰酸钾固体，也可使用其他能控制规定相对湿度的盐，但不能用对人体与环境有害的物质。关紧单元门，使其密闭与外部隔绝。将箱体周围环境温度控制在（20 ± 3）℃。此时药品应能使单元内相对湿度为（50 ± 4）%。

干缩试体也可以放在能满足规定相对湿度和温度的条件下养护，但应在实验报告中做特别说明，在结果矛盾时以干缩养护湿度控制箱养护的结果为准。

3）从试体放入箱中时算起，在放置 4 天、11 天、18 天、25 天时（即从成型时算起 7

天、14 天、21 天、28 天时）分别取出测量长度。

4）试体长度测量应在 17 ~25℃的实验室里进行，比长仪应在实验室温度下恒温后才能使用。

5）测量时试体在比长仪中的上下位置，所有龄期都应相同。旋转试体，使试体钉头和比长仪正确接触，指针摆动不大于 2 小格。读数应记录至 0.001mm。

测量结束后，应用校正杆校准零点，当零点变动超过 ±1 格时，整批试体应重新测量。

8.9.5 实验记录与数据处理

（1）水泥胶砂试体各龄期干缩率计算：

$$S_t = \frac{L_0 - L_t}{250} \times 100\% \tag{8-25}$$

式中 S_t——水泥胶砂试体干缩率,%，计算结果保留至 0.001%；

L_0——初始测量读数，mm；

L_t——某龄期的测量数值，mm；

250——试体有效长度，mm。

（2）数据处理。以 3 条试体的干缩率的平均值作为试样的干缩结果，如有 1 条试体的干缩率超过中间值 15% 时取中间值作为试样的干缩结果，当有两条试体的干缩率超过中间值 15% 时应重新做实验。

8.10 水泥混凝土耐久性的测定

8.10.1 实验目的

（1）了解抗冻性能测定中的快速法和单面冻融法；

（2）掌握混凝土耐久性试件的制作方法；

（3）掌握混凝土耐久性测定的原理和方法。

8.10.2 实验原理

水泥、混凝土耐久性测定包括抗冻性能测定、抗水渗透性能测定、抗硫酸盐侵蚀性能测定、抗氯离子渗透性能测定、抗碳化性能测定和早期抗裂性能测定，本实验以抗冻性为例了解混凝土耐久性测定方法。

抗冻性能测定方法有慢冻法、快冻法和单面冻融法（或称盐冻法）。慢冻法适用于测定在气冻水融条件下的混凝土试件，以经受的冻融循环次数来表示混凝土抗冻性能；快冻法适用于测定在水冻水融条件下的混凝土试件，以经受的快速冻融循环次数来表示混凝土抗冻性能；单面冻融法适用于测定在大气环境中且与盐接触的条件下的混凝土试件，以能够经受的冻融循环次数或者表面剥落质量或超声波相对动弹性模量来表示混凝土抗冻性能。

8.10.3 实验器材

（1）试件为 100mm ×100mm ×100mm 的立方体；

（2）冻融试验箱：可使试件静止不动，并能通过气冻水融进行冻融循环；

（3）试件架应采用不锈钢或者其他耐腐蚀的材料制作，尺寸应与冻融试验箱和所装的试件相适应；

（4）称量设备：最大量程20kg，感量不应超过5g；

（5）压力试验机：符合国家标准 GB/T 50081 的要求；

（6）温度传感器：温度检测范围不应小于－20～20℃，测量精度应为±0.5℃。

8.10.4 实验步骤

实验步骤如下：

（1）在标准养护室内或同条件养护的冻融试验的试件应在养护龄期为24天时提前将试件从养护地点取出。随后应将试件放在（20±2）℃水中浸泡，浸泡时水面应高出试件顶面20～30mm，在水中浸泡的时间应为4天，试件应在达到28天龄期时开始进行冻融试验。始终在水中养护的冻融试验的试件，当试件养护龄期达到28天时，可直接进行后续试验，对此种情况，应在试验报告中予以说明。

（2）用湿布擦除表面水分后对试件外观尺寸进行测量。试件外观尺寸符合要求的进行编号、称重，然后置入试件架内。试件与箱壁有20mm空隙，各试件间留30mm空隙。

（3）冷冻时间应在冻融箱内温度降至－18℃时开始计算。每次从装完试件到温度降至－18℃所需的时间应在1.5～2.0h内。冻融箱内温度在冷冻时应保持在－20～－18℃。每次冻融循环中试件的冷冻时间不应小于4h。

（4）冷冻结束后，应立即加入温度为18～20℃的水，使试件转入融化状态，加水时间不应超过10min。控制系统应确保在30min内，水温不低于10℃，且在30min后水温能保持在18～20℃，冻融箱内的水面应至少高出试件表面20mm。融化时间不小于4h。融化完毕视为该次冻融循环结束，可进入下一次冻融循环。

（5）当冻融循环出现下列情况之一时，可停止试验：已达到规定的循环次数；抗压强度损失率已达到25%；质量损失率已达到5%。

8.10.5 实验记录与数据处理

（1）强度损失率计算：

$$f = \frac{f_a - f_N}{f_a} \times 100\% \tag{8-26}$$

式中 f——N次冻融循环后的混凝土抗压强度损失率，%，精确至0.1%；

f_a——对比用的一组混凝土试件的抗压强度测定值，MPa，精确至0.1MPa；

f_N——经N次冻融循环后的一组混凝土试件的强度测定值，MPa，精确至0.1MPa。

（2）单个试件的质量损失率计算：

$$W_i = \frac{W_{ai} - W_{Ni}}{W_{ai}} \times 100\% \tag{8-27}$$

式中 W_i——N次冻融循环后第i个混凝土试件的质量损失率，%，精确至0.1%；

W_{ai}——冻融循环试验前第i个混凝土试件的质量，g；

W_{Ni}——N次冻融循环后第i个混凝土试件的质量，g。

(3) 一组试件的平均质量损失率计算：

$$W = \frac{\sum_{i=1}^{3} W_i}{3} \times 100\% \tag{8-28}$$

式中 W——N次冻融循环后一组混凝土试件的平均质量损失率，%，精确至0.1%。

每组试件的平均质量损失率应将3个试件的质量损失率试验结果的算术平均值作为测定值。当某个试验结果出现负值，应取0，再取3个试件的算术平均值。当3个值中的最大值或最小值与中间值之差超过1%时应剔除此值，再取其余两值的算术平均值作为测定值；当最大值和最小值与中间值之差均超过1%时，应取中间值作为测定值。

8.11 无机材料密度、气孔率、吸水率和体积密度的测定

8.11.1 实验目的

通过本实验熟悉并掌握测定无机材料的吸水率、气孔率和体积密度的定义以及测量方法。

8.11.2 实验原理

材料的体积密度的定义为不含游离水的材料的质量与其总体积（包括固体材料的实占体积和全部孔隙所占体积）之比。当不含任何孔隙时，材料的质量与材料的实占体积之比则为其理论密度。孔隙分开孔隙（与表面相通，又称显孔隙）和闭孔隙（不与表面相通）两种，由粉末经烧结制备的陶瓷材料通常或多或少地含有这两种孔隙。体积密度一般用称量法来测定，气孔率测定也可以借助于体积密度的测定来进行。

(1) 体积密度测定。按其定义，材料的质量不难精确测定，但其体积即使通过量具也不能准确测定，利用基于阿基米德原理的液体静力称量法，却能很容易解决这一问题。由阿基米德定律可知，浸于液体中的试样所受到的浮力等于该试样排开的液体的质量，液体静力称量法是将试样浸没于已知密度（ρ）的液体中，试样用质量很小的细金属丝悬挂于天平称物端，要保证试样完全浸没又不与盛放液体的容器壁、底相接触，盛放液体的容器由支架支撑住，不与天平秤盘接触，称出试样浸于液体中时的质量 G_2，另外称出试样在完全干燥状态下在空气中的质量 G_0，浮力为 $G_0 - G_2 = V\rho$，试样的体积 V 即可测出。对烧结致密程度高的结构陶瓷而言，开孔隙极少，可忽略。

用于浸渍的液体要求密度小于待测试样，对试样材料润湿性好、不发生反应、不使试样溶解或溶胀，常用蒸馏水、无水乙醇及煤油等，以水最为常用，故液体静力称量法有时称作排水法。

(2) 吸水率测定。吸水率指试样孔隙可吸收水的质量与试样经110℃干燥后的质量之比，用百分率表示。

(3) 气孔率测定。气孔率指材料中气孔体积与材料总体积之比，开（显）孔率、闭孔率则分别为开气孔、闭气孔的体积与材料总体积之比。

闭孔由于完全封闭在材料内无法测定其体积，可借助于体积密度的测定间接计算得到。此时必须知道材料的理论密度 d_T，材料的理论密度数据可从相关文献资料查得。如

无现成数据时，对单一晶相的结构陶瓷，可用 X 射线衍射法测定晶相的晶胞参数，运用结晶化学知识，计算出晶胞体积，进而算出晶相的理论密度；对于复相陶瓷，当不同晶相间化合作用很弱时，可用加和法求之；当不同晶相间存在不明化合作用时，在科研中还可用热压或热等静压制备几乎无气孔的试样，以其体积密度作为理论密度。

8.11.3　实验器材

（1）液体静力天平，机械式天平或电子天平，精度 0.1mg，量程 200g；

（2）真空干燥器、真空计、带三通旋塞的连接玻管、注液瓶、缓冲瓶、小型真空泵；

（3）烘箱、小电炉、超声清洗器；

（4）烧杯、镊子、小毛巾、细铜丝网；

（5）蒸馏水。

体积密度、吸水率、气孔率测定装置如图 8-13 和图 8-14 所示。

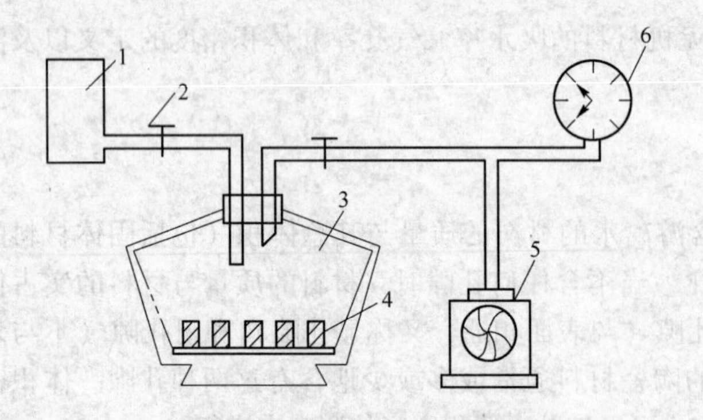

图 8-13　测定装置图（Ⅰ）

1—贮液瓶；2—活塞；3—真空干燥器；4—试样；5—真空泵；6—真空表

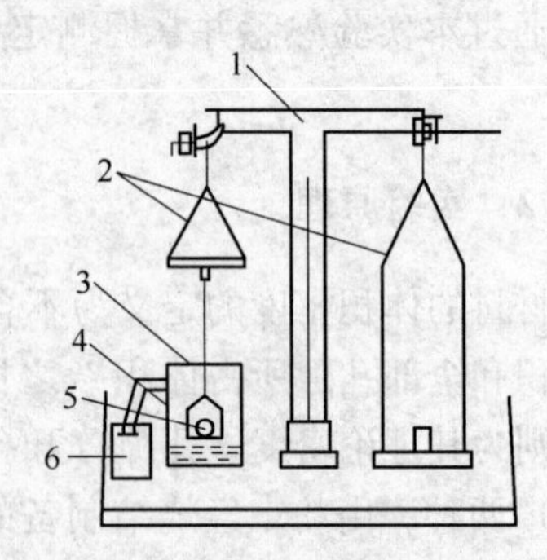

图 8-14　测定装置图（Ⅱ）

1—天平；2—天平盘；3—溢流杯；4—带孔吊盘；5—试样；6—烧杯

8.11.4　实验步骤

实验步骤如下：

（1）取同批试样中的 3 支，质量为 5 ~ 10g，用硬毛刷刷干净后，放入 110℃烘箱里烘 2h，冷却至室温，称其质量 G_0，准确到 0.01g。

（2）将称过的试样放在真空干燥器中抽真空，压力达到大于 76kPa 后，保持真空 10min，然后注水至浸没试样为止，再保持真空 5min，之后先放入空气再关闭真空泵，打开干燥器盖静置 15min，试样孔隙中的空气就被除去。

（3）将充分吸水并达到饱和后的试样用镊子夹出，用水泡过的湿绸布轻轻拭去试样表面的水，擦拭时避免孔隙中的水分被吸出，立即在空气中称量 G_1，准确到 0.01g。

（4）在水中称试样的质量 G_1，准确到 0.01g。注意在此称量过程中，溢流杯的水面一定要保持在溢流嘴的水平。

8.11.5　实验记录与数据处理

（1）实验记录。将实验数据记录在表 8-10 中。

表 8-10 测量记录表

试样编号	干燥样质量 G_0	湿样质量 G_1	水中样品质量 G_2	体积密度 /g · cm^{-3}	吸水率 /%	开口气孔率 /%
A						
B						
C						

（2）计算公式：

$$体积密度 = \frac{G_0}{G_1 - G_2} \tag{8-29}$$

$$吸水率 = \frac{G_1 - G_0}{G_0} \times 100\% \tag{8-30}$$

$$开口气孔率 = \frac{G_1 - G_0}{G_1 - G_2} \times 100\% \tag{8-31}$$

8.12 无机材料显微硬度的测定

8.12.1 实验目的

（1）掌握静载压入法测定材料硬度的原理和过程；

（2）学习使用显微硬度计测定材料的维氏硬度、努普硬度。

8.12.2 实验原理

硬度是材料的一种重要力学性能，但在实际应用中，由于测量方法不同，测得的硬度所代表的材料性能也各异，所以硬度没有统一的意义，各种硬度单位也不同，彼此间没有固定的换算关系。

陶瓷及矿物材料常用刻划硬度表示，也叫划痕硬度、莫氏硬度，它只表示硬度由小到大的顺序，或反映材料抵抗破坏的能力，不表示软硬的程度，硬度值大的矿物可划破硬度值小的矿物表面。目前莫氏硬度可分为 15 级。

另外两类测定硬度的方法是：回跳硬度和静载压入硬度。回跳硬度反映弹性变形功的大小，但应用最广泛的是静载压入硬度。

静载压入的硬度试验法种类很多，常用布氏硬度、洛氏硬度、维氏硬度及努普硬度法。这些方法的原理都是在静压下将一硬的物体压入被测物体表面，使材料产生局部的塑性变形并产生压痕，根据压痕的大小或深度来确定硬度值；压痕大则材料较软，压痕小则材料较硬。

这几种静载压入试验在压头类型和几何尺寸、硬度值的计算方法、使用范围等方面有一定区别，下面介绍几种常用硬度及计算方法。

布氏硬度法主要用来测定金属材料中较软及中等硬度的材料，很少用于陶瓷；维氏硬度法及努普硬度法都适用于较硬的材料，也用于测量陶瓷的硬度；洛氏硬度法测量的范围较广，采用不同的压头和负荷可以得到 15 种标准洛氏硬度。

矿物、晶体和陶瓷材料的硬度取决于其组成和结构。离子半径越小，离子电价越高，配位数越小，结合能就越大，抵抗外力摩擦、刻划和压入的能力也就越强，所以硬度就越大。陶瓷材料的显微结构、裂纹、杂质等都对硬度有影响。升高温度，硬度将下降。

8.12.3 实验器材

采用上海第二光学仪器厂生产的 HXD－1000A 数字显微硬度计，它是一种由精密机械、光学系统和专用微处理机组合而成的测定仪器，见图 8-15。

此显微硬度计的主要用途有两种：一种是单独测定硬度，即用于测定表面比较光洁的细小或片状零件和试样的硬度，测定电镀层、氟化层、渗碳层和氰化层等零件表层的硬度以及测定玻璃、玛瑙等脆性材料和其他非金属的硬度；二是作金相显微镜用，即用以观察和拍摄材料的显微组织，并测定其相组织的显微硬度，供研究用。

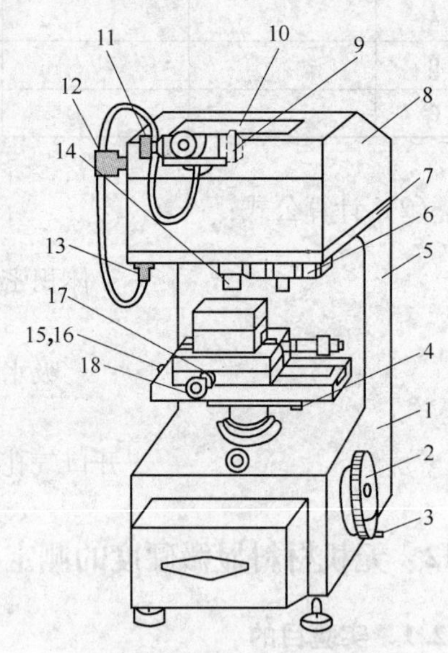

图 8-15 显微硬度计

1—底座；2，13—手轮；3，12—手柄；4—六角螺丝；5—主柱；6—变荷圈；7—主座板；8—罩盖；9—读数鼓轮；10—天窗盖；11—小手轮；14—物镜；15—螺钉；16—螺母；17—中平台；18—调节螺钉

8.12.4 实验步骤

实验步骤如下：

（1）仪器使用预备工作。

1）“零位”检验。检验“零位”的实质是使在 0gf 状态时的金刚石角锥体压头顶端正好处在显微镜 40 倍物镜的物平面上。用“零位”校正显微镜观察压头像，若偏高或偏低可通过调节螺钉调节。

2）仪器调平。调节三只安平螺丝，使圆水泡居中，这时工作台处于水平位置，也表示加荷主轴处于垂直位置，这是显微硬度计进行正常工作所必需的。

3）照明调节。照明调节的目的是要使显微镜视场中看到的试样工作面既明亮又均匀对称。为此可调节照明灯泡的位置及照明亮度旋钮。

（2）试样安放。对于厚试样可直接放在工作台上进行测定，对薄试样则需要加垫辅助工作台。

比较方整的试样或圆柱体可用平口钳夹紧，需保证被测试样的表面与钳口的上平面共面。

薄片试样可用薄片夹紧器进行装夹，测定 0.2～4mm 圆柱体试样的端面硬度时可用圆柱体夹紧器。

对于形状比较复杂的零件可用橡皮泥粘在压平台上，然后在压平机上制平，以保证试样表面与工作台的平行度。

（3）硬度测定。

1）按下硬度计左侧电源开关，此时显示器“DISPLAY”应显示相应于变荷圈所在位置的试验力值，“TIME”应显示起始已设定的保荷时间 15s。若转动变荷圈，选择测试所需的试验力，这时 HV 显示值应有相应变化。

2）选择 HV 或 HK 测量。嵌入时为努普硬度 HK，弹出时为维氏硬度 HV。

3）安置试样。将试样选择适当的装夹工具安置在仪器工作台上，并将工作台移到左端。

4）调焦。缓慢转动手轮，可看到视场逐渐变得明亮，先看到模糊的灯丝像，然后再看到试样的表面像，直到调至最清晰为止。

5）转动工作台上纵横向微分筒，在视场里找出试样需测试的部位。

6）推动中平台使工作台移至右端，这时试样从显微镜视场中平缓移到加荷机构的金刚石角锥体压头下面。

7）加荷。再按电动机 M 键进行加荷，当马达启动指示绿灯亮时，表示开始加荷，红灯亮时表示进入负荷保持时间，即为“TIME”窗口所示的时间长短，显示时间以每秒减“1”的速度变化，当减到“0”时再变成绿灯亮，表明开始自动卸荷。卸荷完毕后绿灯熄灭，窗口显示又恢复到原先设定的时间，即加荷全过程完成。

8）将工作台推回原来位置进行测定：首先对测量目镜进行开机“归零”，将视场内分划板上刻线重合，然后按功能键 000，显示器复零。使被测物体上压痕对角线顶端物镜两组十字叉线中心点重合，接着移动一分划板之中心对准压痕对角线的另一顶端，此时 LED 显示器上的数字即为压痕对角线 d 经 40 倍物镜放大后的值 D（$D=40d$），单位为 μm，接着按 PR 键，则打印输出 d 值。之后按“H”键，一条对角线长度即输入。

9）旋转测微目镜可用同样方法测得另一条对角线长度，再按“H”键，则“DISPLAY”窗口显示测得的硬度值。

10）输入数据：若已认定所测数据，请按“N”键，则 DISPLAY 窗口显示已输入硬度值的排列序号（最多不超过 9 点）。

11）重复 5）~10）的测量步骤，可对同一物体测量不超过 9 点处的硬度值。若接通打印机，按“PR”键可打印所有数据。

上例所举为测定维氏硬度的步骤，即仪器上安装的是维氏压头，若要测定努普硬度必须换上努普压头。换压头后“零位”要重新校正。硬度测定方法与维氏硬度基本相同，而努普硬度只需测定一个方向的对角线（长对角线）即可。

8.12.5 实验记录与数据处理

（1）数据处理。

1）维氏硬度：

$$HV = 1854.4 \times \frac{P}{d^2} \tag{8-32}$$

式中 HV——维氏硬度值，MPa。

P——实验力，g；

d——压痕对角线长度，μm。

2）努普硬度：

$$HK = 14229 \times \frac{P}{d^2} \tag{8-33}$$

式中　HK——努普硬度值，MPa；

P——实验力，g；

d——压痕对角线长度，μm。

3）平均值 $\overline{\mathrm{H}}$：

$$\overline{\mathrm{H}} = \frac{\mathrm{H}_1 + \mathrm{H}_2 + \cdots + \mathrm{H}_N}{N} \tag{8-34}$$

式中，N 为测量次数。

4）不均匀度 DD：

$$DD = \frac{\mathrm{H}_{max} - \mathrm{H}_{min}}{\overline{\mathrm{H}}} \tag{8-35}$$

式中，H_{max}、H_{min} 为测量列中的最大值与最小值。

5）标准偏差 S：

$$S = \sqrt{\frac{\sum_{i=1}^{N}(\mathrm{H}_i - \overline{\mathrm{H}})^2}{N-1}} \tag{8-36}$$

式中，H_i 为第 i 个测量结果。

（2）实验记录。显微硬度计已将测定结果打印出来了，整理填入表 8-11 和表 8-12 中。

表 8-11　金属材料测定记录

试样名称	铝　片			
试验力 F				
作用时间				
测定点编号	N_1	N_2	N_3	N_4
压痕对角线长度 D_1				
压痕对角线长度 D_2				
硬度计算值 HV				
硬度最大值				
硬度最小值				
硬度平均值				
实验误差				

表 8-12　无机非金属材料测定记录

试样名称	陶　瓷　片			
试验力 F				
作用时间				
测定点编号	N_1	N_2	N_3	N_4
压痕对角线长度 D_1				
压痕对角线长度 D_2				

续表 8-12

试样名称	陶瓷片			
硬度计算值 HV				
硬度最大值				
硬度最小值				
硬度平均值				
实验误差				

8.13　无机材料抗压强度的测定

8.13.1　实验目的

（1）掌握日用陶瓷材料烧结试样在常温下抗压强度的测定；

（2）了解影响陶瓷强度的因素。

8.13.2　实验原理

陶瓷抗压强度的测定一般采用轴心受压的形式。陶瓷材料的破裂往往从表面开始，因此试样大小和形状对测量结果有较大的影响。试样的尺寸增大，存在缺陷的几率也增大，测得的抗压强度值偏低。因此，试样的尺寸应当小一点，以降低缺陷的几率，减少“环箍效应”对测试结果的影响。

试验证明，圆柱体试样的抗压强度略高于立方体试样的抗压强度。这是因为在制取试样时，圆柱体试样的一致性优于立方体；圆柱体的内部应力较立方体均匀；在对试样施加压力时，圆柱体受压方向确定，而立方体受压方向难于统一确定，不同方向的抗压强度有差异。

此外，试样的高度与抗压强度有关，抗压强度随试样高度的降低而提高。因此，采用径高比为 1∶1 的圆柱体试样比较合适。

8.13.3　实验器材

（1）材料试验机，要求荷载 50～300kN，本试验采用新三思液压式万能试验机，最大试验力 300kN；

（2）磨片机；

（3）游标卡尺；

（4）夹具。

8.13.4　实验步骤

实验步骤如下：

（1）试样的制备。

1）按生产工艺条件制备直径（D）为（20±2）mm，高度（H）为（20±2）mm 的规整样 10 件。试样上下两面在磨片机上用 100 号金刚砂磨料磨平整，试样上下两面的不平行度小于 0.010mm/cm，试样中心线与底面的不垂直度小于 0.020mm/cm。

2）将试样清洗干净，剔除有可见缺陷的试样，干燥后待用。

（2）按试验机的操作规程，选择量程，调校仪器。将两压板校验平行，如加压板出现不平整时，应加工使之平整。

（3）将试样放在加压板正中，上下两面垫衬厚为1mm的马粪纸。

以2×10^2N/s（即20kgf/s）的速度均匀加载，准确读取试样一次性破坏（即压力计指针均匀连续移动，不因试样出现中间破裂而停顿）时的压力值，否则不予记录。

8.13.5 实验记录与数据处理

（1）测定记录。将有关的测试数据记入表8-13中。

表8-13 陶瓷材料抗拉强度测定记录表

试样名称		测定人		测定日期	
试样处理					
试样编号	$D\times L$/cm×cm 或 m×m	最大压力测值/N 或 kgf	σ/N·m^{-2}或 kgf·cm^{-2}	舍弃情况	最终测定结果
1					
2					
3					
⋮					

（2）结果计算：

$$\sigma_t = P/A \tag{8-37}$$

式中 σ_t——试样的抗压强度，N/m^2 或 kgf/cm^2；

P——试样破坏时的压力值，N 或 kgf；

A——试样受压面积，m^2 或 cm^2。

在计算中，各种数据按修约规则处理，舍弃异常数据。以5个试样的平均值作为抗压强度的最终结果。

8.14 无机材料高温软化点的测定

8.14.1 实验目的

（1）了解测定玻璃材料软化点的实际意义；

（2）了解影响玻璃软化点的因素；

（3）掌握玻璃材料软化点的测定原理及方法。

8.14.2 实验原理

悬挂于拉丝法黏度测试炉中的试样受热时，黏性伸长速度为：

$$V = 200\,\frac{(dlDg - 2\sigma)L}{d\eta} \tag{8-38}$$

式中 V——试样的伸长速度，mm/min；

L——参加形变的有效长度，cm；

l——试样下端到均温区中心的长度，cm；

D——试样的密度，g/cm^3；

g——重力加速度，cm/s^2；

σ——表面张力系数，dyn/cm；

d——试样的直径，cm；

η——黏度，P。

本测试中：$d=(0.055\pm0.001)$cm；$\sigma=300$dyn/cm；$g=980cm/s^2$；$D=2.21g/cm^3$；$L=(11.4\pm0.85)$cm；$t=(15.0\pm0.1)$cm；$\eta=10^{7.6}$P（$10^{6.6}$Pa·s），由公式可算出在软化点时试样的伸长速度为 $V=(1.23\pm0.09)$mm/min，当试样在指定时间内的伸长速度为此值时，相应的均匀区的炉温即为该材料的软化点，精度为±6℃。

8.14.3 实验器材

（1）拉丝法黏度测试炉1台。

1）测试炉结构应满足如图8-16所示的各项要求。等效温度场长度为（11.4±0.85）cm。

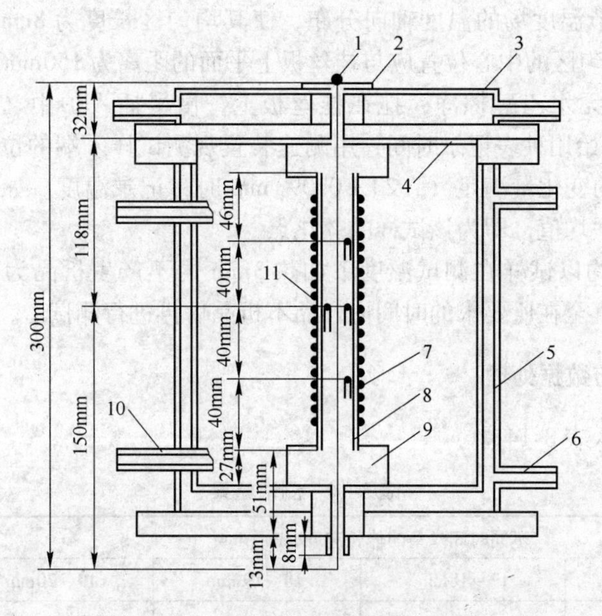

图8-16 拉丝法黏度测试炉示意图

1—试样；2—挂丝板；3—炉盖；4—陶瓷棉毡；5—炉体；6—水管；7—炉丝；8—氧化铝管；9—泡沫氧化铝垫块；10—气管；11—热电偶

2）在炉温为900～1680℃时，短时间的温度控制精度为±2℃。炉中与记录仪连接的LL－2型铂铑－铂铑热电偶应根据从炉上口插到相同高度的校准过的同型号热电偶进行校对，使其准确度为±2℃。

（2）测速装置：2号经纬仪1台，读数显微镜镜筒1支，加长镜头1个。

（3）电位差计1台，精度为±0.01mV。

（4）台式自动平衡记录仪 1 台，精度为 ±0.01mV。

（5）秒表 1 只，精度为 0.1s。

（6）千分尺 1 个，精度为 0.01mm。

（7）长 500mm 钢板直尺 1 把，精度为 ±1mm。

8.14.4　实验步骤

实验步骤如下：

（1）试样的制备。

1）取直径为（10 ±1）mm，长 200mm 以上，无气孔、无气泡的石英玻璃棒 1 根，经无水乙醇净化处理后，用石英玻璃拉丝机拉丝。拉丝速度应保持在（3.5 ±0.5）m/min。同时按等体积原理算出合适的下棒速度，使拉成的丝条的标称直径为 0.55mm，公差为 ±0.01mm。

2）选取长为 320mm 的丝条 10 根，将丝条一端烧成直径为 2mm 左右的小球，球心应与丝条轴线重合，之后截成长（300 ±1）mm（不包括小球）的试样。

（2）在测试炉中通以冷却水和氮气后，接通电源，加热到设定软化点的温度值。氮气流量为 1 ~2L/min。

（3）测定并调节温度场的温度轴向分布，使其均匀区长度为 8cm，温度不均匀度在 ±2℃以内。温度均匀区的中心位置应与挂丝板上平面的距离为 150mm。

（4）将试样用无水乙醇擦净，挂在挂丝板上，慢慢插入炉中（插入时间应在 20s 内），插好后立即开始用秒表记录时间，用测速装置观测试样末端的位置变化。当试样长度在第 2 ~3min 内的变化量满足（1.23 ±0.09）mm 时，记录温度。如此重复测试，取三次有效测试的温度平均值，即为该试样的软化点。

（5）以上测试均以试样在测试温度下加热 3min 内不产生析晶为前提，如遇样品析晶，应空烧炉子，直至在所要求的时间内样品不析晶后再进行测试。

8.14.5　实验记录与数据处理

将测试结果填入表 8-14 中。

表 8-14　测试结果

序号	不同时间丝条的伸长速度/$mm \cdot min^{-1}$				温度/℃	软化点/℃
	16 ~17min	17 ~18min	18 ~19min	19 ~20min		
1						
2						

8.15　无机材料热稳定性的测定

8.15.1　实验目的

（1）了解测定陶瓷材料热稳定性的实际意义；

（2）了解影响热稳定性的因素及提高热稳定性的措施；

（3）掌握陶瓷材料热稳定性的测定原理及方法。

8.15.2　实验原理

陶瓷的热稳定性取决于坯轴料的化学成分、矿物组成、相组成、显微结构、制备方法、成型条件及烧成制度等因素以及外界环境。由于陶瓷内外层受热不均匀，坯釉的线膨胀系数差异而引起陶瓷内部产生应力，导致机械强度降低，甚至发生开裂现象一般陶瓷的热稳定性与抗拉强度成正比，与弹性模量、线膨胀系数成反比。而导热系数、热容、密度也在不同程度上影响热稳定性。

釉的热稳定性在较大程度上取决于釉的膨胀系数。要提高陶瓷的热稳定性首先要提高釉的热稳定性。陶坯的热稳定性则取决于玻璃相、莫来石、石英及气孔的相对含量、粒径大小及其分布状况等。陶瓷制品的热稳定性在很大程度上取决于坯釉的适应性，所以它也是带釉陶瓷抗后期龟裂性的一种反映。

陶瓷热稳定性测定方法一般是把试样加热到一定的温度，接着放入适当温度的水中，判定方法为：

（1）根据试样出现裂纹或损坏到一定程度时，所经受的热变换次数；

（2）经过一定次数的热冷变换后机械强度降低的程度来决定热稳定性；

（3）以试样出现裂纹所受的热冷最大温差来表示试样的热稳定性，温差越大，热稳定越好。

本实验采用试样出现裂纹时，平均经受的热冷最大温差来表示试样的热稳定性。

8.15.3　实验器材

（1）热稳定性测定仪 1 台；

主要技术参数为：炉体最高温度：400℃；均温区大小及温差：350mm × 350mm × 350mm，± 5℃；水槽控温范围：10 ~ 50℃；加热最大功率：6kW；定时器范围 0 ~ 120min；

（2）烘箱 1 台；

（3）铁夹子 1 把；

（4）搪瓷盘 1 个；

（5）测试样品若干；

（6）品红及酒精溶液。

8.15.4　实验步骤

实验步骤如下：

（1）试样的制备。

1）取经真空练泥机挤制成的无分层、无气孔的圆柱形试样，阴干发白时送烘箱干燥。

2）干燥后的试样经检查无缺陷的合格样品，在砂纸上将两端修平，用细纱布将整个试样修光滑，不得有裂痕等缺陷。

3）上釉的试样（在一端平面上涂蜡，不必上釉）采用浸釉方法施釉，不得有堆釉的现象。干燥后装入电炉中，按要求的温度进行熔烧。

4）烧成后，试样规格为 ϕ20mm×(25±1)mm。每种选出没有损坏、无轧制缺陷的试样 10 个供实验用。

（2）将 10 个合格的试样放入样品筐内，并置于炉膛中。

（3）连接好电源线、热电阻和接地线。

（4）连接好进水管、出水管及循环水管。

（5）给恒温水槽中注入水。

（6）打开电源开关，指示灯亮，将炉温给定值及水温给定值调至需要位置（在水温控制下限控制压缩机、上限控制加热器，上限设定温度不大于下限设定温度）。

（7）打开搅拌开关，指示灯亮，搅拌机工作。

（8）根据需要选择"单冷"、"单热"或"冷热"：

1）"单冷"即仪器只启动制冷设备，超过给定温度时，自动制冷至给定温度后自动停止。

2）"单热"即仪器只启动加热设备，低于给定温度时自动加热至给定温度后自动停止。

3）"冷热"即当水温超过给定温度时，仪器自动制冷，当水温低于给定温度时，仪器自动保证水温在所需温度处。

（9）接好线路并检查一遍，接通电源以 2℃/min 的速度升温。

（10）当温度达测量温度时，保温 15min（使试样内外幅度一致）后，拨动手柄，使样品筐迅速坠入冰水中，冷却 5min。如没有冰水，试样坠入冷水中。每坠入一次试样，就要更换一次水，目的是使水温保持不变。

（11）从水中取出试样，擦干净，不上釉和上白釉的试样放在品红酒精溶液中，检查裂纹。上棕色釉的试样放在铺有一薄层氧化铝细粉的盘内，来回滚动几次或手拿着试样在氧化铝粉上擦几次，检查是否开裂（如开裂，表面有一条白色裂纹），并详细记录。将没有开裂的试样放入炉内加热至下个规定的温度（每次间隔 20℃），重复试验至十个试样全部开裂为止。

（12）在实验过程中，注意室内温度和水温的变化，做好记录。

8.15.5　实验记录与数据处理

（1）实验记录。将测定结果填入表 8-15 中。

表 8-15　热稳定性测试记录表

<table>
<tr><td colspan="2">试样名称</td><td colspan="2"></td><td>测试人</td><td colspan="2"></td><td>测定日期</td><td colspan="2"></td></tr>
<tr><td colspan="2">试样处理</td><td colspan="8"></td></tr>
<tr><td rowspan="2">编号</td><td rowspan="2">测定次数</td><td colspan="2">测定时</td><td rowspan="2">试样开裂温度 B/℃</td><td rowspan="2">试样开裂个数 G</td><td rowspan="2">平均开裂温度/℃</td><td rowspan="2">开裂温差 C = B − A/℃</td><td rowspan="2">平均开裂温差/℃</td><td rowspan="2">开裂温度范围/℃</td></tr>
<tr><td>室温/℃</td><td>水温 A/℃</td></tr>
<tr><td></td><td></td><td></td><td></td><td></td><td></td><td></td><td></td><td></td><td></td></tr>
</table>

（2）数据处理。平均开裂温度计算公式为：

$$平均开裂温差读数 = (C_1G_1 + C_2G_2 + \cdots)/Y \tag{8-39}$$

式中 C_1，C_2——试样开裂温度差，℃；

G_1，G_2——在该温度差下试样开裂个数；

Y——每组试样个数。

8.16 无机材料热膨胀系数的测定

8.16.1 实验目的

（1）了解测定材料的膨胀曲线对生产的指导意义；

（2）掌握示差法和双线法测定热膨胀系数的原理和方法、测试要点；

（3）利用材料的热膨胀曲线，确定玻璃材料的特征温度。

8.16.2 实验原理

对于一般的普通材料，通常所说膨胀系数是指线膨胀系数，其意义是温度升高 1℃ 时单位长度上所增加的长度，单位为 cm/(cm·℃)。

假设材料原来的长度为 L_0，温度升高后长度的增加量为 ΔL，实验指出它们之间存在如下关系：

$$\Delta L/L_0 = \alpha_1 \Delta t \tag{8-40}$$

式中，α_1 称为线膨胀系数，也就是温度每升高 1℃ 时，物体的相对伸长。

当物体的温度从 T_1 上升到 T_2 时，其体积也从 V_1 变化为 V_2，则该物体在 $T_1 \sim T_2$ 的温度范围内，温度每上升一个单位，单位体积物体的平均增长量为：

$$\beta = (V_2 - V_1)/[V_1(T_2 - T_1)] \tag{8-41}$$

式中，β 为平均体膨胀系数。

从测试技术来说，测体膨胀系数较为复杂。因此，在讨论材料的热膨胀系数时，常常采用线膨胀系数，其计算公式为：

$$\alpha = (L_2 - L_1)/[L_1(T_2 - T_1)] \tag{8-42}$$

式中 α——玻璃的平均线膨胀系数；

L_1——在温度为 T_1 时试样的长度；

L_2——在温度为 T_2 时试样的长度。

β 与 α 的关系是：

$$\beta = 3\alpha + 3\alpha_2 \cdot \Delta T_2 + \alpha_3 \cdot \Delta T_3 \tag{8-43}$$

式 8-43 中的第二项和第三项非常小，在实际中一般略去不计，而取 $\beta \approx 3\alpha$。必须指出，由于膨胀系数实际上并不是一个恒定的值，而是随温度变化的，所以上述膨胀系数都具有在一定温度范围 ΔT 内的平均值的概念，因此使用时要注意它适用的温度范围。表 8-16 列出了一些材料的膨胀系数。

表 8-16　一些材料的膨胀系数

材料名称	线膨胀系数 (0～1000℃)/K^{-1}	材料名称	线膨胀系数 (0～1000℃)/K^{-1}	材料名称	线膨胀系数 (0～1000℃)/K^{-1}
Al_2O_3	8.8×10^{-6}	ZrO_2（稳定化）	10×10^{-6}	硼硅玻璃	3×10^{-6}
BeO	9.0×10^{-6}	TiC	7.4×10^{-6}	黏土耐火材	5.5×10^{-6}
MgO	13.5×10^{-6}	B_4C	4.5×10^{-6}	刚玉瓷	$(5\sim5.5)\times10^{-6}$
莫来石	5.3×10^{-6}	SiC	4.7×10^{-6}	硬质瓷	6×10^{-6}
尖晶石	7.6×10^{-6}	石英玻璃	0.5×10^{-6}	滑石瓷	$(7\sim9)\times10^{-6}$
氧化锆	4.2×10^{-6}	钠钙硅玻璃	9.0×10^{-6}	钛酸钡瓷	10×10^{-6}

示差法是基于热稳定性良好的石英玻璃（棒和管）在较高温度下，其线膨胀系数随温度而改变的性质很小，当温度升高时，石英玻璃与其中的待测试样及石英玻璃棒都会发生膨胀，但是待测试样的膨胀比石英玻璃管上同样长度部分的膨胀要大，因而使得与待测试样相接触的石英玻璃棒发生移动，这个移动是石英玻璃管、石英玻璃棒和待测试样三者的同时伸长和部分抵消后在千分表上所显示的 ΔL 值，它包括试样与石英玻璃管和石英玻璃棒热膨胀的差值，测定出这个系统的伸长差值及加热前后温度的差数，并根据已知石英玻璃的膨胀系数，便可算出待测试样的热膨胀系数。

图 8-17 是石英膨胀仪的工作原理分析图，从图中可见，膨胀仪上千分表上的读数为：$\Delta L=\Delta L_1-\Delta L_2$，由此得：

$$\Delta L_1=\Delta L+\Delta L_2$$

根据定义，待测试样的线膨胀系数为：

$$\alpha=(\Delta L+\Delta L_2)/(L\cdot\Delta T)=[\Delta L/(L\cdot\Delta T)]+[\Delta L_2/(L\cdot\Delta T)]$$

其中

$$\Delta L_2/(L\cdot\Delta T)=\alpha_{石}$$

所以

$$\alpha=\alpha_{石}+[\Delta L/(L\cdot\Delta T)]$$

若温度差为 T_2-T_1，则待测试样的平均线膨胀系数 α 可按下式计算：

$$\alpha=\alpha_{石}+\Delta L/[L(T_2-T_1)] \tag{8-44}$$

式中　$\alpha_{石}$——石英玻璃的平均线膨胀系数（按下列温度范围取值）：5.7×10^{-7}/℃（0～300℃）、5.9×10^{-7}/℃（0～400℃）、5.8×10^{-7}/℃（0～1000℃）、5.97×10^{-7}/℃（200～700℃）；

T_1——开始测定时的温度；

T_2——一般定为 300℃（若需要，也可定为其他温度）；

ΔL——试样的伸长值，即对应于 T_2 与 T_1 温度时千分表读数的差值，以 mm 记录；

L——试样的原始长度，mm。

这样，将实验数据在直角坐标系上做出热膨胀曲线（图 8-18），就可确定试样的线膨胀系数，对于玻璃材料还可以得出其特征温度 T_g 与 T_f。

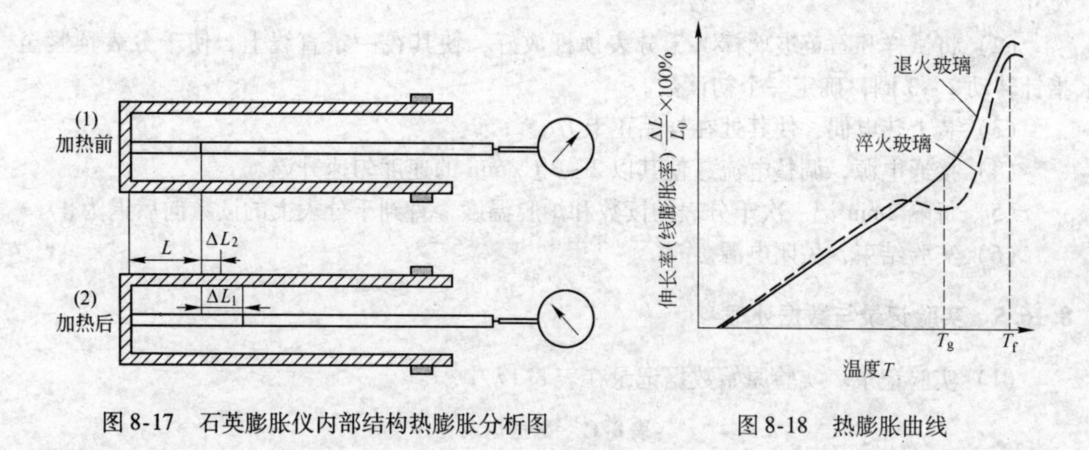

图 8-17 石英膨胀仪内部结构热膨胀分析图　　图 8-18 热膨胀曲线

8.16.3 实验器材

(1) 待测试样（玻璃、陶瓷等）；

(2) 小砂轮片（磨平试样端面用）；

(3) 卡尺（量试样长度用）；

(4) 秒表（计时用）；

(5) 石英膨胀仪（包括管式电炉、特制石英玻璃管、石英玻璃棒、千分表、热电偶、电位差计、电流表、2kV·A 调压器等）、坩埚、匣钵等；

(6) 仪器装置如图 8-19 所示。

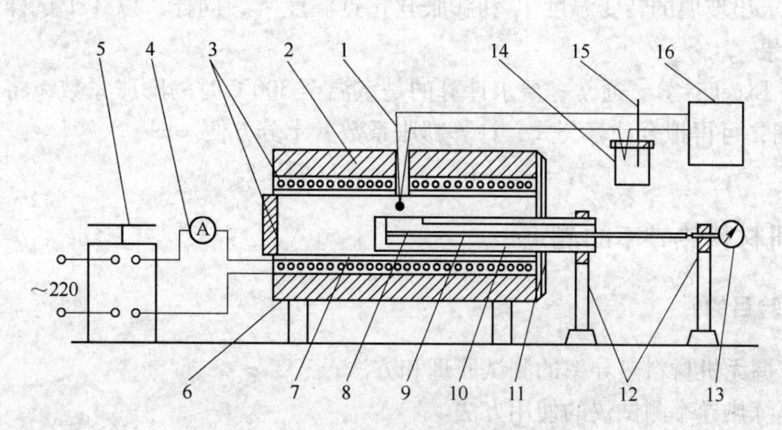

图 8-19 示差法测定材料膨胀系数的装置

1—测温热电偶；2—膨胀仪电炉；3—电热丝；4—电流表；5—调压器；6—电炉铁壳；7—铜柱电炉芯；8—待测试棒；9—石英玻璃棒；10—石英玻璃管；11—遮热板；12—铁制支撑架；13—千分表；14—水瓶；15—水银温度计；16—电位差计

8.16.4 实验步骤

实验步骤如下：

(1) 取直径为 5mm，长约为 60mm 的待测棒，两端磨平，用千分卡尺精确测量其尺寸。

（2）将试样和石英玻璃棒、千分表顶杆放好，使其在一条直线上，使千分表顶紧至指针转动 2 ~ 3 圈，确定一个初读数。

（3）装上热电偶，使其处在样品正上方。

（4）接通电源，调整电流，使其以 2 ~ 3℃/min 的速度匀速升温。

（5）每隔 2min 记一次千分表的读数和炉膛温度，直到千分表上的读数向后退为止。

（6）实验结束，关闭电源。

8.16.5　实验记录与数据处理

（1）实验记录。实验原始数据记录在表 8-17 中。

表 8-17　数据记录表

温度 /℃	读数 × 0.01mm	温度 /℃	读数 × 0.01mm	温度 /℃	读数 × 0.01mm	温度 /℃	读数 × 0.01mm	温度 /℃	读数 × 0.01mm

（2）根据原始数据，在直角毫米坐标纸中绘出待测材料的线膨胀曲线。确定 T_2、T_1，并根据 T_2 和 T_1 来确定 L_1 和 L_2。

（3）按公式计算平均膨胀系数：

$$\alpha = \alpha_{石} + (L_2 - L_1)/[L(T_2 - T_1)]$$

用 Excel 也可以作图和计算平均膨胀系数。最后，以 3 个试样的平均值来表示实验结果。在图上求出玻璃的转变温度 T_g 和膨胀软化点温度 T_f，同样，以 3 个试样的平均值来表示实验结果。

（4）用 Excel 计算。通常，要求计算的是室温至 300℃ 时的膨胀系数，将实验数据在 Excel 中作图，可得拟合计算公式，计算膨胀系数就十分方便。即

$$\alpha = \alpha_{石} + (L_2 - L_1)/[L(T_2 - T_1)]$$

8.17　无机材料热导率的测定

8.17.1　实验目的

（1）掌握无机材料热导率的测试原理和方法；

（2）熟练热导率测试仪的使用方法。

8.17.2　实验原理

由傅里叶定律知道，通过一定点的热流速率 dQ 正比于其截面积 S，若在该点所取垂直方向上的温度梯度为 dT，则：

$$\mathrm{d}Q = \lambda S \mathrm{d}T \tag{8-45}$$

其中，比例因子称为热导率，也称导热系数。

平板导热仪是在使热流以单向稳定状态传递的条件下工作的。因此，热流速率 dQ 为一恒值 Q_0，温度梯度为 dT，此时式 8-45 可表示为：

$$Q_0 = \lambda \cdot S \cdot \mathrm{d}T \tag{8-46}$$

将已知厚度为 l 的试样置于试验装置内，使其热面和冷面之间保持一个恒定温差 ΔT，热量从热面通过试样流至冷面后被量热器中的冷却水吸走。根据在单位时间内流经中心量热器的水的温升和水流量可计算出冷却水所吸收的热量，由下式可求得热导率 λ：

$$\lambda = Q_0 l / [S(T_2 - T_1)] \tag{8-47}$$

8.17.3　实验器材

本平板导热装置由自动控温加热炉及热保护套、量热器、测温和给水系统组成。

(1) 自动控温加热炉和热保护套。加热元件由 6 根 ϕ8mm × 180mm 的硅碳棒组成，4 根发热体在水平方向平行置于被加热试样上方，其间距为 50mm，为了使被加热试样的温度分布均匀，将 2 根发热体放置在 4 根发热体的下部 5mm 处并垂直于上部 4 根发热体，其间距为 130mm，发热体必须经过测量选择具有相近电阻值方可用于加热件。加热炉的炉温由 DWK－702 型精密温度控制装置控制，控温误差小于 ±0.5℃。

(2) 量热器。用以测量流经中心量热器的冷却水温升的热电偶是由 10 对 ϕ0.15mm 的铜－康铜热电偶丝制成的温差电偶堆，标定值为 2.37℃/mV。为了准确测量中心量热器冷却水的温升，把 10 对温差热电偶堆的两个工作端点分别穿过进出水管伸入到与中心量热器的底斗面处于同一水平的位置上，然后在其下部用螺母与进出水管固定。

中心量热器与第一保护量热器之间的温差用 8 对 ϕ0.15mm 的铜－康铜温差热电偶测量，在中心量热器和第一保护量热器的工作面上每隔 900mm 切一条宽 1mm、深 1mm、长 15mm 的槽，共切 8 条，然后将 8 对温差热电偶的一端（8 支）分别嵌入中心量热器的 4 个槽内而把另一端（8 支）分别嵌入第一保护量热器的 4 个槽内。最后用软金属将槽填平固定。

(3) 测温系统。试样冷热面的温度通过标定的铂－铂铑热电偶元件用 UJ－33a 型电位差计测量，各温差热电偶堆的温差也用 UJ－33a 型电位差计测量，测量试样冷热面的温度所用的热电偶的冷端放入冰中。

(4) 给水系统。为了保证供给各量热器冷却水的流量恒定以提高装置的工作精度，安装了恒压水箱，恒压水箱下面有三个水管分别供给三个量热器冷却水，中心量热器的水流量由置于量热器出水口管上的玻璃阀控制。中心量热器的水流量，采用天平测量水流量，其测量误差为 0.16%。

(5) 试样。试样尺寸为 ϕ(180 ± 0.5) mm × [(10 ~ 25) ± 0.5] mm 的圆形试样，试样不得有裂纹、变形、熔洞、掉边及气孔分布不均等缺陷；实验前将试样放在 110 ~ 120℃ 下干燥 3h，并测量厚度。

8.17.4　实验步骤

实验步骤如下：

(1) 装炉。

1) 将冰块放入盛有水的冰瓶内，然后把各热电偶的冷端分别插入冰瓶盖上的玻璃管中，要使冷端接触到冰水。

2) 将测量冷面温度的热电偶热端放置在垫板中心处。

3）将试样放在垫板上，使垫板和试样间呈最小的空隙。

4）将支撑块放在试样边缘（每隔 120℃放置一个），然后在保护套和试样之间的间隔处填充高铝纤维棉。

5）在试样热表面的中心处放置测量热面温度的热电偶热端。

6）将均热板放在支撑块上，周围用耐火高铝纤维毡盖严。

7）盖上炉盖，使炉盖与炉下体部分无空隙。

（2）设备供电和调节。

1）开启通往恒压水箱的阀门。

2）通电，开启操作台电源、稳压电源及检流计开关。

3）以 5℃/min 的升温速率加热试样直至试验温度。

4）保温 30min，开始测量。

（3）测量程序。

1）将中心量热器的出水口固定好。

2）调节室温所对应的电位差计上的伏特值。

3）调节检流计的自然零点。

4）调节检流计的标准零点。

5）将第二保护量热器的转子流量计的水流量调至 80L/h。

6）调节第一保护量热器的转子流量计的水流量，使中心量热器与第一保护量热器的热电偶堆的毫伏值为零。

7）测量并记录热面热电偶的毫伏值。

8）测量并记录冷面热电偶的毫伏值。

9）测量并记录中心量热器热电偶堆的温差毫伏值。

10）测量并记录在单位时间内，中心量热器的水流量。

11）连续测定 3 次，然后取 3 次数据的平均值，计算热导率。

（4）停炉。

1）将电位差计毫伏补偿旋钮都调到零位。

2）关闭检流计、稳压电流及操作台开关。

3）待 XCT－101 的指示温度降低到 200～300℃时，关闭通恒压水箱上水阀门。

4）依次取出填料试样，将量热器表面擦干净。

8.17.5　实验记录与数据处理

（1）数据处理

$$\lambda = Q_0 l/S(T_1 - T_2),\ Q_0 = Cm\Delta t,\ S = 0.25\pi D^2$$

$$\lambda = Cm\Delta tl/[0.25\pi D^2(T_2 - T_1)] \tag{8-48}$$

式中　C——水的比热容［1kcal/(kg·℃)＝4.18J/(g·K)］；

m——单位时间流经中心量热器的水量，kg/h；

Δt——中心量热器冷却水的温度差；

l——试样的厚度，m；

D——中心量热器的直径，$D=50$mm；

T_1——试样的热面温度；

T_2——试样的冷面温度。

当 m 以 g/min 计，l 以 mm 计，Δt 以 mV 计时，$C=1$，则有：

$$\lambda=\frac{C_{水}\frac{60}{1000}m\times 2.37\Delta t\frac{l}{1000}}{1/4\times 3.14\times 0.05^2(T_1-T_2)}=0.0725\times\frac{C_{水}\,m\Delta tl}{T_1-T_2}=0.0725\times\frac{m\Delta tl}{T_1-T_2}$$

将测得的 m、Δt、l 及 T_1-T_2 代入上式即得热导率的数值。

（2）实验记录。把实验数据记录在表 8-18 中。

表 8-18　数据记录表

编　号					试样名称、牌号							试样质量/g	
量热器标定值 K					测试温度/℃							试样直径/mm	
试样厚度 L/mm					试样容重/g · cm^{-3}			检验人员				检验日期	
时间	电压	电流	热面温度 T_1		冷面温度 T_2		$\frac{T_1-T_2}{2}$	量热器进出水温差	接水时间	给水量 m		$\lambda=\frac{KLGV}{T_2-T_1}$ /W · (m · K)$^{-1}$	
s	V	A	mV	℃	mV	℃	℃	mV	min	g	g/t	λ	$\bar{\lambda}$

8.18 无机材料化学稳定性的测定

8.18.1 实验目的

本实验的目的是了解影响陶瓷化学稳定性的因素，掌握化学稳定性即耐酸度、耐碱度的测定原理及测定方法。

8.18.2 实验原理

化学稳定性是陶瓷或玻璃釉抵抗各种化学试剂侵蚀的一种能力。

凡能抵抗各种化学试剂破坏作用的陶瓷制品都是相对化学稳定的。化学试剂一般都是酸、碱、盐及气体。

陶瓷的化学稳定性取决于坯釉的化学组成、结构特征和密度（包括活性表面的大小），但主要取决于硅氧四面体相互连接的程度，没有被其他离子嵌入而造成 Si—O 断裂的完整网络结构越多，即连接程度越大，则化学稳定性越高。

化学试剂对陶瓷坯釉的腐蚀作用由试剂的化学特性、浓度、杂质、温度、压力以及其他条件决定。

化学组成一定时，通过严密的工艺控制也能提高陶瓷坯釉的化学稳定性，例如铅的溶出量不一定与釉彩的含铅量有直接关系，而主要取决于釉彩中的耐酸化合物以及铅的存在形式。

陶瓷的化学稳定性测定主要是测定耐酸率、耐碱率。测定方法有失重法和滴定法。如陶瓷的耐酸度、耐碱度很高，则由于腐蚀而减少的质量甚微，用称重法称不出来，而且很不准。利用酸碱当量溶液滴定法则比较准确。

试样形态可以是制品、试片和一定颗粒度的粉料。

8.18.3　实验器材

（1）分析天平：感量0.0001g；

（2）有回流冷凝器的耐酸耐碱仪器装置，附200～250mL烧瓶，无灰滤纸（中等密度），漏斗及过滤设备；

（3）筛子（筛孔直径0.5mm，即35目；孔径1mm，即18目）；

（4）研钵及除铁装置；

（5）瓷坩埚、喷灯；

（6）浓硫酸（化学纯），相对密度1.84；甲基橙指示剂（0.025%）、甲基红指示剂（0.025%）、酚酞指示剂（1%的酒精溶液）、苛性钠溶液（0.01mol/L或20%）、Na_2CO_3溶液（5%）、$AgNO_3$溶液、稀盐酸。

8.18.4　实验步骤

实验步骤如下：

（1）试样制备。将500g釉粉装入耐火匣钵，入电炉或生产窑炉内煅烧，出炉后将匣钵打碎，挑选洁净的釉玻璃约10g，在玛瑙研钵中磨细、过筛（视不同试验方法而决定筛目大小）备用。

（2）耐酸度测定（失重法）。

1）称取试样1g，放入烧瓶，加入浓硫酸25mL。

2）连接冷凝器并在瓶底进行加热，煮沸1h后，停止加热，冷却。

3）将75mL蒸馏水加入烧瓶内，以冲洗瓶内的溶解物。

4）用滤纸过滤混合物的清液部分，并用热蒸馏水冲洗瓶内残渣，使呈中性反应（根据甲基橙显色）。

5）将瓶内热碱液倾入最初的滤纸上，用蒸馏水冲洗瓶内残渣，使呈中性反应（根据酚酞显色），然后将残渣全部移至滤纸上。

6）烘干滤纸及残渣，移至瓷坩埚内进行灰化，并灼烧至恒重。

（3）耐碱度测定（失重法）。

1）称取试样1g，放入锥瓶内，注入2% NaOH溶液25mL。

2）连接回流冷凝器，并在瓶底加热，煮沸1h后，将瓶内热碱液倾出，过滤前需用盐酸酸化过的蒸馏水冲洗残渣物，并将残渣全部移至滤纸上。

3）最后用热蒸馏水洗涤滤纸上的残渣，直至洗液内不含氯离子（用$AgNO_3$检查）为止。

4）将滤纸及残渣移至已知质量的瓷坩埚内，进行烘干、灰化及灼烧至恒重。

（4）水稳定性测定（滴定法）。

1）将蒸馏水重新蒸馏，做一空白试验。

2）在万分之一天平上称样 3 ~ 4g，放入烧瓶内，加重新蒸馏过的蒸馏水 50mL，装上回流冷凝器，加热煮沸 1.5h，过滤。

3）在滤液中滴入 1 ~ 2 滴甲基红为指示剂，用 0.01mol/L 盐酸滴定（溶液变红为止）。

4）读取所消耗的 0.01mol/L 盐酸的数值（mL），即为中和滤液中碱含量所消耗的 0.01mol/L 盐酸的数值（mL）。

（5）酸碱稳定性测定（滴定法）。

1）用万分之一天平称样 3 ~ 4g，放入烧瓶内加 0.01mol/L 盐酸 50mL。

2）装上回流冷凝器，加热煮沸 1.5h。

3）过剩的酸以 1 ~ 2 滴甲基红为指示剂，用 0.01mol/L 的 NaOH 溶液予以反滴定（溶液变蓝为止）。

4）读取所消耗的 0.01mol/L NaOH 溶液的数值（mL）。

8.18.5 实验记录与数据处理

（1）实验记录。化学稳定性测定记录在表 8-19 中。

表 8-19 化学稳定性测定记录表

试样名称		测定人		测定日期			
试样处理							
编号	失重法				滴定法		
	耐酸度/%		耐碱度/%		空白试验消耗 0.01mol/L 盐酸数 l_1/mL	酸碱稳定性测定	
	测定前试样重 G_0	测定后试样重 G_1	测定前试样重 G_0'	测定后试样重 G_1'		消耗 0.01mol/L 盐酸数 l_2/mL	消耗 0.01mol/L NaOH 数 l_3/mL

（2）计算公式如下：

$$耐酸度 = G_1/G_0$$

$$耐碱度 = G_1'/G_0'$$

$$水稳定性(空白试验) = \frac{G - G_1}{G} = \frac{G - 0.01 \times 0.001 l_1 \times 36.5}{G} \times 100\%$$

$$耐酸稳定性 = \frac{G - G_2}{G} = \frac{G - 0.01 \times 0.001 l_2 \times 36.5}{G} \times 100\%（耐酸率）$$

$$耐碱稳定性 = \frac{G - G_3}{G} = \frac{G - 0.01 \times 0.001 l_3 \times 36.5}{G} \times 100\%（耐碱率）$$

式中 G——试样质量（测定前）；

G_1——水稳定性试验中滤液中碱的质量分数。

8.19　无机材料色度的测定

8.19.1　实验目的

（1）了解物体颜色的基本概念及表示方法；

（2）了解物体色的测量方法；

（3）掌握用色彩色差计测量反射物体、透射体色度值的技术。

8.19.2　实验原理

物质的颜色与光密切相关。按照物理学的观点，太阳辐射是一种电磁波，太阳光只是其中的一部分，它是由不同波长的光所组成的。除可见光外，还有紫外光和红外光。通常，物质的颜色是物质对太阳可见光（白光）选择性反射或透过的物理现象。可见光被物体反射或透射后的颜色，称为物体色。不透明物体表面的颜色，称为表面色。

根据三原色学说，任何一种颜色的光，都可看成是由蓝、绿、红三种颜色的光按一定的比例组合起来的。“颜色视觉”是由于外界物质的辐射能刺激人们眼睛内视网膜敏感的视觉神经中心末梢。光进入眼睛后，三种颜色的光分别作用于视网膜上的三种细胞上，产生激励，在视神经中，这些分别产生的激励又混合起来，产生彩色光的感觉。

物体的颜色与照射的光源和人眼对颜色的感觉有关。由于人的生理上的差别，眼睛对颜色的灵敏性也大不相同，因此，人对颜色的判断带有很大的主观性。

为了准确地描述和表示物体的颜色，新兴了一门科学——色度学。在这门科学里，物体的颜色一般用色调、色彩度和明度这三种尺度来表示。色调表示红、黄、绿、蓝、紫等颜色特性。明度表示物体表面相对明暗的特性，是在相同的照明条件下，以白板为基准，对物体表面的视知觉特性给予的分度。色彩度是用等明度无彩点的视知特性来表示物体表面颜色的浓淡，并给予分度。此外，还用色差来表示物体颜色知觉的定量差异。

8.19.2.1　CIE *X*10、*Y*10、*Z*10 色度系统

使用规定的符号，按一系列规定和定义颜色的系统称为色度系统（亦称表色系统）。为了科学地表征颜色特征，国际照明委员会（CIE－International Commission on Illumination）创立了 CIE 系统。

人眼的视网膜有红、绿、蓝三种不同的感色细胞，它们具有不同的光谱敏感特性。每个人的感色细胞多少是有差异的。国际照明委员会对许多观察者的颜色视觉做了实验，得到人眼的平均颜色视觉特性，规定为标准观察者光谱三刺激值。

由 CIE1931 年规定的光谱三刺激值 $x(\lambda)$、$y(\lambda)$、$z(\lambda)$ 表示的色度系统，称为 CIE1931 色度系统，有时称为 20 视场 *XYZ* 色度系统。由 CIE1964 年规定的光谱三刺激值 $x(\lambda)$、$y(\lambda)$、$z(\lambda)$ 表示的色度系统，称为 CIE1964 色度系统，有时称为 100 视场 *X*10、*Y*10、*Z*10 色度系统。

用色调和色彩来表示颜色的特性，称为色品（度），用色品坐标来规定。在 *X*10、*Y*10、*Z*10 色度系统中，色品（度）坐标 *X*10、*Y*10、*Z*10 按下式计算：

$$X10 = \frac{X10}{X10 + Y10 + Z10}$$

$$Y10 = \frac{Y10}{X10 + Y10 + Z10}$$

$$Z10 = \frac{Z10}{X10 + Y10 + Z10}$$

式中，X10、Y10、Z10 是仪器测得的试样的三刺激值。其中，Y10 还表示颜色的明亮程度。

表示色品坐标的平面图称为色品（度）图，在 X10、Y10、Z10 色品系统中，以色品坐标 X10 为横坐标，Y10 为纵坐标。从 X10、Y10、Z10 色品图中可见，可见光颜色分布在一个色品三角形中，物体的色品值可以由色品三角形中唯一的点确定。

在 X10、Y10、Z10 色度系统中，采用色品坐标和刺激值来表示颜色，两样品（或待测样品与目标样品）之间的色差可由下式进行计算：

$$\Delta Y = (Y10)_2 - (Y10)_1 \tag{8-49}$$

$$\Delta X = (X10)_2 - (X10)_1 \tag{8-50}$$

$$\Delta Z = (Z10)_2 - (Z10)_1 \tag{8-51}$$

式中，$(Y10)_1$、$(X10)_1$、$(Z10)_1$ 是样品 1 测得的值（或目标色值）；$(Y10)_2$、$(X10)_2$、$(Z10)_2$ 是样品 2 测得的值。

8.19.2.2 CIE $L^*a^*b^*$ 色度系统

表示颜色的三维空间称为色空间，CIE 1976$L^*a^*b^*$ 色空间是三维直角坐标系统。该系统的坐标值 L^*、a^*、b^* 由下式计算：

$$L^* = 116 \times (Y10/3Yn) - 16 \tag{8-52}$$

$$a^* = 500 \times [(X10/3Xn) - (Y10/3Yn)] \tag{8-53}$$

$$b^* = 200 \times [(Y10/3Yn) - (Z10/3Zn)] \tag{8-54}$$

式中，X10、Y10、Z10 是测得的试样的三刺激值。Xn、Yn、Zn 是标准光源的三刺激值。以上三个公式只适用于 X/Xn、Y/Yn 和 Z/Zn 大于 0.008856 的情况。当 X/Xn、Y/Yn 和 Z/Zn 小于 0.00856 时，以上三个公式要进行修正。

两个试样之间的总色差可由下式进行计算：

$$\Delta E^* = [(\Delta L^*)_2 + (\Delta a^*)_2 + (\Delta b^*)_2]^{1/2} \tag{8-55}$$

式中，ΔL^*、Δa^*、Δb^* 是两试样的坐标 L^*、a^*、b^* 值之差。即：

$$\Delta L^* = L_2^* - L_1^* \tag{8-56}$$

$$\Delta a^* = a_2^* - a_1^* \tag{8-57}$$

$$\Delta b^* = b_2^* - b_1^* \tag{8-58}$$

式中，L_1^*、a_1^*、b_1^* 是样品 1 测得的值（或目标色值）；L_2^*、a_2^*、b_2^* 是样品 2 测得的值。CIE L^*、a^*、b^* 色度系统用明度指数 L^*，色品指数 a^*、b^* 来表示颜色的测量结果。

8.19.2.3 CIE $L^*C^*H_0$ 色度系统

在 CIE $L^*C^*H_0$ 色度系统中，L^* 是色亮度，C^* 是色饱和度，H_0 是色调角。它们的定义方程是：

$$L^* = L^* \tag{8-59}$$

$$C^* = [(a^*)_2 + (b^*)_2]^{1/2} \tag{8-60}$$

当 $a^* > 0$ 和 $b^* \geqslant 0$ 时　　$H_0 = \tan^{-1}(b^*/a^*)$

当 $a^* < 0$ 时　　$H_0 = 1800 + \tan^{-1}(b^*/a^*)$

当 $a^* > 0$ 和 $b^* < 0$ 时　　$H_0 = 3600 + \tan^{-1}(b^*/a^*)$　　(8-61)

式中，L^*、a^*、b^* 由式 8-52 ~ 式 8-54 计算得出。

CIE L^*、C^*、H_0 色度系统用 L^*、C^*、H_0 表示结果，用 ΔL^*、ΔC^*、Δh 来表示色差，两个样品（或待测样品与目标样品）之间的 L^*、C^*、H_0 差值由下式进行计算：

$$\Delta L^* = L_2^* - L_1^* \tag{8-62}$$

$$\Delta C^* = C_2^* - C_1^* \tag{8-63}$$

$$\Delta h = H_{02} - H_{01} \tag{8-64}$$

式中，L_1^*、C_1^*、H_{01} 是样品 1 测得的值（或目标色值）；L_2^*、C_2^*、H_{02} 是样品 2 测得的值。

色调差用符号 ΔH 表示，其计算公式为：

$$\Delta H = [(\Delta E^*)_2 + (\Delta L^*)_2 + (\Delta C^*)_2]^{1/2} \tag{8-65}$$

式中，ΔE^* 由式 8-55 进行计算，其他符号意义相同。

要精确表示物体的颜色，必须用一个色品坐标和明度因子来确定。由以上介绍可见，由仪器测得试样的三刺激值 $X10$、$Y10$、$Z10$ 之后，就可计算出所需的指标值。

8.19.2.4　物体色测量方法的分类

颜色测量方法一般分为光谱光度测色法和刺激值直读法两大类。

A　光谱光度测色法

光谱光度测色法用光谱光度计（带积分球的分光光度计）进行测定，测量波长的范围一般为 380 ~ 780nm，不能小于 400 ~ 700nm。试样测量结果是单色光与透过率或反射率的对应数据，需按公式经复杂的计算才能得出三刺激值和色品坐标值。

B　刺激值直读法

刺激值直读法用光电类测色仪器进行测定，这类仪器利用具有特定光谱灵敏度的光电积分元件，能直接测量物体的三束刺激值或色品坐标，因而称之为光电积分仪器，光电积分仪器包括光电色度计和色差计等。

（1）光电色度计。光电色度计是一种测量光源色和由仪器外部照明的物体色的光电积分测色仪器，用光电池、光电管或光电倍增管做探测器，每台仪器由 3 个或 4 个探测器将光信号变为电信号进行输出，得出待测色的三刺激值或色度坐标。

（2）色差计。色差计是利用仪器内部的标准光源照明来测量透射色或反射色的光电积分测色仪器，一般由照明光源、探测器、放大调节、仪表读数或数字显示、数据运算处理等部分组成。通常用 3 个探测器将光信号转变为电信号进行输出，得出待测色的三刺激值或色度坐标；还可以通过模拟计算电路或连机的电子计算机给出两个物体色的色差值，因此，这是一种操作简便的实用测色仪器。

8.19.3　实验器材

（1）北京康光仪器有限公司 SC－80 色彩色差计，仪器结构如图 8-20 所示。该仪器是带有微电脑的光电积分型颜色测量仪器，由照明光源、探测器、放大调节、仪表读数或数字显示、数据运算处理等部分组成，可直接得出被测样品的三刺激值，色度坐标及色差值等9组47个数据。其测试条件及数据列于表8-20中。

(2) 微型打印机。

(3) 恒压粉状样品压样器。

(4) 成型制品制样工具（玻璃刀、陶瓷样品切割器等）。

(5) 标准白板。

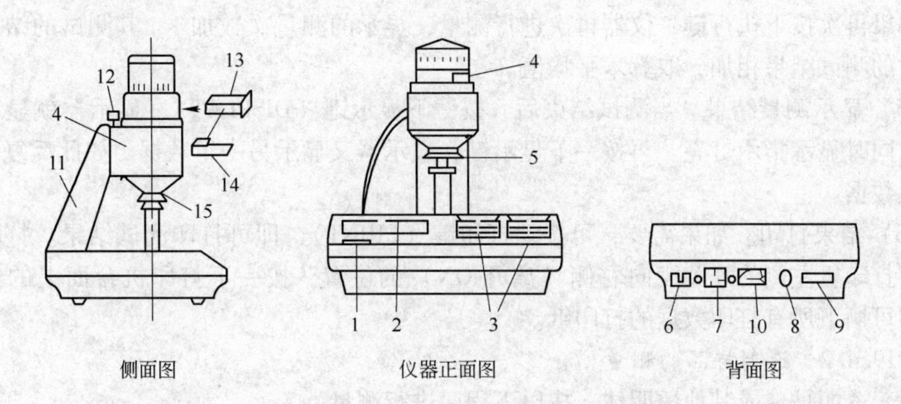

图8-20 SC－80色彩色差计的仪器结构

1—主机；2—液晶显示器；3—操作键盘；4—光学测试；5—可升降的测试台；6—电源开关；7—电源线插座；8—保险管；9—打印机插座；10—连接电缆插座；11—支架；12—锁紧钉；13—样品架；14—挡光板；15—光阑

表8-20 SC－80轻便色彩色差计的测试条件及数据

照明及测试条件	测量方式	标准照明体	标准观察者	测试孔口径
O/d	透/反射	D65	100视场	ϕ12/22mm

(6) 试样要求与制备。待测试样可以是陶瓷墙地砖、平板玻璃等成型制品，也可以是水泥等粉末状制品，将待测样品制备成6.5cm×6.5cm的小块。试样在105~110℃的干燥箱中烘1h。取出后置于干燥器中冷却到室温备用。

8.19.4 实验步骤

测试前，将仪器放置在水平工作台上，把电源线连插在仪器和交流电源的插座上。将打印机右侧的两个开关都拨向左侧位置。

8.19.4.1 反射样品的测量

对于陶瓷墙地砖、不透明的玻璃试样块及粉体试样板，按以下程序进行测量操作。

(1) 仪器预热。打开电源开关，显示器出现正在“预热”字样（preheating）时，仪器开始预热，并有一时钟在进行倒计时，预热10min后，仪器发出蜂鸣音响，预热结束。

(2) 调零操作。当仪器的显示器上出现“调零”字样（Adjust zero）时，调零指示灯亮，把调零用的黑筒放在测试台上，对准光孔压住，按动执行键（ENTER），仪器开始调零。当仪器发出蜂鸣声时，调零结束。

(3) 校对标准（调白）操作。当仪器的显示器上出现“标准”字样（Standard）时，调零指示灯亮，把调零用的黑筒取下，放上标准白板，对准光孔压住，按动执行键（EN-

TER)，仪器开始调白。当仪器发出蜂鸣声时，仪器调白结束。

（4）样品测量。当仪器的显示器上出现“样品”字样（Sample）时，测量指示灯亮，把标准白板取出，将准备好的样品（块状试样或粉体试样板）放到测试台上，对准光孔压住，按动执行键（ENTER)，仪器开始测量。并显示数字 1，表明仪器在进行第 1 次测量。当仪器发出蜂鸣声时，仪器测量结束。

如果再次按下执行键，仪器再次进行测量，显示的测量次数加 1，其测试的结果将与上几次的测试结果相加，取算术平均值。

（5）显示测量结果。当测试结束后，按一下显示键（DISPLAY)，显示器就显示一组数据，同时显示指示灯亮。再按一下显示键，显示器又显示另一组数据。如此反复，可显示各组数据。

（6）结果打印。如果需要，可按动打印键（PRINT)，即可打印测试结果。打印结束后，将打印机左侧的开关拨向右侧（离开 ON）的位置，按一下打印机台面上的红色按钮，即可撕下所有打印数据的打印纸。

8.19.4.2　透射样品的测量

对于透明玻璃或其他透明体，按以下程序进行测量。

（1）仪器预热。与反射样品测量的叙述相同，若已预热过，不用再预热。

（2）测量控制命令的设定。

1）透射测量模式的选择。按下编辑键（EDIT)，仪器进入编辑状态。按动 NEXT 键，使模式为测量模式。按动 INC 键或 DEC 键，选择透射式测量（Transmission)。

2）标准值的设定。标准值应设定为（标准光源的三刺激值）$X=94.81$；$Y=100.00$；$Z=107.322$。

方法如下：

按下编辑键，仪器进入编辑状态。按动 NEXT 键，使仪器显示已记入的标准白板三刺激值。开始，X 的十位值在闪烁，按动 INC 键或 DEC 键，使数值加 1 或减 1，直至 4 为止。如此继续操作，修改小数点后的两位数字。

依上述方法，修改 Y 和 Z 的值。数据修改完毕，核对无误后，按下编辑键，使新设定的标准白板值记入仪器内，仪器返回准备测试状态。

（3）调零操作。当仪器的显示器上出现“调零”字样（Adjust zero）时，调零指示灯亮。从测量头身上将透射用样品架水平拉出，从其侧向放入挡光板，推入测量头中。按动执行键（ENTER)，仪器开始调零。当仪器发出蜂鸣声时，调零结束。

（4）校对标准（调白）操作。当仪器的显示器上出现“标准”字样（Standard）时，调白指示灯亮。水平拉出样品架，把挡光板取下后，重新推入测量头内（即以空气为标准)。按动执行键（ENTER)，仪器开始调白。当仪器发出蜂鸣声时，仪器调白结束。

（5）样品测量。当仪器的显示器上出现“样品”字样（Sample）时，测量指示灯亮，将样品架拉出，将准备好的样品（透明块状试样或粉体试样板）放到样品架上，推入测量头内。按动执行键（ENTER）仪器开始测量，并显示数字 1，表明仪器在进行第 1 次测量。当仪器发出蜂鸣声时，仪器测量结束。

如果再次按下执行键，仪器再次进行测试，显示的测量次数加 1，将其测试的结果与上（几）次的测试结果相加，取算术平均值。

（6）显示测量结果。与测量反射样品相同。

（7）结果打印。与测量反射样品相同。

8.19.4.3 物体色差的测量

测量反射物体或透射物体的色差有两种方法。一是测量两样品之间的色差；二是测量两样品和已记入仪器内部的目标样品值之间的色差。

A 两个样品之间的色差测量

（1）测量模式的检查与设定。首先，通过编辑键（EDIT）和执行键（ENTER），检查仪器内部是否已设定为“待测样品色差方式”。若不是，按下 NEXT 键，将模式转换为比较色差模式。按动 INC 键或 DEC 键，选择“两个样品间比较色差”（Sample）的模式。

（2）测量。在测量提示状态下，首先测量第 1 个样品。测试完成后，按下显示键（DISPLAY）或打印键（PRINT），得到第 1 个样品的数据。

换上第 2 个样品，按下测试键（SAMPLE），再按执行键（ENTER），进行测试。也可以按下复位键（RESET），再按下执行键进行测量。

第 2 个样品测试完毕后，按下显示键或打印键，即可得到第 2 个样品的测试数据，同时也可得到第 1 个与第 2 个样品之间的色差数据。

B 被测样品与目标样品之间的色差测量

（1）测量模式的检查与设定。首先，通过编辑键（EDIT）和 NEXT 键，检查仪器内部是否已设定为“待测样品色差方式”。若不是，按下 NXET 键，将模式转换为比较色差模式。按动 INC 键或 DEC 键，选择“目标样品与被测样品间比较色差”（Target）的模式。

然后，按下编辑键，仪器进入编辑状态。按动 NEXT 键，使仪器显示已记入的标准白板三刺激值。再按下列顺序，输入目标样品的参数值：

开始，X 的十位值在闪烁，按动 INC 键或 DEC 键，使数值加 1 或减 1，直至目标样品的参数值为止。然后再设定下一位数，这时按下→键，使闪烁的位右移一位，再按动 INC 键或 DEC 键，使数值加 1 或减 1，直至目标样品的参数值为止。如此继续操作，修改小数点后的两位数字。

依上述方法，修改 Y 和 Z 的值。数据修改完毕核对无误后，按下编辑键（EDIT），使新设定的目标样品的参数值记入仪器内，仪器返回到准备测试状态。

（2）测量。在测量提示状态下，将待测量的样品进行测试。测试完成后，按下显示键（DISPLAY）或打印键（PRINT），即可得到待测样品的测试数据，同时也可得到待测样品与目标样品之间的色差数据。

8.19.5 实验记录与数据处理

国家标准 GB 11942—89 指出：“本标准采用国际照明委员会（CIE）1964 和 1931 标准色度系统的三刺激值和色品坐标表示结果。也可用 CIE1976 L^*、a^*、b^* 色度空间或主波长（补色波长）和兴奋纯度表示结果”。因此，测定记录与数据处理应包括这些内容。

测定结果可由打印机打出，但打印结果不直观，而且是每个样品打印一次，可按表 8-21 将几个样品的数据进行整理记录。

表 8-21 测试原始数据记录表

试样编号		1	2	3	4	5
三刺激值	$X10$					
	$Y10$					
	$Z10$					
色品坐标	$X10$					
	$Y10$					
	a^*					
	b^*					
	c^*					
	H_0					
明亮度	Y					
	L^*					
色差值	ΔY					
	ΔX					
	ΔZ					
	ΔE					
	ΔL					
	Δa					
	Δb					
	Δc					
	Δh					
	ΔH					
备注						

8.20 无机材料光泽度的测定

8.20.1 实验目的

（1）了解光泽度的定义及测定意义；

（2）掌握用光泽度计测量光泽度的原理和测试技术；

（3）了解各种材料的测试要求和测量结果的处理方法。

8.20.2 实验原理

（1）光泽度的定义。光泽是物体表面定向选择反射的性质，表现为在表面上呈现不同的亮斑或形成重叠于表面的物体的像。光泽度是物体受光照射时表面反射光的能力，通常以试样在镜面（正反射）方向的相对于标准表面的反射率乘以100来表示，即：

$$G = 100R/R_0 \tag{8-66}$$

式中 R——试样表面的反射率，%；

R_0——标准板的反射率。以抛光完善的黑玻璃作为参照标准板，其钠 D 射线的折射率为1.567，对于每一个几何光学条件的镜向光泽度定为100光泽度单位。

（2）测试原理。仪器的测量头由发射器和接收器组成。发射器由白炽光源和一组透镜组成，它产生一定要求的入射光束。接收器由透镜和光敏元件组成，用于接收从样品表面反射回来的锥体光束。

用波动理论可以定性地解释材料的许多光学性能，根据波动理论可以导出，单位时间通过单位面积的入射光的能量流 W_0 与反射光的能量流 W 之比为：

$$\frac{W}{W_0}=\left[\frac{\sin^2(i-r)}{\sin^2(i+r)}+\frac{\tan^2(i-r)}{\tan^2(i+r)}\right] \tag{8-67}$$

式中 i——入射光线和法线之间的夹角（入射角）；

r——折射角。

镜面发射率 R 取决于反射光线的介质的折射率及入射角，因此在实际应用中常用下式进行计算：

$$\frac{W}{W_0}=\frac{1}{2}\times\frac{\cos i-\sqrt{n^2-\sin^2 i}}{\cos i+\sqrt{n^2+\sin^2 i}}+\frac{n^2\cos i-\sqrt{n^2-\sin^2 i}}{n^2\cos i+\sqrt{n^2+\sin^2 i}} \tag{8-68}$$

式中，n 是材料表面的折射率，这样，根据标准光泽板的折射率和确定的入射角，就可计算标准板的镜面反射率。将这个值定为100个光泽度单位，在光泽度计的刻度盘上刻出，就可对待测试样进行测定。

8.20.3 实验仪器

（1）光泽度计：由测量头和检测表两大部分组成，光敏元件将接收到的光信号转变为电信号传送到检测表，经放大后由仪表刻度盘指示出测量值。

（2）用来测定的试样，表面应平整、光滑，无翘曲、波纹、突起、弯曲、砂眼等外观缺陷。

根据GB/T 13891—92的规定，不同材料（制品）的试样规格、数量及每块试样的测量点如表8-22所示。

表8-22 试样规格、数量与测量点布置

试 样	规格（长×宽）/mm×mm	数量/块	测量点的数量与位置
大理石板材、花岗岩板材、水磨石板材	300×300	5	5个测量点（板材中心与四角）
墙地砖	150×150	5	1个测量点（墙地砖的中心）
塑料地板	300×300	3	10个测量点（板材中心与四角5个点测量后，将测量头旋转90°，再测一次）
玻璃纤维增强塑料板材	150×150	3	10个测量点（与塑料地板相同）

（3）将选择出的待测试样洗净、烘干备用。

8.20.4　实验步骤

实验步骤如下：

（1）用擦镜纸将随机附带的标准板擦干净。将仪器的测量头置于标准板框内。

（2）连接好测量头与检测仪表间的讯号线，接通电源，检查确认无误后，打开电源开关，指示灯亮，整机通电预热30min以上。

（3）对于WYG－45光电光泽度计，将功能开关拨至“0”一侧，调整“0”旋钮，使指针对准零点。

对于SS－82光电光泽度计，将“调零测量”开关拨至“调零”一侧，调整“调零”旋钮，使指针对准零点。

（4）对于WYG－45光电光泽度计，将功能开关拨至“振幅（AMP）”一侧，调整“振幅（AMP）”旋钮，使指针的读数与标准板的光泽度相符。

对于SS－82光电光泽度计，将“调零测量”开关拨至“测量”一侧，调整“振幅”旋钮，使指针的读数与标准板的光泽度相符。

（5）重复（3）、（4）的过程，当零点与幅度均调节准确后，对于WYG－45光电光泽度计，将测量点的数量与位置功能开关拨至“振幅（AMP）”一侧，即可进行实际测量。

对于SS－82光电光泽度计，将“调零测量”开关拨至“测量”一侧，即可进行实际测量。

（6）按表8-22的要求，将测量头置于试样表面的第一个待测量部位，这时表头所指示的数值即为待测部位的光泽度值。读取数值后，对其他测量部位进行测量。

（7）换另一块试样，按上述方法测量其光泽度值。

8.20.5　实验记录与数据处理

（1）测量数据记录。应记录的原始数据包括以下几个方面：

1）材料名称、试样牌号、试样品种、试样来源、试样编号等；

2）光泽度计的型号、几何光学条件与生产厂名；

3）每块试样的测量点及其测量数值。

（2）数据处理。

1）对于墙地砖，每个试样中心的光泽度值即为该试样的光泽度值。

2）对于要求多测量点的材料（制品），每个试样的光泽度值要用多点测量值的算术平均值表示，计算精确至0.1光泽度单位。其中，如果最高值或最低值超过平均值的10%，应在其后的括号内注明。

3）以3块或5块试样测定值的平均值作为被测建筑饰面材料镜向光泽度值。小数点后的余数采用数值修约规则修约，结果取整数。

8.21　无机材料电性能的测定

8.21.1　实验目的

（1）探讨介质极化与介电常数、介电损耗的关系；

（2）了解高频 Q 表的工作原理；

（3）掌握室温下用高频 Q 表测定材料的介电系数和介电损耗角正切值。

8.21.2 实验原理

8.21.2.1 材料的介电常数

按照物质电结构的观点，任何物质都是由不同性的电荷构成的，而在电介质中存在原子、分子和离子等。当固体电介质置于电场中后，固有偶极子和感应偶极子会沿电场方向排列，结果使电介质表面产生等量异号的电荷，即整个介质显示出一定的极性，这个过程称为极化。极化过程可分为位移极化、转向极化、空间电荷极化以及热离子极化。对于不同的材料、温度和频率，各种极化过程的影响不同。

（1）材料的相对介电系数 ε。介电系数是电介质的一个重要性能指标。在绝缘技术中，特别是选择绝缘材料或介质储能材料时，都需要考虑电介质的介电系数。此外，由于介电系数取决于极化，而极化又取决于电介质的分子结构和分子运动的形式，所以，通过对介电常数随电场强度、频率和温度变化规律的研究还可以推断绝缘材料的分子结构。

介电系数的一般定义为：电容器两极板间充满均匀绝缘介质后的电容，与不存在介质时（即真空）的电容相比所增加的倍数。其数学表达式为：

$$C_x = \varepsilon C_{a0} \tag{8-69}$$

式中 C_x——两极板充满介质时的电容；

C_{a0}——两极板为真空时的电容；

ε——电容量增加的倍数，即相对介电常数。

从电容等于极板间提高单位电压所需的电量这一概念出发，相对介电常数可理解为表征电容器储能能力的物理量。从极化的观点来看，相对介电常数也是表征介质在外电场作用下极化程度的物理量。

一般来讲，电介质的介电常数不是定值，而是随物质的温度、湿度、外电源频率和电场强度的变化而变化的。

（2）材料的介质损耗是电介质材料基本的物理性质之一。介质损耗是指电介质材料在外电场作用下发热而损耗的那部分能量。在直流电场作用下，介质没有周期性损耗，基本上是稳态电流造成的损耗；在交流电场作用下，介质损耗除了包括稳态电流损耗外，还有各种交流损耗。由于电场的频繁转向，电介质中的损耗要比直流电场作用时大许多(有时达到几千倍)，因此介质损耗通常是指交流损耗。

从电介质极化机理来看，介质损耗包括以下几种：1）由交变电场换向而产生的电导损耗；2）由结构松弛而造成的松弛损耗；3）由网络结构变形而造成的结构损耗；4）由共振吸收而造成的共振损耗。

在工程中，常将介质损耗用介质损耗角的正切值 $\tan\delta$ 来表示。现在讨论介质损耗角正切的表达式。

图 8-21 是介电损耗的等效电路，由于介质电容器存在损耗，因此通过介质电容器的电流向量 $\boldsymbol{I}$，并不超前电压向量 $\boldsymbol{V}\ \frac{\pi}{2}$，而是 $-\delta$ 角度。其中，δ 称为介质损耗角。如果把具有损耗的介质电容器等效为电容器与损耗电阻的并联电路，如图 8-21c 所示，则可得：

$$\tan\delta = \frac{I_R}{I_C} = \frac{1}{\omega RC} \tag{8-70}$$

式中　ω——电源角频率；

R——并联等效交流电阻；

C——并联等效交流电容。

通常称 $\tan\delta$ 为介质损耗角正切值，它表示材料在一个周期内热功率损耗与贮存之比，是衡量材料损耗程度的物理量。

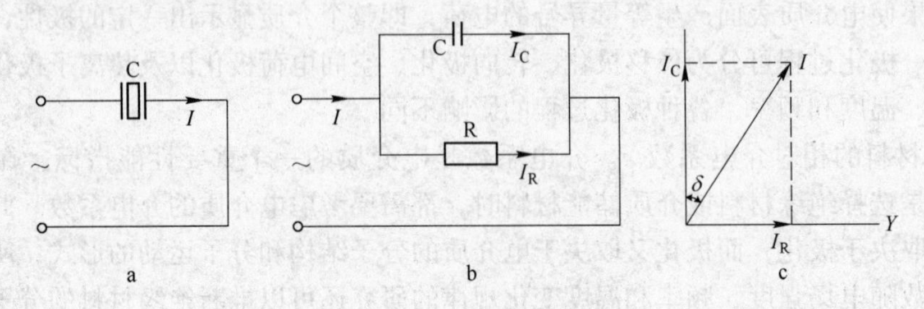

图 8-21　介电损耗的等效电路

8.21.2.2　测量线路

通常测量材料介电系数和介电损耗角正切值的方法有两种：交流电桥法和 Q 表测量法。其中 Q 表测量法在测量时由于操作与计算比较简便而被广泛采用。本实验介绍这种测量方法。

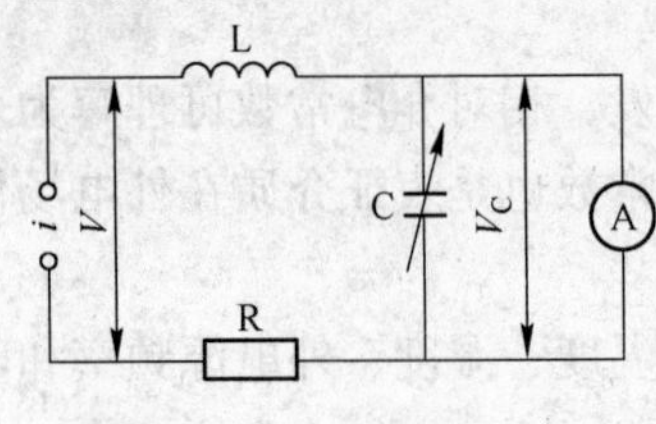

图 8-22　Q 表测量原理图

(1) Q 表测量介电系数和介电损耗角正切值的原理。Q 表的测量回路是一个简单的 R－L－C 回路，如图 8-22 所示。

当回路两端加上电压 V 后，电容器 C 的两端电压为 V_C，调节电容器 C 使回路谐振后，回路的品质因数 Q 就可用下式表示：

$$Q = \frac{V_C}{V} = \frac{\omega L}{R} = \frac{1}{\omega RC} \tag{8-71}$$

式中　R——回路电阻；

L——回路电感；

C——回路电容。

由上式可知，当输入电压 V 不变时，则 Q 与 V_C 成正比。因此在一定输入电压下，V_C 值可直接标示为 Q 值。Q 表即根据这一原理来制造。

QBG－3 型高频 Q 表的电路如图 8-23 所示。它由稳压电源、高频信号发生器、定位电压表 CB_1、Q 值电压表 CB_2、宽频低阻分压器以及标准可调电容器等组成。工作原理简述如下：高频信号发生器（采用哈脱莱电路）的输出信号，通过低阻抗耦合线圈将信号馈送至宽频低阻分压器。输出信号幅度的调节通过控制振荡器的帘栅极电压来实现。当调节定位电压表 CB_1 指在定位线上时，R_1 两端得到约 10mV 的电压（V_i）。当 V_i 调节在一定数值（10mV）后，可以使测量 V_C 的电压表 CB_2 直接以 Q 值刻度，即可直接地读出 Q 值，而不必计算。另外，电路中采用宽频低阻分压器的原因是：如果直接测量 V_i 必须增加大量电子组件才能测出高频低电压信号，成本较高。若使用宽频低阻分压器后则可用普通电压表达到同样的目的。

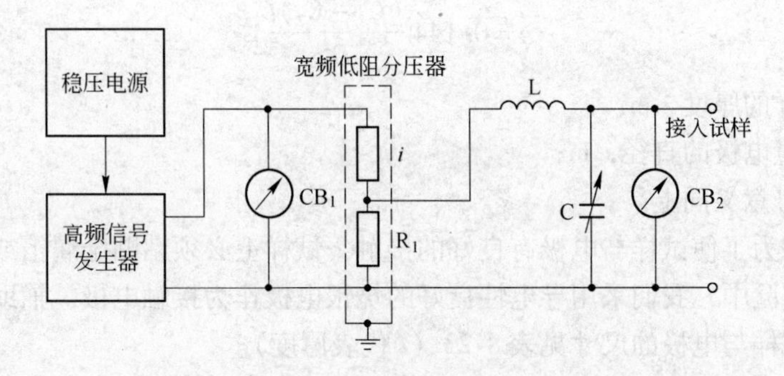

图 8-23　QBG－3 型高频 Q 表测量电路图

介电系数 ε 和介电损耗角正切值 $\tan\delta$ 的推导如下：

设未接入试样时，调节 C 使回路谐振（即 Q 值达到最大），谐振电容读数为 C_1，Q 表读数为 Q_1。接上试样后再调节 C 至谐振，谐振电容的读数为 C_2，Q 表读数为 Q_2。由于两次谐振 L、f 不变，所以两次谐振时的电容应相同，即：

$$C_0 + C_1 = C_0 + C_2 + C_x \tag{8-72}$$

式中，C_0 为测试线路的分布电容和杂散电容。

代入式 8-69 可得：

$$\varepsilon = \frac{C_1 - C_2}{C_{a0}} \tag{8-73}$$

式中，C_{a0} 为电容器的真空电容量，可根据实际的电极形状来计算。同样可以根据 $\tan\delta$ 计算，得出以下结果：

$$\tan\delta = \frac{C_0 + C_1}{C_1 - C_2} \times \frac{Q_1 - Q_2}{Q_1 Q_2} \tag{8-74}$$

式中　C_0——测试线路的分布电容和杂散电容之和；

C_1，Q_1——未接入试样前的电容值、Q 值；

C_2，Q_2——接入试样后的电容值、Q 值。

（2）电极系统在测量材料的相对介电系数和介电损耗角正切值时，电极系统的选择很重要，通常分为二电极系统和三电极系统。一般来说，在低频情况下，表面漏电流对介电损耗角正切值的影响较大，必须采用三电极系统；而在高频情况下，一方面表面漏电流的影响较小，另一方面高频测量一般采用谐振法，三电极系统只能提供两个测试端，因此只能用二电极系统。

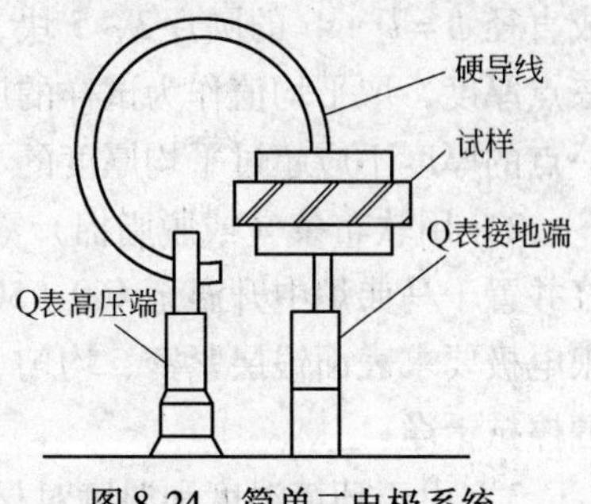

图 8-24　简单二电极系统

常用的简单二电极系统如图 8-24 所示。测量时把已粘贴或涂敷电极的试样放在比试样小得多的接地金属支柱上，电极用一根短而粗的裸线接到仪器的高压端。这种连接方式的目的是将引线对被测试样电容及损耗角正切值的影响减至最小。

当采用二电极系统时，其平板试样与电极形状常为圆形。因此，介电常数的计算公式可具体写成：

$$\varepsilon = 0.144\frac{(C_1 - C_2)t}{D^2} \tag{8-75}$$

式中 t——试样的厚度，m；

D——测量电极的直径，m；

C_1，C_2——符号意义同上。

在测量前，为了使试样与电极有良好的接触，试样上必须粘贴金属箔或喷涂金属层等电极材料。本实验中，我们采用导电性良好的烧银电极作为接触电极。辅助电极可用普通的黄铜电极。试样与电极的尺寸见表 8-23（t 代表厚度）。

表 8-23 二电极与试样尺寸 （mm）

试 样	试样尺寸	电极尺寸		频率范围
		测量电极	接地电极	
板 状	直径≥50 +4t	直径 50 ±0.1	直径 50 ±0.1；直径≥50 ±4t	音频高频
	直径 50	直径 50 ±0.1	直径 50 ±0.1	

8.21.3 实验器材

本实验需要以下设备、工具及试剂：

（1）QBG－3 型高频 Q 表 1 台，包括电感箱及夹具；

（2）恒温恒湿箱 1 台；马弗炉 1 台；

（3）干湿度计，干燥器 1 支，烧杯 1 个，千分卡尺，镊子，特种铅笔，软布条（或脱脂棉），砂纸；

（4）银浆，无水乙醇。

8.21.4 实验步骤

实验步骤如下：

（1）试样的制备。

1）选取平整，无砂眼、条纹、气泡等缺陷，厚度为 3～4mm 的无应力的试样块，切成直径 $\phi = D + 4t$ 的圆片 3～5 块，用特种铅笔将试块编上号，然后用卡尺沿直径方向测量三点厚度，取平均值作为试样的厚度尺寸。试样要求两面尽量平行，试样在电极下的任何一点的厚度不应超过平均厚度的 ±3%。

2）用软布条（或脱脂棉）蘸取无水乙醇将试样擦拭干净。用毛笔在两平面上涂上银浆并置于马弗炉中升温至 460～500℃，保温 10min，然后慢慢冷却至室温。这样制成的烧银电极要求表面银层紧密、均匀、导电良好。最后在砂纸上磨去边缘的银层，再用无水乙醇擦拭干净。

3）由于环境温度和湿度对材料的介电系数和介质损耗角正切值有较大的影响，为了减少试样因放置条件不同而产生的影响，实验结果有重复性和可比性，被测试样在测试前应进行预处理。处理条件见表8-24。

表8-24 试样的预处理条件

温度/℃	相对湿度/%	时间/h
20 ±5	60 ±5	≥24
70 ±2	<40	4
105 ±2	<40	1

预处理结束后，将试样置于干燥器中冷却至测量环境的温度待用。

(2) 测量环境要求。国家标准规定的常态试验条件为 (20 ±5)℃，相对湿度为 (65 ±5)%。实验条件最好是符合标准，至少不与所需条件相差太大。

(3) 仪器准备。

1) 将仪器安放在水平平台上。

2) 校正定位电压表和 Q 值电压表的机械零点。

3) 将"定位粗调"旋钮向减小方向旋到底；"定位零位校直"、"Q 值零位校直"置于中心偏左位置；微调电容器调到零。

4) 接通电源（指示灯亮）后，预热20min以上，待仪器稳定后，就可进行测试。

(4) 高频线圈分布电容量 C_0 的测量（两倍频率法）。

1) 调节"定位校直"旋钮使定位表置于零，调节"定位粗调"、"定位细调"旋钮至电压表指示为"Q_{x_1}"。

2) 将微调电容器调节到零；主调电容器调至远离谐振点。调节"Q 值零位校直"旋钮使 Q 值电表指示为零点。

3) 取一电感量适量的线圈接在仪器顶端标有"L_x"的两接线柱上。

4) 将主调电容器调节至某一适当的电容值（C_1'）上，通常 C_1'在200pF较适宜。

5) 调节信号发生器频率至谐振点（Q 值为最大处），调节定位电压表到 Q_{x_1}处后，复调频率至谐振点，记下此时的频率（f_1）。

6) 将信号发生器频率调至 $f_2 = 2f_1$ 处，调节定位电压表到 Q_{x_1}处。

7) 调节主调电容器到谐振点，读取 C_1' 值。

高频电感线圈的分布电容可按下式计算：

$$C_0 = \frac{C_1' - 4C_2'}{3} \tag{8-76}$$

(5) 试样 ε 和 $\tan\delta$ 的测量。

1) 将已测出 C_0 的电感线圈接在仪器的"L_x"两接线柱上。

2) 将信号发生器频率调节至1MHz。

3) 调节"定位校正"旋钮使定位电压表指针指零，调节"定位粗调"、"定位细调"旋钮，使 Q 值电压表指在 Q_{x_1}处。

4) 调节主电容器至远离谐振点。调节"Q 值零位校直"旋钮，使 Q 值电压表指示为零。

5）调节主调电容器至谐振点。读得 Q 值为 Q_1、电容值为 C_1（主调和微调电容器两度盘之和）。

6）将二电极系统的上、下电极接线接在“C_x”的两接线柱上，从干燥器中取出试样，安放在两电极之间，安放时应注意上、下电极以及试样要同心，否则会影响测量值。

7）调节主调电容器至谐振点，读得 Q 值为 Q_2，C 值为 C_2 后即完成一个试样的测量。必须注意，当没有适宜的测试条件时，试样从干燥器中取出至测试完毕不得超过5min。

8）更换另一块试样，按6）、7）进行测试。

8.21.5　实验记录与数据处理

（1）实验数据记录。实验条件及测定数据应包括表8-25所示的内容。

表8-25　测定数据记录表

试　样			预处理条件			测试条件				
形状	尺寸/mm	数量/个	温度 t/℃	相对湿度/%	时间/h	仪器型号	环境温度 t/℃	相对湿度/%	电感分布电容/μF	测量电极直径/m

序号	试样厚度/m	测量数据				计算结果		
		C_1	Q_1	C_2	Q_2	ε	$\tan\delta\times10^4$	平均值
1								ε = $\tan\delta$ =
2								
3								
4								
5								

（2）数据处理。材料的相对介电常数 ε 和介质损耗角正切值 $\tan\delta$ 分别用式8-75、式8-74来表示，C_0 是电感线圈的分布电容。实验结果以各项实验的算术平均值来表示，取两位有效数字。$\tan\delta$ 的相对误差要求不大于0.0001。

本章小结

传统的水泥、玻璃、陶瓷性能的改善以及各种结构型和功能型的无机非金属新材料层出不穷，不同的材料所体现的性能具有差异性，然而在无机非金属材料体系中各个分支领域具有共性，在实验过程中应该摒弃实验对象的差异性，从实验中举一反三，获得材料测试项目的共性特点，探索新的实验测试手段，提高对无机材料使用性能的测试能力，加深对与使用性能相关的材料本征特性的理解。

思考题

8-1　测定黏土或坯料收缩率的目的是什么？

8-2　影响黏土或坯料收缩率的因素是什么？

8-3　如何降低收缩率？

8-4　干燥过程和烧成过程为什么会收缩，其动力是什么？

8-5 玻璃体为什么会析晶?
8-6 梯温炉法测定玻璃析晶温度的原理是什么?
8-7 影响玻璃析晶温度测定结果的因素是什么，如何防止?
8-8 根据图 8-1，说明如何制造微晶玻璃?
8-9 结合析晶机理说明如何防止玻璃析晶?
8-10 测定玻璃析晶性能对玻璃生产有何重要意义?
8-11 梯温炉法测玻璃析晶有什么特点?
8-12 什么叫应力，什么叫内应力，什么叫主应力?
8-13 退火的目的和实质是什么?
8-14 什么是最高退火温度和最低退火温度?
8-15 本实验的原理是什么，为提高测试的准确性，实验过程中应注意哪些事项?
8-16 从理论上证明，在玻璃的退火温度范围内，玻璃试样退火时的剩余应力 δ_i 与初始应力 δ_0 的比值 δ_i/δ_0 与温度呈线性关系。
8-17 分析玻璃波筋形成的原因。
8-18 根据平板玻璃波筋测定实验结果，如何评价玻璃的表面质量?
8-19 影响水泥安定性的因素有哪些?
8-20 水泥凝结时间对施工过程以及工程质量有什么影响?
8-21 影响水泥压蒸安定性的因素有哪些?
8-22 水泥中 MgO 的水化原理是什么?
8-23 用溶解热法测定水泥的水化热对实验室环境有什么要求，为什么作如此要求?
8-24 水泥水化热的测定结果如何处理，有什么实际意义?
8-25 水泥干缩性能实验对实验室温度和湿度有何要求?
8-26 水泥干缩性能实验结果如何处理?
8-27 对于抗冻试验，当同一测定批进行一组以上试验时，应怎样处理试验结果，为什么?
8-28 影响混凝土的耐久性的因素有哪些?
8-29 无机材料中的气孔是怎样形成的?
8-30 在材料制备中可以采用哪些方案提高材料的真密度?
8-31 材料的真密度、表观密度、堆密度、振实密度有什么区别，有什么应用价值?
8-32 影响陶瓷抗压强度测定的因素是什么?
8-33 从陶瓷抗压强度极限的测定中，我们得到什么启示?
8-34 测试材料高温软化点的过程中，如遇样品析晶为什么要空烧炉子?
8-35 测定玻璃的软化点有什么实际意义?
8-36 影响测定材料热稳定性的因素及防止措施有哪些?
8-37 测定各种玻璃陶瓷热稳定性的实际意义是什么?
8-38 影响玻璃、陶瓷材料热稳定性的因素有哪些?
8-39 热稳定性测定仪的测定原理是什么?
8-40 测定材料的热膨胀系数有何意义?
8-41 石英膨胀仪测定材料膨胀系数的原理是什么?
8-42 影响测定膨胀系数的因素是什么，如何防止?
8-43 影响材料热导率测量结果精确度的因素有哪些?
8-44 如何保证粉体材料在热导率测试中的稳定传热?
8-45 哪些陶瓷产品需检验其耐酸耐碱性?
8-46 影响陶瓷化学稳定性的因素是什么?

8-47　如何从坯釉料的化学成分、结构性能上来提高及改善陶瓷坯釉的化学稳定性?

8-48　用分光光度计能测量物体的色度吗，为什么?

8-49　在反射样品测量之前，为什么要用标准白板校准仪器?

8-50　在透射样品测量之前，为什么要设定 X、Y、Z 的值?

8-51　在透射样品测量之前，为什么要以空气为标准校准仪器?

8-52　测量色差有两种方法，各自的特点是什么，有何实用意义?

8-53　本实验测量色度所用仪器的几何光学条件是什么?

8-54　镜面反射和漫反射有什么不同?

8-55　相对反射率的含义是什么，在测材料（制品）的光泽度之前，为什么要用标准板对仪器的表头进行校正?

8-56　在陶瓷或搪瓷的生产中，为了提高制品表面的光泽度，应采取什么措施，而在玻璃制品的深加工中，为了降低玻璃表面的光泽度，应采取什么措施?

8-57　介质极化与介电常数、介电损耗有什么关系?

8-58　影响介质损耗角正切值的原因有哪些，在生产实际中这个参数有什么意义?

9 无机材料现代测试与分析实验

内容提要：

本章实验包括综合热分析表征材料变化过程中的热效应和质量变化，粉末X射线衍射技术和电子显微技术表征材料的织构以及物相定量分析，紫外、荧光和红外技术表征材料原子、分子或晶胞吸收一定能量的光子后所产生的量子结构的变化。

9.1 综合热分析

9.1.1 实验目的

（1）了解STA449C综合热分析仪的原理及仪器装置；

（2）学习使用TG－DSC综合热分析方法鉴定矿物。

9.1.2 实验原理

热分析是物理化学分析的基本方法之一，是根据物质的温度变化所引起的性能（能量、质量、尺寸、结构）变化，来确定状态变化的分析方法。

热分析的技术基础在于：物质在加热冷却过程中，随着物理化学状态的变化，通常伴随有相应的热力学性质或其他性质的变化，通过对某些性质参数的测定，研究分析物质的物理、化学变化过程。其主要内容包括以下几方面：

（1）差热分析（DTA）：研究物质在加热过程中内部能量变化所引起的吸热或者放热效应。

（2）热重分析（TGA）：研究物质在加热过程中质量的变化。

（3）体积（长度）分析：研究物质在加热或冷却过程中所发生的膨胀或收缩。

（4）对同一物质来说，上述几个方面的变化可能同时发生，也可能只产生其中一两个。差热分析可作为物质的特性分析，通过与各种物质的标准差热曲线进行对比，可做矿物组成的初步鉴定。若同时配合热重和体积分析，则可对矿物组成作出比较准确、可靠的判断，有助于确定热效应及发生了什么物理、化学变化。

9.1.2.1 差热分析

A 原理

物质在加热过程中某一特定温度下，往往会发生物理、化学变化并伴随有吸热、放热现象。差热分析是通过物质在加热过程中特定温度下的吸热、放热现象来研究物质的各种性质的。它是在程序控制温度条件下，测量试样与参比物（热中性体）之间的温度差与温度（或时间）关系的一种技术。

在进行差热分析时，将样品和参比物分别放置在加热炉中的两个坩埚内，坩埚底部装有热电偶（见图9-1），样品和参比物同时升温。当样品未发生物理化学状态变化时，样

品温度 T_s 和参比物温度 T_r 相同，$\Delta T = T_s - T_r = 0$；当样品发生物理化学变化而产生放热或吸热时，样品温度高于或低于参比物温度，产生温度差 ΔT，这个温差由置于两者中的热电偶反映出来。相应的温差热电势讯号经放大后送入记录仪，从而得到以 ΔT 为纵坐标，温度 T（或时间 t）为横坐标的差热分析 DTA 曲线，如图 9-2 所示。

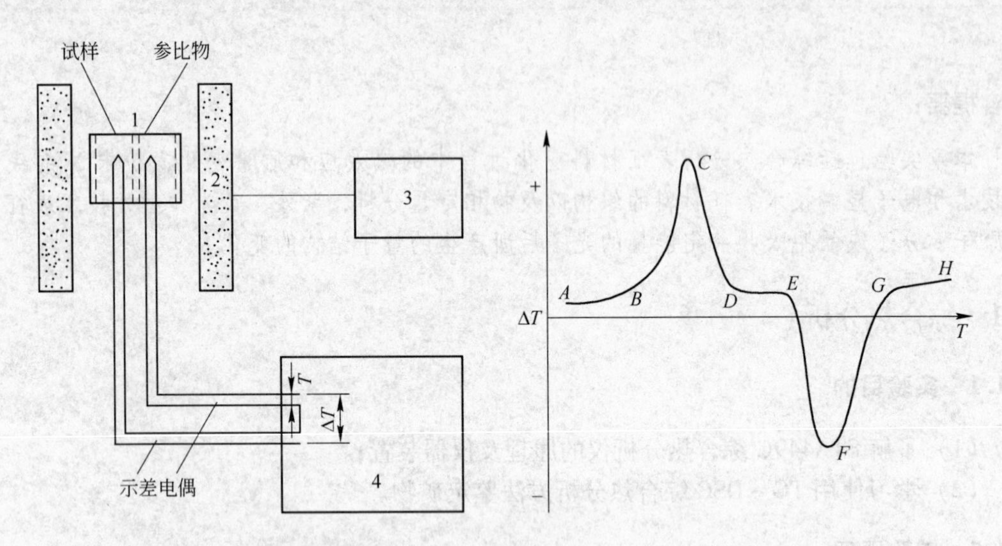

图 9-1 差示热电偶基本原理图

1—试样支持－测量系统；2—加热炉；
3—温度程序控制系统；4—信号放大及记录系统

图 9-2 典型的 DTA 曲线

差热分析方法能够较精确地测定和记录一些物质在加热过程中发生的脱水、分解、相变、氧化还原、升华、熔融、晶格破坏和重建，以及物质间的相互作用等一系列物理化学现象，并借以判定物质的组成和反应机理。

差热分析方法也是研究凝聚系统相平衡的一种方法，研究凝聚系统相平衡通常有淬冷法（静态法）和热分析法（动态法）两种，动态法又分为冷却曲线法（或加热曲线法）和差热曲线法。

B 差热曲线

差热曲线的纵坐标表示样品和参比物的温度差 ΔT，横坐标表示温度 T 或时间 t。

差热分析中，当试样和参比物之间的温度差为常数时，差热曲线是一条平直线，称之为基线。当试样发生物理、化学变化产生热效应而使试样和参比物之间的温度差不为常数时，差热曲线偏离基线，离开基线然后又回到基线的部分称为峰谷。试样温度高于参比物温度时，温度差为正值，形成放热峰；试样温度低于参比物温度时，温度差为负值，形成吸热峰（曲线向下为吸热反应，向上是放热反应）。

通过分析差热曲线中的出峰温度，峰谷的数目、形状和大小，结合样品来源及其他分析资料，可鉴定样品的矿物、相变，进而分析其吸热或放热效应。

（1）差热曲线的判读。差热曲线的判读就是对差热分析的结果作出合理的解释。

正确判读差热分析曲线，首先应明确试样加热（或冷却）过程中产生的热效应与差热曲线形态的对应关系；其次是差热曲线形态与试样的本征热特性的对应关系；第三要排除外界因素对差热曲线形态的影响。

（2）差热曲线上峰谷产生的原因。差热曲线的分析，其根本是解释曲线上每一个峰谷产生的原因，从而分析出被测试样是由哪些物相组成的。

1）矿物的脱水：矿物脱水时表现为吸热。出峰温度、峰谷大小与含水类型和含水多少及矿物结构有关。

2）相变：物质在加热过程中所产生的相变或多晶转变多数表现为吸热。

3）物质的化合与分解：物质在加热过程中化合生成新矿物表现为放热；而物质的分解表现为吸热。

4）氧化与还原：物质在加热过程中发生氧化反应时表现为放热，而发生还原反应时表现为吸热。

（3）差热曲线上转变点的确定。根据国际热分析协会（ICTA）对大量试样测定的结果，认为曲线开始偏离基线那点的切线与曲线最大斜率切线的交点最接近于热力学的平衡温度，因此用外推法确定此点为差热曲线上反应温度的起始点或转变点。

外推法既可确定起始点，也可确定反应终点。

对应于差热电偶测出的最大温差点时的温度称为峰值温度。该点既不表示反应的最大速度，也不表示热反应过程的结束。通常峰值温度较易确定，但数值易受加热速率及其他因素的影响，较起始温度变化大。

（4）热反应速度的判定。差热曲线的峰形与试样性质、实验条件等密切相关。同一试样在给定的升温速度下，峰形可以表征其热反应速度的变化。峰形陡，热反应速度快，峰形平缓，热反应速度慢。由热反应的起点 T_a、终点 T_b 及峰值温度点 T_p 构成的峰形可用图 9-3 中划分的线段 M 与 N 的比值来表示其斜率的变化，即 $\tan\alpha/\tan\beta = M/N$，该式不仅可反映出试样热反应速率的变化，而且具有定性意义。

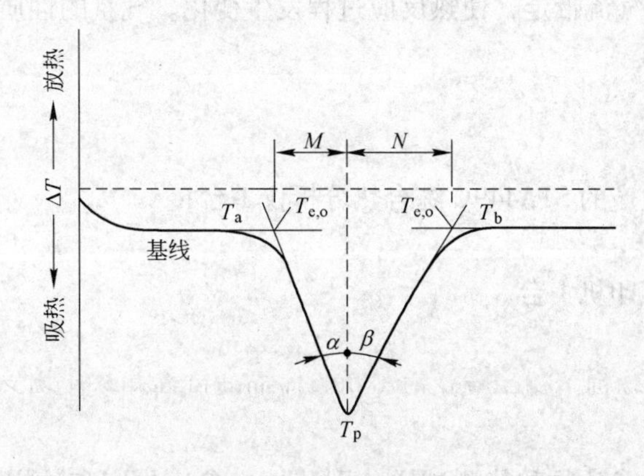

图 9-3 差热曲线判读

（5）矿物鉴定和分析。应用差热曲线进行矿物鉴定，如果被测物质是单相矿物，可将测得的差热曲线与标准物质的曲线或标准图谱集上的曲线对照，若两者的峰谷温度、数目及形状大小彼此对应吻合，则基本可以判定。若被测物质是混合物，混合物中每种物质的物理化学变化或物质间的相互作用都可能在曲线上反映出来，峰谷可能重叠，峰温可能变化，这时若只将所测曲线与标准图谱对比，一般不能做出确切的判定，通常应结合其他判定方法，如 X 射线衍射物相分析等进一步确定。

另外矿物本身及实验条件对差热曲线的峰谷温度及形貌的影响较大，例如矿物不纯或掺杂、颗粒度、用量及装填密度、升温速度以及气氛不同等，都可以使峰温产生位移、曲线形貌改变、分辨率降低。分析时应仔细考虑各种因素并结合样品来源及其他分析资料，做出正确判断。

9.1.2.2 热重分析

A 原理

许多物质在加热或冷却过程中，除产生热效应外，往往有质量变化，其变化的大小及出现的温度与物质的化学组成和结构密切相关。

利用加热或冷却过程中物质质量变化的特点，可以区别和鉴定不同的物质。

热重法是在程序控温条件下，通过热天平测量样品质量，得到质量与温度（或时间）的函数关系，即热重曲线（TG 曲线）。

曲线的纵坐标表示样品质量的变化，可以是失重的百分数，还可以是余重的百分数；横坐标为温度 T（或时间 t）。

B 影响热重曲线的因素

（1）试样。试样的用量与粒度对热重曲线有较大影响。

试样的吸热或放热反应会引起试样温度发生偏差，试样用量越大，偏差越大。另外试样用量大，逸出气体的扩散受到阻碍，热传递受影响，使热分解过程在曲线上的平台不明显。

试样的粒度不同会使气体产生的扩散过程有较大变化，会导致反应速率和曲线形状的改变。粒度越小，反应速率加快，曲线上反应区间变窄。

（2）气氛。试样周围的气氛对试样热反应本身有较大影响，试样的分解产物可能与气流反应，也可能被气流带走，使热反应过程发生变化。气氛的性质、纯度、流速对曲线的形状有较大的影响。

9.1.3 实验器材

（1）德国耐驰生产的 STA449C 综合热分析仪 1 台；

（2）电脑 1 台；

（3）彩色激光打印机 1 台。

9.1.4 实验步骤

实验步骤如下：

（1）将选择好的参比物和待测试样分别装填进参比物座和试样座，尽可能使试样与参比物有相近的装填密度（为使试样的导热性能与参比物相近，常在试样中添加适量的参比物使试样稀释）。

（2）样品准备。

1）检查并保证测试样品及其分解物不与测量坩埚、支架、热电偶或吹扫气体发生反应。

2）为了保证测量精度，测量所用的坩埚（包括参比坩埚）必须预先进行热处理到等于或高于其最高测量温度。

3）测试样品为粉末状、颗粒状、片状、块状、固体、液体均可，但需保证与测量坩埚底部接触良好，样品应适量（如：在坩埚中放置 1/3 厚或 15mg 重），以便减小在测试中样品的温度梯度，确保测量精度。

4）对于热反应剧烈或在反应过程中易产生气泡的样品，应适当减少样品量。除测试要求外，测量坩埚应加盖，以防反应物因反应剧烈溅出而污染仪器。

5）用仪器内部天平进行称样时，炉子内部温度必须保持恒定（室温），天平稳定后的读数才有效。

6）测试必须保证样品温度（达到室温）及天平均稳定后才能开始。将试样容器平稳放入加热炉内，调整好热电偶的位置以及记录仪零点。

（3）稳定仪器后，按仪器本身的操作要求设定仪器参数和参数文件，然后进行操作测试，编制相应的温度条件和气氛条件，按规定速度升温同时记录以下参数：

1）标明使用物（试样、参比物、稀释剂）的名称、组成、试样的质量和稀释方法；

2）标明使用物的来源；

3）记录升温速度；

4）记录炉膛气氛的压力、组成、纯度；注明其状态（静止或流动）；

5）记录试样的装填方法及试样的大小、形状。

（4）仪器开始测试，直到完成。

9.1.5　实验记录与数据处理

仪器测试结束后，打开数据文件进行数据处理。

（1）待分析曲线是 TG 曲线。根据一次微分曲线和 TG 曲线确定出质量开始变化的起点和终点，确定出 TG 曲线的质量变化区间，计算出该区间的质量变化率；如果试样材料在整个测试温度区间具有多次质量变化区间，依次重复上述操作，直到全部计算出各个温度区间的质量变化率，即完成 TG 曲线分析。

（2）若待分析曲线是 DSC 或 DTA 曲线，则进行反应开始温度分析、峰值强度分析、热焓分析。

（3）完成全部分析内容后，即可打印输出，测试分析操作结束。

9.2　X 射线衍射技术与定性相分析

9.2.1　实验目的

（1）学习了解 X 射线衍射仪的结构和工作原理；

（2）掌握 X 射线衍射物相定性分析的方法和步骤；

（3）给定实验样品，设计实验方案，正确分析鉴定结果。

9.2.2　实验原理

9.2.2.1　基本原理

根据晶体对 X 射线的衍射特征——衍射线的位置、强度及数量来鉴定结晶物质物相的方法，就是 X 射线物相分析法。

每一种结晶物质都有各自独特的化学组成和晶体结构。没有任何两种物质，它们的晶胞大小、质点种类及其在晶胞中的排列方式是完全一致的。因此，当X射线被晶体衍射时，每一种结晶物质都有自己独特的衍射花样，它们的特征可以用各个衍射晶面间距 d 和衍射线的相对强度 I/I_0 来表征。其中晶面间距 d 与晶胞的形状和大小有关，相对强度则与质点的种类及其在晶胞中的位置有关。所以任何一种结晶物质的衍射数据 d 和 I/I_0 是其晶体结构的必然反映。

在材料科学工作中经常需要进行物相分析，即分析某种材料中含有哪几种结晶物质，或是某种物质以何种结晶状态存在。利用X射线衍射分析可确定某结晶物质属于立方、四方、六方、单斜还是斜方晶系。

由布拉格（Bragg）方程可得晶体的每一个衍射峰位置都和一组晶面间距为 d 的晶面组有如下关系：

$$2d\sin\theta = \lambda \tag{9-1}$$

式中，θ 为入射线与晶面的夹角；λ 为入射线的波长。

另一方面，晶体的每一条衍射线的强度 I 又与结构因子 F 模量的平方成正比：

$$I = I_0 K |F|^2 V \tag{9-2}$$

式中，I_0 为单位截面上入射X射线的功率；K 为比例因子，与实验衍射几何条件、试样的形状、吸收性质、温度及一些物理常数有关；V 为参加衍射的晶体的体积；$|F|^2$ 称为结构因子，取决于晶体的结构，它是晶胞内原子坐标的函数，由它决定了衍射的强度。可见 d 和 $|F|^2$ 都是由晶体的结构所决定的，因此每种物质都必有其特有的衍射图谱，因而可以根据衍射图谱来鉴别结晶物质的物相。通常利用PDF衍射卡片进行物相分析。

为了快速找到所需卡片，编辑了卡片索引，主要有字母索引和数值索引两大类。字母索引是按物质化学元素英文名称的第一个字母顺序排列的；数字索引以衍射线的值为检索依据，按编排方式的不同有哈氏索引和芬克索引。

（1）哈氏索引。八强线按强度排 d_1，d_2，d_3，…，d_8 对应 $I_1 > I_2 > \cdots > I_8$；用最强三条线进行组合排列，每种物相在索引中出现3次。

（2）芬克索引。八强线按晶面间距排 d_1，d_2，d_3，…，d_8 对应 $I_1 > I_2 > \cdots > I_8$；八强线循环排列，每种物相在索引中出现8次。

9.2.2.2　分析步骤

分析步骤如下：

（1）获得待测试样的衍射花样（衍射谱）。

（2）获得衍射线对应的晶面间距 d 及相对强度 I/I_0 的数值。

（3）进行检索，确定卡片号。

（4）对照卡片全谱，判断物相。

9.2.2.3　注意事项

注意事项如下：

（1）d 是主要依据，I/I_0 是参考。d 值小数点后两位允许有偏差。

（2）重视低角区衍射数据，多相物质的衍射线条可能有重叠现象，低角区衍射线重叠机会少，数据更可靠。

（3）只能判定某相存在，不能断言某相不存在。力求全部数据都能合理解释，也存在少数衍射线不能解释的情况，可能由于某相物质含量太少，无法鉴定。

（4）多相物质去除一相后，剩余线条要进行归一化处理。

（5）尽可能与其他的分析实验手段相结合，互相配合，互相印证。

9.2.3　实验器材

本实验使用的仪器是 DX－2700X 射线衍射仪。主要由冷却循环水系统、X 射线衍射仪和计算机控制处理系统三部分组成。DX－2700X 射线衍射仪主要由 X 射线管（陶瓷靶）、测角仪、X 射线计数器等构成。具体参数选择包括：阳极靶的选择，扫描范围的确定，管电压和管电流的选择，发散狭缝的选择（DS），接收狭缝的选择（RS），滤波片的选择，扫描速度的确定，根据具体要求选择好参数后，即可进行实验。

9.2.4　样品制备

X 射线衍射分析的样品主要有粉末样品、块状样品、薄膜样品、纤维样品等。样品不同，分析目的不同（定性分析或定量分析），则样品制备方法也不同。

（1）粉末样品。X 射线衍射分析所用的粉末试样必须满足这样两个条件：晶粒要细小，试样无择优取向（取向排列混乱）。所以，通常将试样研细后使用，可用玛瑙研钵研细。定性分析时粒度应小于 44μm（350 目），定量分析时应将试样研细至 10μm 左右。较方便地确定 10μm 粒度的方法是，用拇指和中指捏住少量粉末，并碾动，两手指间没有颗粒感觉的粒度大致为 10μm。

常用的粉末样品架为玻璃试样架，在玻璃板上蚀刻出试样填充区为 20mm × 18mm。玻璃样品架主要在粉末试样较少时（约少于 $500mm^3$）使用。充填时，将试样粉末一点一点地放进试样填充区，重复这种操作，使粉末试样在试样架里均匀分布并用玻璃板压平实，要求试样面与玻璃表面齐平。如果试样的量少到不能充分填满试样填充区，可在玻璃试样架凹槽里先滴一薄层用醋酸戊酯稀释的火棉胶溶液，然后将粉末试样撒在上面，待干燥后测试。

（2）块状样品。先将块状样品表面研磨抛光，大小不超过 20mm × 18mm，然后用橡皮泥将样品粘在铝样品支架上，要求样品表面与铝样品支架表面平齐。

9.2.5　实验记录与数据处理

借助索引及卡片对给定实验数据进行物相检索分析，判定物相名称（卡片号）。根据提供的试样数据，按步骤进行物相的定性分析，将结果填入表 9-1 中。

表 9-1　物相定性分析实验记录

编　号	实　验　数　据		卡片号	物相名称
	d/nm	I/I_0		

9.3　X 射线全谱拟合定量相分析

9.3.1　实验目的

（1）掌握 X 射线全谱拟合定量相分析的步骤；

（2）学会使用软件分析已知结构物质的含量。

9.3.2　实验原理

9.3.2.1　全谱拟合定量分析的理论基础

定量分析的方法有外标法、内标法、无标定量分析法等。其中全谱拟合无标定量分析具有无需标样，不因物相增多衍射峰发生重叠而发生分析困难，实验系统误差可通过模型修正加以校正等优点而得到越来越多的重视。

在单色 X 射线照射下，多相体系中各相在衍射空间的衍射花样相互叠加构成一维衍射图，各相散射量是与单位散射体内容（晶胞中原子）及丰度相关的不变量。但是每个相的 *hkl* 衍射的散射量随单位散射体内原子或分子团精细结构和微结构的变化而变化，并不是一个不变量。全谱拟合物相定量分析是用散射总量替代单个 *hkl* 散射量，用数学模型对实验数据进行拟合，分离各相散射量，实现定量相分析。拟合过程中不断调节模型中参数值，最终使实验数据与模型计算值间达到最佳吻合。全谱拟合分析中，对研究材料有用的模型参数是晶体结构参数和微结构参数，在多相情况下还有各组成相的丰度值。

拟合所用的表达式：

$$S_y = \sum_i W_i (Y_i - Y_{Ci})^2 \tag{9-3}$$

式中　S_y——残差；

Y_i——数字化实验衍射图中第 i 个实验点的实验值；

Y_{Ci}——对应的模型计算值。

所有拟合用的模型都包含在下述表达式中：

$$Y_{Ci} = S \sum_k L_k |F_k|^2 \phi(2\theta_i - 2\theta_k) P_k A + Y_{bi} \tag{9-4}$$

对于多相共存样品，上式变为：

$$Y_{Ci} = \sum_j S_j \sum_{jk} L_{jk} |F_{jk}|^2 \phi_{jk}(2\theta_{ji} - 2\theta_{jk}) P_{jk} A_j + Y_{bi} \tag{9-5}$$

式中，S_j 是与每相丰度相关的标度因子，物理含义是实验数据脉冲数与模型计算电子衍射强度间的换算因子；ϕ 为试样表面法线与衍射面法线夹角。

拟合分析获得的各相 S_j 值与其丰度值间存在以下关系式：

$$w_p = \frac{(SZMV)_p}{\sum_j (SZMV)_j} \tag{9-6}$$

式中，w_p 是 p 相在样品中的质量分数；S 是标度因子（scale factor）；Z 是晶胞内化学式数；M 是化学式分子量；V 是晶体体积。可以看出 S、V 正比于参加衍射的单胞数目 N，S、V、Z、M 相乘即是参加衍射样品质量。

9.3.2.2　Jade 全谱拟合定量分析的基本步骤

Jade 软件从 Jade 6.0 开始增加了全谱拟合定量分析的模块。这里介绍的是使用 Jade 7.0 进行定量分析的基本步骤。在定量分析之前，Jade7.0 软件中需建立起 PDF－2 卡片数据库的索引或有 ICSD 的粉晶衍射数据库。

第一步：对物相进行多物相检索。参照多物相标定实验的步骤，确定图谱中存在的物相种类。并在检索结构前面的方框中打√，选定物相，如图 9-4 所示。

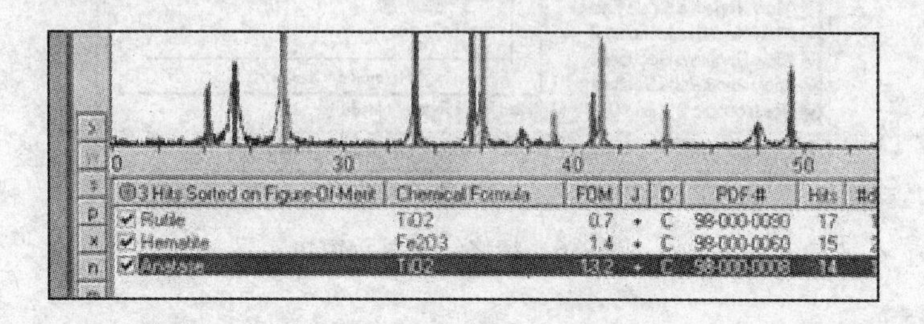

图 9-4　物相分析界面

第二步：在 Option 菜单中，选择 WPF Refine 模块，进入全谱拟合界面，如图 9-5 所示。

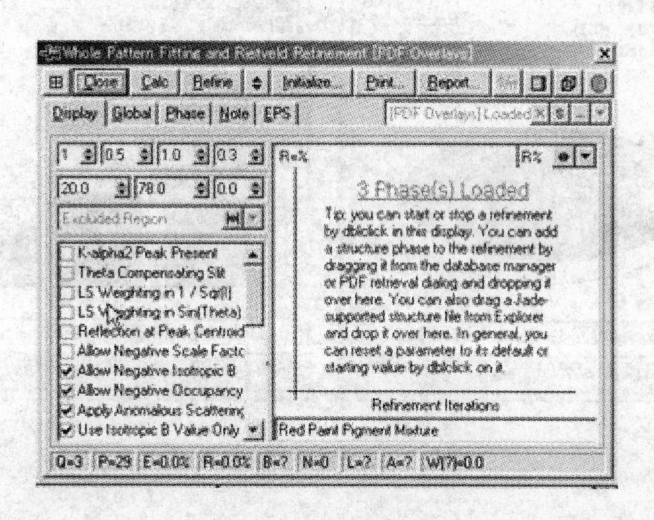

图 9-5　全谱拟合界面

第三步：在全谱拟合界面中，对包括峰型函数、峰宽函数、本底函数、结构参数在内的参数进行修正。点击 Refine，进行精修。根据 WPF 模块中 Display 窗口中显示的 R 值来判断精修的好坏，一般情况下 R 值在 10% 以内时可以认为精修的结果是正确的，见图 9-6。

在 Display 窗口中查看全谱拟合定量分析的结果，可以以柱状图和饼图的形式显示，见图 9-7。

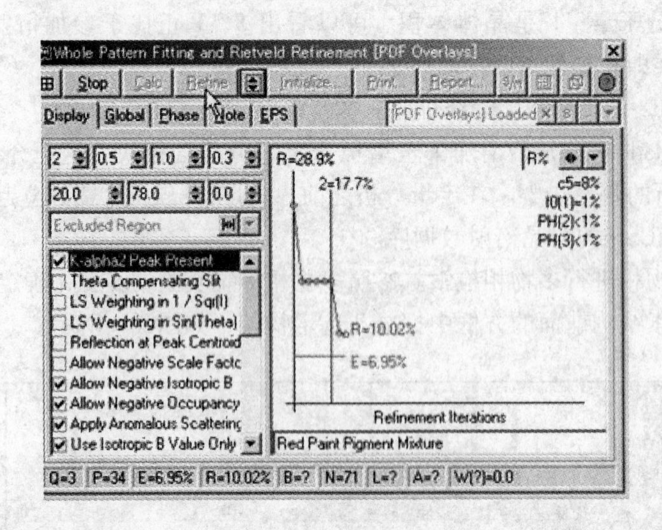

图 9-6　精修结果显示窗口

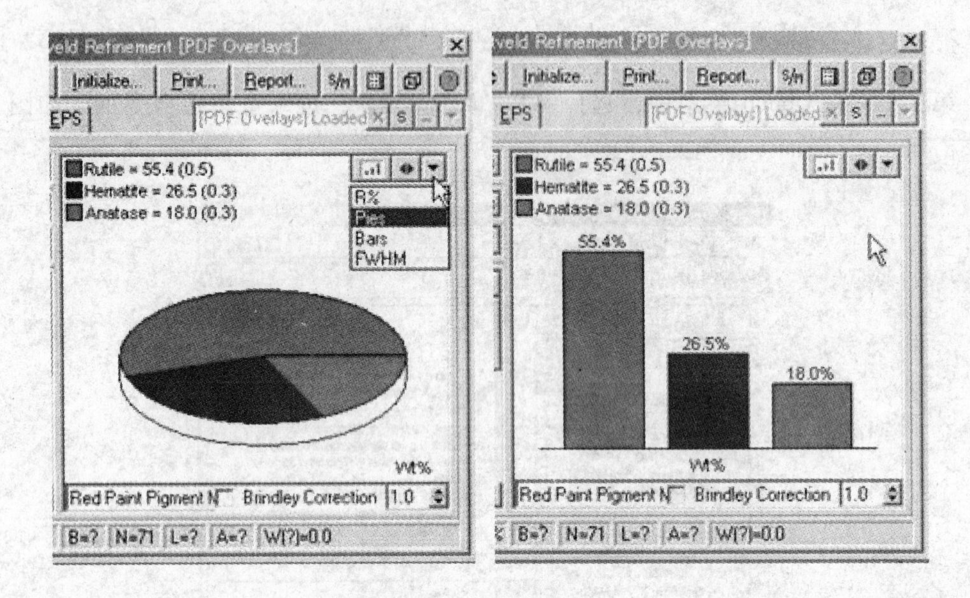

图 9-7　定量分析结果的显示

9.3.3　实验仪器

辽宁浩元 DX－2700X 型 X 射线衍射仪，不同配比的 Al_2O_3 和 ZnO 粉末的衍射图谱，Jade7.0 软件。

9.3.4　实验记录与数据处理

在定量分析图谱库中，随机选择一个图谱，使用 Jade 进行定量分析。将图谱编号和结果记录在表 9-2 中。

表 9-2　定量分析实验结果

图谱编号	分析结果	
	成分	含量

9.4　晶体点阵常数的精确测定

9.4.1　实验目的

（1）了解精确测定立方晶系点阵常数的基本原理；

（2）学会使用 XRD 分析软件测定各晶系的点阵常数。

9.4.2　实验原理

9.4.2.1　基本原理

要获得晶体点阵常数，首先要知道各衍射峰的角位置 2θ，依据布拉格公式 $2d\sin\theta=\lambda$ 算出 d，然后由各峰的指数（hkl）和面间距公式，可得点阵常数。为讨论方便，以立方晶系为例：

$$a=d\sqrt{h^2+k^2+l^2}=\frac{\lambda\sqrt{h^2+k^2+l^2}}{2\sin\theta} \tag{9-7}$$

为了实现点阵常数 a（nm）的精确测定，将布拉格公式进行微分得到：

$$\frac{\Delta a}{a}=\frac{\Delta d}{d}=\frac{\Delta\lambda}{\lambda}-\cot\theta\Delta\theta \tag{9-8}$$

令 $\Delta\lambda=0$，则点阵常数 a(nm) 的精确度为：

$$\frac{\Delta a}{a}=-\cot\theta\Delta\theta \tag{9-9}$$

图 9-8 表示了式 9-9 的关系曲线，可以看出精确测定点阵常数，能归纳成两个基本问题：

（1）必须把最大注意力集中在高角度衍射峰上，因为精确度随 θ 增加而迅速提高，例如，当 $\Delta\theta=0.005°$ 时，若 θ 从 40° 增至 83°，则精确度由 10^{-4} 提高到 10^{-5}（一个数量级）；

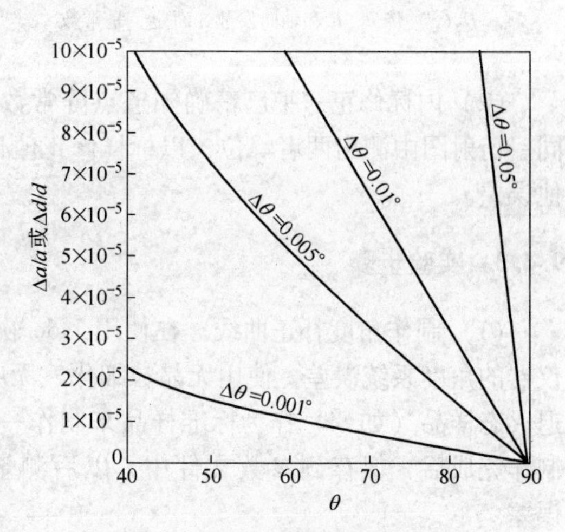

图 9-8　衍射仪测角差 $\Delta\theta$ 所引起的 $\Delta a/a$ 与 θ 的关系

（2）尽可能减少测量误差 $\Delta\theta$，为此，要研究各种误差来源及其性质，并以某种方式加以修正。

9.4.2.2 误差的修正

主要包括以下几种：

（1）计算修正和外标法修正。表9-3 为衍射仪主要误差及其偏离，其中物理和几何误差称为系统误差，它可根据物质性质和几何参数算出。而其他误差可用标准硅粉进行检查，即对照表9-3 中修正系统误差后的 2θ 值来校正实测角度值，从而做出该误差的校正曲线。

表 9-3 衍射仪主要误差及其偏离

分 类	误差来源	质心偏离 $\Delta\theta_c$	$\frac{\Delta a}{a} = -\cot\theta\Delta\theta$
物理误差	吸收效应	厚晶 $-\frac{\sin 2\theta}{4\mu R}$	$\frac{\cos^2\theta}{2\mu R}$
		薄晶 $-\frac{t}{2R}\cos\theta$	$-\frac{t}{2R}\cdot\frac{\cos^2\theta}{\sin\theta}$
几何误差	平板试样	$-\frac{\beta^2}{12}\cot\theta$	$-\frac{\beta^2}{12}\cdot\frac{\cos^2\theta}{\sin^2\theta}$
	轴向发散	$-\frac{\delta_1^2\cot\theta}{12}+\frac{\delta_2^2}{6\sin 2\theta}$	$\frac{\delta_1^2}{12}\frac{\cos^2\theta}{\sin^2\theta}-\frac{\delta_2^2}{12\sin^2\theta}$
其他误差	焦点位移 x	$-\frac{x}{2R}$（常数）	$\frac{x}{2R}\cot\theta$
	试样偏心 s	$-\frac{s}{R}\cos\theta$	$-\frac{s}{R}\cdot\frac{\cos^2\theta}{\sin\theta}$
	测角精度	$\pm\Delta\theta$	$\mp\cot\theta\Delta\theta$

注：R 为测角仪半径（cm）；μ 为线吸收系数（cm^{-1}）；t 为试样厚度（cm）；β 为发散狭缝（Rad）；$2h$ 为焦点、试样，梭拉狭缝的有效 X 射线纵向长度（cm）；$\delta_1=\frac{h}{R}\sqrt{2Q(g)}$，$\delta_2=\frac{h}{R}\sqrt{Q_1(g)-Q_2(g)}$，其中 $Q_1(g)$ 和 $Q_2(g)$ 依 h、R 和轴向发散 δ 而定，是常数。

（2）内标修正。把已精确知道点阵常数的标样例如硅粉，与欲测物质混在一起，在同一衍射图中测出两者峰位，以标样修正值校正待测物衍射角，这就能同时消除系统和其他误差。

9.4.3 实验步骤

（1）制作角度补正曲线。在使用 Jade 软件对点阵常数进行精确测定前，必须设置好仪器的角度系统误差。使用无晶粒细化、无应力（宏观应力或微观应力）、无畸变的完全退火态样品（如 Si）作为标准样品来制作一条随衍射角变化的角度补正曲线。当该曲线制作完成后，保存到参数文件中，以后测量所有的样品都使用该曲线消除仪器的系统误差。

（2）点阵参数测试步骤。在制作完角度补正曲线后，选择样品数据文件进行晶体的点阵参数计算，其计算步骤与补正曲线相似，显示精修后的样品晶胞参数。

9.4.4　实验记录与数据处理

(1) 用硅标样制作角度补正曲线。

(2) 打开图谱库中的谱图，使用 Jade 软件计算其精确点阵参数，将结果填入表 9-4 中。

表 9-4　点阵参数精确测定结果

图谱编号			
点阵参数	*a*	*b*	*c*

9.5　扫描电镜及试样的显微电子图像观察

9.5.1　实验目的

(1) 了解扫描电镜能谱仪的基本结构和原理；

(2) 掌握扫描电镜试样的制备方法；

(3) 掌握电子像观察、记录等全部操作过程，以及电子成像在组织形貌观察中的应用、微区的成分分析；

(4) 了解电子探针 X 射线显微分析方法，学会能谱仪的定性定量分析。

9.5.2　实验原理

扫描电镜的优点是：(1) 有较高的放大倍数，20～20 万倍之间连续可调；(2) 有很大的景深，视野大，成像富有立体感，可直接观察各种试样凹凸不平表面的细微结构；(3) 试样制备简单；(4) 可同时进行显微形貌观察和微区成分分析。

(1) 仪器结构。扫描电子显微镜由电子光学系统、扫描系统、信号测试放大系统、图像显示记录系统、真空系统和电源系统等部分组成。电子光学系统又称镜筒，是扫描电子显微镜的主体。

电子探针 X 射线显微分析仪通常称为电子探针，它适用于分析试样中微小区域的化学成分，因而是研究材料组织结构和元素分布状态极其有用的分析仪器。电子探针 X 射线显微分析仪由电子光学系统（同扫描电镜）、X 射线谱仪结构和信息记录显示系统构成。X 射线谱仪有 X 射线能量色散谱仪（简称能谱仪 EDS）和 X 射线波长色散谱仪（简称波谱仪 WDS）两种。

(2) 成像原理。

1) 阴极电子经聚焦后成为直径为 50mm 的点光源，并会聚成孔径角较小，束斑直径为 5～10mm 的电子束，在试样表面聚焦。

2) 在末级透镜上边的扫描线圈作用下，电子束在试样表面进行扫描。

3) 高能电子束与样品物质相互作用产生 SE、BE、X 射线等信号。这些信号分别被不同的接收器接收而成像。

换言之，扫描电镜是采用类似电视机原理的逐点成像的图像分解法进行的。这种扫描方式叫做光栅扫描。

（3）主要性能指标。扫描电镜的主要性能指标是分辨本领和放大倍数。

（4）电子探针 X 射线显微分析。电子探针 X 射线显微分析是用细聚焦的高能电子束（直径约为 1μm）照射样品表面所需分析的微区，激发出物质的特征 X 射线，其能量或波长取决于组成该物质的元素种类，其强度取决于元素的含量。能谱仪用半导体探测器检测 X 射线的能量并按其大小展谱，根据能量大小确定产生该能量特征 X 射线的元素。波谱仪根据晶体对 X 射线的衍射效应，利用已知面网间距的分光晶体把不同波长的 X 射线按衍射角 θ 展谱，根据 θ 角，由布拉格方程计算出 X 射线波长，即可确定产生该波长特征 X 射线的元素。

9.5.3　试样的制备

（1）粉末样品的制备。粉末样品的制备常用的是胶纸法，先把两面胶纸粘贴在样品座上，然后把粉末撒到胶纸上，吹去未粘贴在胶纸上的多余粉末即可。对于不导电的粉末样品也必须喷镀导电层。

（2）块状样品的制备。对于导电性材料只要切取适合于样品台大小的试样块，用导电胶贴在铜或铝质样品座上，即可直接放到扫描电镜中观察。对于导电性差或绝缘的非金属材料，在用导电胶粘贴到样品座上后，要用离子溅射镀膜仪或真空镀膜仪喷镀一层导电层。

9.5.4　实验步骤

实验步骤如下：

（1）认识扫描电镜构造。对照实物熟悉扫描电镜的基本构造，加深对其工作原理的了解。

（2）扫描电镜的操作演示。

1）电子束合轴：

① 调整灯丝电流饱和点；

② 调整电子束对中。

2）放置样品。

3）观察图像：

① 二次电子像，表面形貌衬度观察；

② 背散射电子像，原子序数衬度观察。

4）配合能谱仪进行定性分析。

5）拍照记录。

6）停机。

9.6　透射电镜及试样的显微电子图像观察

9.6.1　实验目的

（1）了解透射电镜的结构原理与操作方法；

（2）了解透射电镜试样的制备方法；

（3）观察及分析粉末试样和复型试样的电子图像。

9.6.2　实验原理

透射电镜是一种高分辨率、高放大倍数的显微镜，是材料科学研究的重要手段，能提供极微细材料的组织结构、晶体结构和化学成分等方面的信息。

（1）仪器结构。透射电子显微镜由三大部分组成：成像光学系统；真空系统；电气系统。成像光学系统又称镜筒，是透射电镜的主体。

（2）成像原理。透射电镜的成像原理是由照明部分提供的有一定孔径角和强度的电子束平行地投影到处于物镜平面处的样品上，通过样品和物镜的电子束在物镜后焦面上形成衍射振幅极大值，即第一幅衍射谱。这些衍射束在物镜的像平面上相互干涉形成第一幅反映试样微区特征的电子图像。通过聚焦（调节物镜激磁电流），使物镜的像平面与中间镜的物平面相一致，中间镜的像平面与投影镜的物平面相一致，投影镜的像平面与荧光屏相一致，这样在荧光屏上就观察到一幅经物镜、中间镜和投影镜放大后有一定衬度和放大倍数的电子图像。由于试样各微区的厚度、原子序数、晶体结构或晶体取向不同，通过试样和物镜的电子束强度产生差异，因而在荧光屏上显现出由暗亮差别所反映出的试样微区特征的显微电子图像。电子图像的放大倍数为物镜、中间镜和投影镜的放大倍数之乘积，即：

$$M = M_o \times M_r \times M_p \tag{9-10}$$

（3）主要性能指标。透射电镜的主要性能指标是分辨率、放大倍数和加速电压。

9.6.3　实验步骤

实验步骤如下：

（1）抽真空。接通总电源，打开冷却水，接通抽真空开关，真空系统就自动地抽真空。一般经 15 ~ 20min 后，真空度即可达到 10^{-4} ~ 10^{-5}Torr（1Torr = 133.322Pa），待高真空指示灯亮后即可上机工作。

（2）加电子枪高压。接通镜筒内的电源，给电子枪和透镜供电，由低至高速级给电子枪加高压，直至所需值。

（3）安装样品。通常在电子枪加高压而关断灯丝电源的条件下置换样品。取出样品时，首先打开过渡室和样品空间的空气锁紧阀门，向外拉样品杆，然后将过渡室放气，最终拉出样品杆，从样品座中取出样品。换上所需观察的样品后，必须将样品铜网牢固地夹持在样品杆的样品座中，然后将样品杆插入过渡室，将过渡室抽真空并使其达到真空度要求，打开过渡室和样品空间的空气锁紧阀，将样品杆推进样品室。

（4）加灯丝电流并使电子束对中。顺时针方向转动灯丝电流旋钮，慢慢加大灯丝电流，注意电子束流表的指示和荧光屏亮度，当灯丝电流加大到一定值时，束流表的指示和荧光屏亮度不再增大，即达到灯丝电流饱和值。

（5）图像观察。当束流调到所需值后，最终推进样品杆，用样品平移传动装置把样品座调到观察位置，即可进行图像观察。首先在低倍下观察，选择感兴趣的视场，并将其移到荧屏中心，然后调节中间镜电流确定放大倍数，调节物镜电流使荧光屏上的图像聚焦至最清晰。

（6）照相记录。当荧光屏上的图像聚焦至最清晰时，便可进行照相记录。调节图像亮度和相应的曝光时间，当两者匹配得当（曝光表上绿灯亮时）时，拉开曝光快门，将荧光屏翻起，让携带样品信息的电子束照射到胶片上使其感光，正常曝光时间以4～8s为宜。

（7）停机。顺序地关断灯丝电源，关断高压、镜筒内的电源，关断抽真空开关，约30min后关断总电源和冷却水。

9.6.4　试样的制备

（1）粉末样品的制备。用超声波分散器将需要观察的粉末在溶液中分散成悬浮液。用滴管滴几滴在覆盖有碳加强火棉胶支持膜的电镜铜网上。待其干燥后，再蒸上一层碳膜，即成为电镜观察用的粉末样品。

（2）薄膜样品的制备。块状材料是通过减薄的方法制备成对电子束透明的薄膜样品。制备薄膜一般有以下步骤：1）切取厚度小于0.5mm的薄块。2）用金相砂纸研磨，把薄块减薄成0.1～0.05mm左右的薄片。为避免严重发热或形成应力，可采用化学抛光法。3）用电解抛光或离子轰击法进行最终减薄，在孔洞边缘获得厚度小于500nm的薄膜。

（3）复型样品的制备。复型样品通过表面复型技术获得。所谓复型技术就是把样品表面的显微组织浮雕复制到一种很薄的膜上，然后把复制膜（叫做“复型”）放到透射电镜中去观察分析，这样才使透射电镜应用于显示材料的显微组织。复型方法中用得较普遍的是碳一级复型、塑料二级复型和萃取复型。

9.6.5　复型图像的分析

试样表面形貌、复型和复型图像之间存在着对应关系，由复型图像可以推断试样表面的形貌特点。在分析复型图像时，既要根据图像的衬度关系弄清复型与图像的对应关系，又要根据制备复型的类型和投影方向搞清复型形态与试样表面形貌的对应关系，才能正确解释复型图像。复型图像可分为下述两种情况进行分析：

（1）试样表面、未投影复型和复型图像衬度间的对应关系。未投影复型是由同种原子均匀组成的，图像衬度主要取决于相邻区域的有效厚度差。对于塑料一级复型，其凹凸部位恰好与试样表面的凹凸部位相反。复型的凹部对应着试样表面的凸部，当电子束穿透复型时，因凹部厚度小，电子被散射的角度小，到达荧光屏上的成像电子多，则图像衬度亮一些。复型的凸部对应着试样表面的凹部，凸部厚度大，电子被散射的角度大，到达荧光屏上的成像电子少，则图像衬度暗一些。而碳复型难以区别试样表面的凹凸情况。

（2）试样表面、投影复型和复型图像衬度间的对应关系。投影复型是由两种原子组成的，其图像衬度不仅受厚度影响，还受原子序数、密度等影响。朝着金属投影方向，由于喷镀了一层金属，电子束穿透的有效厚度大，故复型图像的衬度最暗，背着投影方向或被相邻凸部挡住的区域没有或很少喷镀上金属，电子束穿透的有效厚度小，故图像的衬度最亮。因此，根据复型图像上暗亮区的部位可以推断试样表面的凹凸状况。

对于投影的碳一级复型，图像上的亮区在轮廓线的外边，试样表面相应部位是凸部；亮区在轮廓线里边，试样表面相应部位是凹部。

对于投影的碳二级复型，图像上的亮区在轮廓线的里边，试样表面相应部位是凸部；亮区在轮廓线的外边，试样表面相应部位是凹部。

9.6.6 实验内容

（1）完成一个粉末试样的制备及图像观察分析。

（2）完成一个样品的碳一级复型的制作及图像观察分析。

（3）实验报告应包括实验原理、实验步骤、测试结果及简单分析。

9.7 紫外－可见分光光谱分析

9.7.1 实验目的

（1）学会岛津 UV－2450 分光光度计的使用方法，学会应用分光光度计绘制吸收光谱的方法及测定摩尔吸收系数的方法。

（2）掌握固体紫外吸收的测定方法，学会使用固体紫外吸收谱确定中心原子的构型构象。

9.7.2 实验原理

紫外－可见吸收光谱是物质中的分子吸收 190～800nm 光谱区内的光而产生的。这种分子吸收光谱产生于价电子和分子轨道上的电子在能级上的跃迁（原子或分子中的电子总是处在某一种运动状态之中，每一种状态都具有一定的能量，属于一定的能级。这些电子由于各种原因，如受光、热、电的激发，而从一个能级转到另一个能级，称为跃迁）。当这些电子吸收了外来辐射的能量后就从一个能量较低的能级跃迁到一个能量较高的能级。因此，每一次跃迁都对应着吸收一定的能量。具有不同分子结构的各种物质，有对电磁辐射选择吸收的特性。吸光光度法就是基于这种物质对电磁辐射的选择性吸收的特性而建立起来的，它属于分子吸收光谱。跃迁所吸收的能量符合波尔条件，其测定光学系统图如图 9-9 所示。本实验使用岛津 UV－2450 紫外可见分光光度计，采用单色器，衍射光栅。

由光源发出的连续辐射光线，经滤光片聚光镜至单色器入射狭缝处聚焦成像。光束通过入射狭缝，经平面反射镜到准直镜，产生平行光路至光栅，在光栅上色散后，又经准直镜聚焦在出射狭缝上成为一连续光谱，由出射狭缝射出一定波长的单色光，通过标准溶液再照射到光电倍增管上。

反射光谱法测定的是从样品表面反射回来的辐射能量大小。将反射率定义为：$R = I/I_0 \times 100\%$。I 为被反射的辐射强度，I_0 为从某些标准表面反射回来的辐射强度。镜面反射具有定义明确的反射角，如同镜面的反射一样；而漫反射时，部分被反射表面吸收，部分被反射表面散射。反射光谱的测定是在紫外－可见分光光度计上加一可进行反射操作的附件，其光路图如图 9-10 所示。

9.7.3 实验步骤

实验步骤如下：

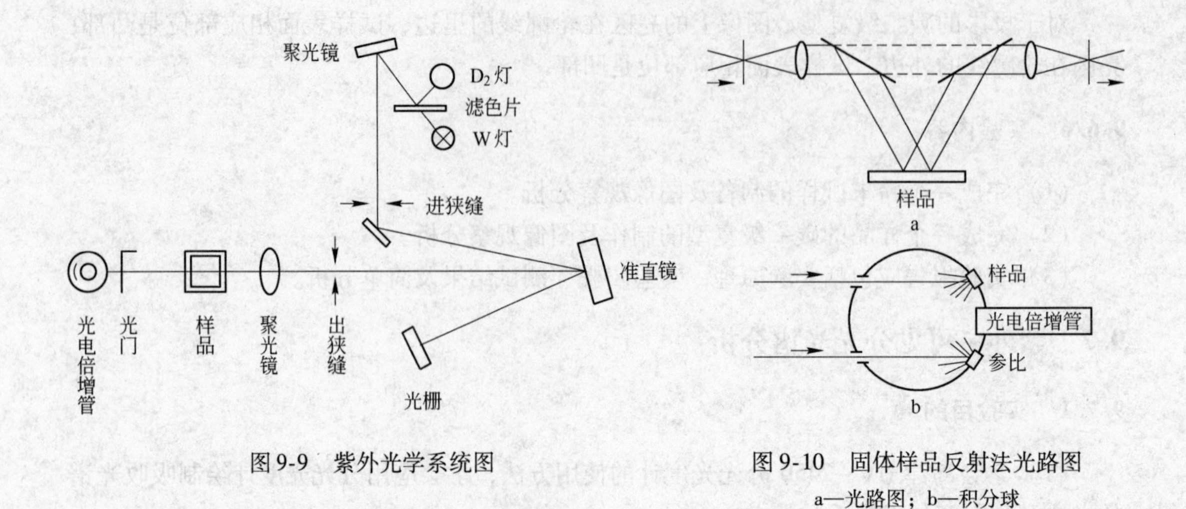

图 9-9　紫外光学系统图

图 9-10　固体样品反射法光路图
a—光路图；b—积分球

（1）准备。

1）准备一定量的 TiO_2 待测试样粉体。

2）打开电源开关前，确保样品室内除比色皿外，不应有其他东西遗留。

3）打开电源开关，仪器自动进入初始化，约等待 10min。初始化的内容包括寻找零级光和建立基线，最后显示器指示 220nm。

（2）测量方式。

1）用镨铷滤光片进行图谱扫描（SCAN 方式）：采用此方式时，透射比或吸光度与波长以图谱形式输出。

2）数据打印方式：采用此方式时，所测数据（透射比、吸光度）与样品号一起打印出来，且按样品号的次序增加。

（3）$KMnO_4$ 溶液吸收光谱的测定。按 SCAN 方式，用 1cm 比色皿，以蒸馏水作参比溶液，测定 0.0002mol/L $KMnO_4$ 溶液的吸收光谱，确定出最大吸收波长。

（4）$KMnO_4$ 溶液的摩尔吸收系数的测定。以 DATA 方式，按（3）的条件于最大吸收波长处测定 0.0002mol/L $KMnO_4$ 溶液的吸光度，根据公式计算出 $KMnO_4$ 溶液在最大吸收波长处的摩尔吸收系数。

（5）固体粉末样品吸收光谱测定。

1）取下样品室样品支架，换上固体样品支架；

2）设定样品测定方法，然后采用 $BaSO_4$ 标准样校正基线；

3）取一定量的粉末样品在专用的压样器上压制成块，然后放置测试样，测定固体样品的吸收光谱。

9.7.4　注意事项

（1）在测试过程中，比色皿插入样品架中的位置不能任意改变。

（2）图谱扫描的最大长度为 20cm（波长范围为 190 ~ 900nm，扫描步长为 1nm），如超范围扫描，可能导致仪器的工作错误。

9.7.5 实验记录与数据处理

（1）记录实验条件及数据。

（2）计算出 $KMnO_4$ 溶液在最大吸收波长处的摩尔吸收系数。

（3）根据 TiO_2 的紫外吸收谱分析配位原子的空间构象。

9.8 红外光谱分析

9.8.1 实验目的

（1）了解红外光谱法分析的原理。

（2）初步掌握简易红外光谱仪的原理。

（3）初步学会查阅红外谱图，根据红外光谱图分析物质结构。

9.8.2 实验原理

因为红外光量子的能量较小，所以当物质吸收红外光后，只能引起原子的振动、分子的转动、键的振动。按照振动时键长与键角的改变不同，相应的振动形式有伸缩振动和弯曲振动，而对于具体的基团与分子振动，其形式名称则多种多样。每种振动形式通常相应于一种振动频率，其大小用波长或“波数”来表示。对于复杂分子，则有很多“振动频率组”，而每种基团和化学键都有其特征的吸收频率组。

红外线按其波长的长短，可以分为近红外区（0.78～2.54μm）、中红外区（2.5～50μm）、远红外区（50～300μm）。红外分光光度计的波长一般在中红外区。由于红外发射光谱很弱，所以通常测量的是红外吸收光谱。

色散型红外光谱仪的待测样品直接置于光源后，易产生热效应，干涉红外光谱仪的检测器得到的不是吸收光谱，而是干涉图，必须用计算机对傅里叶变换中的数据进行处理后才能获得光谱。这种仪器没有分光系统，一次就能取得全波段的光谱信息，具有高光通量、低噪声、测量速度快等特点。

傅里叶红外光谱仪的干涉图一般由迈克耳逊干涉仪产生，光束到分束器后，50% 透过，到达定镜，再反射回分束器，然后一部分透过分束器回到光源，另一部分反射到样品，被样品分子吸收后到达检测器，这是第一束光Ⅰ。而第二束光Ⅱ是光源的光到达分束器后，另外 50% 反射到动镜的光，它经动镜反射回分束器后，同第Ⅰ束光一样，一部分反射回光源，另一部分透过分束器经样品到达检测器。若动镜与定镜的距离相等，则两束光到达检测器的光程一样，相位相同，因而产生相长干涉，亮度最强。当动镜移动时，若移动 $1/4\lambda$（λ 为光波的波长），则光束Ⅰ和Ⅱ到达检测器时具有 $\lambda/2$ 的光程差，从而产生相消干涉，亮度最小。若动镜移动 $\lambda/2$，则光束Ⅰ和Ⅱ相差一个 λ，再产生相长干涉，亮度再加强，这样在动镜的连续移动中就产生了干涉图。若动镜的移动速度为 v，则干涉图变化的频率 $f = v/(\lambda/2) = 2v/\lambda = 2v\nu$（$\nu$ 为波数）。上式表明，干涉仪把高频红外光（光速/波长约 10^{14}Hz）通过动镜调制成 $2v\nu$ 约 10^2Hz 的音频，检测器上感受到的是音频信号，这也是傅里叶红外光谱仪抗杂质光干扰的基础。

9.8.3　实验器材

仪器：傅里叶变换红外光谱仪（Fouier Transform Infra-Red Spectromter），美国尼高力红外光谱 Nicolt Nexus 670，红外压片器，玛瑙研钵。

试剂：溴化钾单晶，高岭土。

9.8.4　实验步骤

实验步骤如下：

（1）打开软件，扫描背景，调节波数范围。

（2）设置相关参数。

（3）测试聚合物红外吸收。

9.8.5　实验记录与数据处理

（1）测定高岭土红外谱图，根据红外基团的特征吸收，判断和讨论样品中所含有的基团以及振动模式。

（2）将测试图谱、分析结果、分析的依据以及附录谱图的分析和依据整理成报告。

9.9　荧光光谱分析

9.9.1　实验目的

（1）了解荧光分光光度计的构造和各组成部分的作用；

（2）掌握荧光分光光度计的工作原理，分析缺陷对荧光粉体发光性能的影响。

9.9.2　实验原理

物质吸收了较短波长的光能后，电子被激发跃迁至较高能级，返回到基态时发射一定波长的特征光谱，包括激发光谱和发射光谱。

发射光谱是指发光的能量按波长或频率的分布。通常实验测量的是发光的相对能量。发射光谱中，横坐标为波长（或频率），纵坐标为发光相对强度。发射光谱常分为带谱和线谱，有时也会出现既有带谱，又有线谱的情况。

激发光谱是指发光的某一谱线或谱带的强度随激发光波长（或频率）变化的曲线。横坐标为激发光波长，纵坐标为发光相对强度。激发光谱反映不同波长的光激发材料产生发光的效果，即表示发光的某一谱线或谱带可以被什么波长的光激发，激发的本领是高还是低；也表示用不同波长的光激发材料时，使材料发出某一波长光的效率。

固体吸收外界能量后很多情况下是转变为热，并非在任何情况下都能发光，只有当固体中存在发光中心时才能有效地发光。发光中心通常是由杂质离子或晶格缺陷构成的。发光中心吸收外界能量后从基态激发到激发态，当从激发态回到基态时就以发光形式释放出能量。固体发光材料通常是以纯物质作为主体，称为基质，再掺入少量杂质，以形成发光中心，这种少量杂质称为激活剂（发光）。激活剂对基质起激活作用，从而使原来不发光或发光很弱的基质材料产生较强发光的杂质。有时激活剂本身就是发光中心，有时激活剂与周围离子或晶格缺陷组成发光中心。为提高发光效率，还可掺入别的杂质，称为协同激活剂，它与激活剂一起构成复杂的激活系统。例如硫化锌发光材料 ZnS：Cu、Cl、ZnS 是基质，Cu 是激活剂，Cl 是协同激活剂。激活剂原子作为杂质存在于基质的晶格中时，与半导体中的杂质一样，在禁带中产生局域能级（即杂质能级）；固体发光的两个基本过程——激发与发光直接涉及这些局域能级间的跃迁。

激发光谱、发射光谱曲线的测试采用荧光分光光度计，其测试原理是从 150W 氙灯光源发出的紫外和可见光经过激发单色器分光后，再经分束器照到样品表面，样品受到该激发光照射后发出的荧光经发射单色器分光，再经荧光端光电倍增管倍增后由探测器接收。另有一个光电倍增管位于监测端，用以倍增激发单色器分出的经分束后的激发光。

光源发出的紫外 - 可见光或者红外光经过激发单色器分光后，照到荧光池中的被测样品上，样品受到该激发光照射后发出的荧光经发射单色器分光，由光电倍增管转换成相应电信号，再经放大器放大反馈进入 A/D 转换单元，将模拟电信号转换成相应数字信号，并通过显示器或打印机显示和记录被测样品谱图。

本实验采用日本日立 F－4500 型荧光分光光度计，其基本内部构造如图 9-11 所示。

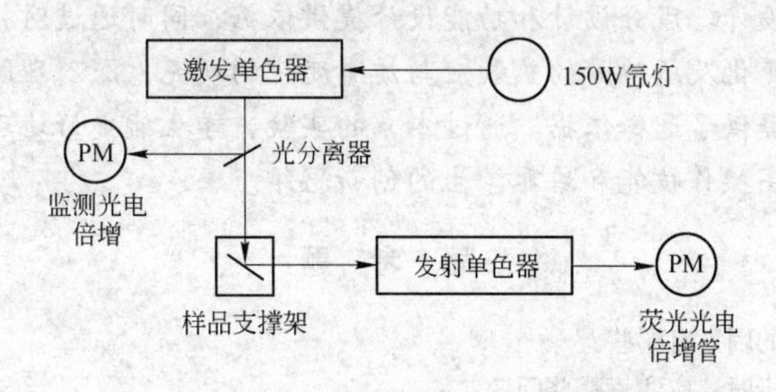

图 9-11　日立 F－4500 型荧光分光光度计内部构造图

9.9.3　实验器材

仪器：日立 F－4500 型荧光分光光度计，固体样品支架。
试剂：醋酸锌和硫化钠。

9.9.4　实验步骤

实验步骤如下：

（1）试样制备：

1）粉末试样。通过化学法制备 ZnS 沉淀，过滤干燥后获得 ZnS 粉体，将 ZnS 粉体进行激光粒度测试，获得不同粒度分布的 ZnS 粉体。ZnS 粉末试样可适当添加不影响光谱特性的黏结剂（也可不添加黏结剂），置于样品台凹槽中，压实，用载玻片碾平，固定到样品座中。

2）块状试样。块状试样可以直接用双面胶黏结在样品台上，固定到样品座中。

（2）试样测试。F－4500 型荧光分光光度计测试发射、激发光谱曲线的步骤如下：

1）先开机，开机时打开氙灯开关和主机开关，仪器初始化完成后，进入到光谱测试界面。

2）仪器初始化完成后进行参数设置，根据实验要求设置光谱类型、激发波长及波长范围、扫描速度、夹缝宽度等仪器参数。

3）放入待测样品，进行荧光发射谱的检测。

4）检测完成后进行数据处理，包括寻峰、数据转换等。

9.9.5　实验记录与数据处理

根据粉体制备实验的要求记录实验数据。

测定不同粒径 ZnS 粉体的荧光发射谱和激发谱，根据不同条件的 ZnS 粉体发射谱和激发谱的特征，判断和讨论 ZnS 样品的发光机制。

将测试图谱、分析结果、分析的依据以及附录谱图的分析和依据整理成报告。

本章小结

结构是材料四大要素的基础，也是研究材料构型关系的基础，通过材料现代分析方法实验，从材料的显微形貌、晶体结构、化学键以及电子结构层面上理解材料的结构特征，从而为材料的结构设计、成分设计和功能设计提供依据；同时通过对材料烧结过程中发生的物理变化和化学变化及所伴随的热效应与质量变化的研究，深入理解材料制备过程，为过程工艺条件控制提供了选择依据。通过本章的实验，学生能更好地理解材料现代测试技术的基本原理，提高操作技能和培养学生的创新思维。

思考题

9-1　影响综合热分析的因素有哪些？

9-2　在进行综合热分析时，应注意哪些问题？

9-3　PDF 卡片索引有哪几类，如何应用？

9-4　物相定性分析过程有哪些，应注意的问题是什么？

9-5　简述扫描电镜的成像原理。

9-6　扫描电镜的分辨率与哪些因素有关？

9-7　扫描电镜对样品的要求是什么？

9-8　简述衬度的概念及扫描电镜图像衬度原理。

9-9　制备透射电镜用粉末样应注意哪些因素？

9-10　透射电镜的成像原理是什么？

9-11　在测试过程中，为什么比色皿插入样品架中的位置不能任意改变？

9-12　测摩尔吸收系数时，为什么选用最大吸收波长，摩尔吸收系数有什么作用？

9-13　为什么选用 0.0002mol/L $KMnO_4$ 溶液，可否用浓度很高的 $KMnO_4$ 溶液？

9-14　粉末固体样品吸光度测试时压样压力对吸收曲线有什么影响？

9-15　进行红外分析的样品中所含游离水对含羟基待分析物质的谱图有何影响？

9-16　共聚物的红外光谱与含相同单体单元的两种聚合物共混的红外光谱是否有差别？

9-17　荧光强度和哪些因素相关？

9-18　粉末试样的荧光强度能不能进行精确的定量分析，为什么？

10 实验报告的编写方法

内容提要：

一个实验在其完成操作过程和数据记录与分析之后，必须写出相应的实验报告。实验报告是总结实验的一种方式，是学生动手能力、写作能力的一种体现，是实验水平的一种证明。如果实验做得很成功，实验报告却写得一塌糊涂，就不能完全表达实验成果，也就不能反映真实的实验水平，所以，做完实验后一定要认真地把实验报告写好，要写出深度、写出水平。

按照实验性质的不同，实验可分为验证型实验、检测型实验、设计型实验和综合设计型实验。对于大学工科专业，其物理、化学等基础课和专业基础课所开设的实验，大部分项目是验证型的，少部分是检测型的（随着实验教学改革的深入开展，基础课和专业基础课实验也有设计型和综合型的）。对于各种专业实验，则大部分项目是检测型实验，少部分是验证型实验，还有一定比例的设计型和综合设计型实验。由于这几类实验的性质不同，其实验报告的编写方法也有所差别，因此都应了解。本章主要介绍验证型、检测型、设计型及综合型等几种实验报告的格式和内容。

学习、科研和生产中离不开实验、试验、化验、测试或检验等活动，而这些活动都需要提供实验报告、试验报告、化验报告、测试报告或检验报告等作为结果的表达。正如第1章所述，从严格意义上说，实验、试验、化验、测试及检验等词的含义不同，那么实验报告、试验报告、化验报告、测试报告或检验报告之间的内涵和用途也是有区别的。为了叙述方便，本章将以上报告都统称为“实验报告”。而按照实验性质的不同，将实验报告分为验证型实验报告、检测型实验报告、设计型实验报告和综合设计型实验报告。

10.1 验证型实验报告的格式与内容

学生在实验课上进行的实验，若是为了验证所学的书本知识，加深对知识的理解和记忆，完成这类实验后要提交的报告属于验证型实验报告。

10.1.1 标题部分

在标题部分应写明实验名称及实验者的有关信息，如专业、班级、姓名、同组者、实验组别、实验日期等，其中实验名称应当明确地表示你所做实验的基本意图，要让阅读报告的人一目了然。同时还应在本部分中留设实验报告成绩填写处。参考格式如下：

专业__________ 班级__________ 姓名__________ 成绩__________
实验名称____________________________ 指导老师__________
同组人姓名____________________ 第______组 实验日期__________

10.1.2　正文部分

验证型实验报告的正文部分应包括以下部分：

（1）实验目的与要求。

1）实验目的是做实验首先应明确的问题，即为什么要做这个实验，是对实验意图的进一步说明，即阐述该实验在科研或生产中的意义与作用。

2）实验要求是教师根据实验教学需要，针对该实验对学生提出的具体要求，可以不写。

（2）实验原理。实验原理是实验方法的理论根据或实验设计的指导思想。实验原理通常包括两个部分：一是材料性质对周围环境条件（例如电场、磁场、温度、压力等条件）的反应，这是能够进行实验的基础，如果没有反应，实验就无法进行，也没有实验的必要；二是仪器对该反应的接受与指示的原理，这是实验的保证，仪器不能接受和指示出反应的信号，实验就无法进行，就需要更换仪器的类型或型号。当然，这两部分原理在实验教材中已有介绍，不要照搬教材，应按自己的理解用简练的语言进行说明和概括；必要时要画原理图，要求作图要规范；还应列出相关公式。

（3）实验器材。实验器材指实验所需的主要仪器、设备、工具、试剂等，这是实验的基本条件。最好把仪器的型号和仪器台数也写上，并附上仪器设备的图纸。

（4）实验步骤。实验步骤表明操作顺序和方法，即如何一步步地完成实验，一般包括试样制备、仪器准备、测试操作三大部分，要求用文字简要地说明。视具体情况也可以用简图、表格、反应式等表示，不必千篇一律。

（5）实验记录与数据处理。通常是用表格来记录数据；也可以用实验结果的曲线图，或可以作为实验结果的其他信息，或观测现象等。

1）实验现象记录。包括测试环境有无变化，仪器运转是否正常，试样在处理或测试中有无变化，实验中有无异常或特殊的现象发生等。

2）原始数据记录。做实验时，应将测得的原始数据按有效数据的处理方法进行取舍，再按一定的格式整理出来，填写在自己预习时所设计的表格（或教材的表格）中。

3）结果计算。首先，应对测量数据做分析，按测试结果处理程序，先分析有无过失误差、系统误差和随机误差，以及产生误差的原因和误差估算（计算绝对误差和相对误差），并进行相应的处理。然后计算每个试样的测试结果，再计算该批试样的测试结果。

4）实验结果。实验结果的得出包括根据测得的数据进行最终实验结果的计算，有的实验结果需用图形或表格的形式表示，在这种情况下，要在报告中列出图表。

（6）实验结果分析。一般，实验结果分析包括如下几项：

1）实验现象是否符合或偏离预定的设想，测量结果是否说明问题。

2）影响实验现象的发生或影响测试结果的因素。

3）改进测试方法或测试仪器的意见或建议。

（7）实验结论。实验报告中应当明确写出实验结论，总结通过实验得到什么样的结论。测定物理量的实验，必须写出测量的数值。对于验证型的实验，必须写出实验结果与理论推断结果是否相符。

1）简要叙述实验结果，点明实验结论。

2）列出测试结果，注明测试条件。

（8）实验注意事项。通过实验写出你认为该实验特别应注意的事项。

（9）讨论。针对观察到的现象或者测得的实验结果，结合已学的理论知识对其进行分析。

（10）思考题回答。回答实验教材中安排的思考题。思考题是在实验完成的基础上进一步提出一些开发学生视野的问题，有时帮助分析实验中出现的问题，所以写实验报告时不能忽视思考题。

（11）心得体会。本次实验后你的体会有哪些？

10.2 检测型实验报告的格式与内容

对某些物料进行成分分析，或对材料的某个（些）性能进行测定后，要写的报告一般属于检测型实验报告。此外，在生产实践中对产品的质量进行鉴别和评定，或在商品流通过程中对商品的质量进行鉴别和评定后，其报告一般也属于检测型实验报告的范畴。

检测型实验报告有单项报告和综合（多项）报告两种。有的科学研究和产品（商品）质量鉴定只要单项测试就够了，因此所写的报告是单项检测报告；有的则要做多项测试才能说明问题，因此要写的报告是综合报告。

10.2.1 单项检测报告

在国家标准和国际标准中，有一类标准是测试方法标准。在这类标准中，对测试原理、测试方法、测试仪器、测试条件、试样要求与制备、测试步骤、数据处理方法等都有具体的规定，有的还对测试报告提出要求。通常，单项检测报告以表格的形式给出，格式不完全固定，可自行设计。在本书中，有的实验项目附有测试数据记录表或测试结果报告表，可供读者作设计参考。比较简单的测试报告单如下：

______大学无机材料实验中心测试报告单

委托单位：________ 测试日期：________

送样日期：________ 报告日期：________

<table>
<tr><td colspan="2">样品名称</td><td colspan="2"></td><td>样品数量</td><td></td></tr>
<tr><td colspan="2">品种或代号</td><td colspan="2"></td><td>测试项目</td><td></td></tr>
<tr><td rowspan="4">测试条件</td><td colspan="2">应用标准的代号和名称</td><td></td><td colspan="2" rowspan="4"></td></tr>
<tr><td colspan="2">仪器名称、型号、规格</td><td></td></tr>
<tr><td colspan="2">测试环境</td><td></td></tr>
<tr><td colspan="2">其他</td><td></td></tr>
<tr><td>测试结果</td><td colspan="5"></td></tr>
<tr><td>备注</td><td colspan="5"></td></tr>
</table>

测试操作：________ 复核：________ 实验室主任：________

（签字）________ （签字）________ （签字）________

在填写这种简单报告单时，测试结果一栏有较大的灵活性，只要清楚表达实验结果就行。当用公式法计算测试结果时，应注明所用的计算公式；对于原始测试数据很多的测试项目，报告中可以以附件形式附上，也可以不附。对需要用作图法才能求出结果的测试项目，应将所作的图附上。

在现代测试设备中，许多设备用微机处理测试数据，在仪器输出的结果中，有的是原始数据；有的是部分原始数据和测试结果；有的是一条曲线、一张图或一张照片，没有原始测试数据；有的在仪器输出的曲线或图中打印有最终实验结果；有的仅有部分结果，需人工进行分析归纳才能得出最终结果。因此，在填写测试结果一栏时要按具体情况分别处理，并将仪器的输出结果以附件形式附在报告中。

报告单中的备注栏可填写有关说明。报告单填写完毕，有关人员要签字，实验室要盖章。对于重要的测试报告，实验室还要编号存档，以备查询。

10.2.2　综合检测报告

在国家标准和国际标准中，另有一类标准是材料或产品检测标准。在这类标准中，对材料或产品的各种性能指标作了具体的规定，对各种性能的测试原理、测试方法、测试仪器、测试条件、试样要求与制备、测试步骤、数据处理方法等也有具体的规定，有的也对检测报告提出要求。为了简化，这种标准通常采用组合方法来制定，如果各单项性能测试标准已经制定，即规定引用。

因此，综合检测报告一般也以组合的形式给出。具体做法是：将每项性能的测试结果以单项测试报告单的形式给出，且作为附件；将以上介绍的单项测试报告表进行改造，将每项测试结果进行汇总，列于测试结果栏中；将备注栏改为结论栏，注明按什么标准进行检验，综合检测结果是否合格等。

综合检测报告的内容较多，一般都装订成册，因此需要设计印制一个合适的封面。

10.3　设计型实验报告的格式与内容

设计型实验是指给定实验目的要求和实验条件，由学生自行设计实验方案并加以实现的实验。设计型实验是在学生经过了常规的基本实验训练以后，开设的高层次实验。实验指导教师根据教学的要求提出实验目的和实验要求，并给出实验室所能够提供的实验仪器设备、器件、药品、试剂等实验条件，由学生运用已掌握的基本知识、基本原理和实验技能，提出实验的具体方案、拟定实验步骤、选定仪器设备（或器件、试剂、材料等）、独立完成操作、记录实验数据、绘制图表、分析实验结果等。实验的过程应充分发挥学生的主观能动性，引导学生创新性思维，体现科学精神。

10.3.1　标题部分

在标题部分应写明实验名称及实验者的有关信息，如专业、班级、姓名、同组者、实验组别、实验日期等，同时还应在本部分中留设实验报告成绩填写处。参考格式如下：

专业________　班级________　姓名________　成绩________
实验名称______________________________　指导老师________
同组人姓名____________________　第______组　实验日期________

10.3.2 正文部分

设计型实验报告的正文部分应包括以下部分：

（1）实验目的。对于设计型实验项目，实验的目的更具有重要的导向性，说明实验要达到什么样的效果或者程度，对实验方案的选择与设计非常关键，因此，必须用严谨的语言清楚、确定地描述本实验的目的。

（2）实验原理。不要照搬教材，应根据与实验相关的理论知识，结合实验欲达到的目的，按自己的理解用简练的语言来概述；画出原理图，要求作图规范；还要写出相关公式。

（3）实验器材。写明仪器的型号，便于必要时重现实验时参考，还有仪器台数及仪器设备的图纸。并写明所用原材料的种类和其性能参数，这是进行实验设计和数据分析的依据。

（4）设计内容与过程。这一过程是设计性实验锻炼的核心部分。要求学生广泛地查阅有关资料，总结前人在此方面所做工作的进展，以指导自己实验的开展，避免做重复工作。同时在以上基础上，设计出具有可操作性的实验方案，并进行论证。

（5）实验步骤。按照所设计的实验方案，合理地安排实验步骤。

（6）实验记录与数据处理。在实验过程中客观真实地记录有关数据。通常是列表格来记录数据；或是实验结果的曲线图，或是可以作为实验结果的其他信息；或是观测现象等。根据测得的数据进行最终实验结果的计算以及产生误差的原因分析和误差估算（计算绝对误差和相对误差）。

（7）实验结论。总结通过实验得到的结论。

（8）实验注意事项。实验的注意事项包括仪器操作和工艺控制方面。

（9）分析与讨论。对于设计型的实验，分析与讨论部分是对所得实验结论或者结果运用所学知识进行解释的过程，该过程锻炼学生综合运用知识的能力，应尽可能做到述有所据。

（10）思考题回答。回答实验教材中的思考题。

（11）心得体会。写出完成设计型实验后你的收获。

10.4 综合型实验报告的格式与内容

综合型实验是指实验内容涉及本课程综合知识或与本课程相关课程知识的实验。综合型实验是对学生的实验技能和方法的综合训练，其实验内容须满足下列条件之一：涉及本课程的多个知识点；涉及多门课程的多个知识点；多项实验内容的综合。

10.4.1 标题部分

在标题部分应写明实验名称及实验者的有关信息，如专业、班级、姓名、同组者、实验组别、实验日期等，同时还应在本部分中留设实验报告成绩填写处。参考格式如下：

专业__________ 班级__________ 姓名__________ 成绩__________
实验名称____________________ 指导老师__________
同组人姓名________________ 第______组 实验日期__________

10.4.2 正文部分

综合型实验报告的正文部分应包括以下部分:

(1) 实验目的。对于综合型实验,其实验的重点在于加强学生对综合知识的运用,去分析与解决实际问题。

(2) 实验原理。不要照搬教材,应按自己的理解用简练的语言来概述;要画原理图,要求作图规范;并写出相关公式。

(3) 实验器材。写明仪器的型号、仪器台数及仪器设备的图纸。

(4) 实验步骤。指实验步骤或操作方法;如何一步步地完成实验。

(5) 实验记录与数据处理。通常是列表格来记录数据;或是实验结果的曲线图,或是可以作为实验结果的其他信息;或是观测现象等。并根据测得的数据进行最终实验结果的计算以及产生误差的原因分析和误差估算(计算绝对误差和相对误差)。

(6) 实验结论。总结通过实验得到什么样的结论。

(7) 实验注意事项。通过实验写出你认为该实验应特别注意的事项。

(8) 分析与讨论。针对观察到的现象或者测得的实验结果,结合已学的理论知识对其进行分析。

(9) 思考题回答。回答实验教材中的思考题。

(10) 心得体会。本次实验后你的体会有哪些?

10.5 实验报告的改进

随着实验教学改革的推进,实验报告的格式也在进行改革,尤其对于设计型或者综合型实验,因具有研究的性质,则可以要求以科技小论文的方式写出总体实验研究报告,尽量完整、准确、简明扼要地用文字表达出自己的思想和观点,在写实验报告过程中培养总结科学实验的能力,而无需形成统一(固定)的格式。

改革后的实验研究报告一般要求写清楚以下主要内容:

(1) 实验目的及意义;

(2) 实验方法;

(3) 实验结果分析与讨论;

(4) 实验结论;

(5) 实验经验和体会;

(6) 实验的改进意见。

本 章 小 结

在完成实验后要编写实验报告,这是进行实践能力培养和训练的重要环节。通常做实验都是有目的的,因此在实验操作时要仔细观察实验现象,操作完成之后,要分析讨论出现的问题,整理归纳实验数据,对实验进行总结,要把各种实验现象提高到理性认识层面,并得出结论。对于验证型实验,应解释每个实验现象,并得出结论;对于检测型的实验,要根据测定的数据进行计算,求出最终结果,并分析测得结果的可信度;对于设计型或者综合型实验,则要求写出总体实验研究报告。在实验报告中还应完成指定的思考题,提出改进本实验的意见或措施等。由于实验报告是写给别人看的，因此必须详细清楚、简明扼要。

思 考 题

10-1 科学研究实验报告与学生实验报告的编写方法是否相同，为什么？

10-2 产品检验报告、商品检验报告有何功能与作用？

10-3 检验报告的封面应写什么内容？

附　录

附录1　国际相对原子质量表（1995年）

元素	符号	相对原子质量	元素	符号	相对原子质量	元素	符号	相对原子质量
银	Ag	107.8682	铪	Hf	178.49	铷	Rb	85.4678
铝	Al	26.98154	汞	Hg	200.59	铼	Re	186.207
氩	Ar	39.948	钬	Ho	164.9304	铑	Rh	102.9055
砷	As	74.9216	碘	I	126.9045	钌	Ru	101.07
金	Au	196.9665	铟	In	114.82	硫	S	32.066
硼	B	10.81	铱	Ir	192.22	锑	Sb	121.75
钡	Ba	137.33	钾	K	39.0983	钪	Sc	44.9559
铍	Be	9.01218	氪	Kr	83.80	硒	Se	78.96
铋	Bi	208.9804	镧	La	138.9055	硅	Si	28.0855
溴	Br	79.904	锂	Li	6.941	钐	Sm	150.36
碳	C	12.011	镥	Lu	174.967	锡	Sn	118.70
钙	Ca	40.078	镁	Mg	24.305	锶	Sr	87.62
镉	Cd	112.41	锰	Mn	54.9380	钽	Ta	180.9479
铈	Ce	140.12	钼	Mo	95.94	铽	Tb	158.9254
氯	Cl	35.453	氮	N	14.0067	碲	Te	127.60
钴	Co	58.9332	钠	Na	22.98977	钍	Th	232.0381
铬	Cr	51.996	铌	Nb	92.9064	钛	Ti	47.88
铯	Cs	132.9054	钕	Nd	144.24	铊	Tl	204.383
铜	Cu	63.546	氖	Ne	20.179	铥	Tm	168.9342
镝	Dy	162.50	镍	Ni	58.69	铀	U	238.0289
铒	Er	167.26	镎	Np	237.0482	钒	V	50.9415
铕	Eu	151.96	氧	O	15.9994	钨	W	183.85
氟	F	18.998403	锇	Os	190.2	氙	Xe	131.29
铁	Fe	55.848	磷	P	30.97376	钇	Y	88.9059
镓	Ga	69.72	铅	Pb	207.2	镱	Yb	173.04
钆	Gd	157.25	钯	Pd	106.42	锌	Zn	65.39
锗	Ge	72.61	镨	Pr	140.9077	锆	Zr	91.22
氢	H	1.00794	铂	Pt	195.08			
氦	He	4.00260	镭	Ra	226.0254			

附录2　常用相对分子质量

分子式	相对分子质量	分子式	相对分子质量
Al_2O_3	101.91	$3CaO \cdot Al_2O_3$	270.20
CaO	56.08	$12CaO \cdot 7Al_2O_3$	1386.68
CaF_2	78.06	$CaO \cdot Al_2O_3$	158.04
K_2O	94.20	$CaO \cdot 2Al_2O_3 \cdot SiO_2$	260.00
CO_2	44.01	$2CaO \cdot Al_2O_3 \cdot SiO_2$	274.21
$CaCO_3$	100.091	$CaO \cdot Fe_2O_3$	215.78
$CaSO_4$	136.15	$2CaO \cdot Fe_2O_3$	271.86
FeO	71.85	$4CaO \cdot Al_2O_3 \cdot Fe_2O_3$	485.98
Fe_2O_3	159.70	$3CaO \cdot SiO_2$	228.33
H_2O	18.016	$2CaO \cdot SiO_2$	172.25
SiO_2	60.08	$11CaO \cdot 7Al_2O_3 \cdot CaF_2$	1408.68
MgO	40.32	$3CaO \cdot Al_2O_3 \cdot CaSO_4 \cdot 12H_2O$	622.538
Na_2O	61.982	$3(CaO \cdot Al_2O_3) \cdot CaSO_4$	610.27
K_2SO_4	174.266	$K_2O \cdot 23CaO \cdot 12SiO_2$	2105.12
P_2O_5	141.95	$Na_2O \cdot 8CaO \cdot 3Al_2O_3$	816.50
SO_3	80.073	$6CaO \cdot 2Al_2O_3 \cdot Fe_2O_3$	700.10
TiO_2	79.90	$3CaO \cdot Al_2O_3 \cdot 6H_2O$	378.296
$MgCO_3$	84.33	$3CaO \cdot 3Al_2O_3 \cdot 3CaSO_4 \cdot 31H_2O$	1237.134
$Ca(OH)_2$	74.096	$CaSO_4 \cdot 2H_2O$	172.18
$Al_2O_3 \cdot 2SiO_2 \cdot 2H_2O$	258.17		

附录3　法定计量单位制的单位

单位类别	物理量单位	单位名称	单位符号		SI单位表示式
			中文	国际	
基本单位	长度	米	米	m	
	质量	千克（公斤）	千克（公斤）	kg	
	时间	秒	秒	s	
	电流	安培	安	A	
	热力学温标	开尔文	开	K	
	物质的量	摩尔	库	mol	
	光强度	坎德拉	坎	Cd	

续附录 3

单位类别	物理量单位	单位名称	单位符号		SI 单位表示式
			中文	国际	
辅助单位	平面角	弧度	弧度	rad	
	立体角	球面度	球面度	sr	
导出单位	面积	平方米	米^2	m^2	
	比面积	平方米每千克	米^2/千克	m^2/kg	
	体积	立方米	米^3	m^3	
	比体积	立方米每千克	米^3/千克	m^3/kg	
	速度	米每秒	米/秒	m/s	
	加速度	米每秒平方	米/秒^2	m/s^2	
	密度	千克每立方米	千克/米^3	kg/m^3	
	频率	赫兹	赫	Hz	s^{-1}
	力	牛顿	牛	N	$m \cdot kg/s^2$
	力矩	牛顿米	牛 · 米	N · m	$kg/(m \cdot s^2)$
	压力、压强、应力	帕斯卡	帕	Pa	N/m^2
	功、能量、热量	焦耳	焦	J	N · m
	功率、辐射通量	瓦特	瓦	W	J/s
	电量、电荷	库仑	库	C	A · s
	电位、电压、电动势	伏特	伏	V	W/A
	电容	法拉	法	F	C/V
	电阻	欧姆	欧	Ω	V/A
	电导	西门子	西	S	A/V
	电感	亨利	亨	H	Wb/A
	电场强度	伏特每米	伏/米	V/m	
	电容率（介电常数）	法拉每米	法/米	F/m	
	磁通量	韦伯	韦	Wb	V · s
	磁感应强度	特斯拉	特	T	Wb/m^2
	磁场强度	安培每米	安/米	A/m	
	磁导率	亨利每米	亨/米	H/m	
	光通量	流明	流	lm	cd · sr
	光照度	勒克斯	勒	lx	lm/m^2
	［动力］黏度	帕斯卡秒	帕 · 秒	Pa · s	
	表面张力	牛顿每米	牛/米	N/m	kg/s^2
	比热容	焦耳每千克开尔文	焦/(千克 · 开)	J/(kg · K)	$m^2/(s^2 \cdot K)$
	热导率（导热系数）	瓦特每米开尔文	瓦/(米 · 开)	W/(m · K)	

附录4 常用计量单位换算表

名称	现行单位		国际单位		换算关系
	单位名称	符号	单位名称	符号	
长度	纳米、微米等	nm、μm 等	米	m	$1\mu m=10^{-6}m$
					$1nm=10^{-9}m$
					$1in=2.54\times10^{-2}m$
					$1ft=0.305m$
面积	平方厘米等	cm^2	平方米	m^2	$1cm^2=10^{-4}m^2$
					$1in^2=6.4516cm^2$
体积	立方英寸、升等	in^3、L 等	立方米	m^3	$1L=10^{-3}m^3$
					$1in^3=16.387cm^3$
质量	克、公斤、吨等	g、kg、t 等	公斤	kg	$1g=10^{-3}kg$
					$1t=10^3kg$
力	达因、公斤力、牛顿等	dyn、kgf、N 等	牛顿	N	$1dyn=10^{-5}N$
					$1kgf=9.80665N$
压力、压强	公斤力/厘米^2	kgf/cm^2	帕、兆帕	Pa、MPa	$1kgf/cm^2=9.8\times10^4Pa=0.098MPa$
热量	卡	cal	焦耳	J	$1cal=4.185J$
	千卡	kcal	千焦	kJ	$1kcal=4.185kJ=4.185\times10^3J$
热流量	千卡/小时	kcal/h	瓦	W	$1kcal/h=1.163W$
热导系数	千卡/(米·小时·℃)	kcal/(m·h·℃)	瓦/(米·开)	W/(m·K)	1kcal/(m·h·℃)=1.163W/(m·K)
传热系数	千卡/(米^2·小时·℃)	kcal/(m^2·h·℃)	瓦/(米^2·开)	W/(m^2·K)	1kcal/(m^2·h·℃)=1.163W/(m^2·K)
比热阻	米^2·小时·℃/千卡	m^2·h·℃/kcal	米^2·开/瓦	m^2·K/W	1m^2·h·℃/kcal=1.86m^2·K/W
热流密度	千卡/(小时·米^2)	kcal/(h·m^2)	瓦/米^2	W/m^2	1kcal/(h·m^2)=1.163W/m^2
热容量	千卡/℃	kcal/℃	焦耳/开	J/K	1kcal/℃=4185J/K
质量比热	千卡/(公斤·℃)	kcal/(kg·℃)	焦耳/(千克·开)	J/(kg·K)	1kcal/(kg·℃)=4185J/(kg·K)
容积比热	千卡/(米^3·℃)	kcal/(m^3·℃)	焦耳/(米^3·开)	J/(m^3·K)	1kcal/(m^3·℃)=4185J/(m^3·K)
辐射系数	千卡/(米^2·小时·℃^{4})	kcal/(m^2·h·℃^{4})	瓦/(米^2·开^4)	W/(m^2·K^4)	1kcal/(m^2·h·℃^{4})=1.163W/(m^2·K^4)

附录 5　基本物理量

物　理　量	数　　值
真空中的光速	$C=2.99792458\times10^{8}$ m/s
电子的电荷	$e=1.6021892\times10^{-19}$ C
普朗克常量	$h=6.626176\times10^{-34}$ J · s
阿伏伽德罗常量	$N_A=6.022045\times10^{23}$/mol
原子质量单位	$u=1.6605655\times10^{-27}$ kg
电子静止质量	$m_e=9.109534\times10^{-31}$ kg
玻尔磁子	$\mu_B=9.274078\times10^{-24}$ J/T
电子磁矩	$\mu_e=9.2848832\times10^{-24}$ J/T
法拉第常量	$F=9.648456\times10^{4}$ C/mol
摩尔气体常量	$R=8.31441\times10^{4}$ J/(kg · K)
玻耳兹曼常量	$K=1.380662\times10^{-23}$ J/K
万有引力常量	$G=6.6720\times10^{-11}$ N · m²/kg
标准大气压	$p_o=101325$ Pa
冰点的绝对温度（标准温标零度）	$T_0=273.15$ K
标准状态下声音在空气中的速度	$v=331.46$ ms
干燥空气的密度（标准状态下）	$\rho_{空气}=1.293$ kg/m³
理想气体的摩尔体积（标准状态下）	$V_m=22.41383\times10^{-3}$ m³/mol
水银的密度（标准状态下）	$\rho_{水银}=13595.0$ kg/m³
真空中介电常数（电容率）	$\varepsilon_0=8.854188\times10^{-12}$ F/m
真空中的磁导率	$\mu_0=9.274078\times10^{-24}$ H/m
钠光谱中的黄线的波长	$D=589.3\times10^{-9}$ m

附录 6　各种筛子的规格

日本工业标准筛		美国标准局		泰勒筛		德国筛		英国筛		中国筛	
标称/μm	筛孔尺寸/mm	标称（号）	筛孔尺寸/mm	标称（筛孔）	筛孔尺寸/mm	标称/μm	筛孔尺寸/mm	标称（筛孔）	筛孔尺寸/mm	筛号（目）	筛孔尺寸/mm
—	—	—	—	—	—	0.04	0.04	—	—	4	5.10
44	0.044	No. 325	0.044	325	0.043	0.045	0.045	—	—	5	4.00
—	—	—	—	—	—	0.05	0.05	—	—	8	3.50
53	0.053	No. 270	0.053	270	0.053	0.056	0.056	300	0.053	10	2.00
62	0.062	No. 230	0.062	250	0.061	0.063	0.063	240	0.066	12	1.60
74	0.074	No. 200	0.074	200	0.074	0.071	0.071	200	0.076	16	1.25
—	—	—	—	—	—	0.08	0.08	—	—	18	1.00

续附录6

日本工业标准筛		美国标准局		泰勒筛		德国筛		英国筛		中国筛	
标称/μm	筛孔尺寸/mm	标称（号）	筛孔尺寸/mm	标称（筛孔）	筛孔尺寸/mm	标称/μm	筛孔尺寸/mm	标称（筛孔）	筛孔尺寸/mm	筛号（目）	筛孔尺寸/mm
88	0.088	No. 170	0.088	170	0.088	0.09	0.09	170	0.089	20	0.90
105	0.105	No. 140	0.105	150	0.104	0.1	0.1	150	0.104	24	0.80
125	0.125	No. 120	0.125	115	0.124	0.125	0.125	120	0.124	26	0.70
149	0.149	No. 100	0.149	100	0.147	—	—	100	0.152	28	0.63
—	—	—	—	—	—	0.16	0.16	—	—	32	0.58
177	0.177	No. 80	0.177	80	0.175	—	—	85	0.178	35	0.50
210	0.21	No. 70	0.210	65	0.208	0.2	0.2	72	0.211	40	0.45
250	0.25	No. 60	0.250	60	0.246	0.25	0.25	60	0.251	45	0.4
297	0.297	No. 50	0.297	48	0.295		—	52	0.295	50	0.335
—	—	—	—	—	—	0.315	0.315	—	—	55	0.315
350	0.35	No. 45	0.35	42	0.351	—	—	44	0.353	80	0.175
420	0.42	No. 40	0.42	35	0.417	0.4	0.4	36	0.422	100	0.147
500	0.50	No. 35	0.50	32	0.495	0.5	0.5	30	0.500	115	0.127
590	0.59	No. 30	0.590	28	0.589	—	—	25	0.599	150	0.104
—	—	—	—	—	—	0.63	0.63	—	—	170	0.080
710	0.71	No. 25	0.71	24	0.701	—	—	22	0.699	200	0.074
840	0.84	No. 20	0.84	20	0.833	0.8	0.8	18	0.853	230	0.062
1000	1.00	No. 18	1.00	16	0.991	1.0	1.0	16	1.000	250	0.061
1190	1.19	No. 16	1.19	14	1.168	—	—	14	1.20	270	0.053
—	—	—	—	—	—	1.25	1.25	—	—	325	0.043
1410	1.41	No. 14	1.41	12	1.397	—	—	12	1.40	400	0.038
1680	1.68	No. 12	1.68	10	1.651	1.6	1.6	10	1.68		
2000	2.00	No. 10	2.00	9	1.981	2.0	2.0	8	2.06		
2380	2.38	No. 8	2.38	8	2.362	—	—	7	2.41		
—	—	—	—	—	—	2.5	2.5	—	—		
2830	2.83	No. 7	2.83	7	2.794	—	—	6	2.81		
—	—	—	—	—	—	3.15	3.15	—	—		
3360	3.36	No. 6	3.36	6	2.327	—	—	5	3.35		
4000	4.00	No. 5	4.00	5	3.962	4.0	4.0	—	—		
4760	4.76	No. 4	4.76	4	4.699	—	—	—	—		
—	—	—	—	—	—	5.0	5.0	—	—		
5660	5.66	No. 3$\frac{1}{2}$	5.66	3$\frac{1}{2}$	5.613	—	—	—	—		

附录 7　晶体分类简表

序号	对称型种类	对称特点	晶　族	晶　系
1	L^1	无 L^2，无 P	低级晶族（无高次轴）	三斜
2	C			
3	L^2	L^2 或 P 不多于 1 个		单斜
4	P			
5	L^2PC			
6	$3L^2$	L^2 或 P 多于 1 个		斜方
7	L^22P			
8	$3L^23PC$			
9	L^4	有一个 L^4 或 L_i^4	中级晶族（只有一个高次轴）	四方
10	L^44L^2			
11	L^4PC			
12	L^44P			
13	L^44L^25PC			
14	L_i^4			
15	$L_i^42L^22P$			
16	L^3	有一个 L^3		三方
17	L^33L^2			
18	L^33P			
19	L^3C			
20	L^33L^23PC			
21	L_i^6	有一个 L^6 或 L_i^6		六方
22	$L_i^63L^23P$			
23	L^6			
24	L^66L^2			
25	L^6PC			
26	L^66P			
27	L^66L^27PC			
28	$3L^24L^3$	有四个 L^3	高级晶族（有数个高次轴）	等轴
29	$3L^24L^33PC$			
30	$3L_i^44L^36P$			
31	$3L^44L^36L^2$			
32	$3L^44L^36L^29PC$			

参考文献

[1] 武洪标．无机非金属材料实验［M］．北京：化学工业出版社，2002.
[2] 刘志明．材料化学专业实验教程［M］．哈尔滨：东北林业大学出版社，2006.
[3] 唐小真．材料化学导论［M］．北京：高等教育出版社，1997.
[4] 刘万生．无机非金属材料概论［M］．武汉：武汉工业大学出版社，1996.
[5] 徐海龙．现代无机非金属材料的分类与发展［J］．国外建材科技，1997，4：13~18.
[6] 欧阳国恩，欧国荣．复合材料试验技术［M］．武汉：武汉工业大学出版社，1993.
[7] 杨建邺，等．杰出物理学家的失误［M］．武汉：华中师范大学出版社，1986.
[8] 赵家凤．大学物理实验［M］．北京：科学出版社，2000.
[9] 丁振华，谢景山．物理实验预习与实验报告［M］．成都：成都科技大学出版社，1997.
[10] 陈金忠，等．浅议面向21世纪实验教学改革的形势与任务［J］．实验技术与管理．2000.
[11] 范昌波．编写实验教材和培养学生能力的实践与体会［J］．实验技术与管理．2000，1：133~134.
[12] 伍洪标．无机非金属材料实验［M］．北京：化学工业出版社，2002.
[13] 王玉峰，孙墨珑，张秀成．物理化学实验［M］．哈尔滨：东北林业大学出版社，2005.
[14] 葛山，尹玉成．无机非金属材料实验教程［M］．北京：冶金工业出版社，2008.
[15] 高里存，任耘，等．无机非金属材料实验技术［M］．北京：冶金工业出版社，2007.
[16] 王瑞生．无机非金属材料实验教程［M］．北京：冶金工业出版社，2004.
[17] 周秀银．误差理论与实验数据处理［M］．北京：北京航空航天大学出版社，1986.
[18] 孙炳耀．数据处理与误差分析基础［M］．开封：河南大学出版社，1980.
[19] 肖明耀．实验误差估计与数据处理［M］．北京：科学出版社，1980.
[20] 孟尔熹，等．实验误差与数据处理［M］．北京：科学出版社，1980.
[21] 浙江大学普通化学教研组．普通化学实验［M］．3版．北京：高等教育出版社，1996.
[22] 刘爱珍．现代商品学基础与应用［M］．北京：立信会计出版社，1998.
[23] 浙江大学数学系高等教学教研组．概率论与数理统计．北京：人民教育出版社，1979.
[24] 温广玉，徐文科．概率论与数理统计［M］．哈尔滨：东北林业大学出版社，2002.
[25] 许承德，王勇．概率论与数理统计［M］．北京：科学出版社，2005.
[26] 陈希孺．概率论与数理统计［M］．北京：科学出版社，2006.
[27] 黄新友．无机非金属材料专业综合实验与课程实验［M］．北京：化学工业出版社，2010.
[28] 陈运本，陆洪彬．无机非金属材料综合实验［M］．北京：化学工业出版社，2006.
[29] 施惠生．无机材料实验［M］．上海：同济大学出版社，2003.
[30] 刘新年．玻璃工艺综合实验［M］．北京：化学工业出版社，2005.
[31] 常钧，黄世峰，刘世权．无机非金属材料工艺与性能测试［M］．北京：化学工业出版社，2010.
[32] 潘春旭．材料物理与化学实验教程［M］．长沙：中南大学，2010.
[33] 陈金身，智红梅．材料检测技术与应用［M］．郑州：黄河水利出版社，2010.
[34] 周永强．无机非金属材料专业实验［M］．哈尔滨：哈尔滨工业大学出版社，2002.
[35] 彭小芹．建筑材料工程专业实验［M］．北京：中国建材工业出版社，2004.
[36] 潘春旭．材料物理与化学实验教程［M］．长沙：中南大学出版社，2008.
[37] 曲远方．无机非金属材料实验［M］．天津：天津大学出版社，2003.
[38] 杨南如．无机非金属材料测试方法［M］．武汉：武汉工业大学出版社，2006.
[39] 日本化学协会．无机固态反应［M］．董万堂，董绍俊，译．北京：科学出版社，1985.
[40] 浙江大学，等．硅酸盐物理化学［M］．北京：中国建筑工业出版社，1981.

[41] 南京工业大学，等．陶瓷材料研究方法［M］．北京：中国建筑工业出版社，1980.
[42] 潘兆橹．结晶学及矿物学［M］．北京：地质出版社，1984.
[43] 王萍．结晶学教程［M］．北京：国防工业出版社，2008.
[44] 赵珊茸．结晶学及矿物学［M］．北京：高等教育出版社，2004.
[45] 鲁伟明．结晶学与岩相学［M］．北京：化学工业出版社，2008.
[46] 邵国有．硅酸盐岩相学［M］．武汉：武汉理工大学出版社，1991.
[47] 建筑材料科学研究院．水泥岩相检验［M］．北京：中国建筑工业出版社，1975.
[48] 方亭亭．硅酸盐岩相实验［M］．武汉：武汉工业大学出版社，1995.
[49] 耿键民．岩矿制片和制样技术［M］．北京：科学出版社，1982.
[50] 屈慧．玻璃工艺结石的岩相形态学鉴定［M］．武汉：武汉工业大学出版社，1989.
[51] 杨兴华．耐火材料岩相分析［M］．北京：冶金工业出版社，1980.
[52] 王维邦．耐火材料工艺学［M］．北京：冶金工业出版社，1984.
[53] 南京化工学院，清华大学，华南工学院．陶瓷材料研究方法［M］．北京：中国建筑工业出版社，1980.
[54] 马小娥．材料实验与测试技术［M］．北京：中国电力出版社，2008.
[55] GB/T 12959—2008，水泥水化热测定方法.
[56] GB/T 50082—2009，普通混凝土长期性能和耐久性能试验方法标准.
[57] GB 225—84，石英玻璃软化点测试方法.
[58] 姜月顺，李铁津．光化学［M］．北京：化学工业出版社，2005.
[59] 常铁军．材料近代分析测试技术［M］．哈尔滨：哈尔滨工业大学出版社，2002.
[60] Jade7.0 用户手册.